高等院校信息技术规划教材

数据库技术与应用实践教程

蒋云良 主 编
顾永跟 苏晓萍 王 勋 副主编

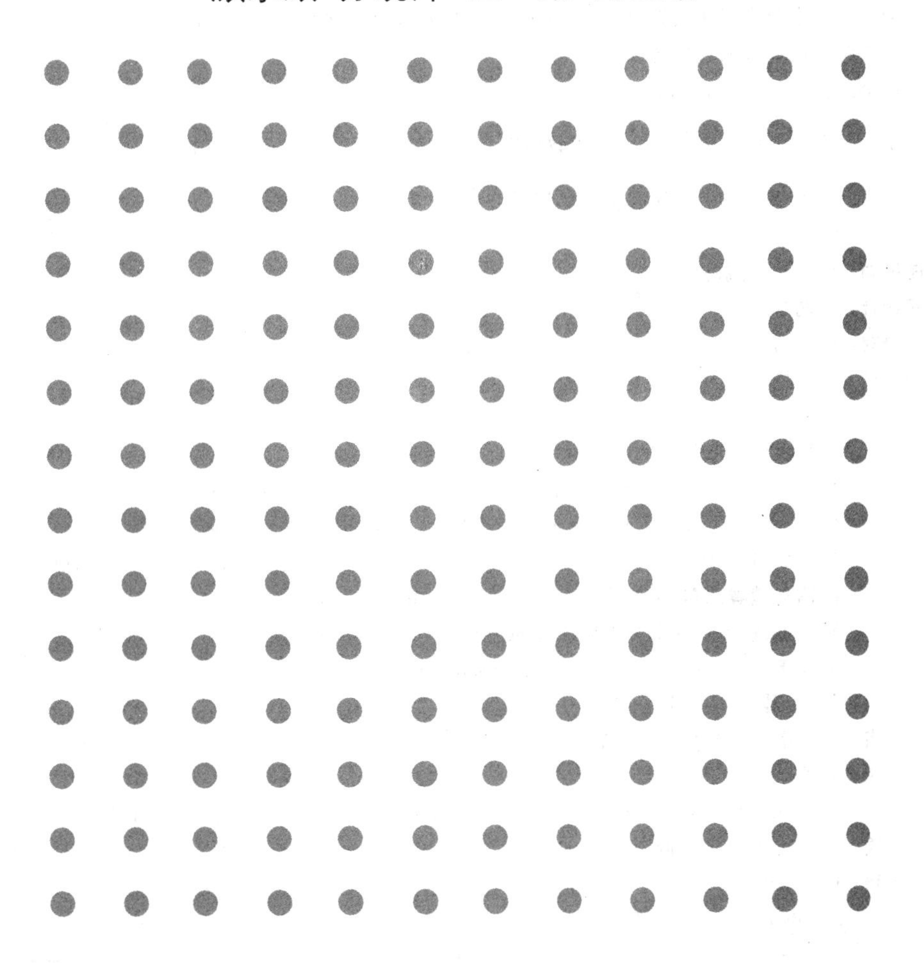

清华大学出版社
北京

内容简介

本书以关系数据库系统为核心介绍了数据库开发所需的关键技术。全书共9章，内容包括DBMS系统SQL Server 2005的安装与使用、SQL语言的语法规则和使用实例、存储过程和事务、数据库设计工具PowerDesigner的使用和数据库设计方法、ASP. NET程序开发中数据库操纵类ADO. NET的使用等。本书还对两个具体项目的开发过程和关键技术进行了详细介绍。

本书配有大量实例，所有SQL语句均在SQL Server 2005上运行通过，第7章至第9章实例均在Visual Studio 2008系统上调试通过，读者可根据实例中的使用说明进行部署并运行。

本书既可作为高等院校“数据库原理”课程的配套教材使用和数据库开发技术教材单独使用，也可供相关技术人员特别是系统开发初学者参考使用。

图书在版编目（CIP）数据

数据库技术与应用实践教程/蒋云良主编. --北京：清华大学出版社，2013

高等院校信息技术规划教材

ISBN 978-7-302-33651-8

Ⅰ. ①数…　Ⅱ. ①蒋…　Ⅲ. ①数据库系统－教材　Ⅳ. ①TP311.13

中国版本图书馆CIP数据核字(2013)第204101号

责任编辑：焦　虹　战晓雷
封面设计：傅瑞学
责任校对：白　蕾
责任印制：杨　艳

出版发行：清华大学出版社
　　网　　址：http://www.tup.com.cn，http://www.wqbook.com
　　地　　址：北京清华大学学研大厦A座　　**邮　　编**：100084
　　社 总 机：010-62770175　　**邮　　购**：010-62786544
　　投稿与读者服务：010-62776969，c-service@tup.tsinghua.edu.cn
　　质量反馈：010-62772015，zhiliang@tup.tsinghua.edu.cn
　　课件下载：http://www.tup.com.cn,010-62795954
印 刷 者：北京富博印刷有限公司
装 订 者：北京市密云县京文制本装订厂
经　　销：全国新华书店
开　　本：185mm×260mm　　**印　　张**：24.75　　**字　　数**：572千字
版　　次：2013年9月第1版　　**印　　次**：2013年9月第1次印刷
印　　数：1～2000
定　　价：39.00元

产品编号：041414-01

前言 Foreword

随着信息技术的发展，信息传递的渠道增多，速度变快，信息的及时性和有效性更强。信息也已经成为各企业、部门的重要资源，高效管理海量数据、建立行之有效的信息系统也是企业生存和发展的重要条件。因此，作为信息系统核心的数据库技术得到越来越广泛的应用：从电子商务到电子政务，从联机事务处理(OLTP)到联机分析处理(OLAP)，从企业信息化管理到计算机辅助设计与制造(CAD/CAM)再到地理信息系统(GIS)等等，都离不开数据库系统的支持。数据库系统自20世纪60年代产生以来，历经50年的发展形成了较为完整的理论体系和大量实用数据库系统，由于其以数理逻辑和集合论为理论基础，对数据的组织具有结构化特征，对数据的管理效率高、冗余度低，大型信息系统均建立在数据库设计之上。

为满足社会对数据库领域人才的需求，各高校的计算机相关专业均开设有数据库课程。然而由于数据库技术的高速发展，新的DBMS系统和前台开发工具等层出不穷，开发工具和方法与10年前相比发生了巨大的变化；同时高校的人才培养目标也正在向应用型、实践型进行转变，社会对高层次应用型人才的需求更加迫切。为培养和发展学生的工程素质和能力，使学生快速掌握系统分析与设计方法和开发技术，特编写此教材。教材通过真实开发案例讲解数据库设计方法和开发工具的使用方法，并给出大量实例使学生完整地掌握数据库开发的基本技能。

本书对数据库开发全过程用到的后台DBMS系统SQL Server 2005、数据库设计工具PowerDesigner以及前台开发工具Visual Studio 2008进行了详细的介绍，全书共分为9章，具体内容如下：

第1章介绍DBMS系统SQL Server 2005的安装与使用。

第2章介绍数据模型的基本概念和概念数据模型转换为逻辑数据模型的技巧，该章给出的实例将被贯穿使用于本书的第3章、第6章和第8章等，用于SQL语句的介绍和基于PowerDesigner的数据库设计以及选课系统的设计。

第3章重点介绍T-SQL语句的语法、数据控制以及存储过程的使用，本章提供大量SQL语句实例，便于学生理解。

第4章介绍SQL Server 2005中的数据管理策略。

第5章介绍SQL Server 2005中的事务与并发控制方法。

第6章介绍运用数据库设计工具PowerDesigner进行数据库设计的方法。第6章为本书的特色内容，一般的数据库教材少有对数据库设计工具的介绍，而数据库设计的好坏却直接关系到系统功能。

第7章介绍数据库前台开发工具Visual Studio 2008中关于数据操纵控件ADO.NET的属性与使用方法，并给出基于C#的相关程序代码。

第8章介绍学生选课系统案例的开发全过程。

第9章介绍简单电子商务模型——网上书城案例的开发全过程。

与其他同类教材相比，本书具有以下特色。

1. 先进的编写理念

教材编写始终贯彻从实际应用出发，理论与实践紧密结合的原则。充分吸收传统本科院校教材建设的成果，在此基础上更加注重系统性、实践性和实用性。注重各章节及知识点的相互渗透与相互衔接，同时在编写过程中引入了工程开发背景，使讲述内容更贴近实际。且在每一章均配以具体案例，方便学生学习，有利于调动学生自主学习的积极性。

2. 知识结构优化，内容紧凑合理

本教材围绕数据库开发过程中的必要知识展开，摒弃传统本科教材中的复杂公理推导和原理讲述，增加了项目开发所必需的数据库设计工具(PowerDesigner)和前台开发工具(Visual Studio 2008)的介绍，帮助学生理清数据库开发的整个过程与线索。通过对本教材的学习，学生能够充分理解数据库设计在系统开发中的重要性，并有能力对具体开发任务作出较好的需求分析，利用PowerDesigner合理设计系统的后台数据库，用参照完整性约束保证数据库中数据的逻辑正确性。另外，本教材对于目前流行的C#语言和前台开发的相关内容的介绍，使学生充分理解Visual Studio 2008平台下使用ADO.NET控件对数据库操纵的方法，可以很好地与后续课程衔接。

3. 注重个体差异，利于因材施教

本教材充分考虑学生的个体差异，提供了不同层次、不同难度的实例供不同水平的学生实践。同时，第8、9章给出的具体项目方便学生在此基础上通过扩充功能理解项目开发中的关键知识点。这样不但解决了部分学生初学项目开发时不知从何入手的难题，还能够促进学生的独立思考能力，在具体教学中已经取得了较好的效果。

参加本教材编写的人员均为常年在“数据库原理”、“数据库课程设计”等相关课程一线从事教学和研究的优秀教师，具有丰富的教学和软件开发经验。第1章由顾永跟编写，第2章由王勋编写，第3章由苏晓萍编写，第4章由马小龙编写，第5章和第7章由苏晓萍、蒋云良编写，第6章由郝秀兰编写，第8章由沈张果编写，第9章由沈张果、蒋云良编写。全书由蒋云良统稿。本书的编写得到了编者同事的大力支持，马国钦、刘盛彬、陈建宝、周保忠、邹银军、吴西等同学参与了本书实例代码的调试工作，编者在此表示衷心的感谢！

本书实例代码及相关课件等配套电子资源可从清华大学出版社网站(www. tup. com. cn)的本教材页面中免费下载。

由于编者能力所限,编写时间仓促,加之数据库技术发展迅速,书中疏漏和不当之处在所难免,恳请广大读者和同仁来信批评指正。

编者 E-mail 地址：sxp@hutc. zj. cn

编著者

2013 年 5 月

目录 Contents

第1章 chapter 1

SQL Server 2005 概述

1.1 SQL Server 2005 的主要功能

1.1.1 SQL Server 2005 简介

从 20 世纪 80 年代中期开始，关系数据库得到了迅猛发展，几乎成为唯一可选的数据库技术。Oracle、IBM、Microsoft 和 Sybase 等著名公司纷纷涉足数据库领域。Microsoft 公司和 Sybase 公司于 1988 年共同推出 SQL Server 数据库产品，这个版本的 SQL Server 起初只能在 OS/2 系统下运行。1996 年 Microsoft 公司发布了 SQL Server 6.5，随后发布 SQL Server 7.0，这两个版本在市场上获得巨大成功，从此 Microsoft 公司将 SQL Server 由低端产品纳入高端数据库行列。

自 SQL Server 7.0 发布以来，由于其优良的性能——可伸缩性、可管理性和可编程性，已成为众多客户关系管理（CRM）、商业智能（BI）、企业资源规划（ERP）以及其他商业应用程序提供商和商户的首选数据库。

2000 年 8 月，Microsoft 公司隆重推出了 SQL Server 2000，这是一个企业级的数据库系统，包含 3 个组件（DB、OLAP 和 English Query）。它以其丰富的前端工具、完善的开发工具以及对 XML 的支持等，得到了推广和应用。

继 SQL Server 2000 后，Microsoft 公司于 2005 年隆重推出 SQL Server 2005。这是一个划时代的产品，对 SQL Server 进行了重大变革。SQL Server 2005 提供了集成的数据库解决方案，以其高效、可靠、安全，为用户带来了强大的工具，同时降低了在从移动设备到企业数据系统的多平台上创建、部署、管理及使用企业数据和分析应用程序的复杂程度。凭借全面的功能集、现有系统的集成性以及对日常任务的自动化管理能力，SQL Server 2005 为不同规模的企业提供了一个完整的数据解决方案。

Microsoft SQL Server 2005 用于大规模联机事务处理（OLTP）、数据仓库和电子商务应用的数据库和数据分析平台。作为客户/服务器数据库系统，SQL Server 2005 包含的技术如下。

1. SQL Server 数据库引擎

数据库引擎是用于存储、处理和保护数据的核心服务。利用数据库引擎可控制访问权限并快速处理事务，从而满足企业内要求极高而且需要处理大量数据的应用需要。数据库引擎还在保持高可用性方面提供了有力的支持。

2. SQL Server Analysis Services

Analysis Services为商业智能应用程序提供了联机分析处理(OLAP)和数据挖掘功能。Analysis Services允许用户设计、创建以及管理其中包含从其他数据源(例如关系数据库)聚合而来的数据的多维结构，从而提供OLAP支持。对于数据挖掘应用程序，Analysis Services允许使用多种行业标准的数据挖掘算法来设计、创建和可视化从其他数据源构造的数据挖掘模型。

3. SQL Server Integration Services (SSIS)

Integration Services是一种企业数据转换和数据集成解决方案，用户可以使用它从不同的源提取、转换以及合并数据，并将其移至单个或多个目标。

4. SQL Server 复制

复制是在数据库之间对数据和数据库对象进行复制和分发，然后在数据库之间进行同步以保持一致性的一种技术。使用复制可以将数据通过局域网、广域网、拨号连接、无线连接和Internet分发到不同位置以及分发给远程用户或移动用户。

5. SQL Server Reporting Services

Reporting Services是一种基于服务器的新型报表平台，可用于创建和管理包含来自关系数据源和多维数据源的数据的表报表、矩阵报表、图形报表和自由格式报表。SQL Server Reporting Services允许用户通过基于Web的连接来查看和管理创建的报表。

6. SQL Server Notification Services

Notification Services平台用于开发和部署可生成并发送通知的应用程序。Notification Services可以生成并向大量订阅方及时发送个性化的消息，还可以向各种各样的设备传递消息。

7. SQL Server Service Broker

Service Broker是一种用于生成可靠、可伸缩且安全的数据库应用程序的技术。Service Broker是数据库引擎中的一种技术，它对队列提供了本机支持。Service Broker还提供了一个基于消息的通信平台，可用于将不同的应用程序组件链接成一个操作整体。Service Broker提供了许多生成分布式应用程序所必需的基础结构，可显著减少应用程序的开发时间。Service Broker还可帮助用户轻松自如地缩放应用程序，以适应应用程序所要处理的流量。

8. 全文搜索

SQL Server 包含对 SQL Server 表中基于纯字符的数据进行全文查询所需的功能。全文查询可以包括单词和短语，或者一个单词或短语的多种形式。

9. SQL Server 工具和实用工具

SQL Server 提供了设计、开发、部署和管理关系数据库、Analysis Services 多维数据集、数据转换包、复制拓扑、报表服务器和通知服务器所需的工具。

1.1.2 SQL Server 2005 新特性

Microsoft SQL Server 2005 扩展了 SQL Server 2000 的性能、可靠性、可用性、可编程性和易用性。SQL Server 2005 包含了多项新功能，这使它成为大规模联机事务处理(OLTP)、数据仓库和电子商务应用程序的优秀数据库平台。SQL Server 2005 还引入了.NET Framework，并允许构建.NET SQL Server 专有对象，使 SQL Server 2005 具有更加灵活的功能。

1. Notification Services 增强功能

Notification Services 是一种新平台，用于生成发送并接收通知的高伸缩性应用程序。Notification Services 可以把及时的、个性化的消息发送给使用各种各样设备的订阅方。

2. 新增的 Service Broker

Service Broker 是一种新技术，用于生成安全、可靠和可伸缩的数据库密集型的应用程序。Service Broker 提供应用程序用以传递请求和响应的消息队列。

3. Reporting Services 增强功能

Reporting Services 是一种基于服务器的新型报表平台，它支持报表创作、分发、管理和最终用户访问。

4. 数据库引擎增强功能

数据库引擎引入了新的可编程性增强功能(如与 Microsoft .NET Framework 的集成和 Transact-SQL 的增强功能)、新 XML 功能和新数据类型。它还包括对数据库的可伸缩性和可用性的改进。

5. 数据访问接口方面的增强功能

SQL Server 2005 提供了 Microsoft 数据访问(MDAC)和.NET Frameworks SQL 客户端提供程序方面的改进，为数据库应用程序的开发人员提供了更好的易用性、更强的控制和更高的工作效率。

6. Analysis Services 的增强功能（SSAS）

Analysis Services 引入了新管理工具、集成开发环境以及与.NET Framework 的集成。许多新功能扩展了 Analysis Services 的数据挖掘和分析功能。

7. Integration Services 的增强功能

Integration Services 引入了新的可扩展体系结构和新设计器，这种设计器将作业流从数据流中分离出来并且提供了一套丰富的控制流语义。Integration Services 还对包的管理和部署进行了改进，同时提供了多项新打包的任务和转换。

8. 复制增强

复制在可管理性、可用性、可编程性、移动性、可伸缩性和性能方面提供了改进。

9. 工具和实用工具增强功能

SQL Server 2005 引入了管理和开发工具的集成套件，改进了对大规模 SQL Server 系统的易用性、可管理性和操作的支持。

1.1.3 SQL Server 2005 的安装

1. SQL Server 2005 版本介绍

SQL Server 2005 共有 6 个版本供用户选择：企业版(Enterprise Edition)、标准版(Standard Edition)、工作组版(Workgroup Edition)、精装版(Express Edition)、开发版(Developers Edition)和评估版(Evaluation Edition)。

其中，精装版是免费版本；评估版是限时版本，只能运行 180 天；工作组版可以被用作 Web 服务器，是入门级的数据库产品；开发版从功能上等价于企业版，可用作系统开发和功能测试。企业版是功能最为强大的版本，支持超大型企业进行联机事务处理(OLTP)以及高度复杂的数据分析。因此，作为数据库开发人员首选的版本为企业版，企业版有支持 32 位或 64 位操作系统的两个版本，用户可以根据自己的计算机配置做选择。下面以 SQL Server 2005 企业版为例介绍其在 Windows XP 系统下的安装过程。

2. SQL Server 2005 的安装

SQL Server 2005 的安装过程基本上与其他 Windows 产品类似。与 SQL Server 以前的版本不同的是 SQL Server 2005 要有.NET 框架的支持。

安装 SQL Server 2005 企业版的软硬件要求为：Pentium Ⅲ以上、主频在 600MHz 以上的处理器，内存要求 512MB 以上；完全安装需要至少 800MB 硬盘空间，若安装 SQL Server 联机丛书和示例数据库还需要 400MB 硬盘。安装 SQL Server 2005 需要 Microsoft Internet Explorer 6.0 SP1 以上版本，安装 Reporting Services 组件则需要 ASP.NET 2.0。

安装步骤如下。

(1) 将 SQL Server 2005 安装光盘插入光驱后将自动启动安装程序;或者手动找到安装程序 setup. exe,双击执行,将出现"最终用户许可协议"对话框,如图 1-1 所示,选中对话框中的"我接受许可条款和条件"复选框并单击"下一步"按钮,进入安装过程。

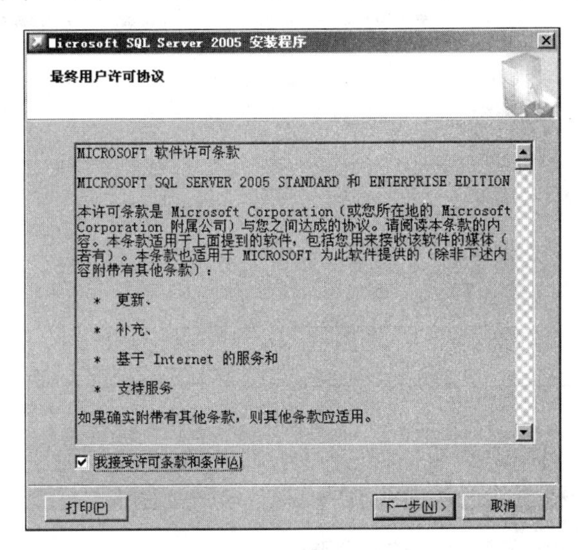

图 1-1 许可认证界面

(2) 安装过程首先为 SQL Server 2005 的安装做准备,运行界面如图 1-2 所示。

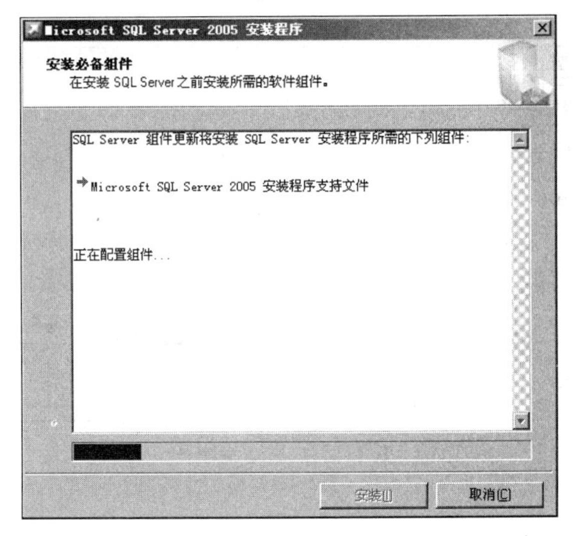

图 1-2 安装必备组

(3) 安装准备结束后进入安装向导的欢迎界面,如图 1-3 所示。

(4) 检查软硬件环境是否符合条件,包括处理器、内存、操作系统和浏览器的版本等方面,如图 1-4 所示。

(5) 如果软硬件环境都满足要求,将出现注册信息窗口,输入用户信息和注册码,如

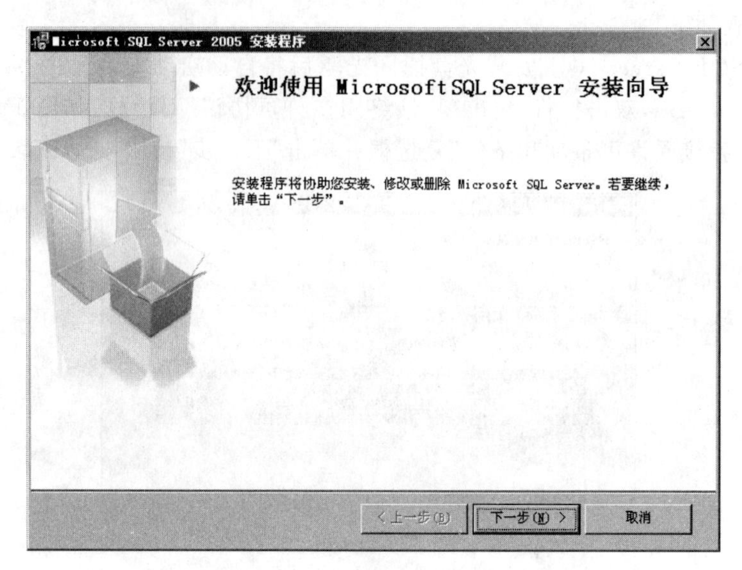

图 1-3 安装向导的欢迎界面

图 1-4 安装环境检查

图 1-5 所示。

(6) 如图 1-6 所示，选择欲安装的组件。用户可以选择安装全部组件，也可根据需要选择部分组件进行安装。

各组件的基本功能如下。

- SQL Server Database Services：提供数据库引擎、复制、全文检索功能，是进行数据库基本操作必需的基本组件。
- Analysis Services：提供在线分析和数据挖掘，使用户能够根据现有数据进行分

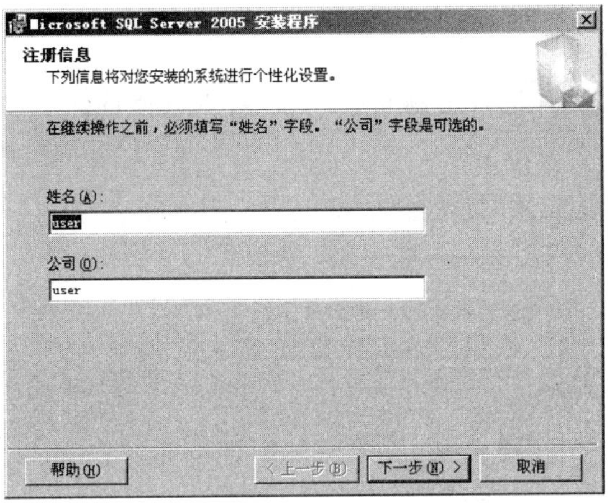

图 1-5 注册信息窗口

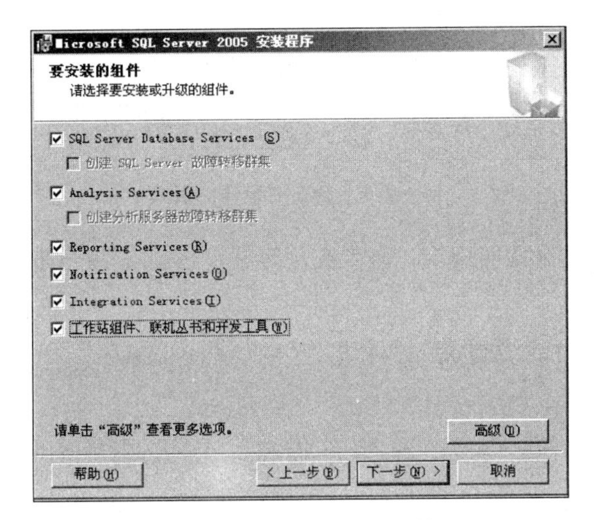

图 1-6 选择要安装的组件

析与挖掘，得到更有意义的商业信息。

- Reporting Services：制作和发布 Web 报表。Reporting Services 提供创建各种格式的报表（超文本置标语言（HTML）、可扩展置标语言（XML）和 Excel 格式的报表），使用户能够以自己习惯的方式管理数据并方便地进行报表的发布与传递。
- Notification Services：通知发送服务。为用户提供订阅消息的发送功能，能够使用户方便地创建消息服务的平台。
- Integration Services：数据转换服务。能够使用户方便地将数据库中的数据提取出来、转换成需要的形式并载入相关文件或者应用程序，即进行数据的 ETL（提取、转换和加载）。Integration Services 是 SQL Server 2005 提供的最新的 ETL 处理工具，它以 Visual Studio 为基础，提供了大量现成的组件，可供人们快速建立起运行稳定、性能出色的 ETL 程序。

- 工作站组件、联机丛书和开发工具：向用户提供在线帮助文档、示例数据库及其上的开发示例等。

(7) 单击“高级”按钮，进入定制安装界面，可以具体选择用户需要安装的组件，如图 1-7 所示。

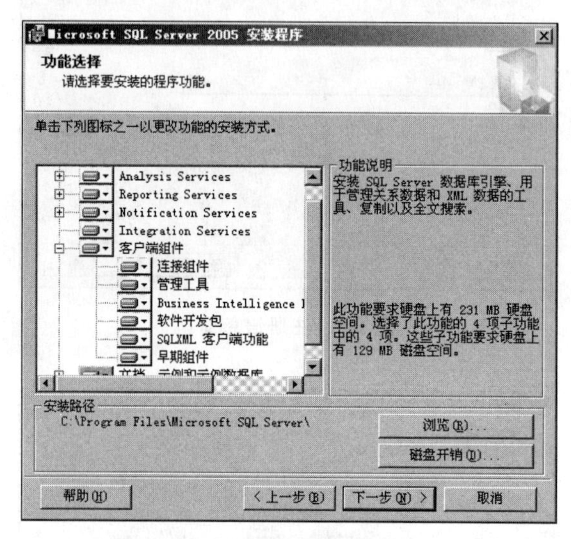

图 1-7　定制安装组件对话框

(8) 接下来选择“默认实例”和“命名实例”，这里选中“默认实例”单选按钮，如图 1-8 所示。

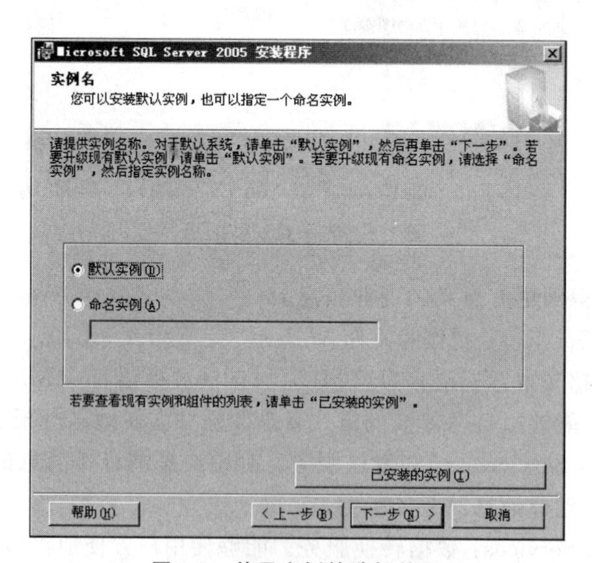

图 1-8　关于实例的选择使用

(9) 单击“下一步”按钮，出现设置服务启动帐户对话框。可以使用本地系统帐户，也可以输入一个域用户帐户，甚至可以为每个服务设置一个帐户。这里选择“使用内置系统帐户”单选按钮，在右侧的下拉列表框中选择“本地系统”帐户，如图 1-9 所示。

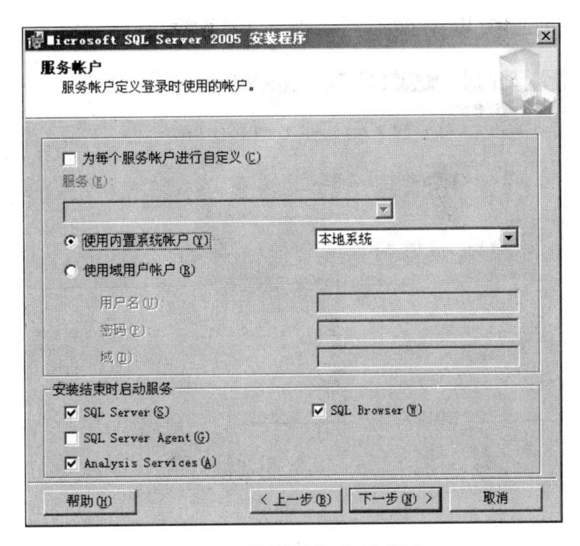

图 1-9　设置服务启动帐户

(10) 单击“下一步”按钮,出现选择身份验证模式对话框,如图 1-10 所示。在该对话框中,可以选择“Windows 身份验证模式”或“混合模式”,若选择“Windows 身份验证模式”复选按钮,则 SQL Server 系统将根据用户的 Windows 系统帐户允许或拒绝访问数据库管理系统;若选择“混合模式”单选按钮,就要单独提供访问 SQL Server 系统的帐户,也就是说,即使用户通过输入 Windows 操作系统的合法帐户获得访问操作系统的权限,但并不代表就有权限访问 SQL Server 系统,用户还要进一步通过 SQL Server 2005 的身份认证,因此,“混合模式”是比“Windows 身份验证模式”更为安全的访问方式,建议使用“混合模式”。首次安装时系统给出了一个默认用户 sa,用户可以给这个帐户设置密码。

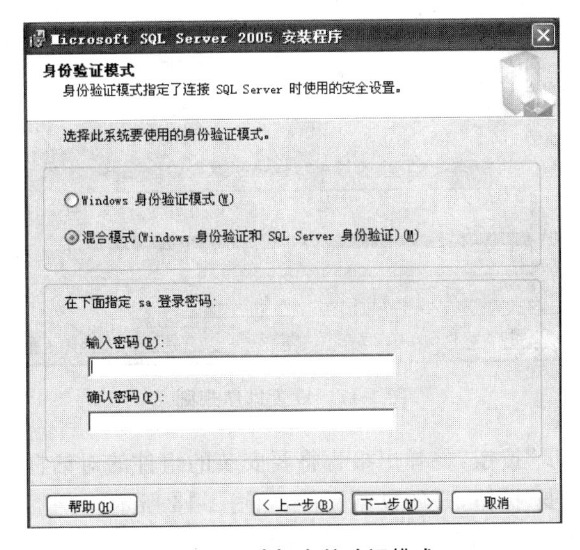

图 1-10　选择身份验证模式

为了简单起见,这里选择了“Windows 身份验证模式”单选按钮,如图 1-11 所示,在实际环境下进行安装时则可以根据不同需要进行选择。

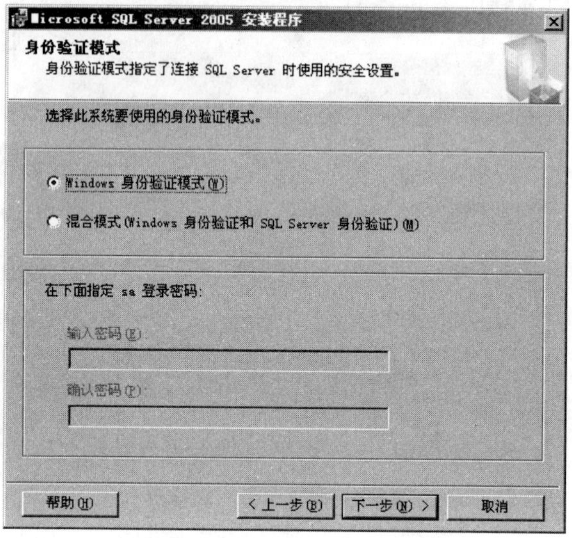

图 1.11 选择 Windows 身份验证模式

(11) 单击“下一步”按钮,出现排序规则设置对话框,可以选择不同的排序规则和次序,SQL Server 会根据选择的排序信息来分类、排序和显示字符数据,如图 1-12 所示。

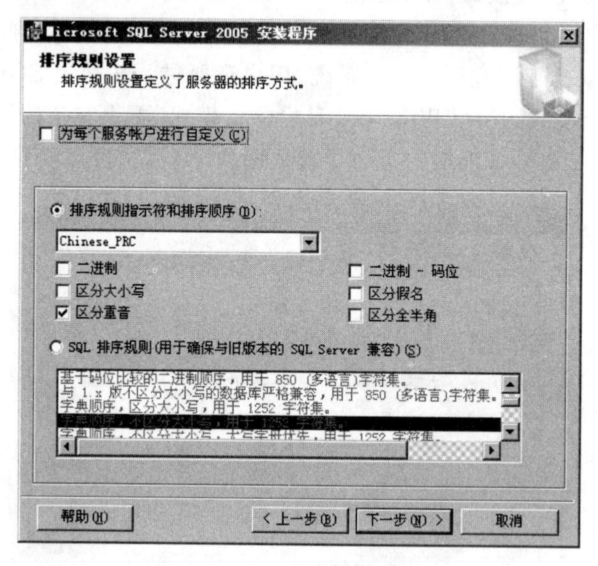

图 1-12 设置排序规则

(12) 单击“下一步”按钮,将弹出报告将要安装的组件的对话框,如图 1-13 所示。

(13) 单击“下一步”按钮,开始复制文件,如图 1-14 所示。

(14) 安装成功后,将出现提示安装完毕的对话框,如图 1-15 所示。单击“完成”按钮,结束 SQL Server 2005 的安装过程。

图 1-13　报告将要安装的组件

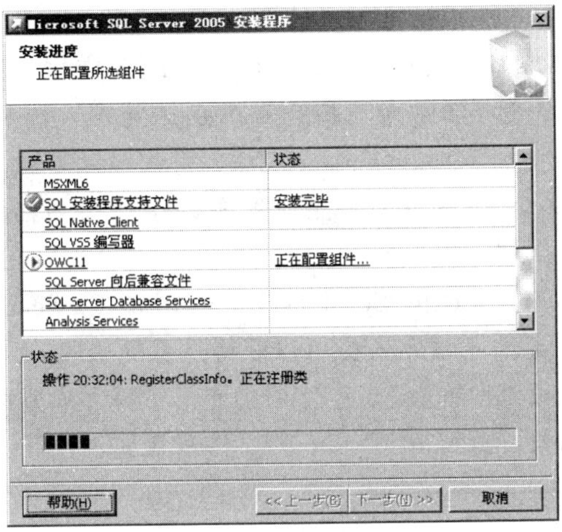

图 1-14　安装进度显示

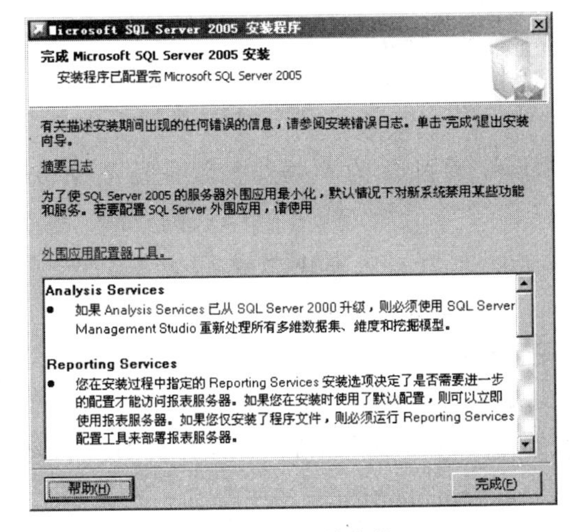

图 1-15　安装完毕

1.2 SQL Server 2005 实用工具

安装程序完成 Microsoft SQL Server 2005 的安装后，可以使用图形化工具和命令提示实用工具进一步配置 SQL Server。Microsoft SQL Server 2005 主要的管理工具包括：

- SQL Server Management Studio(SQL Server 控制管理工具)；
- SQL Server Configuration Manager(SQL Server 配置工具)；
- SQL Server 性能工具；
- Analysis services 工具。

1.2.1 SQL Server 控制管理工具

Microsoft SQL Server Management Studio(SQL Server 控制管理工具)是 Microsoft SQL Server 2005 提供的一种新集成环境，用于访问、配置、控制、管理和开发 SQL Server 的所有组件。SQL Server Management Studio 将一组多样化的图形工具与多种功能齐全的脚本编辑器组合在一起，可以为各种技术级别的开发人员和管理人员提供对 SQL Server 的访问。

SQL Server Management Studio 将企业管理器、查询分析器和 Analysis Manager 功能整合到单一环境中。此外，SQL Server Management Studio 还可以和 SQL Server 的所有组件协同工作，例如 Reporting Services、Integration Services、SQL Server Mobile 和 Notification Services 等组件。开发人员可以获得熟悉的体验，而数据库管理员可以获得功能齐全的单一实用工具，其中包含易于使用的图形工具和丰富的脚本撰写功能。

启动 SQL Server Management Studio 的操作步骤如下：

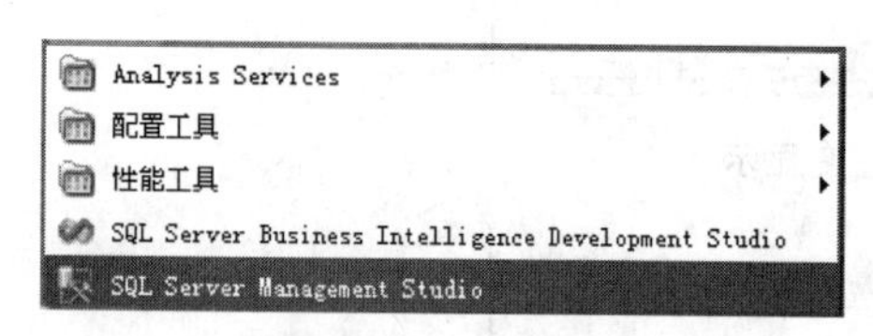

图 1-16 SQL Server Management Studio

(1) 选择“开始”菜单→“程序”→Microsoft SQL Server 2005→SQL Server Management Studio，出现的菜单如图 1-16 所示。

(2) 单击 SQL Server Management Studio 弹出如图 1-17 所示的“连接到服务器”对话框，在这里根据安装 SQL Server 时配置的参数选择服务器类型、服务器名称和身份验证模式。

SQL Server Management Studio 提供数据库引擎、Analysis Services、Reporting Services、SQL Server Mobile 和 Integration Services 共 5 种服务器类型，分别对应于 1.1.3 节所介绍的 5 个安装组件。

要实现对数据库的基本管理与操作，应选择服务器类型为“数据库引擎”，之后选择安装时给出的服务器名称和身份验证模式后单击“连接”按钮，将出现如图 1-18 所示的 Microsoft SQL Server Management Studio 的主界面。在该界面的对象资源管理器中，用户可以采用图形化的方式进行数据库(表)的建立操作、启动查询分析器等一系列工

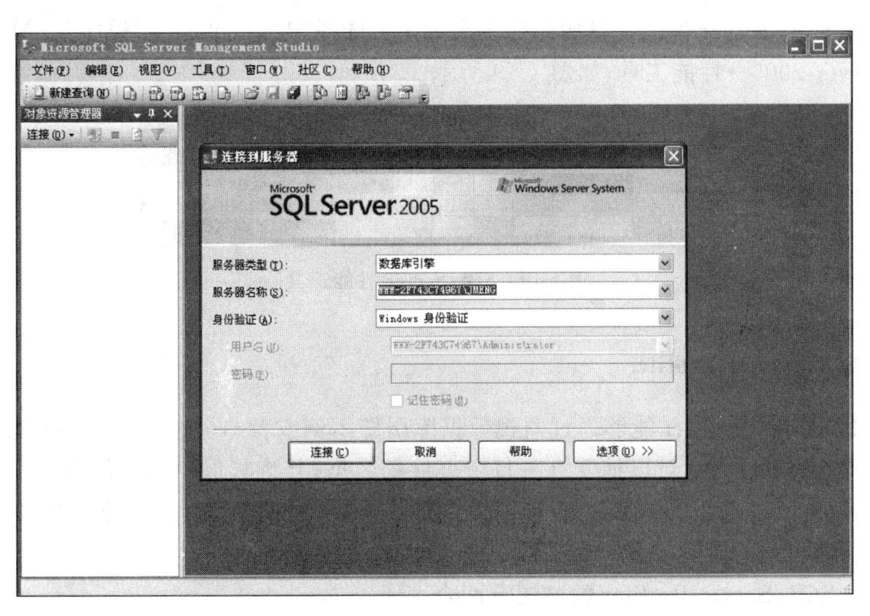

图 1-17 【连接到服务器】对话框

作,其功能与 SQL Server 2000 的企业管理器等同,单击“新建查询”则可以启动查询分析器。

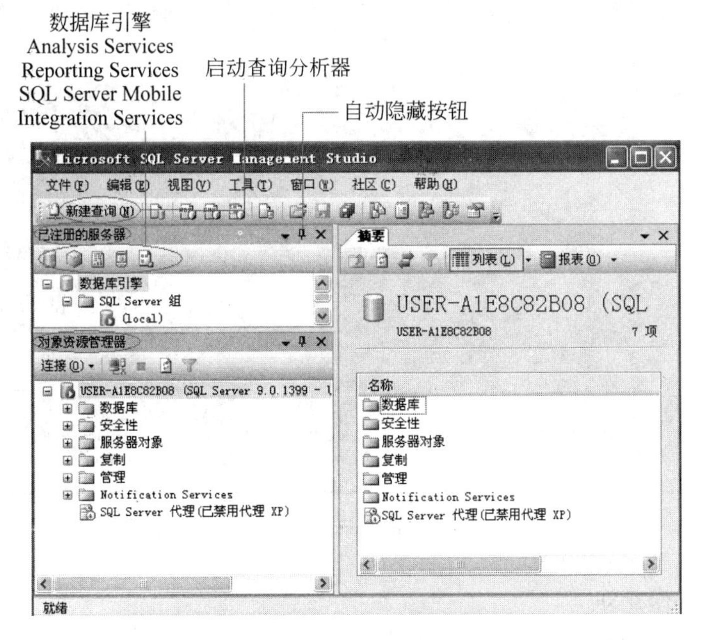

图 1-18 Microsoft SQL Server Management Studio 界面

1.2.2 SQL Server 性能工具

SQL Server 性能工具包括 SQL Server Profiler(事件探查器)和数据库引擎优化顾

问。启动 SQL Server 性能工具的操作步骤如下：选择“开始”菜单→“程序”→Microsoft SQL Server 2005→性能工具，如图 1-19 所示。

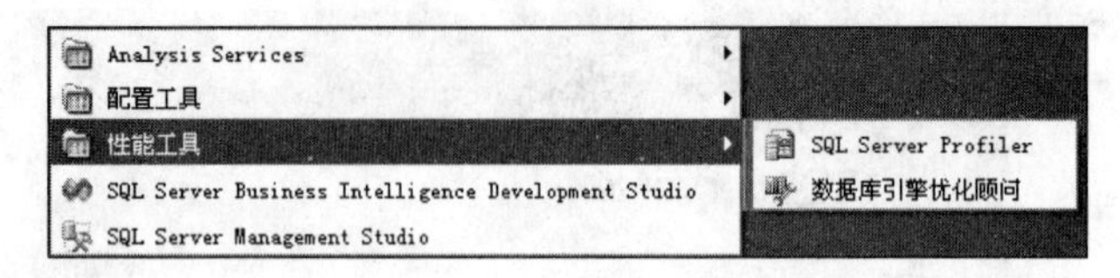

图 1-19 SQL Server 性能工具

1. SQL Server Profiler

SQL Server Profiler 能够通过监视数据库引擎示例或者 Analysis Services 实例来识别影响性能的事件。它可以捕获有关每个事件的数据，并将其保存到文件或表中供以后分析。例如，可以对生产环境进行监视，了解哪些存储过程由于执行速度太慢影响了性能。

启动 SQL Server Profiler 的方法有两个：

- 选择图 1-19 中的“性能工具”中的 SQL Server Profiler 选项。
- 在图 1-18 所示的 SQL Server 控制管理工具界面选择“工具”→SQL Server Profiler，出现如图 1-20 所示的 SQL Server Profiler 界面。

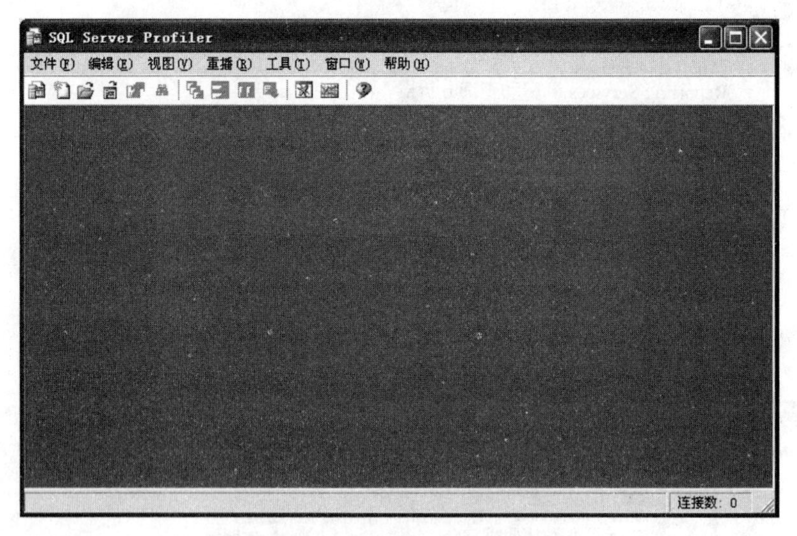

图 1-20 SQL Server Profiler 界面

创建跟踪的操作如下。

(1) 在 SQL Server Profiler 窗口中选择“文件”→“新建跟踪”菜单命令，在弹出的“连接到服务器”对话框中选择服务器类型以及身份验证方式，单击“连接”按钮，弹出“跟踪属性”对话框，如图 1-21 所示。

(2) 在“常规”选项卡中设置时间探查的基本属性。

(3) 在“事件选择”选项卡中选择要跟踪的事件，对每个事件可以选择需要跟踪的信

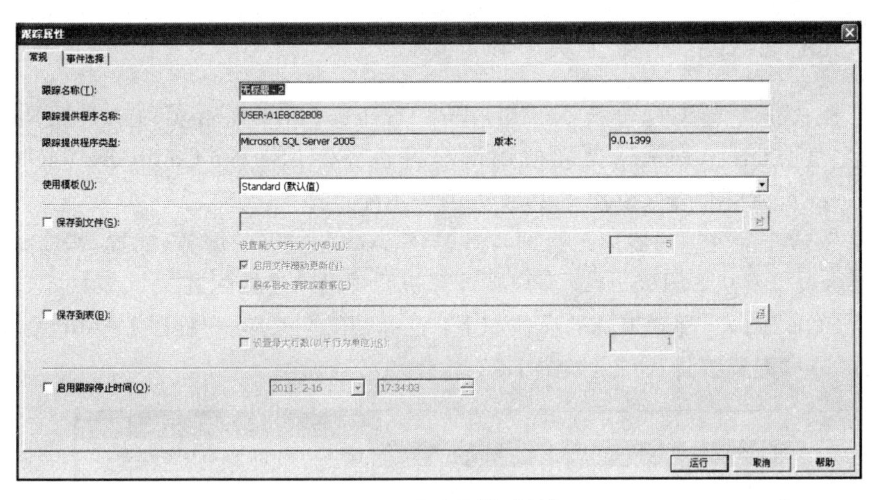

图 1-21　跟踪属性对话框

息。SQL Server Profiler 还能够显示 SQL Server 如何在内部解析查询。这就使得管理员能够准确查看提交到服务器的 Transact-SQL 语句或多维表达式,以及服务器是如何访问数据库或多维数据集以返回结果集的。

2. 数据库引擎优化顾问

数据库引擎优化顾问是用于存储、处理和保护数据的核心服务,它可以协助创建索引、索引视图和分区。启动数据库引擎优化顾问的方法有两个:

- 选择图 1-19 中的“性能工具”中的“数据库引擎优化顾问”选项。
- 在图 1-18 中所示的 SQL Server 控制管理工具界面选择“工具”→“数据库引擎优化顾问”,出现如图 1-22 所示的 Database Engine Tuning Advisor 界面。

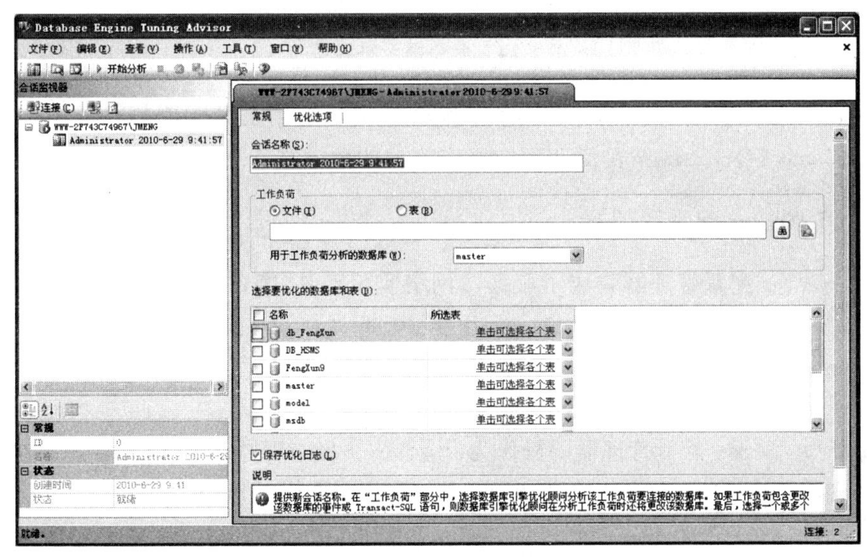

图 1-22　数据库引擎优化顾问界面

1.2.3 SQL Server 配置工具

SQL Server 配置工具包括 Notification Services(命令提示实用工具)、Reporting Services 工具、SQL Server 错误和使用情况报告、SQL Server Configuration Manager (SQL Server 配置管理器)、SQL Server 外围应用配置器。

SQL Server 配置管理器用于管理与 SQL Server 相关联的服务,配置 SQL Server 使用的网络协议以及从 SQL Server 客户端计算机管理网络连接配置。

启动 SQL Server 配置工具的操作如下:选择"开始"菜单→"程序"→Microsoft SQL Server 2005→"配置工具"命令,如图 1-23 所示。

图 1-23 SQL Server 配置工具

1. Notification Services

启动命令提示实用工具的操作为:选择图 1-23 中的"配置工具"程序组中的"Notification Services 命令提示"选项,将出现如图 1-24 所示的命令提示符界面。

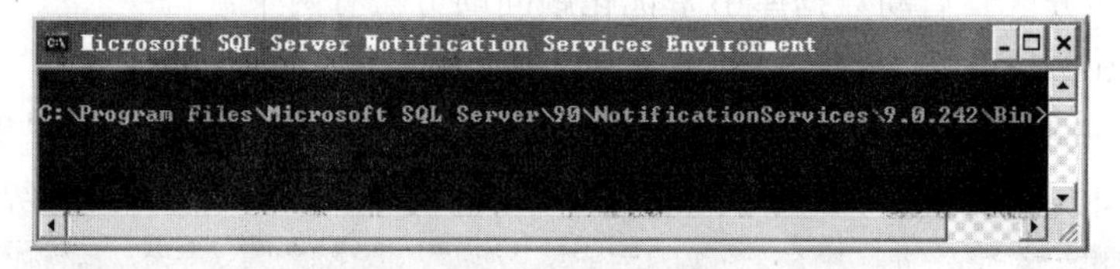

图 1-24 命令提示符界面

Microsoft SQL Server 2005 提供了一组命令提示实用工具。例如,bcp 实用工具用于在 Microsoft SQL Server 实例和用户指定格式的数据文件之间复制数据。

2. SQL Server 配置管理器

SQL Server 配置管理器集成了服务器网络实用工具、客户端网络实用工具和服务管理器的功能,用于管理各种 SQL Server 服务、服务器协议和客户端网络配置等。使用 SQL Server 配置管理器可以启动、暂停、恢复或停止服务,还可以查看或更改服务属性等信息。

启动 SQL Server 配置管理器的操作为:选择图 1-23 中的"配置工具"程序组中的 SQL Server Configuration Manager 选项,出现如图 1-25 所示的 SQL Server Configuration Manager 界面。

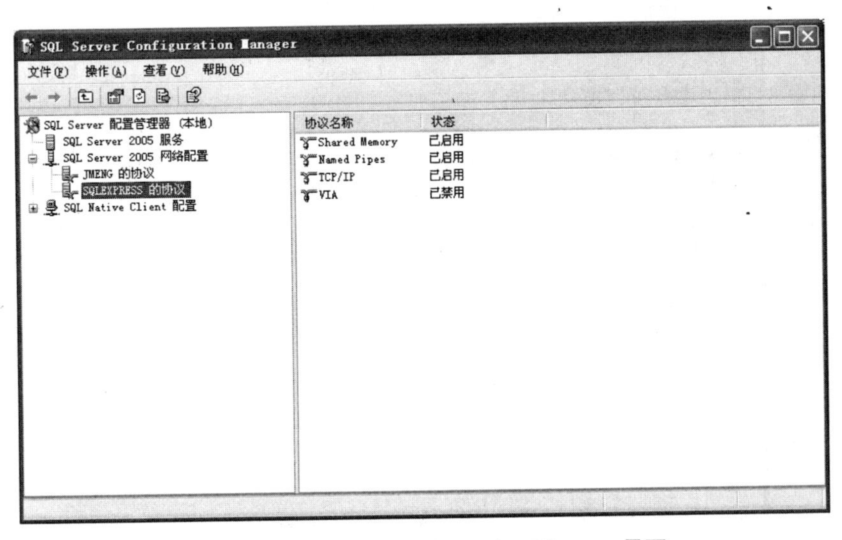

图 1-25 SQL Server Configuration Manager 界面

3. Reporting Services 工具

Reporting Services 工具用于报表服务器的设置和管理，因此只有成功配置了报表服务器才能使用 Reporting Services 工具。

4. SQL Server 错误和使用情况报告

通过设置 SQL Server 错误和使用情况报告选项，可以将错误报告发送到微软公司错误报告服务器。

5. SQL Server 外围应用配置器

使用 SQL Server 2005 外围应用配置器，可以启动、禁用、开始或停止 SQL Server 2005 安装的一些功能、服务和远程连接，如数据库引擎、Analysis Services 和 Reporting Services 等。使用服务和连接外围应用配置器还可以启动或禁用 Windows 服务和远程连接。

启动 SQL Server 外围应用配置器的操作为：选择图 1-23 中的“配置工具”程序组中的“SQL Server 外围应用配置器”选项，出现的“SQL Server 2005 外围应用配置器”界面如图 1-26 所示。

1.2.4 Business Intelligence Development Studio

Business Intelligence Development Studio 是基于 Microsoft Visual Studio 2005 的开发环境，使用 Analysis Services（分析服务）、Integration Services（集成服务）和 Reporting Services（报表服务）来开发商业智能解决方案，是一个集成开发环境。

启动 Business Intelligence Development Studio 的操作步骤如下：选择“开始”菜

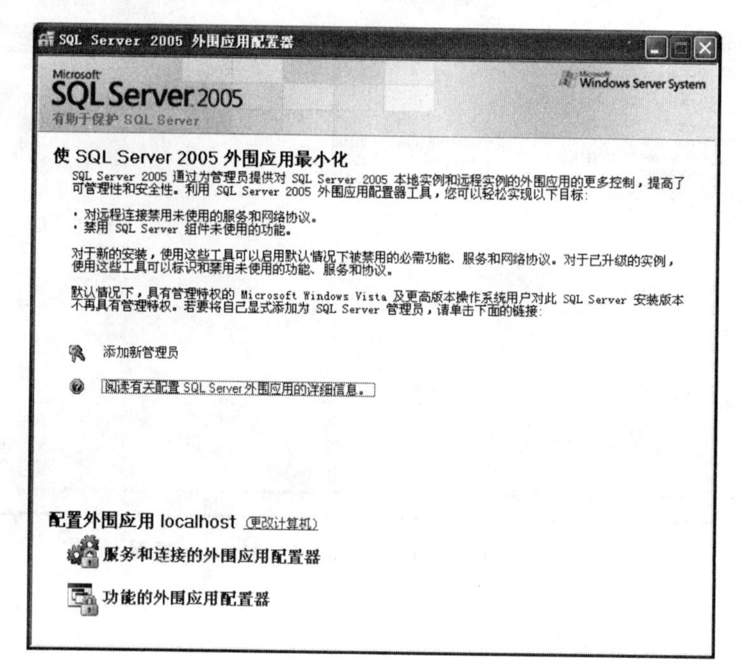

图 1-26 【SQL Server 2005 外围应用配置器】界面

单→"程序"→Microsoft SQL Server 2005→Business Intelligence Development Studio 命令，出现如图 1-27 所示的 Microsoft Visual Studio 界面。

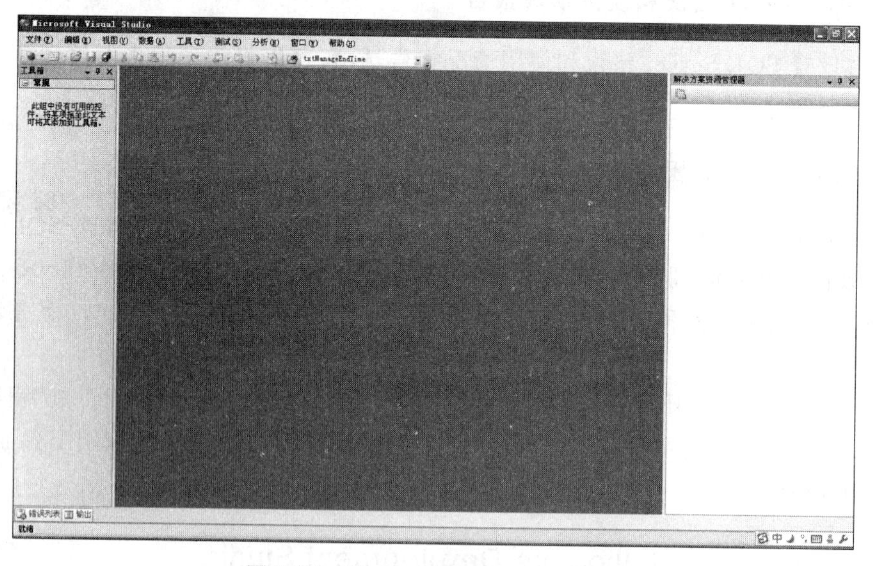

图 1-27 Microsoft Visual Studio 界面

该环境为 Microsoft Visual Studio 2005 功能的子集，在该环境下可以实现 Analysis Services(分析服务)、Integration Services(集成服务)和报表服务等更加智能的商业项目的开发。

选择"文件"→"新建"命令，将弹出如图 1-28 所示的"新建项目"界面，在其中可以选择需要开发的项目。

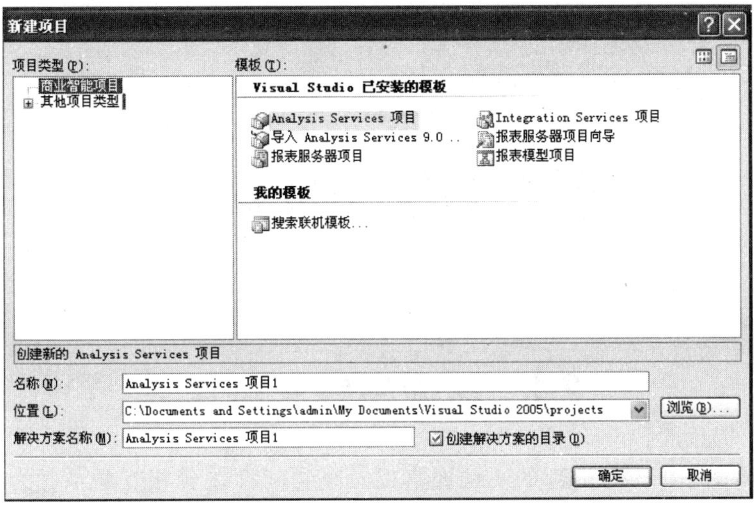

图 1-28 “新建项目”界面

第 2 章 chapter 2

数据库系统的数据模型

2.1 数据库模型概述

现实世界中各种事务内部的不同要素以及事物间存在着相互联系。为了便于研究这些错综复杂的特征,人们将事物自身的特征以及事物间的联系抽象成便于表示、理解和分析的形式,这就是模型。因此可以说模型是人们对现实世界中对象特征以及联系的抽象。

数据模型也是模型的一种,它是对现实世界数据特征的抽象。如现实事物“圆”可以用“半径”、“周长”和“面积”等数据清楚地描述其大小、形状等特征,不同的数据模型实际上是提供给用户的模型化数据的工具。一个数据模型应满足以下要求:

(1) 比较真实地反映现实世界。只有正确反映了客观世界,该数据模型的建立才是有现实意义的。

(2) 数据模型易于理解。

(3) 数据模型便于在计算机上实现。

2.1.1 数据模型的组成要素

数据模型包括以下 3 个部分:

(1) 数据结构:描述数据库组成对象以及对象之间的联系。其包括两个重要的描述内容:一是对象本身的属性,如对象的类型、内容和性质等;二是描述各对象之间存在的联系。

(2) 数据操作:是数据库中各对象实例所允许做的操作和操作规则。

(3) 完整性约束:给定数据模型中各数据和联系之间所具有的制约和依存关系,保证数据的正确性、有效性和相容性。

2.1.2 数据模型的分类

现实世界一般较复杂,往往不能一次性将其表示成适合于计算机的表示与存储的数据模型。因此,在实际应用中通常要经过若干次抽象,才能将现实世界变成适合计算机存储的形式。

如图 2-1 所示，人们首先对现实世界进行认识与抽象，将抽象结果表示成概念数据模型，概念数据模型并不依赖于具体的 DBMS 系统，只是对现实世界的信息表示，从现实世界到概念数据模型的转换由数据库设计人员完成。进一步将概念数据模型变成逻辑数据模型，就需要具体考虑 DBMS 系统的特性，该逻辑数据模型应该为 DBMS 系统所支持的结构。然后，逻辑数据模型在选择了具体存储形式后形成了物理数据模型，一般，物理数据模型由 DBMS 系统自动选择。

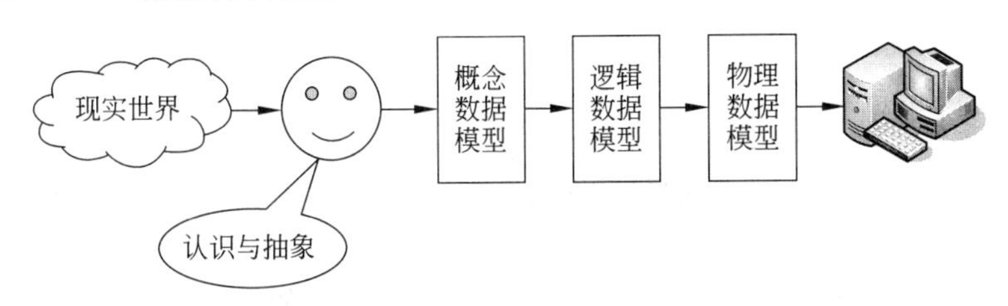

图 2-1　对现实世界的抽象过程

根据以上分析，在将现实世界表示成数据模型的过程中需要经过不同层次的抽象，可以根据抽象层次的不同将数据模型分为 3 类：

(1) 概念数据模型。是数据库设计的核心和基础，数据库设计人员正是通过概念设计模型理解客户需求，方便用户需求表达。概念数据模型使得用户能够参与系统设计。因此概念数据模型主要用于描述客观世界的概念化结构，它使数据库设计的初始阶段摆脱具体 DBMS 系统的技术细节，集中精力分析数据间的联系，使设计更能反映客观需求。最常用的概念数据模型是实体-联系(E-R)模型，也被称为 E-R 模型或 E-R 图。

(2) 逻辑数据模型。是用户从 DBMS 中看到的数据模型，必须得到具体 DBMS 系统的支持。逻辑数据模型既面向用户也面向系统，由概念数据模型转换后得到。通俗地讲，就是 E-R 图转换为具体 DBMS 系统能够识别的数据库表即为逻辑数据模型。

(3) 物理数据模型。描述数据在存储介质上的组织结构的数据模型，它不但与具体 DBMS 系统有关，还与计算机硬件、操作系统有关，反映的是数据在物理磁盘上的组织结构。一般小型数据库管理系统的开发不考虑物理数据模型，具体数据存储由计算机操作系统统一管理。

因此，本章所关心的就是如何设计概念数据模型并合理转换为逻辑数据模型。

2.2　概念数据模型

如图 2-1 所示，人们对客观世界进行认识和理解后，首先将现实世界抽象成概念数据模型，概念数据模型不依赖任何具体的 DBMS，是对客观世界的建模，它是数据库设计者进行数据库设计的有力工具。

2.2.1 客观世界用于数据建模时的基本概念

1. 客观世界涉及的主要概念

1）实体(entity)

客观存在并可相互区别的事物称为实体。例如一个在读的高校学生、一本书、一个部门等。

2）属性(attribute)

实体所具有的某一特性称为属性。一个实体可以由若干个属性来刻画。例如，在读高校学生实体可以用“学号”、“姓名”、“年龄”、“专业”和“入学时间”等属性来刻画。

3）键(key)

能够唯一标识实体的属性集合称为键。例如每个学生的“学号”能够唯一标识此学生非彼学生，因此“学号”是学生实体的主键。

注意：每个实体的键可以不唯一，在众多键中可选择一个作为主键。

4）域(domain)

属性的取值范围称为该属性的域，如学生的性别只能是男或女，因此属性性别的域为(男，女)。

5）实体型(entity type)

具有相同属性的实体应具有相同的性质和特征。用实体名及其属性名集合来抽象和刻画同类实体称为实体型。如“学生(学号，姓名，年龄，专业，入学时间)”就可以是“学生”这一实体型的表示。

6）实体集(entity set)

同一类型实体的集合称为实体集。如全体学生就是一个实体集。形象地说，实体型如同一个设计好却并未填写的表格，只有表头；实体集则是在表格当中填满了数据。

7）联系(relationship)

各实体内部的关联和实体之间的关联的总和被称为联系。联系反映现实世界各实体间存在的内在关联，是反映客观世界时必须要考虑的因素。

2. 实体之间的联系

1）一对一联系(1∶1)

若对于实体集A中的每一个实体，在实体集B中至多可以找到一个(也可以没有)实体与之联系；反之，对于实体集B中的每一个实体，在实体集A中也至多可以找到一个(也可以没有)实体与之联系，则称实体集A与实体集B具有一对一联系，记为1∶1。

例如，在高校中，“一个班级有一个班主任，而一个班主任只管理一个班级”成立，因此班级实体与班主任实体间具有1∶1的联系。

2）一对多联系(1∶n)

若对于实体集A中的每一个实体，在实体集B中可以找到n($n \geqslant 0$)个实体与之联系；反之，对于实体集B中的每一个实体，在实体集A中至多只可以找到一个实体与之联系，则称实体集A与实体集B具有一对多联系，记为1∶n。

例如，在高校中“一个班级有若干名学生，而一个学生只能属于一个班级”成立，因此班级实体与学生实体间具有1∶n的联系。

3）多对多联系（m∶n）

若对于实体集A中的每一个实体，在实体集B中可以找到n（$n\geqslant 0$）个实体与之联系；反之，对于实体集B中的每一个实体，在实体集A中也可以找到m（$m\geqslant 0$）个实体与之联系，则称实体集A与实体集B具有多对多联系，记为m∶n。

例如，在高校中“一门课程可以有多个学生选修，一个学生可以选修多门课程”成立，因此课程实体与学生实体间具有m∶n的联系。

2.2.2 概念数据模型的表示方法：E-R图

为能够清楚表示概念数据模型，引进了E-R图方法，该表示方法能够方便准确地表示实体内以及实体间的联系。规定在E-R图中用不同图形表示不同的具体概念。

实体型：用矩形表示，矩形框内写明实体名。

属性：用椭圆形表示，并用无向边将其与相应的实体连接起来。

联系：用菱形表示，菱形框内写明联系名，并用无向边分别与有关实体连接起来，同时在无向边旁标上联系的类型（1∶1、1∶n或m∶n）。需要注意的是，联系本身也可以具有属性，其画法与实体型的属性画法一样。

2.2.3 E-R图设计实例

下面以学生选修课程为例说明E-R图的画法。已知学生实体（型）可以用“学号”、“姓名”、“系别”、“专业”、“入学时间”和“年龄”等属性来描述，课程实体（型）可以用“课程号”、“课程名”、“学分”和“先修课”等属性来进行描述。根据2.2.1节已知，学生与课程间存在m∶n联系。该例的E-R图表示如图2-2所示（注：为表示方便省略了若干属性）。

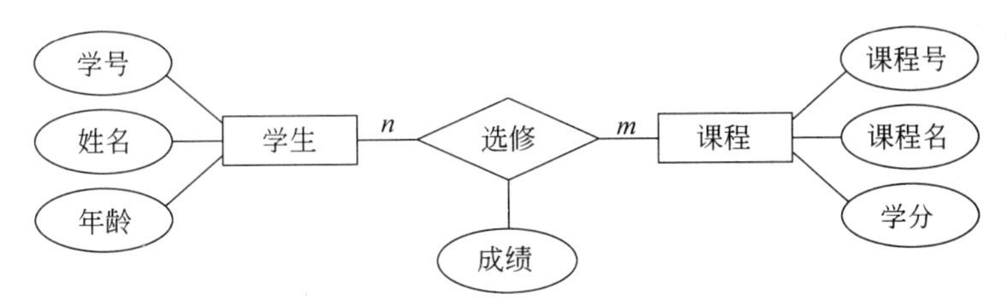

图2-2 学生选修课程的E-R图

2.3 E-R图转换为关系模型

当设计好概念数据模型后，应进一步将其转换为逻辑数据模型，逻辑数据模型与具体的DBMS系统有关，目前的DBMS系统所支持的逻辑模型有关系模型、网状模型和层次模型 3 种，使用最为广泛的为关系型。下面介绍将 E-R 图转换为关系模型的具体方法。

1. 实体型转换为关系模型的方法

一个实体型对应转换为一个关系即一张二维表。实体型的属性就是关系的属性，实体型的主键就是关系的主键。

2. 联系转换到关系模型的方法

实体之间存在不同的联系，各种联系转换方法如下。

- 1∶1 联系：分别将联系两端的实体型转变为关系后，将一端的主键加入另一端的关系模型中，成为另一个关系的外键。
- 1∶*n* 联系：分别将联系两端（以下分别称为 1 端和多端）的实体型转变为关系后，将 1 端对应的主键加入多端的关系模型中，1 端的主码成为多端的外键。
- *n*∶*m* 联系：分别将联系两端的实体型转变为关系后，联系单独转换为关系，该关系的属性为联系两端的实体型的主键＋联系自身的属性，也就是说，当两个实体型间具有 *n*∶*m* 联系时，在转换成为关系模型后为 3 个关系。

根据以上转换原则，来分析图 2-2 中的 E-R 图的转换过程：学生实体与课程实体间存在 *n*∶*m* 的联系，因此转换成数据库表后应该为 3 张表，以下为关系模式（数据表结构）。

学生表：Students(Sno,Sname,Ssex,Sage,Sdept)，其中，Sno 为学号（主键），Sname 为姓名，Ssex 为性别，Sage 为年龄，Sdept 为学生所在的系别。

课程表：Courses(Cno,Cname,Ccredit,Pre_cno)，其中，Cno 为课程号（主键），Cname 为课程名，Ccredit 为学分，Pre_cno 为先修课课程的课号。

成绩表：Reports(Sno, Cno,Grade,Credit)，其中，Sno＋ Cno 为主键，Grade 为成绩，Credit 为学分。

本书将在以后的章节中逐一讲解学生选修课程的数据库，数据库表定义的 T-SQL 语句，以及如何使用 PowerDesigner 进行概念数据模型和关系数据模型的设计，并以此作为贯穿本课程学习的主线。

第3章 chapter 3

SQL语句实践

3.1 SQL语言概述

SQL是Structured Query Language(结构化查询语言)的缩写，它是1974年由Boyee和Chamberlin提出的，并在IBM公司研制的System R上实现。由于SQL语言简单易用，深受用户、业界的欢迎，1986年被认定为美国标准，1987年ISO也通过了这一标准，此后的数十年间SQL作为关系数据库的标准语言得到各个数据库生产厂商的支持和采用，如Oracle、Sybase、Microsoft SQL Server和Access等，各个厂商还对SQL基本命令集进行了不同程度的扩充和修改。SQL是一种介于关系代数和关系演算之间的语言，其功能强大，简单易学，而且其功能不仅仅是查询，还具有数据汇聚和用户权限审核等多种功能。

本章详细介绍SQL语言的功能、特点及其在Microsoft SQL Server 2005中的具体使用和语法规则。

3.1.1 SQL的功能与特点

SQL语言之所以能够为用户和业界所接受并成为国际标准，是因为它是一个综合的、通用的、功能极强同时又简洁易学的语言。其功能包括数据查询(data query)、数据操纵(data manipulation)、数据定义(data definition)和数据控制(data control)4个方面，可实现从数据库中提取数据、修改数据以及使不同数据库间建立联系等功能。SQL语言具有如下特点。

(1) 高度综合统一。SQL集数据定义语言(DDL)、数据操纵语言(DML)和数据控制语言(DCL)于一体，语言风格统一，可以独立完成数据库生命周期中的全部活动。

(2) 高度非过程化。用SQL语言进行数据操作，用户只需提出“做什么”，而不必指明“怎么做”，这不但大大减轻了用户负担，而且有利于提高数据的独立性。

(3) 面向集合的操作方式。SQL语言采用集合操作方式，不仅查找结果可以是元组的集合，而且一次插入、删除和更新操作的对象也可以是元组的集合。

(4) 以同一种语法结构提供两种使用方式。SQL语言既是自含式语言，又是嵌入式语言。在两种不同的使用方式下，SQL语法结构基本上是一致的。

(5) 语言简洁，易学易用。SQL 语言功能极强，但由于设计巧妙，因此语言十分简洁，并且其语法简单容易学习和使用。

SQL 语言完成核心功能只需要 9 个动词：

- 数据查询动词 SELECT；
- 数据定义动词 CREATE(创建数据库和表)、DROP(删除数据库和表)和 ALTER(修改数据库和表)；
- 数据操纵动词 INSERT(插入数据)、UPDATE(更新数据)和 DELETE(删除数据)；
- 数据控制动词 GRANT(为用户授权)和 REVOKE(收回权限)。

3.1.2 Transact-SQL 语言简介

Transact-SQL 是 SQL Server 的编程语言，是微软公司对结构化查询语言(SQL)的具体实现和扩展，具有上述 SQL 的几乎所有特点，它既可以在 SQL Server 中直接执行，也可以嵌入到其他高级程序设计语言中使用。在 SQL Server 中，利用 Transact-SQL 语言可以编写触发器、存储过程、游标等数据库语言程序，进行数据库应用开发。

3.1.3 SQL 语句在 SQL Server 中的执行方式

SQL Server 中的查询分析器提供了一个图形用户界面，用以交互地编辑、调试和执行 T-SQL 语句、批处理及脚本，它将语句发送到服务器并显示返回的结果。而 SQL Server 2005 已经将查询分析器的功能集成在 SQL Server Management Studio(SQL Server 控制管理工具)中，启动查询分析器的步骤是：选择"开始"菜单→"程序"→Microsoft SQL Server 2005→SQL Server Management Studio，在如图 1-18 所示的界面中选择"新建查询"，显示如图 3-1 所示的查询分析器窗口。

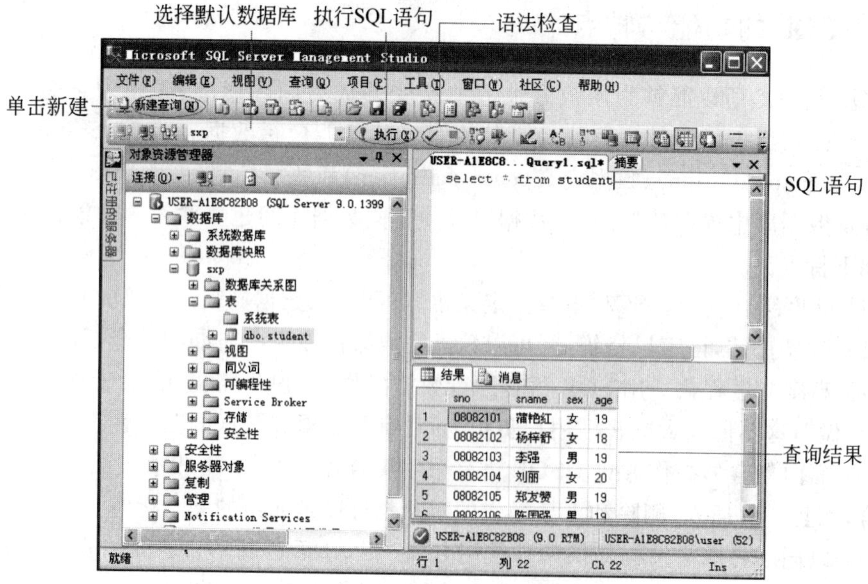

图 3-1 查询分析器的主窗口

窗口左侧为对象浏览器，在其中可以查看当前连接的服务器的所有数据库信息和公用对象，这些信息对用户设计 SQL 语句和脚本很有帮助，可以通过按下 F8 键或在工具栏中单击“对象浏览器”图标打开。窗口右侧为查询编辑窗口，用户在其中输入 SQL 查询命令后，按 F5 键或单击工具栏上的“执行查询”按钮将 SQL 语句送到服务器执行，执行的结果将显示在输出窗口中。而单击工具栏的“保存”按钮，可以将查询编辑窗口中的 SQL 命令保存为脚本，脚本文件的后缀名为.sql。单击工具栏的“打开”按钮，可以把已保存的脚本文件中的 SQL 命令装载到查询分析器中执行。需要注意的是，由于查询分析器中的所有 SQL 命令都是基于当前数据库的，所以在执行 SQL 命令时，首先需要指定所使用的数据库。若要在查询分析器中指定所使用的数据库，请执行以下操作之一：

- 在工具栏上的数据库组合框的下拉式列表中选择默认数据库。
- 在编辑器窗口中输入 USE 语句，其语法格式如下：

```
USE <数据库名>
```

3.2 数据的定义

3.2.1 基本数据库和表

本章使用第 2 章介绍的学生选修课程的逻辑结构（见图 2-2）转换后得到的数据库 teaching 作为贯穿始终的例子来详细讲解数据库以及数据库中表的定义、数据操纵以及数据查询语句，主要介绍 T-SQL 语句在查询分析器中的使用。

T-SQL 语法规定：命令不区分大小写并且所有的分隔符要采用西文的半角字符。希望读者在输入 T-SQL 语句时加以注意。

3.2.2 数据库的创建、删除和修改

1. 使用 T-SQL 语句创建数据库

若要创建数据库，必须确定数据库的名称、所有者、大小以及存储该数据库的文件和文件组。

创建数据库的 T-SQL 语句为 CREATE DATABASE，其基本语法格式为

```
CREATE DATABASE <数据库名>
[ON [PRIMARY]
([ NAME=<数据逻辑文件名(默认为数据库名+_Data)>,]
FILENAME='操作系统下的数据文件路径、文件名+扩展名'
```

（注：主要数据文件的扩展名为.MDF，次要数据文件的扩展名为.NDF）

```
[, SIZE=<数据文件初始容量>]
[, MAXSIZE={<数据文件最大容量>| UNLIMITED} ]
[, FILEGROWTH=<递增值(可按兆字节或百分比增长)>] )
```

```
[LOG ON
( [ NAME=<事务日志逻辑文件名(默认为数据库名+_Log)>,]
FILENAME='操作系统下的日志文件路径、文件名+扩展名'
(注: 日志文件的扩展名为.LDF)
[, SIZE=<日志文件初始容量>]
[, MAXSIZE={<日志文件最大容量>| UNLIMITED} ]
[, FILEGROWTH=<递增值(可按兆字节增长或按百分比增长)>] )]
```

其中,< >内的参数为必选参数,[ ]内的参数为可选项;{ }内的参数为必选项;[,...n]表示前面的项可重复 n 次。

参数说明:

ON: 指明数据库文件或文件组的明确定义。

PRIMARY: 指定数据库主文件或文件组,一个数据库只能有一个主文件。如果没有指定 PRIMARY,那么 CREATE DATABASE 语句中列出的第一个文件将成为主数据库文件。

NAME: 指定文件在 SQL Server 中的逻辑名称,即在创建数据库后执行 T-SQL 语句时所引用的数据库名。

FILENAME: 指定文件在操作系统中存储的路径和文件名称。

SIZE: 指定数据库的初始容量大小,若没有指定主文件的大小,则 SQL Server 默认其与模板数据库中的主文件大小一致,SQL Server 的模板数据库为系统数据库 model;而其他数据库文件和事务日志文件则默认为 1MB。

MAXSIZE: 指定文件的最大容量,如果没有指定,则文件长度可以不断增长直到充满磁盘。

UNLIMITED: 指定文件大小不限。

FILEGROWTH: 指定文件大小的增量。

LOG ON: 指明事务日志文件的明确定义,其定义格式与数据文件的格式相同。

【例 3-1】 指定多个数据文件和事务日志文件创建数据库。

```
CREATE DATABASE teaching
ON
PRIMARY (NAME=teaching_data,
FILENAME='d:\program files\microsoft sql server\mssql\data\ teaching_data.
mdf',
SIZE=2MB,
MAXSIZE=100,
FILEGROWTH=2),
(NAME=teaching_data1,
FILENAME='d:\program files\microsoft sql server\mssql\data\ teaching_data1.
ndf',
SIZE=2MB,
MAXSIZE=100,
```

```
FILEGROWTH=2)
LOG ON
(NAME=teaching_log,
FILENAME='d:\program files\microsoft sql server\mssql\data\ teaching_data1.
ldf',
SIZE=1MB,
MAXSIZE=20,
FILEGROWTH=1)
```

该 T-SQL 语句将在 d：\program files\microsoft sql server\mssql\data 文件夹下创建一个名为 teaching 的数据库。数据库 teaching 使用两个 2MB 的数据文件和一个 1MB 的事务日志文件。主文件是列表中的第一个文件，并使用 PRIMARY 关键字显式指定。事务日志文件在 LOG ON 关键字后指定。

注意：FILENAME 选项中所用的文件扩展名：主要数据文件使用 mdf，次要数据文件使用 ndf，事务日志文件使用.ldf。

【例 3-2】 使用默认值创建数据库。

```
CREATE DATABASE teaching
```

以上语句为最简单的数据库创建语句，它被执行后将创建一个名为 teaching 的数据库，并在 SQL Server 2005 的安装目录的 data 文件夹内创建相应的主文件和事务日志文件。用户没有指定所有可选参数的值，所以主数据库文件的大小与模板数据库 model 中主文件的大小一致。事务日志文件的大小为 model 数据库事务日志文件的大小。因为没有指定 MAXSIZE，文件可以增长到填满所有可用的磁盘空间为止，一般在没有具体要求时，可以选用例 3-2 的 T-SQL 创建数据库即可达到目的。

2. 使用可视化方法创建数据库

创建数据库或表，除了使用查询分析器执行相应 T-SQL 语句外，还可以使用可视化方法完成数据库或表的创建。具体步骤如下：

(1) 启动 Microsoft SQL Server Management Studio(SQL Server 控制管理工具)。选择“开始”菜单→“程序”→Microsoft SQL Server 2005→SQL Server Management Studio→选择“数据库引擎”→单击“连接到服务器”。

(2) 在 Microsoft SQL Server Management Studio(SQL Server 控制管理工具)界面左侧的对象资源管理器中选择【数据库】，右击鼠标，在弹出的快捷菜单中选择“新建数据库”命令，如图 3-2 所示，打开“新建数据库”对话框，如图 3-3 所示，在这里可以选择新建数据库需要的各种属性。

实际上 Microsoft SQL Server Management Studio(SQL Server 控制管理工具)的对象资源管理器与企业管理器功能一致，在这里不但可以新建数据库，还可以新建表、修改表结构，向表中添加数据，创建索引和视图，它的使用方法与 SQL Server 2000 的使用方法一样，以下不再赘述，本章主要讲解 T-SQL 语句的语法规则。

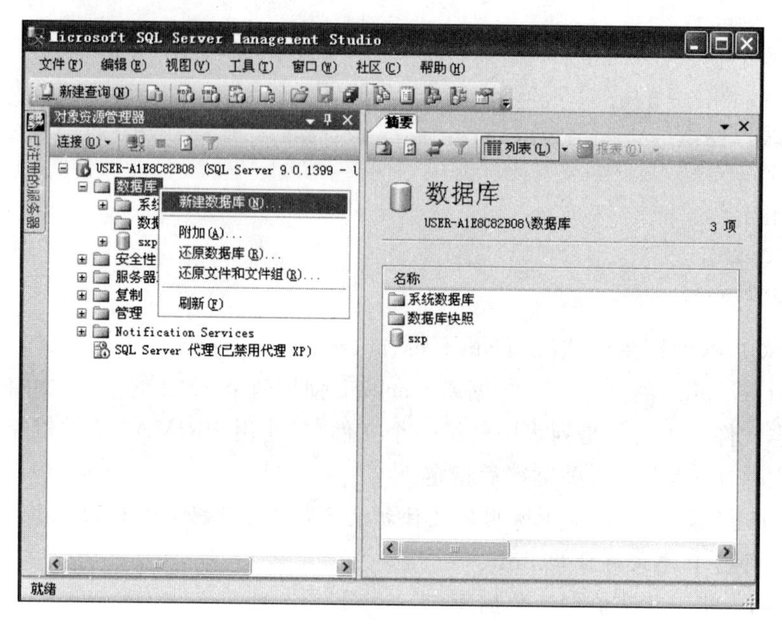

图 3-2　新建数据操作 1

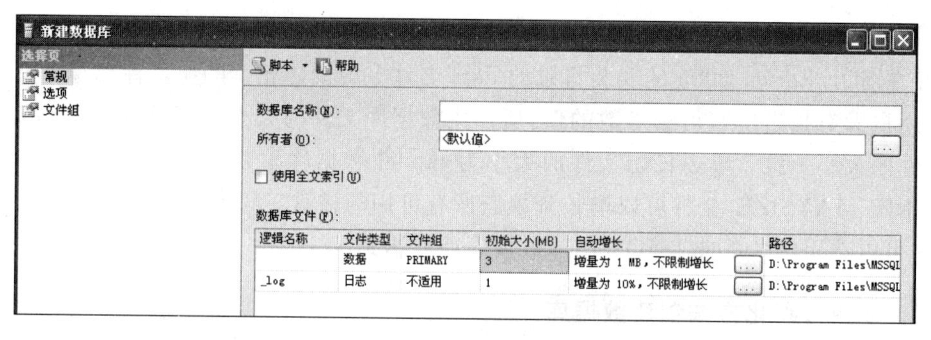

图 3-3　新建数据操作 2

3. 修改数据库

修改数据库的 T-SQL 语句为 ALTER DATABASE，该语句用于在数据库中添加和删除文件或文件组，也可用于更改文件或文件组的属性，其基本的语法格式为

```
ALTER DATABASE <数据库名>
[ ADD FILE
[ (NAME=<数据逻辑文件名(默认为数据库名+_Data)>,]
FILENAME='操作系统下的数据文件路径、文件名+扩展名'
[, SIZE=<数据文件初始容量>]
[, MAXSIZE={<数据文件最大容量>| UNLIMITED} ]
[, FILEGROWTH=<递增值(可按兆字节或百分比增长)>] )
[REMOVE FILE
(NAME=<数据逻辑文件名(默认为数据库名_Data)>,]
```

```
[ADD LOG FILE
( [ NAME=<事务日志逻辑文件名(默认为数据库名+_Log)>,]
FILENAME='操作系统下的日志文件路径、文件名+扩展名'
[, SIZE=<日志文件初始容量>]
[, MAXSIZE={<日志文件最大容量>| UNLIMITED} ]
[, FILEGROWTH=<递增值(可按兆字节增长或按百分比增长)>] )]
[TO FILEGROUP<filegroup_name>]
```

参数说明：

ADD FILE 表示向数据库中添加数据文件。

REMOVE FILE 表示从数据库中移除文件。

ADD LOG FILE 表示向数据库中添加日志文件。

【例 3-3】 向数据库中添加文件。

```
ALTER DATABASE teaching
ADD FILE
(
NAME=teaching_data2,
FILENAME='c:\Program Files\Microsoft SQL Server\MSSQL\Data\ teaching_data2.
ndf',
SIZE=5MB,
MAXSIZE=100MB,
FILEGROWTH=5MB
)
```

该命令在数据库 teaching 中增加了一个大小为 5MB 的文件 teaching_data2. ndf。

4. 删除数据库

删除数据库使用 DROP DATABASE 语句，其基本的语法格式为

```
DROP DATABASE <数据库名>[,...n ]
```

【例 3-4】 删除 teaching 数据库。

```
DROP DATABASE teaching
```

3.2.3 表的创建、修改和删除

1. 定义基本表

一个数据库中可以有多个有一定联系的数据表，在设计数据库时，必须先确定数据库中所需要的表以及每个表中数据的类型并确定可以访问每个表的用户。创建基本表使用 CREATE TABLE 语句，其基本的语法格式为

```
CREATE TABLE
```

```
(
[<所属数据库名>.[<数据库拥有者的用户名>.]]<表名>
({<列名><数据类型>[<列级完整性约束>]} [,...n]
[,<CONSTRAINT 主键约束名>PRIMARY KEY (属性名)]
[,<CONSTRAINT 键值唯一约束名>UNIQUE (属性名)]
[,FOREIGN KEY (外键属性列) REFERENCES <被参照的表名 (参照属性)>]
)
```

参数说明：

(1) 列级完整性约束：定义对应列的完整性约束条件。其中可选的列级完整性约束如下。

NULL|NOT NULL：指定某列允许为空或不允许为空。

PRIMARY KEY：指定某列为单一主键，若表具有联合主键则需要通过表级完整性约束指定。PRIMARY KEY 约束中定义的所有属性都必须是 NOT NULL 的。如果受 PRIMARY KEY 约束的列没有被指定为 NOT NULL，系统自动认定对应列为 NOT NULL。

CHECK (布尔表达式)：判断列值是否满足布尔表达式的值。

UNIQUE：指定某列的取值必须唯一。

FOREIGN KEY REFERENCES <被参照的表名>：指定某列为外键，并给出被参照表的表名(一般，在被参照表中应该具有与该列同名的属性列并为被参照表的主键)。

(2) 表级完整性约束：定义在整个表上的完整性约束条件。表级完整性约束如下。

PRIMARY KEY：指定联合主键。

FOREIGN KEY REFERENCES <被参照的表名>：指定外键并给出被参照表的表名和参照属性。

UNIQUE：指定某列的取值必须唯一。

创建的基本表可以由一个或多个属性(列)组成，每个属性(列)有其数据类型，SQL Server 2005 中常用的数据类型见表 3-1。

表 3-1　SQL Server 常用数据类型

数据类型	存储字节	使用说明
Bigint	8	存储非常大的正负整数
Int	4	存储正负整数
Smallint	2	存储正负整数
Tinyint	1	存储小范围(0～255)正整数
Decimal(P,S)	依据不同的精度需要取 5～17	存储精度为 P 位，小数点后保留 S 位的实数
Numeric(P,S)	依据不同的精度需要取 5～17	与 Decimal(P,S)等价
Float	4 或 8	存储大型浮点数
Real	4	与 Float 相当，但是精确度没有 Float 高
Datetime	8	存储大型日期时间型数据
Smalldatetime	4	存储范围较小的日期时间型数据
Char(N)	N	指定宽度的字符型

续表

数据类型	存储字节	使用说明
Varchar(N)	N	可变长度字符型
Varchar(Max)	N	指定最大长度的可变长度字符型
Binary(N)	N	存储固定大小的二进制流
Varbinary(N)	N	存储可变长的二进制流
Image	$2^{31}-1$	存储可变长的二进制流

另外，建表的同时通常还可以定义与该表有关的列级完整性约束和表级完整性约束，可采用 CONSTRAINT 参数定义约束名；这些完整性约束的条件被存入系统的数据字典中，当用户操作表中的数据时，由 DBMS 自动检查该操作是否违背这些完整性约束条件，若违背则按照用户约定给出相应的操作，如拒绝执行、级联删除或置空。

【例 3-5】 创建具有多个列的数据表，并为表指定完整性约束。

表名：Students(学生信息表)，各个列为：Sno(学号)、Sname(姓名)、Ssex(性别)、Sage(年龄)、Sdept(所在系)。要求 Sno 和 Sname 不能为空值且取值唯一，其中 Sno 为主键。

```
CREATE TABLE Students
    (Sno    CHAR(8) NOT NULL  Primary key,
                                  /* 列级完整性约束,指定 Sno 不能为空值,而且为主键 */
    Sname   CHAR(20) NOT NULL,          /* 列级完整性约束,指定 Sname 不能为空值 */
    Ssex    CHAR(2),
    Sage    INT,
    Sdept   CHAR(15),
    CONSTRAINT un_Sno UNIQUE(Sno),       /* Sno 是取值唯一的表级完整性约束 */
    CONSTRAINT un_Sname UNIQUE(Sname));  /* Sname 是取值唯一的表级完整性 */
```

【例 3-6】 创建具有多个列的数据表，并为表指定完整性约束。

表名：Courses(课程表)，其属性分别为 Cno(课程号)、Cname(课程名)、Pre_cno(先修课程号)和 Credits(学分)，要求 Cno 和 Cname 不能为空，Cno 取值唯一并为主键。

```
CREATE TABLE Courses
    (Cno       CHAR(10) NOT NULL Primary key,     /* Cno 不能为空值,而且为主键 */
    Cname      CHAR(20) NOT NULL,                 /* Cname 不能为空值 */
    Pre_cno    CHAR(5),
    Credits    INT,
    UNIQUE(Cno));                                 /* Cno 是取值唯一的约束 */
```

【例 3-7】 创建具有多个列的数据表，并为表指定完整性约束。

表名：Reports(成绩表)，其属性分别为 Sno(学号)、Cno(课程号)和 Grade(考试成绩)，Sno+Cno 取值唯一并且为主键，Sno 为参照 Students 的外键，Cno 为参照 Courses 的外键。

```
CREATE TABLE Reports
```

```
(Sno  CHAR(8) NOT NULL  foreign KEY (Sno) REFERENCES Students(Sno),
  /* Sno不能为空值,为外键 */
  Cno  CHAR(10) NOT NULL,                              /* Cno不能为空值 */
  Grade  INT,
  Credit INT,
  UNIQUE(Sno,Cno),
  primary key(Sno,Cno),
  /* Sno+Cno取值唯一、为主键的约束 */
  foreign KEY (Cno) REFERENCES Courses (Cno));     /* 定义Sno为外键 */
```

从例 3-7 可以看到：两个外键分别用表级完整性约束和列级完整性约束加以实现，因此只要是单属性约束，用这两种方法均可以，但是当约束为复合属性时则必须用表级完整性约束来实现。

以上 3 个基本表将会贯穿本书讲解 T-SQL 语句语法的始终。因此有必要对表中关键列的设计加以说明，根据 2.2.2 节 E-R 图的介绍以及 2.2.3 节关于 E-R 图转换为关系模型的相应知识可知：Students 表中 Sno 为主键，作为标识一个学生的唯一标志，它不能为空。另外需要注意的是，一般在高校中，学生学号的设计具有一定的意义，并非随便给出的非空值，每一位应该具有自己的含义，假设学号由长度为 8 的字符串组成，下面是学号中每位的含义：

2 位	2 位	2 位	2 位
入校年份	专业代码	班级性质	序号

例如一个学生的学号为“08082101”表示：该生 08 年入校，为计算机科学与技术专业学生，在二本第一个班学习，他在班级中入校成绩排第一名。同样，对于 Courses 表中的主键 Cno 的长度以及每一位的具体含义也需要认真加以设计。对数据库表的属性进行详细设计，以利于将来系统的开发。

2. 修改基本表

修改表结构用 ALTER TABLE 语句，其基本语法格式为

```
ALTER TABLE <表名>
  {ALTER COLUMN <列名><新数据类型>[ [ (<精度>[, <小数位数>] ) [<列级完整性约束>] ]
  | ADD {<列名><数据类型>[ [ (<精度>[, <小数位数>] ) [<列级完整性约束>] ] [ , ...n ] }
  | DROP COLUMN <列名>[ , ...n ]}
```

参数说明：

ALTER COLUMN：修改已有列的定义，其中参数的使用方法与 Create Table 命令一致。

ADD：向表中添加新列。

DROP COLUMN：删除表中存在的列。

【例 3-8】 向基本表 Students 中增加“入学时间”属性列，其属性名为 Sentrancedate，数据类型为 DATETIME 型。

```
ALTER TABLE Students ADD Sentrancedate DATETIME;
```

【例 3-9】 将 Sage(年龄)的数据类型改为 SMALLINT 型。

```
ALTER TABLE Students ALTER COLUMN Sage SMALLINT;
```

【例 3-10】 将上例添加的入学日期(Enroll_Date)列删除。删除 Sname(姓名)必须取唯一值的约束。

```
ALTER TABLE Students DROP CONSTRAINT un_Sname;
```

3. 删除基本表

删除基本表用 DROP TABLE 语句,其基本的语法格式为

```
DROP TABLE <表名>[,...n ]
```

【例 3-11】 删除 Students 表。

```
DROP TABLE  Students;
```

3.2.4 视图的创建、修改和管理

视图是关系数据库中提供给用户以多种视角观察数据库中数据的重要机制,视图具有将预定义的查询作为对象存储在数据库中的能力。视图是一个虚拟表,用户可以通过视图从一个或多个表中提取一组自己感兴趣的数据。数据库中只存放关于视图的定义,视图中并没有存放真正的数据,其数据来源为对基本表的一次查询操作的结果,其结构和数据建立在对基本表的查询基础上。和定义基本表一样,视图的定义也需要定义列,但是这些列并不实际地以视图结构存储在数据库中,而是存储在视图所引用的表中,因此,对视图的一切操作最终都要转换为对基表的操作。创建视图可以方便用户对来自不同表中的数据进行操作,用户可以只取得自己感兴趣的数据,而不必受其他数据干扰。

视图一经定义,就可以像基本表一样进行查询和删除操作,但是对于视图上的更新(包括数据的增加、删除和修改)操作受操作规则的限制,稍后将在视图更新中加以介绍。

1. 用 CREATE VIEW 命令创建视图

创建视图时,需注意以下几点:

(1) 要创建视图,用户必须被数据库所有者授权可以使用 CREATE VIEW 语句,并具有与定义的视图有关的表或视图的相应权限。

(2) 只能在当前数据库中创建视图。但是视图所引用的表或视图可以是其他数据库中的,甚至可以是其他服务器上。

(3) 一个视图最多可以引用 1024 个列,这些列可以来自一个表或视图,也可以来自多个表或视图。

(4) 在用 Select 语句定义的视图中,如果在视图的基表中加入新列,则新列不会在视图中出现,除非先删除视图再重建。

(5) 如果视图中的某一列是函数、数学表达式和常量，或者来自多个表的列名相同，则必须为此列定义一个不同的名称。

(6) 即使删除了一个视图所依赖的表或视图，视图的定义仍然保留在数据库中。

创建视图使用 CREATE VIEW 语句，其语法格式为

```
CREATE VIEW [数据库拥有者.] <视图名>[(<列名>[,...n ] )]
[WITH ENCRYPTION]
AS
SELECT 语句
[WITH CHECK OPTION]
```

参数说明：

WITH ENCRYPTION：对 CREATE VIEW 的文本进行加密。

AS SELECT 子句：可以是任意复杂的查询语句，但通常不允许含有 ORDER BY 子句和 DISTINCT 短语。

WITH CHECK OPTION：表示对视图进行插入(INSERT)、删除(DELETE)和修改(UPDATE)操作时要保证被更新的数据满足视图定义的约束条件(即 AS SELECT 子句中的查询条件)。

【例 3-12】 建立数学系学生的视图，并要求进行修改和插入操作时仍需保证该视图只有数学系的学生，视图的属性名为 Sno、Sname、Sage 和 Sdept。

```
CREATE  VIEW  C_Student
AS
SELECT  Sno, Sname, Sage, Sdept
FROM  Students
WHERE  Sdept='数学'
WITH CHECK OPTION
```

说明：由于视图创建时带有 WITH CHECK OPTION 子句，因此当用户试图将某一学生的系别字段的值由原来的"数学"改为"计算机"时，系统将会报错。

【例 3-13】 建立学生的学号(Sno)、姓名(Sname)、选修课程名(Cname)及成绩(Grade)的视图。

本视图由三个基本表的连接操作得到，其 SQL 语句如下：

```
CREATE VIEW  Student_CR
AS
SELECT  Students.Sno, Sname, Cname, Grade
FROM  Students, Reports, Courses
WHERE  Students.Sno=Reports.Sno AND Reports.Cno=Courses.Cno
```

【例 3-14】 建立一个反映学生出生年份的视图。

```
CREATE VIEW Student_birth(Sno, Sname, birthday)
AS  SELECT  Sno, Sname, 1996-Sage
FROM  Student
```

2. 修改视图

修改视图使用 ALTER VIEW 语句,其语法格式为

```
ALTER VIEW <视图名>[(<列名>[, ...n ])]
[With Encryption]
AS
SELECT 语句
[With Check Option]
```

【例 3-15】 修改视图 Student_birth,使其中的计算列 birthday 的值由原来的 1996-Sage 变为 2011-age。

```
ALTER VIEW Student_birth(Sno, Sname, birthday)
AS
SELECT  Sno, Sname, 2011-age
FROM  Student
```

3. 删除视图

用 DROP VIEW 命令删除视图,其语法格式为

```
DROP VIEW <视图名>[,...n ]
```

一个视图被删除后,由此视图导出的其他视图也将失效,用户应该使用 DROP VIEW 命令将它们一一删除。

【例 3-16】 删除视图 Student_CR。

```
DROP VIEW Student_CR;
```

4. 查询视图检索表数据

视图可以像基表一样用在 SELECT 查询语句的 FROM 子句中作为数据来源。为了简化数据检索或提高数据库的安全性,通常的做法是将查询做成视图,然后又将视图用在其他查询中。

【例 3-17】 在数学系的学生视图 C_Student(例 3-12 中创建的视图)中找出年龄(Sage)小于 20 岁的学生姓名(Sname)和年龄(Sage)。

```
SELECT  Sname, Sage
FROM  C_Student
WHERE  Sage<20;
```

说明:上述语句与下面的 SELECT 查询语句相当,执行后结果相同。事实上,目前多数 DBMS 系统就是通过将视图的查询操作转换为对基本表的操作来实现的。

```
SELECT  Sname, Sage
FROM  Students
```

```
WHERE  Sdept='数学' AND Sage<20;
```

5. 视图更新表数据

视图的更新与基本表的更新一样，也包括插入（INSERT）、删除（DELETE）和修改（UPDATE）3 类操作。由于视图是虚拟表，因此对视图的更新最终与查询操作一样也要转换为对基本表的更新操作。

为防止用户通过视图对数据进行非法的增、删、改，DBMS 系统允许用户在定义视图时加入 WITH CHECK OPTION 子句。这样在视图上进行数据更新时能够保证数据的安全。

【例 3-18】 将数学系学生视图 C_Student 中学号为 05083201 的学生姓名改为“史燕婷”。

```
UPDATE  C_Student
SET  Sname='史燕婷'
WHERE  Sno='05083201';
```

说明：DBMS 自动转换为对基本表的更新语句，如下：

```
UPDATE  Students
SET  Sname='史燕婷'
WHERE Sno='05083201' AND Sdept='数学';
```

但是由于视图中的行和列可能分别取自不同的基本表（如例 3-13 给出的视图），也可能有计算列的存在，对视图的更新操作无法消解为对基本表的更新，这时就会导致数据异常，因此目前的 DBMS 系统一般都只允许对行列子集视图进行更新，而且各个 DBMS 系统还对视图的更新有进一步的限制，这些限制与具体系统有关，不同系统的规定不尽相同。

【例 3-19】 建立一个反映学生（Sno）、姓名（Sname）以及各门课平均成绩的视图。

```
create view student_avggrade(Sno,Sname,Gradeavg)
AS
SELECT Sno,Sname,AVG(Grade)
from Reports
GROUP BY Sno;
```

说明：此时若要求修改视图 student_avggrade 中某个学生的平均分就会导致数据异常，因为 Gradeavg 为在对基本表中的 Sno 列进行 GROUP BY 后的计算列。

3.2.5 索引的创建和删除

索引是数据库中的一种特殊对象，它是对数据库表中一个或多个列的值进行排序或方便用户查找数据而创建的一种存储结构，主要用于提高表中数据查询速度。因此对表中具体列是否创建索引直接影响数据检索的速度。

1. 索引的分类

若表上没有创建任何索引，则数据的输入顺序对应其物理位置，没有任何存储顺序。SQL Server 2005 支持在表的任何一个或几个列上创建索引，索引按照组织方式可以分为聚簇索引和非聚簇索引两类。

1）聚簇索引

一旦表创建了聚簇索引后，表中数据的物理位置就与索引顺序完全相同。因此可以认为创建聚簇索引的过程就是按照索引顺序调整表中数据存储位置的过程。由于一个表中的数据只能按照一个顺序进行存储，因此一个表上只能创建一个聚簇索引。一般，这个聚簇索引被创建在主键上或者是经常按顺序被检索的列上。

2）非聚簇索引

非聚簇索引则不改变数据库表的物理位置，数据与索引分开存储，每个索引包含有逻辑指针，指向数据的物理位置。非聚簇索引类似于书的目录，人们可以利用书籍的目录快速找到自己想要的内容。

3）唯一索引

唯一索引要求在建立索引的所有数据行中不能有重复值。对一个已经具有数据的表建立唯一索引时，系统首先检查表中是否有重复的数据，若有则停止索引的建立并向用户报错。当数据表创建了唯一索引后，将禁止数据库添加、修改操作导致的数据重复，在一定程度上保证数据的安全性。聚簇索引和非聚簇索引都可以被指定为唯一索引。

2. 创建索引

需要注意的是索引可以加快数据检索的速度，但是也会占用大量空间，如果使用不合理也有可能降低检索效率。例如，对表中数据较少而且很少做查找操作却经常进行插入、删除、修改的操作时，使用索引并不能提高检索性能。相反，表中数据较多且经常进行查找操作时，建立索引则会提高检索效率。另外，最好是先装入数据，再建立索引，否则，每输入一次数据就要维护一次索引。

创建索引使用 CREATE INDEX 语句，其语法格式为

```
CREATE [UNIQUE] [CLUSTERED|NONCLUSTERED] INDEX <索引名>
ON<表或视图名>(列名[ASC|DESC] [,...n])
[WITH
    [PAD_INDEX]
    [[,]FILLFACTOR=填充因子]
    [[,]IGNORE_DUP_KEY]
    [[,]STATISTICS_NORECOMPUTER]
]
[ON 文件组名]
```

参数说明：

UNIQUE：指定索引为唯一索引(UNIQUE)。要将创建唯一索引(UNIQUE)的列

约束为 NOT NULL，因为若该列有多个 NULL 值，系统将认为是重复值。

CLUSTERED|NONCLUSTERED：指定索引为聚簇索引(CLUSTERED)或非聚簇索引(NO CLUSTERED)。

PAD_INDEX：指定索引保持开放的空间，它必须与“FILLFACTOR＝填充因子”同时使用。

FILLFACTOR＝填充因子：表示索引页的填满程度，即在创建索引时用于每个索引页的数据占索引页大小的比例。填充因子的值是 1～100 的整数，其默认值为 0，表示叶节点被全部填满。

IGNORE_DUP_KEY：与 UNIQUE 一同使用，表示插入或更新数据时，系统将发出警告并忽略重复的行。

STATISTICS_NORECOMPUTER：过期的索引将不会被重新计算。

【例 3-20】 在学生表(Students)上建立一个关于学号(Sno)的索引。

```
CREATE CLUSTERED INDEX INDX_SNO
ON Students(Sno);
```

由于学号为 Students 表的主键，因此创建了一个聚簇索引，以方便将来的检索操作。

【例 3-21】 在成绩表(Reports)上建立一个关于成绩(Grade)的索引，要求成绩按降序排列，成绩相同的学生按姓名升序排列。

```
CREATE NONCLUSTERED INDEX INX_GRADE
ON Reports(Grade DESC,Sname ASC);
```

3. 索引的删除

用 DROP INDEX 语句来删除索引。具体的语法格式为

```
DROP INDEX <索引名>[,...n]
```

利用 DROP INDEX 删除通过 PRIMARY 或 UNIQUE 约束创建的索引，必须先删除指定的约束，再删除相应的索引。

【例 3-22】 删除例 3-21 创建的索引。

```
DROP INDEX INX_GRADE;
```

3.3 数据的查询

数据查询是数据库的核心操作。所谓查询，就是对已经存在于数据库中的数据按特定的组合、条件或次序进行检索。查询设计是数据库应用程序开发的重要组成部分，前台应用程序需要通过查询来使用数据库中的数据。因此，查询功能是 SQL 中最重要、最核心的部分，SQL 语言使用 SELECT 语句实现数据查询，SELECT 语句具有灵活的使用方式和丰富的功能。以下是 SELECT 语句的完整语法结构：

```
SELECT [ ALL | DISTINCT ] <目标列表达式>[, ...n ]
[ INTO <新表名>]
FROM <表或视图名>[,...n]
[ WHERE <条件表达式>]
[ GROUP BY <列名 1> [HAVING<条件表达式>]
[ ORDER BY <列名 2> [ASC | DESC] [, ...n]]
```

SELECT 语句的含义是：根据 WHERE 子句的条件表达式，从 FROM 子句指定的基本表或视图中找出满足条件的元组，再按 SELECT 子句中的<目标列表达式>选出所需要的属性列形成结果输出，[ALL | DISTINCT]选项为可选项，若不选则默认为ALL，表示输出全部满足 WHERE <条件表达式>的数据；若选择 DISTINCT，则表示对满足条件的数据只输出不重复的数据，若结果中有重复的数据，则只输出第一个满足条件的数据。若带有 INTO 子句，则将此满足结果的数据插入到另一个表中；若带有GROUP 子句，则将结果按<列名 1>的值进行分组，该属性值相等的元组为一个组，GROUP 子句若有 HAVING 短语，则只有满足指定条件的组才予以输出。若带有ORDER 子句，则结果表还要按<列名 2>的值进行升序(ASC)或降序(DESC)的排列，<列名 2>可以是一个列，也可以有多个列，各列之间用“，”隔开，表示第一个列的值如果相等，则按照第二个列的值进行升序或降序排列。

3.3.1 简单的单表查询

单表查询仅涉及对一个表的查询，是查询中最简单的一种。

1. 选择表中的若干列

1) 查询部分列

在很多情况下用户只希望看表中部分列的值，可以使用<目标列表达式>指定需要查看的列名，这个操作相当于对关系模式做投影操作。最简单的、不带条件的查询部分列的 SELECT 语句的格式如下：

```
SELECT <目标列表达式>[, ...n ]
FROM <表或视图名>
```

【例 3-23】 查询全体学生的姓名(Sname)、学号(Sno)和所在系(Sdept)。

```
SELECT  Sname, Sno, Sdept
FROM  Students;
```

SELECT 后的<目标列表达式>中的列名顺序可以与表中的顺序不一致，即用户在查询时可以根据需要改变列的显示顺序。

2) 查询全部列

查询表中全部列时可以在<目标列表达式>中指定表中所有列的列名，也可以用符号“*”代表全部列。最简单的、不带条件的查询全部列的 SELECT 语句的格式如下：

```
SELECT *
FROM <表或视图名>
```

【例 3-24】 查询全体学生的详细记录。

```
SELECT  *                                        /*这里的"*"等价于 ALL*/
FROM  Students;
```

3）带计算列的查询

SELECT 后的＜目标列表达式＞不但可以是数据库表中实际存在的列，也可以是列的表达式。

【例 3-25】 查询全体学生学号(Sno)、姓名(Sname)以及出生年份。

```
SELECT  Sno,Sname,2011-Sage
FROM  Students;
```

表 Students 中只有 Sage(年龄)列，没有出生年份，但是出生年份可以用当年的年份减学生年龄获得。2011－Sage 的表示方法就称为计算列，在目标列表达式中除了可以使用计算列，还可以使用系统提供的聚集函数，聚集函数的使用将在后面介绍。

2. 选择表中的若干行

数据库表中存储着大量的数据，而在实际应用中并不总是要使用表中的全部数据，更多的是要从表中筛选出满足指定条件的数据，这相当于对关系模式做选择运算。具体可以通过 SELECT 语句的 WHERE 子句来实现，格式为

```
SELECT <目标列表达式>[, ...n ]
FROM <表或视图名>
WHERE <条件表达式>
```

其中＜条件表达式＞中常用的运算符和谓词如表 3-2 所示。

表 3-2 查询条件中常用的运算符和谓词

运算符和谓词	功　能
=、>、<、>=、<=、<>、!=、!<、!>	比较运算符
BETWEEN…AND、NOT BETWEEN…AND	值是否在范围之内
IN、NOT IN	值是否在列表中
LIKE、NOT LIKE	字符串匹配运算符
IS NULL、IS NOT NULL	值是否为 NULL
AND、OR、NOT	逻辑运算符

1）比较大小

【例 3-26】 查询所有年龄(Sage)大于 21 岁的男同学的学号(Sno)和姓名(Sname)。

```
SELECT Sno,sname
FROM s
WHERE age>21 AND Ssex='男'
```

注意：对 Char、Varchar、Text、Datetime 和 Smalldatetime 等类型的数据，要用单引号括起来。

【例 3-27】 查询考试成绩不及格的学生的学号(Sno)。

```
SELECT DISTINCT Sno
FROM Reports
WHERE Grade< 60;
```

这里使用了可选项 DISTINCT，表示去掉查询结果中重复的行。因为在例 3-25 中可能存在一个学生有多门课程不及格的现象，若不使用 DISTINCT 则将列出全部学号，而 DISTINCT 就使结果中没有重复的学号。

2）确定范围

用 BETWEEN…AND 和 NOT BETWEEN…AND 可以用来查询属性值在(或不在)指定范围内的数据。

【例 3-28】 查询年龄在 18～22 岁(包括 18 岁和 22 岁)之间的学生学号(Sno)和姓名(Sname)。

```
SELECT  Sno,Sname
FROM  Students
WHERE  Sage  BETWEEN 18 AND 22;
```

3）确定集合

使用 IN 查找在指定的集合范围内的数据行。

【例 3-29】 查询自动化系、数学系和计算机系学生的学号(Sno)和姓名(Sname)。

```
SELECT  Sno, Sname
FROM  Students
WHERE  Sdept  IN ('自动化', '数学', '计算机');
```

若要查找属性值不属于指定集合的记录，则用谓词 NOT IN。

【例 3-30】 查询不是自动化系和数学系的学生的学号(Sno)和姓名(Sname)。

```
SELECT  Sno, Sname
FROM  Students
WHERE  Sdept  NOT IN ('自动化', '数学');
```

4）字符匹配

使用 LIKE 或 NOT LIKE 运算符及相应的通配符可以进行字符串的匹配以实现模糊查询。其一般语法格式为

```
[NOT] LIKE '<匹配串>' [ESCAPE '通配符字符']
```

其含义是查找指定的属性列值与＜匹配串＞相匹配的记录。＜匹配串＞可以是一个完整的字符串，也可以是含有通配符的字符串。常用的通配符有如下两个。

- %(百分号)：代表任意多个字符。
- _(下划线)：代表单个字符。

当匹配串中包含有通配符时，ESCAPE选项使其后出现的通配符被当作普通字符来处理。

【例 3-31】 查询所有姓刘的学生的姓名(Sname)、学号(Sno)和性别(Ssex)。

```
SELECT  Sname, Sno, Ssex
FROM  Students
WHERE  Sname  LIKE  '刘%'
```

【例 3-32】 查询课程表(Reports)中课程名中包含"C_"的所有课程的课程号(Cno)。

```
SELECT  Cno
FROM Reports
WHERE Cname LIKE 'C_'ESCAPE'_';
```

5）空值的表示与查询

数据库表中的某一列如果还不能确定其值时就是空值，但是空值不代表空字符串或者整数0，空值表示该属性的值可能为满足数据类型的任意值，在T-SQL语法中用NULL表示。例如，某一学生选修了课程后还没有考试，则其考试成绩属性列的值就应该为空值，在对应的Reports表中应该记录了该生的选课信息，但成绩部分为NULL，如例3-33。

【例 3-33】 试查询成绩表(Reports)中缺少考试成绩的学生的学号(Sno)和相应的课程号(Cno)。

```
SELECT  Sno, Cno
FROM  Reports
WHERE  Grade IS NULL;
```

6）复合条件查询

用逻辑运算符可进行WHERE子句中多个条件的连接，从而实现更复杂条件的查询。常用的3种逻辑运算符有AND(逻辑与)、OR(逻辑或)和NOT(逻辑非)，其优先级依次为NOT、AND、OR。

【例 3-34】 查询所有年龄在18～22岁(包括18岁和22岁)之间的学生学号(Sno)和姓名(Sname)。

```
SELECT Sno,Sname
FROM  Students
WHERE  Sage>=18 AND Sage<=22;
```

该语句与例3-28是等价的。

【例 3-35】 查询自动化系、数学系和计算机系学生的学号(Sno)和姓名(Sname)。

```
SELECT  Sno, Sname
FROM  Students
WHERE  Sdept='自动化' OR Sdept='数学' OR Sdept='计算机';
```

该语句与例3-29是等价的，由此可以看出，一个查询要求可以有多种表示方法。

3. 对查询结果排序

如果没有指定查询结果的显示顺序，DBMS将按其最方便的顺序(通常是记录在表中的先后顺序)输出查询结果。用户也可以用ORDER BY子句指定按照一个或多个属性列的升序或降序重新排列查询结果。

【例3-36】 查询选修了课程号为"080605010"的学生的学号(Sno)和成绩(Grade)，并按成绩降序排列。

```
SELECT  Sno, Grade
FROM  Reports
WHERE  Cno='080605010'
ORDER BY Grade DESC;
```

4. 生成汇总数据

在实际应用中，常常要对数据库中的数据进行统计，T-SQL语言提供了聚集函数帮助用户对数据进行统计和汇总，聚集函数一般出现在SELECT语句的<目标列表达式>和GROUP子句的HAVING短语中。常用的聚集函数如表3-3所示。

表3-3 常用的聚集函数

函数名	功能
COUNT([DISTINCT|ALL] *)	统计记录个数
SUM([DISTINCT|ALL] <列名>)	计算一列值的总和
AVG([DISTINCT|ALL] <列名>)	计算一列值的平均值
MAX([DISTINCT|ALL] <列名>)	求一列中的最大值
MIN([DISTINCT|ALL] <列名>)	求一列中的最小值

DISTINCT表示只计算不同的列值，ALL表示计算全部，无论列值是否相同。默认为ALL。

【例3-37】 查询学生总人数。

```
SELECT  COUNT(*)
FROM  Students;
```

【例3-38】 计算课程号(Cno)为"080605010"的课程的平均成绩。

```
SELECT  AVG(Grade)
FROM Reports
WHERE Cno="080605010";
```

【例3-39】 查询选修了课程的学生的人数。

```
SELECT  SUM(DISTINCT Sno)
FROM Reports;
```

5. 对查询结果分组

对查询结果分组就是将查询结果表的各行按一列或多列取值相等的原则进行分组，其目的是为了细化聚集函数的作用对象。如果未对查询结果分组，聚集函数将作用于整个查询结果，即整个查询结果只有一个函数值；否则，聚集函数将作用于每一个组，即每一组都有一个函数值。

【例 3-40】 查询选修 3 门以上课程的学生的学号。

```
SELECT  Sno
FROM Reports
GROUP BY Sno HAVING COUNT(*)>3;
```

【例 3-41】 求各个课程号(Cno)及相应的选课人数。

```
SELECT  Cno,COUNT(Sno) AS CntSno
FROM  Reports
GROUP  BY Cno;
```

3.3.2 多表连接查询

前面介绍的查询都是针对一个表进行的。而在实际应用中，用户往往需要从多个表中查询相关数据。若一个查询同时涉及两个以上的表，则称之为多表连接查询，简称连接查询。

连接查询主要包括内连接查询、外连接查询和交叉连接查询。内连接查询又可分为等值连接查询、自然连接查询和自连接查询；外连接查询则可分为左外连接查询、右外连接查询和全外连接查询。连接查询的分类可用图 3-4 表示。

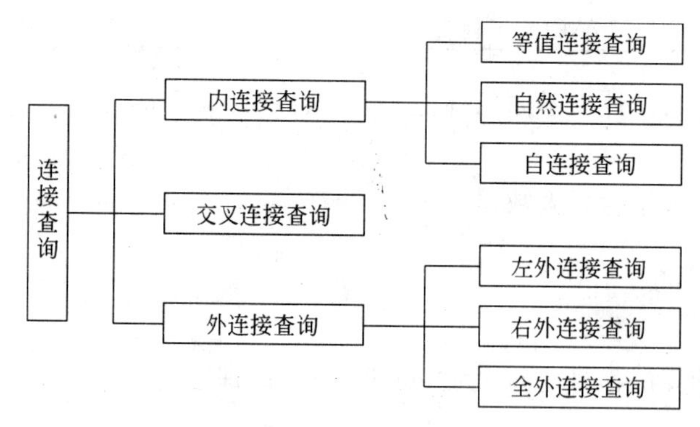

图 3-4 连接查询分类

为了对各种多表查询有充分理解，下面给出两个简单数据表以及基于列 A(表 ta 和表 tb 的共同列)的各种连接查询的结果。

1. 内连接查询

内连接查询的功能是对两个表的相关列进行比较，把满足条件的数据组合成新的数据行。例如,表 ta(见表 3-4)和表 tb(见表 3-5)有共同列 A,等值连接查询(见表 3-6)就是把两个表共同属性列值相等的数据行放在结果中,将值连接查询中重复的属性列去掉就成为自然连接查询(见表 3-7)。

表 3-4 表 ta

A	B
a1	b1
a2	b2
a3	b3

表 3-5 表 tb

A	C
a1	c1
a2	c2
a4	c4

表 3-6 等值连接查询结果

A	B	A	C
a1	b1	a1	c1
a2	b2	a2	c2

表 3-7 自然连接查询结果

A	B	C
a1	b1	c1
a2	b2	c2

内连接查询可以通过在 FROM 子句中使用[INNER] JOIN 运算符来实现,也可以通过指定 WHERE <条件表达式>来实现。语法格式有如下两种:

格式 1:

```
SELECT <目标列表达式>
FROM <表 1> [INNER] JOIN <表 2>
ON <条件表达式>
```

格式 2:

```
SELECT <目标列表达式>
FROM <表 1>, <表 2> [, ...n]
WHERE <条件表达式>
```

格式 1 中,<表 1>和<表 2>为要进行连接查询的表的表名,INNER 选项表示查询为内连接查询;<条件表达式>用于指定两个表的连接条件,由两个表中的列名和关系运算符组成,关系运算符可以是=、<、>、<=、>= 、<>等。需要注意的是,在 ON <条件表达式>指定连接条件时,可以使用两个表中任何两个类型相同但是列名不必相同的列;如果两个表中包含名称相同的列,<目标列表达式>中的列名前需要冠以表名,格式为:表名.列名,明确该列来自哪个数据表,否则会出现“列名不明确”的错误提示信息。

格式 2 实际上是格式 1 的等价表示形式,格式 2 还允许连接两个以上的表,只要在 WHERE <条件表达式>明确多表查询条件即可,比格式 1 更容易理解,因此在实际应用中格式 2 的应用更加广泛。

【例 3-42】 查询每个学生及其选修课程的情况。

```
SELECT  Students.* , Reports.*
FROM  Students, Reports
WHERE  Students.Sno=Reports.Sno;
```

该查询要求涉及 Students 与 Reports 两个表,这两个表具有共同属性 Sno,对于

Students 和 Reports 这两个表来说，Sno 相等就表示同一名学生，只不过在 Students 表中记录了其基本情况，在 Reports 表中记录其选课情况。于是，只要在 WHERE 子句后面的查询条件上写明 Students. Sno＝Reports. Sno 就表名进行的是两个表的等值连接查询。上面的 SQL 语句采用格式 2 的方法实现了内连接查询的等值连接查询。以上语句若写成格式 1 的形式为

```
SELECT  Students.* , Reports.*
FROM  Students INNER JOIN Reports
ON  Students.Sno=Reports.Sno;
```

以上两条 SQL 语句是等价的。

若在以上等值连接中把目标列中重复的属性列去掉就成为自然连接，其命令为

```
SELECT  Students.Sno, Sname, Ssex, Sage, Sdept, Cno, Grade
FROM  Students, Reports
WHERE  Students.Sno=Reports.Sno;
```

【例 3-43】 查询学生的学号(Sno)、姓名(Sname)、选修课程的课程名(Cname)以及考试成绩(Grade)。

```
SELECT  Students.Sno, Students.Sname,Courses.Cname,Reports.Grade
FROM  Students, Reports,Courses
WHERE  Students.Sno=Reports.Sno AND Reports.Cno=Courses.Cno;
```

由于学生的学号(Sno)和姓名(Sname)信息存放在 Students 表中，课程名(Cname)信息存放在 Courses 表中，而考试成绩(Grade)则存放在 Reports 表中，因此就需要进行 3 个表的连接。

2. 外连接查询

在内连接中，只有满足条件的数据才能作为结果输出，如表 3-7 和表 3-8 中只有表 ta 和表 tb 中 A 属性列相等的两个数据行，没有表 ta 中的(a3，b3)和表 tb 中的(a4，c4)；而在外连接查询中，参与连接的表有主从之分，以主表的每行数据去匹配从表的数据行，如果主表的行在从表中没有与连接条件相匹配的行，则主表的行不会被丢弃，而是也返回到查询结果中，并在从表的相应列中填上 NULL 值。

外连接查询又可分为左外连接查询、右外连接查询和全外连接查询 3 种。左外连接查询将连接条件中左边的表作为主表，返回其中的全部行；右外连接查询将连接条件中右边的表作为主表，返回其中的全部行；全外连接查询是对两个表中的数据均返回，两个表中的行都出现在结果集中。这 3 种连接查询的示例分别见表 3-8 到表 3-10。

表 3-8　左连接查询结果

A	B	A	C
a1	b1	a1	c1
a2	b2	a2	c2
a3	b3	NULL	NULL

表 3-9　右连接查询结果

A	B	A	C
a1	b1	a1	c1
a2	b2	a2	c2
NULL	NULL	a4	c4

表 3-10 全连接查询结果

A	B	A	C	A	B	A	C
a1	b1	a1	c1	a3	b3	NULL	NULL
a2	b2	a2	c2	NULL	NULL	a4	c4

1）左外连接查询的语法格式

```
SELECT <选择列表>
FROM <表 1>LEFT [OUTER] JOIN <表 2>ON <条件表达式>
```

2）右外连接查询的语法格式

```
SELECT <选择列表>
FROM <表 1>RIGHT [OUTER] JOIN <表 2>ON <条件表达式>
```

3）全外连接查询的语法格式

```
SELECT <选择列表>
FROM <表 1>FULL [OUTER] JOIN <表 2>ON <条件表达式>
```

[OUTER]为可选项，可以被省略，省略后不影响查询结果。

【例 3-44】 查询每个学生及其选修课程的情况，如果学生没有选课，则其课程号和成绩列用空值填充。

```
SELECT Students.Sno, Sname, Ssex, Sdept, Cno, Grade
FROM Students
LEFT JOIN Reports ON
Students.Sno=Reports.Sno;
```

由于采用了左外连接，Students 为主表，因此将 Students 中所有学生的基本信息都显示出来，该生没有选修的课程以 NULL 填充。

3. 自连接查询

连接操作不仅可以在不同的两个表之间进行，也可以是一个表与自己进行连接，这种连接称为表的自连接。自连接查询是内连接查询的一种。在使用自连接查询时，虽然实际操作的是一张表，但是在逻辑上要使之分为两张表。这种逻辑上的分开可以利用表的别名来完成。从语法上看，自连接查询是通过等值连接查询或自然连接查询来实现的。

【例 3-45】 查询每一门课的先修课的先修课课程号(Pre_cno)。

在 Courses 表中，只有每门课的直接先修课信息，而没有先修课的先修课信息。要得到这个信息，必须先对一门课找到其先修课，再按此先修课的课程号查找它的先修课程。这就需要将 Courses 表与其自身连接。为方便连接运算，这里为 Courses 表取两个别名，分别为 A 和 B。则完成该查询的 SQL 语句为

```
SELECT  A.Cno, A.Cname, B.Pre_cno
```

```
FROM  Courses  A, Courses  B
WHERE  A. Cpno=B.Cno;
```

【例 3-46】 查询与史燕婷在同一个系的所有学生的基本情况。

由于并不知道“史燕婷”是哪个系的学生，所以首先根据 Sname 从 Students 表中找出“史燕婷”所在的系别(Sdept)，然后找出与该系别号相同的学生的学号与姓名。完成该查询的 SQL 语句为

```
SELECT B.*
FROM Students A ,Students B
WHERE A.Sname='史燕婷' AND A.Sdept=B.Sdept;
```

4. 交叉连接查询

交叉连接查询也称非限制连接查询。没有 WHERE 子句的交叉连接查询将产生连接所涉及的两个表的笛卡儿积，此时查询结果集中包含的行数等于两个表中行数的乘积。

交叉连接查询的语法格式为

```
SELECT <选择列表>
FROM <表 1>CROSS JOIN <表 2>
```

交叉连接查询的示例见表 3-11。

表 3-11 交叉连接查询结果

A	B	A	C	A	B	A	C
a1	b1	a1	c1	a3	b3	a2	c2
a2	b2	a1	c1	a1	b1	a4	c4
a3	b3	a1	c1	a2	b2	a4	c4
a1	b1	a2	c2	a3	b3	a4	c4
a2	b2	a2	c2				

在实际应用中，由于交叉连接查询产生的结果集一般没有什么意义，因此很少使用，但能帮助人们理解其他连接查询的意义，而且在数学模式上也有着重要的作用。

3.3.3 嵌套查询

在 SQL 语言中，一个 SELECT…FROM…WHERE 语句称为一个查询块。将一个查询块嵌套在另一个查询块的 WHERE 子句或 GROUP BY 子句的 HAVING 短语的条件中的查询称为嵌套查询。前面介绍的查询都是单层查询，即查询中只有一个 SELECT …FROM…WHERE 查询块。而在实际应用中经常用到嵌套查询。每一个查询都有自己返回的结果集，嵌套查询实际上是将一个查询的结果集作为另一个 SQL 语句的参数。外层的 SELECT 语句称为父查询，内层的 SELECT 语句称为内部查询或子查询，子查询又分为不相关子查询(嵌套子查询)和相关子查询。

1. 嵌套子查询

嵌套子查询又称为不相关子查询，这种子查询中的查询条件不依赖于父查询。嵌套子查询求解方法为：由里向外。即每个子查询在其上一级查询处理之前求解，且子查询的结果不显示出来，只作为其外部查询的查询条件。

1) 带有 IN 谓词的子查询

通过 IN 或 NOT IN 运算符将父查询与子查询进行连接，以判断某个属性列的值是否在子查询返回的结果中，此时子查询的结果往往是一个集合。

【例 3-47】 查询选修了编号为“082000103”的课程的学生姓名(Sname)和所在系(Sdept)。

```
SELECT  Sname, Sdept            /*父查询*/
FROM  Students
WHERE  Sno  IN
    (SELECT  Sno                /*子查询*/
     FROM  Reports
     WHERE  Cno='082000103');
```

本查询也可以用连接查询实现：

```
SELECT  Sname, Sdept
FROM  Students,Reports
WHERE  Cno='082000103' AND Students.Sno=Reports.Sno;
```

【例 3-48】 查询选修了课程名为“操作系统”的学生的学号(Sno)和姓名(Sname)。

```
SELECT  Sno,Sname               /*从 Students 表中找出学生的学号和姓名*/
FROM Students
WHERE Sno IN
    (SELECT Sno
     FROM Reports               /*从 Reports 表中找出选修了该门课程的学生的学号*/
     WHERE Cno IN
            (
             SELECT Cno         /*从 Courses 表中找出课程名为"操作系统"的课程号*/
             FROM Courses
             WHERE Cname='操作系统'
            )
    );
```

上面嵌套查询的方法与以下自然连接的实现形式等价：

```
SELECT  Students.Sno,Sname
FROM Students,Reports,Courses
WHERE Students.Sno=Reports.Sno AND
    Reports.Cno=Courses.Cno AND Course.Cname='操作系统';
```

2）带有比较运算符的子查询

通过比较运算符实现父查询与子查询的连接。使用带有比较运算符的子查询的前提条件是：子查询（内层查询）的返回值是单值。带有比较运算符的子查询可使用=、<、>、<=、>=、!=或<>等比较运算符。

【例 3-49】 查询与“史燕婷”在同一个系学习的学生的学号（Sno）、姓名（Sname）和系名（Sdept）。

```
SELECT  Sno, Sname, Sdept
FROM  Students
WHERE  Sdept=
    (SELECT  Sdept
     FROM  Students
     WHERE  Sname='史燕婷');
```

例 3-49 的嵌套查询语句与例 3-46 的自然连接查询等价。

2. 相关子查询

在相关子查询中，子查询的查询条件依赖于父查询。下面通过一个例子来理解相关子查询。

【例 3-50】 查询所有选修课成绩中不低于其平均成绩的学生的学号与课程号（Cno）。

```
SELECT Sno,Cno
FROM Reports A
WHERE Grade>= (SELECT AVG(Grade)
              FROM Reports B
              WHERE B.Sno=A.Sno
              );
```

上面的 SQL 语句的执行过程如下：

（1）从父查询中取第一个学生的学号，将该学号的值传递给子查询。

（2）子查询根据该学号计算学生的平均成绩，并将平均成绩传递给父查询。

（3）执行父查询，找出该学生不低于平均成绩的课程号，和该学生的学号一起输出。

（4）取下一个学生的学号，重复执行以上 3 个步骤。

通过以上分析可以发现：子查询的执行必须得到父查询给出的学生的学号（依赖于父查询），这是相关子查询的重要特征。正是这样，相关子查询比不相关子查询要复杂，求解相关子查询不能一次就得到结果，它的执行过程与程序设计中的循环嵌套的执行非常相似。相关子查询的重要运算符就是 EXISTS 谓词，带有 EXISTS 的子查询都是相关子查询。下面讲解带有 EXISTS 的子查询的使用。

通过 EXISTS 或 NOT EXISTS，检查子查询所返回的结果集是否有行存在。使用 EXISTS 时，如果在子查询的结果集内包含有一行或多行，则返回 TRUE；如果该结果集内不包含任何行，则返回 FALSE。当在 EXISTS 前面加上 NOT 时，将对存在性测试结果取反。由于子查询不返回任何实际数据，只产生 TRUE 或 FALSE，所以内层查询的列名常用 * 表示。

【例 3-51】 查询所有选修了编号为“082000005”的课程的学生姓名（Sname）和所在系（Sdept）。

```
SELECT  Sname, Sdept
FROM  Students
WHERE  EXISTS
      (SELECT  *
       FROM  Reports
       WHERE  Sno=Students.Sno AND Cno='082000005');
```

上面的 SQL 语句的执行过程如下：

(1) 从父查询中取第一个学生的学号，将该学号的值传递给子查询。

(2) 子查询根据该学号找出该学生选修的全部课程，看是否有课程号为 082000005 的课程，若有则向父查询返回 TRUE，否则返回 FALSE。

(3) 父查询根据返回的 TRUE 或者 FALSE 输出或不输出学生的姓名和所在的系别。

(4) 父查询取下一个学生的学号，重复执行以上 3 个步骤。

【例 3-52】 查询选修了所有课程的学生的姓名（Sname）和所在系（Sdept）。

```
SELECT  Sname, Sdept
FROM  Students
WHERE  NOT EXISTS
      (SELECT  *
       FROM Courses
       WHERE NOT EXISTS
            (SELECT *
             FROM Reports
             WHERE  Sno=Students.Sno AND Cno=Courses.Cno
            )
      );
```

分析：SQL 中没有全称量词，因此总是把表示“所有的…”变换为“没有任何一个没有…”。因此要查询选修了 Courses 表中所列的全部课程的学生就要解释成“该学生没有一门课程没有选修”，即选修了全部课程。所以用 NOT EXISTS 嵌套来实现。上述 SQL 语句的执行过程与双重循环嵌套的执行过程相似。

【例 3-53】 查询至少选修了学生“史燕婷”所选课程的学生的学号（Sno）和姓名（Sname）。

```
SELECT Sno,Sname
FROM Students
WHERE NOT EXISTS
      (
```

```
        SELECT *
        FROM Reports A
        WHERE Sname='史燕婷' AND Students.Sno=A.Sno AND
            NOT EXISTS
            (
              SELECT *
              FROM Reports B
              WHERE B.Sno=A.Sno AND B.Cno=A.Cno
            )
    );
```

分析：同例 3-52，该查询要求也是需要用全称量词来表示的，该查询可以被解释成“**不存在**这样一门课，“史燕婷”同学选修了而其他学生**没有**选修的”，即选修了全部“史燕婷”选修的课程，所以用 NOT EXISTS 嵌套来实现。

3.3.4 查询语句的综合应用

通过以上查询语句的介绍发现：尽管 SELECT 语句的语法比较简单，但是如何采用合适的表间连接和各种运算符表达具体的查询需求还需要更多的练习，而且相同的查询请求还可以有多种表达方法。基于以上原因，本节给出若干 SELECT 具体应用的实例供大家参考。

【例 3-54】 检索“王凯晨”同学没有选修的课程的课程号(Cname)。

方法 1：

```
SELECT  Cno
FROM Courses
WHERE  NOT EXISTS
(
    SELECT *
    FROM Students ,Reports
    WHERE Students.Sno=Reports.Sno AND Students.Sname='王凯晨' AND
    Courses.Cno=Reports.Cno
);
```

方法 2：

```
SELECT  Cno
FROM Courses
WHERE  Cno NOT IN
(
    SELECT Cno
    FROM Students,Reports
    WHERE Students.sno=Reports.sno AND Students.sname='王凯晨'
);
```

【例 3-55】 检索至少选修两门课程的学生学号(Sno)。

```
SELECT DISTINCT A.Sno
FROM Reports A, Reports B
WHERE A.Sno=B.Sno AND A.Cno<>B.Cno
```

【例 3-56】 检索全部学生都选修的课程的课程号(Cno)和课程名(Cname)。

```
SELECT Cno,Cname
FROM Courses
WHERE NOT EXISTS
  ( SELECT *
    FROM Students
    WHERE NOT EXISTS
    (
      SELECT *
      FROM Reports
      WHERE Reports.Cno=Courses.Cno AND Reports.Sno=Students.Sno
    )
);
```

【例 3-57】 检索选修课程号为 080605010 和 082000103 的学生学号(Sno)。

```
SELECT Sno
FROM Reports
WHERE Cno='080605010' AND Sno IN
(
  SELECT Sno
  FROM Reports
  WHERE Cno='1100000512'
);
```

【例 3-58】 查询各门课程的最高成绩的学生的姓名及其成绩。

```
SELECT DISTINCT Sname,Reports.grade
FROM Reports,Students,Reports P
WHERE Reports.Sno=Students.Sno AND Reports.Cno=P.Cno AND
    Reports.grade IN
(
    SELECT MAX(Reports.grade)
    FROM Reports
    WHERE Reports.cno=P.cno
    GROUP BY Cno
);
```

【例 3-59】 按班级查询各门课程的平均成绩。

```
SELECT Reports.Cno,avg(Reports.grade) average
```

```
FROM Reports,Reports P
WHERE Reports.Cno=P.Cno AND Reports.Sno LIKE '080821%'
GROUP BY Reports.Cno;
```

【例 3-60】 计算每门课程的平均成绩。

```
SELECT Reports.Cno,AVG(Reports.grade) average
FROM Reports,Reports P
WHERE Reports.Cno=P.Cno
GROUP BY Reports.Cno;
```

3.4 数据更新

当数据库以及数据库表创建好后，需要向数据库表中添加数据，另外，数据库表中的数据也常常需要修改，SQL 语句关于数据更新的操作有 3 种：添加数据、修改数据和删除数据，分别用 INSERT、UPDATE 和 DELETE 命令实现。

3.4.1 插入数据

SQL 的数据插入语句 INSERT 有两种形式：一种是使用 VALUES 关键字插入单个记录；另一种是使用 SELECT 子句，从其他表或视图中提取数据，实现一次插入多个数据。

1. 插入单个记录

插入单个记录的 INSERT 命令格式为

```
INSERT
INTO <表名>[(<列名 1>[,...n])]
VALUES(<常量 1>[,...n])
```

该语句的功能是将新数据插入到指定表的指定列中，即：常量 1 的值插入列名 1，……。因此，列名数与常量数应该保持数目一致以及数据类型一致。如果省略[(<列名 1>[,...n])]，则表示向表中所有列插入数据。

如果需要向表中所有列插入数据，只要在 VALUES 后的列表中按照与表中各列的顺序和数据类型相一致的要求给出对应常数即可。

【例 3-61】 向表 Reports 中添加一个新数据行('05083110','080605202',87,3)。

```
INSERT
INTO Reports
VALUES ('05083110','080605202',87,3);
```

【例 3-62】 向表 Reports 中添加一个学生选课的信息，由于还没有考试，因此成绩列(Grade)并不填入。

```
INSERT
INTO Reports (Sno,Cno,Credit)
VALUES ('05083215','080605202',3);
```

2. 插入多行数据

插入多行数据的INSERT命令格式为

```
INSERT
INTO <表名>[(<列名1>[,...n])]
SELECT 子查询
```

【例3-63】 设数据库中已有一个数据库表History_Student,其关系模式与Students完全一样,其中并没有数据。将表Students中的所有数据行插入到关系History_Student中。

```
INSERT
INTO   History_Student
SELECT   *
FROM   Students;
```

需要说明的是,History_Student表应该是已经提前创建好的空表。上述SQL语句的执行将会把students表中的所有数据添加到History_Student表中。

3.4.2 删除数据

SQL语句中的DELETE命令可实现对表中数据的删除,其基本的语法格式为

```
DELETE
FROM  <表名>
[WHERE<条件>]
```

其功能是从指定表中删除满足条件的数据。若省略WHERE子句,则删除表中的全部记录,使表成为空表。

DELETE语句的WHERE子句可包含子查询。

1. 直接删除

【例3-64】 删除学号为07082119的学生的选课信息。

```
DELETE
FROM   Reports
WHERE   Sno='07082119';
```

【例3-65】 删除学号为07082119的学生的信息。

```
DELETE
FROM   Students
```

```
WHERE  Sno='07082119';
```

2. 带子查询的删除

【例 3-66】 删除所有计算机系学生的选课信息。

```
DELETE
FROM  Reports
WHERE  '计算机系'=
            (
              SELECT Sdept
              FROM Students
              WHERE Students.Sno=Reports.Sno
            );
```

3.4.3 数据修改

SQL 语句中的 UPDATE 命令可以对要修改的表中的一行、多行或所有行的数据进行修改。其命令的语法格式为

```
UPDATE <表名>
SET <列名>=<表达式>[,...n]
[WHERE <条件>]
```

SET 子句指定要修改的列和用于取代列中原有数据的新值,这里可以列出多个需要修改的列以及用于取代列中原有数据的新值。

WHERE 子句则用来指定修改满足条件的数据,如果省略 WHERE 子句,则表示修改表中的所有行。

与数据的插入操作相同,数据的修改也有两种方式:一种是直接赋值进行修改;另一种是使用 SELECT 子句将要取代的列中原有的数据先查询出来,再修改原有列,但要求修改前后的数据类型和数据个数相同。

1. 直接赋值修改

【例 3-67】 将学生表(Students)中学生的年龄(Sage)增加一岁。

```
UPDATE  Students
SET Sage=Sage+1;
```

【例 3-68】 将学号为"04082201"的学生的年龄改为 22 岁。

```
UPDATE  Students
SET Sage=22
WHERE  Sno='04082201';
```

2. 带子查询的修改

【例 3-69】 将数学系所有学生的成绩置零。

```
UPDATE Reports
SET  Grade=0
WHERE  '数学系'=
        (
          SELECT Sdept
          FROM  Students
          WHERE  Students.Sno=Reports.Sno
        );
```

由于学生所在系的信息在 Students 表中，而学习成绩在 Reports 表中，因此，可以将 SELECT 子查询作为 WHERE 子句的条件表达式。

注意：对数据库表中的数据进行增、删、改时，要充分考虑表之间的完整性约束条件，关于完整性约束的内容将在后续章节中加以介绍。例如，例 3-65 中要求删除学号为 07082119 的学生信息。学生的基本信息存放在 Students 表中，但是 Students 表的主键 Sno 是选课信息表 Reports 的外键，根据参照完整性约束条件：当外键所在的表中关于"07082119"学生的选课信息存在时，直接删除该生的基本信息就会出错。这也与现实生活中的情况相符，因为如果一个学生的基本信息被删除，说明该生已经不在学校学习了，他的选课信息也应该不存在了，否则就是错误的逻辑。

3.5 数据控制

为避免造成数据库中的数据被破坏，DBMS 提供了数据控制功能，它主要包括以下几个方面的功能。

- 安全性控制：采取一定的安全保密措施确保数据库中的数据不被非法用户不经授权的存取而造成泄密和破坏。
- 完整性控制：确保数据库中数据的正确性、有效性和一致性。
- 并发控制：对并发进程同时存取、修改数据的操作进行控制和协调，防止操作的相互干扰而得到错误结果。

数据控制最基本的功能是安全性控制，就是保证进入 DBMS 的用户身份要合法，但是合法用户对数据的操作未必就是完全可以信任的，可能会由于对数据之间的联系不理解造成对数据的损害，这就需要 DBMS 通过完整性约束条件来避免这类问题的发生。本节着重介绍数据的安全性控制和完整性控制，而并发控制的基本单位是事务，因此将在第 5 章与事务一同加以介绍。

3.5.1 SQL Server 2005 的安全管理机制

SQL Server 2005 的安全管理机制包括验证（authentication）和授权（authorization）

两个部分。验证是指检验用户的身份是否合法,授权是指定允许用户可以使用哪些数据以及具有什么权限。验证过程在用户登录操作系统和 SQL Server 2005 的时候出现,授权过程在用户试图访问数据或执行命令的时候出现。SQL Server 2005 的安全机制可以被分为 4 层,如图 3-5 所示。

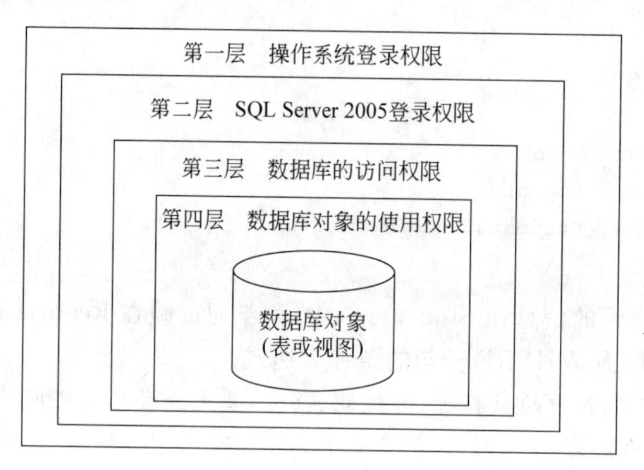

图 3-5 SQL Server 2005 的安全机制

其中,第一层和第二层属于验证过程,第三层和第四层属于授权过程,第一层的安全权限控制用户是否对操作系统有使用权限,第二层的安全权限控制用户能否登录到 SQL Server。

注意:当 SQL Server 2005 安装时选择的认证模式为"Windows 身份验证模式",则省略了第二层的验证过程,而"混合模式"是比前一模式更为安全的访问方式,没有省略第二层验证。

第三层的安全权限指定用户可以访问的特定数据库,第四层的安全权限指定用户对特定数据库中若干对象(表、视图或具体的列)的访问权限。

1. 登录帐户

登录的作用是用来控制对 SQL Server 2005 的访问权限。SQL Server 2005 只有在首先验证了指定的登录帐户有效后,才完成向服务器的连接。但登录帐户没有使用数据库的权力,即 SQL Server 2005 登录成功并不意味着该帐户已经可以访问 SQL Server 2005 上的数据库。

2. 用户

以某个帐户登录,获得了连接到 SQL Server 2005 服务器的权限后,还要确定用户身份,不同的用户有使用不同数据库的权限。SQL Server 2005 允许为每个数据库设置不同的用户,在数据库内,对象的全部权限和所有权由用户控制,如图 3-6 所示。

从图 3-5 可以看到:当以某种身份验证模式(见 3.5.2 节)下的帐户登录到 SQL Server 2005 后,对数据库 sxp 来说可以有若干用户允许使用该库(在相应数据库的"安全性"→"用户"中可以看到)。一般在安装 SQL Server 2005 后,默认每个数据库中已经包

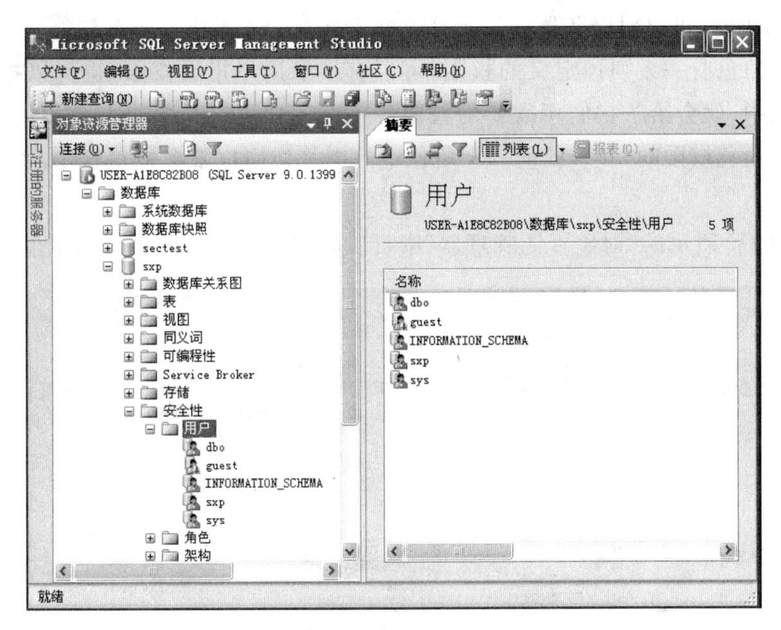

图 3-6 SQL Server 2005 的用户

含包含两个用户：dbo 和 guest，即系统内置的数据库用户。

dbo 代表数据库的拥有者(database owner)，创建数据库的用户就是该数据库的 dbo，系统管理员也自动被映射成 dbo，即 dbo 拥有对数据库的使用权限。

guest 用户帐户在安装完 SQL Server 系统后被自动加入数据库中，且不能被删除。guest 用户也可以像其他用户一样设置权限。当一个数据库具有 guest 用户帐户时，允许没有用户帐户的登录者访问该数据库。所以 guest 帐户的设立方便了用户的使用，但如使用不当，也可能成为系统安全隐患。

登录到 SQL Server 2005 后，可以为每个数据库创建新的用户。创建步骤如下：

(1) 启动 SQL Server Management Studio，选择"连接到服务器"→"对象资源管理器"→选择具体数据库→"安全性"→"用户"→右击鼠标→"新建用户"。

(2) 在弹出的对话框中选择该用户使用的登录帐户，选择"数据库角色成员身份"(若选择了 db_owner，则表示该用户拥有与 dbo 用户一样的数据库使用权限)。

3. 角色

在 SQL Server 2005 中，角色是管理权限的有力工具。将一些用户添加到具体某种权限的角色中，权限在用户成为角色成员时自动生效。一旦某个用户成为某个角色，将具有该角色所具有的权限。"角色"概念的引入方便了权限的管理，也使权限的分配更加灵活。

角色分为服务器角色和数据库角色两种。

服务器角色具有一组固定的权限，并且适用于整个服务器范围。该角色专门用于管理 SQL Server，且不能更改分配给该角色的权限。可以在数据库中不存在用户帐户的情况下向固定服务器角色分配登录，服务器角色中 sysadmin 权限为最高，当登录帐户具有

sysadmin 角色时，可以对服务器中的所有数据库具有 dbo 用户的所有权限。

数据库角色有一系列预定义的权限，可以直接给用户指派权限，也可以把用户放在正确的角色中，就会给予它们所需要的权限。一个用户可以是多个角色中的成员，其权限等于多个角色权限的“和”，任何一个角色中的拒绝访问权限会覆盖这个用户所有的其他权限。

从如图 3-7 所示的“对象资源管理器”中可以看到服务器角色和数据库角色的存在。

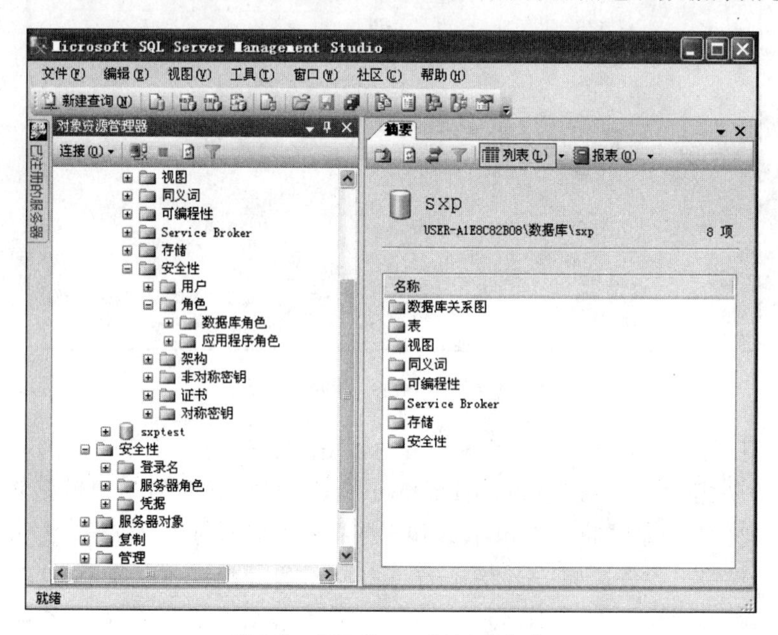

图 3-7　SQL Server 2005 的角色

4. 登录帐户、用户和角色三者之间的联系

登录帐户、用户和角色是 SQL Server 2005 安全机制的基础。三者之间有如下的关系。

- 服务器角色和登录帐户名相对应，可以为不同的登录帐户设置不同的服务器角色。
- 数据库角色和用户对应，数据库角色和用户都是数据库对象，定义和删除的时候必须选择所属的数据库。一个数据库角色中可以有多个用户，一个用户也可以属于多个数据库角色。

注意：在实际使用中会发现：利用登录名成功连接服务器后，就可以使用某些数据库了，那么用户在这里的作用是什么呢？实际上，在利用登录名成功连接服务器后，当需要进入某个数据库时，SQL Server 系统将根据登录名获取该数据库用户的名称和 ID，然后做相应的验证后才能进入数据库。可见，登录名隐式使用数据库的用户。那么到底帐户和用户之间有怎样的关系呢？一般，基于一个登录可以创建多个数据库用户，一个数据库用户也可以访问多个数据库。但是在指定登录帐户和数据库之间最多只能创建一个数据库用户。例如，无论以哪个帐户登录系统，系统已经为每个帐户使用数据库创建了 dbo 和 guest 两个用户。因此登录后好像就可以直接使用数据库了。帐户与用户间的关系可以用图 3-8 来说明。

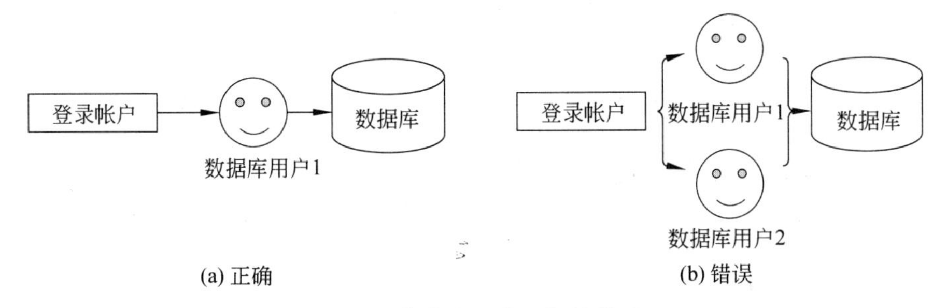

图 3-8　帐户和用户之间的关系

3.5.2　SQL Server 2005 的用户身份验证

1. 身份验证模式

对于要求访问数据库的用户必须具有合法的身份，SQL Server 2005 通过第一层和第二层验证用户的身份。首先，用户应该是操作系统的合法使用者，由操作系统提供身份验证，然后判断用户是否为 DBMS 的合法用户，这就是 SQL Server 2005 提供的登录功能。SQL Server 2005 只有在验证了指定的登录帐户有效后，才能连接到 SQL Server 服务器，前面已经谈到，有了登录帐户仅仅是允许连接到 SQL Server 2005 服务器，但并不意味着可以使用数据库中的数据。

首次安装完成的 SQL Server 2005 提供了两个默认的登录帐户：BUILTIN\Administrators 和 sa。BUILTIN\Administrators 提供了以系统管理员身份登录 SQL Server 2005 的权限。sa 是一个特殊的登录帐户，只有在 SQL Server 2005 使用“混合模式”时有效，是系统管理员身份。

以系统管理员身份登录后，可以选择身份验证模式，操作步骤如下：

(1) 选择“开始”菜单→“程序”→ Microsoft SQL Server 2005 → SQL Server Management Studio→“连接到服务器”→“对象资源管理器”→右击“服务器名称”。

(2) 在弹出的快捷菜单中选择“属性”，在弹出的对话框(如图 3-9 所示)中选择“安全性”，在“服务器身份验证”中选择验证模式，重启服务器，设置的登录模式生效。

2. 创建 SQL Server 登录帐户

以系统管理员身份登录后，可以创建新的登录帐户，操作步骤如下：

(1) 选择“开始”菜单→“程序”→ Microsoft SQL Server 2005 → SQL Server Management Studio→“连接到服务器”→“对象资源管理器”→“安全性”→“登录名”，右击鼠标，选择“新建登录名”，如图 3-10 所示。

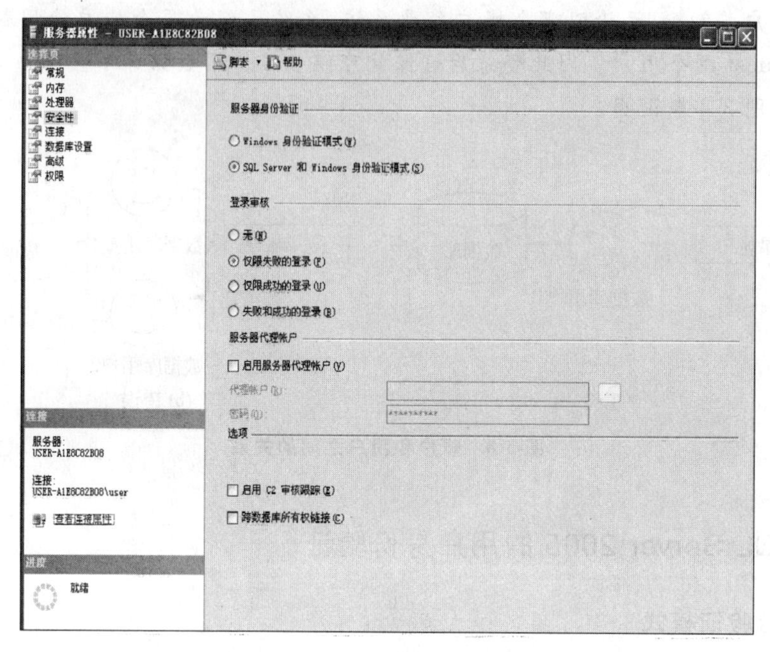

图 3-9 安全性选项卡

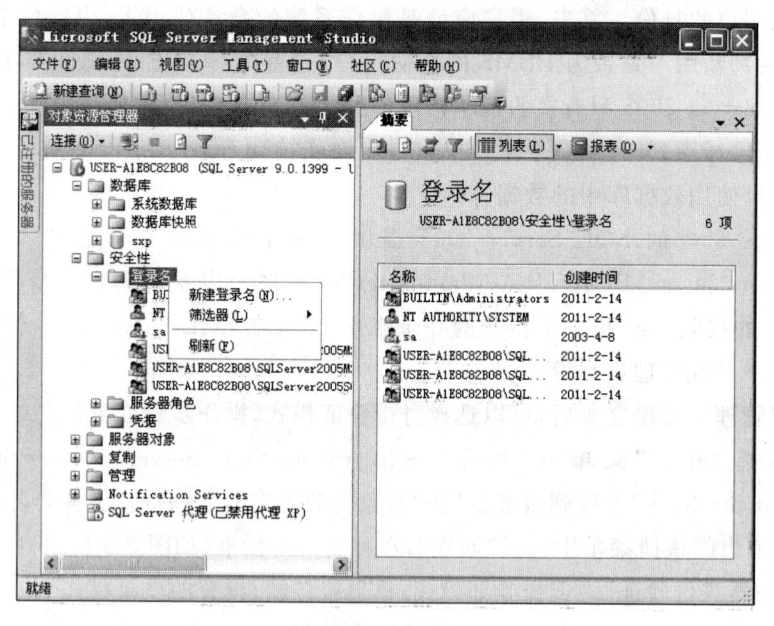

图 3-10 新建帐户

(2) 在弹出的如图 3-11 所示的“登录名-新建”窗口中建立新的登录帐户，新的登录帐户的服务器身份验证模式可以被选择为“Windows 身份验证模式”或“SQL Server 和 Windows 身份验证模式”。

(3) 为了使该登录帐户具有对相应数据库中数据的使用权限，还应选择“默认数据

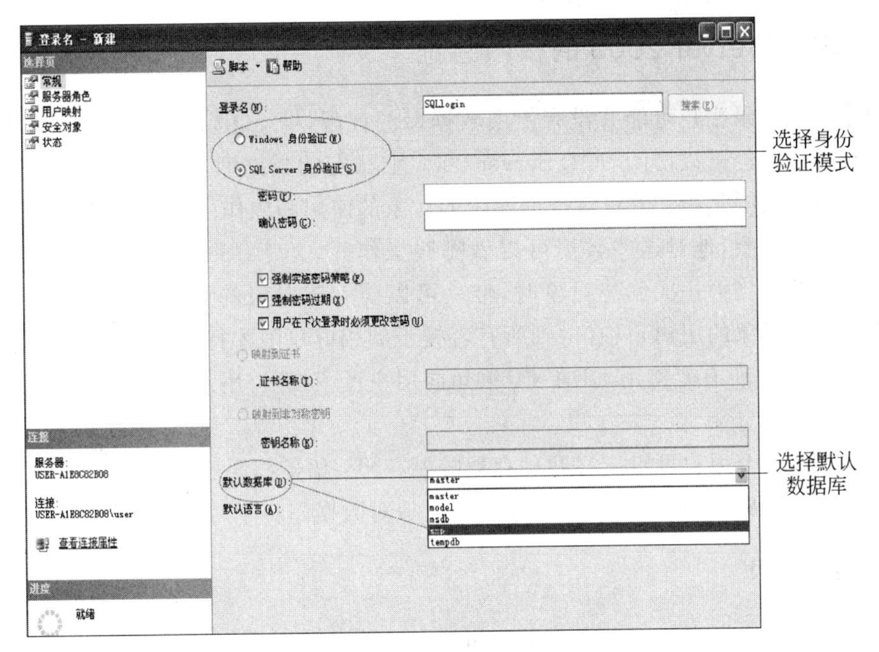

图 3-11 新建登录名

库”,选择“用户映射”,在弹出的对话框中选择以该帐户登录时要操作的数据库,选择“数据库角色成员身份”为 public 和 db_owner(如图 3-12 所示)。这个过程相当于在创建登录帐户的同时为该帐户进行了授权。授权的具体内容见 3.5.3 节。

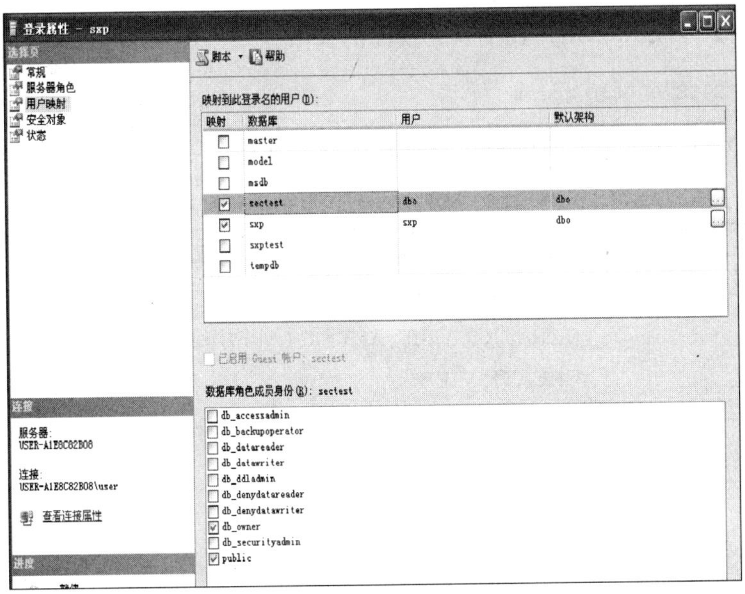

图 3-12 用户映射

3.5.3 SQL Server 2005 的权限验证

创建好的登录帐户可能并没有使用数据库的权限，即 SQL Server 2005 登录成功并不意味着用户已经可以访问 SQL Server 2005 上特定的数据库，还要对用户进行权限的控制。所谓的权限是指：用户对数据库中的对象的使用和操作的权利。即指定用户可以使用哪些数据对象，他对这些数据可以做哪些操作等。SQL Server 2005 中的每个对象都由用户拥有。当第一次创建对象时，唯一可以访问该对象的用户是其所有者；对于其他希望访问该对象的用户，只有得到所有者授予的相应权限才行。

T-SQL 允许所有者使用 GRANT 语句向用户授予权限，用 REVOKE 语句撤销用户的权限。

所有者对每个用户可以定义两种存取控制权限：语句权限和数据对象权限。语句权限表示对数据对象的操作权，数据对象权限表示对数据库特定对象的操作权限。

1. 语句权限

语句权限决定用户能否操作数据库和创建各种数据库对象。例如，如果用户需要能够创建数据库，就要授予该用户建库权限；如果用户必须能够在数据库中创建表，则应授予其建表权限。

【例 3-70】 给 guest 用户授予建表权限。

```
GRANT CREATE TABLE TO guest
```

【例 3-71】 给 guest 用户授予建立视图的权限。

```
GRANT CREATE VIEW TO guest
```

SQL Server 2005 给出的语句权限如表 3-12 所示。

表 3-12 SQL Server 2005 的语句权限

对　象	操 作 类 型
数据库	CREATE DATABASE、BACKUP DATABASE、BACKUP LOG
基本表	CREATE TABLE、ALTER TABLE
视图	CREATE VIEW
索引	CREATE INDEX
存储过程	CREATE PROCEDURE

2. 对象权限

对象权限决定用户对数据库对象所执行的操作，主要包括用户对数据库中的表、视图、具体列或存储过程等对象的操作权限，对象权限如表 3.13 所示。

表 3-13 SQL Server 2005 的对象权限

对　象	操 作 类 型
基本表和视图	SELECT、INSERT、UPDATE、DELETE、REFERENCES、ALL
属性列	SELECT、INSERT、UPDATE、DELETE、REFERENCES、ALL

【例 3-72】 将对当前数据库表的查询权限授予用户 guest。

```
GRANT SELECT TO guest
```

【例 3-73】 将当前数据库表的插入操作权限授予用户 sxp。

```
GRANT INSERT TO guest
```

【例 3-74】 撤销用户 sxp 对当前数据库表的插入权限。

```
REVOKE INSERT TO guest
```

以上对 SQL Server 2005 的安全性控制进行了详细的介绍，安全性控制保证进入 DBMS 系统的用户身份合法，但是合法用户对数据的操作未必就是完全可以信任的，可能会由于对数据之间的联系不理解造成对数据的损害，为防止不合语义的数据进入数据库，就需要 DBMS 进行完整性控制。数据的完整性包括实体完整性、参照完整性和用户自定义的完整性。

3.5.4 实体完整性

1. 实体完整性的定义

实体完整性规则规定：数据库表中的主键不能为空，主键值不能有重复。在对表进行增加、删除、修改时必须遵循这个规则。实体完整性可以通过在 CREATE TABLE 中定义 PRIMARY KEY 来实现。在例 3-5 的学生表(Students)中，学号(Sno)能够唯一标识一个学生的存在，因此定义 Sno 为主键(PRIMARY KEY)。由于该表的主键是单属性主键，因此通过列级完整性约束定义。而例 3-7 学生选修课程表(Reports)的主键由多个属性构成：Sno+Cno，必须通过表级完整性约束加以定义。

2. 实体完整性检查和违约处理

用 PRIMARY KEY 定义了主键后，每当用户对表中数据进行更新操作时，DBMS 将按照实体完整性规则自动进行如下检查：

- 检查主键值是否唯一，如果不唯一，则拒绝插入或修改。
- 检查主键各属性是否为空，只要有一个属性为空就拒绝插入或修改。

3.5.5 参照完整性

1. 参照完整性的定义

数据库中各表之间存在着某种联系，在关系模型中实体间的联系最终都是转换成表来进行描述的。如2.1.4节介绍的学生选修课程的联系中,学生实体与课程实体之间存在着 $m:n$ 的联系,将E-R图转换为表后有3个表:

学生表:Students(Sno,Sname,Ssex,Sage,Sdept)

课程表:Courses(Cno,Cname,Ccredit,Pre_cno)

成绩表:Reports(Sno, Cno,Grade,Credit)

在成绩表中存在着对学生表的主键Sno和对课程表的主键Cno的引用。成绩表中的Sno值必须是确实存在的学生的学号,即学生表中有该学生的记录;成绩表中的Cno值也必须是确实存在的课程的课号,即课程表中有该门课程的记录。

参照完整性规则规定:属性组A是表R的外键且是表S的主键,则对于R中的每个数据行在属性A上的值必须为NULL(空值)或者等于表S中某一个元组的主键值。

具体可见下面的例子:

Students表中的数据

Sno	Sname
08082101	贺世娜
08082113	郭兰
08082119	应胜男
08082122	郑正星
08082131	吕建鸥
08082135	王凯晨
08082213	张赛娇
08082235	金文静
08082236	任汉涛
08082237	刘盛彬

Reports表中的数据

Sno	Cno	Grade
08082101	080605010	79
08082101	082000005	84
08082113	080605010	95
08082113	082000005	81
08082119	080605010	84
08082122	080605010	74
08082131	080605010	85
08082135	082000005	83
08082235	080605010	87
08082236	080605010	76
08082237	1100000512	90

可以看到:Reports表中的Sno列的值都取自Students表的Sno列。并且由于Reports表的主键为Sno+Cno,因此这两个列的值不能为空。这也符合现实生活的逻辑:当不明确学生的学号以及选修的课程号时给出的成绩一定是错误的。

2. 参照完整性检查和违约处理

当对Reports表中的数据进行更新时,有可能破坏参照完整性规则的规定,从而造成数据的不一致。当出现违反参照完整性规则的情况时,DBMS可以采取以下策略。

- 拒绝执行:DBMS系统不允许操作的执行。
- 级联操作:当删除或修改被参照表(如Students)中的主键值造成参照表(如Reports)不一致时,删除或修改参照表中的数据,使之满足参照完整性规则。
- 设置为NULL值:删除或修改被参照表(如Students)中的主键值造成参照表(如Reports)不一致时,将参照表中的对应属性列的值设置为NULL值。

具体采用哪种策略由DBMS系统决定。

3.5.6 用户自定义的完整性

不同数据库,由于其应用环境的不同,往往还要一些特殊的约束条件使数据满足特定的语义要求。用户自定义的完整性就是针对某一具体数据库的约束条件。

1. 约束条件的定义

在CREATE TABLE中定义属性的同时,可以根据具体的应用定义相应的属性约束条件。其中包括:

- 列值非空(NOT NULL);
- 列值唯一(UNIQUE);
- 检查列值是否满足布尔表达式(CHECK)。

【例3-75】 创建学生成绩表,使学生成绩在0~100之间。

```
CREATE TABLE Reports
    (Sno   CHAR(8) NOT NULL  FOREIGN KEY (Sno) REFERENCES Students(Sno),
     /* Sno不能为空值,Sno为外键 */
     Cno   CHAR(10) NOT NULL,                     /* Cno不能为空值 */
     Grade   INT CHECK(Grade>=0 AND Grade<=100),
     Credit INT,
     CONSTRAINT Sno_Cno UNIQUE(Sno,Cno),
     CONSTRAINT Sno_Cnoprikey PRIMARY KEY(Sno,Cno),
     /* Sno+Cno取值唯一,为主键的约束 */
FOREIGN KEY (Cno) REFERENCES Courses (Cno));      /* 定义Sno为外键 */
```

2. 约束条件检查和违约处理

当对表中数据进行更新操作时,DBMS系统检查用户自定义的完整性条件,若不满足则拒绝操作。

3.6 存储过程

3.6.1 存储过程概述

基本的SQL语句是非过程化的,将SQL语句嵌入程序设计语言可以借助高级语言的控制功能实现SQL语句的过程化,从而改变SQL语句的运行性能,提高其执行效率,这就是存储过程。

存储过程是一组预先编译好的T-SQL语句,被放在SQL Server 2005的服务器上,用户可以通过指定存储过程的名字来执行它,这个过程类似于应用程序的子程序(函数)调用过程,存储过程也可以传递参数。

与单条SQL语句相比,存储过程有如下优点。

(1) 封装：在面向对象的程序设计概念中可以把存储过程理解为封装成用于操作数据库对象的一个方法。规定用户通过存储过程来处理数据库中的数据，可以防止用户跳过安全性检查，也可以使用户在不需要了解数据库对象的具体结构和 SQL 语句执行过程的情况下简单而安全地使用数据库中的数据。

(2) 性能的改进：DBMS 系统在执行 SQL 语句之前必须对 SQL 语句进行分析和优化，然后执行；而对于存储过程 DBMS 一次性进行分析与优化，而调用时则不需要为其中的每条 SQL 语句进行分析与优化，马上进入执行阶段，因此效率比执行单条 SQL 语句要高。

(3) 有效减少网络流量：当 DBMS 提交需执行的 SQL 语句时，客户端必须通过网络向数据库服务器发送语句，而 DBMS 则要向客户端返回 SQL 语句执行的结果，因此每次 SQL 语句的执行都必须产生大量的网络流量，造成网络拥塞。而如果使用存储过程，则相当于一次提交多条 SQL 语句，然后服务器连续执行这些 SQL 语句并一次性地将结果集返回客户端，有效减少了网络通信的次数，从而减少网络通信流量。

(4) 安全性的提高：存储过程使用户只能以实现规定好的方式(即在存储过程中定义好的方法)访问和操作数据，避免对数据造成不必要的破坏。存储过程具有封装特性，一经创建就会被永久保存在数据库服务器中，除非用户使用明确的语句将其删除。因此，前台开发程序通过执行存储过程实现对数据操纵过程，在代码中不会被应用程序使用者察觉，从而保证了安全性。

3.6.2 存储过程的分类

根据来源和应用的不同，可以将存储过程分为系统存储过程、用户存储过程和扩展存储过程。

1. 系统存储过程

这类存储过程是 SQL Server 2005 系统本身定义的、被用户当作命令来使用的一类存储过程。主要用于管理 SQL Server 和显示有关数据库以及用户本身的信息，通常系统存储过程的过程名都以“sp_”开头。

2. 用户存储过程

根据特定的需要，由用户运用 T-SQL 语句自行编写的存储过程就是用户存储过程。本节着重介绍用户存储过程的编写，充分利用存储过程的优点对数据进行安全操纵。

3. 扩展存储过程

扩展存储过程是指 SQL Server 的实例可以动态加载和运行的动态链接库(DLL)。通过扩展存储过程可以使用其他语言创建自己的外部存储过程。扩展存储过程的过程名通常以“xp_”开头。目前这类存储过程已经使用不多，因此在本节就不再介绍。

3.6.3 存储过程的创建与执行

创建存储过程的方法有两种：一是通过语句来创建，二是通过可视化方法来创建。下面对这两种方法逐一介绍。

1. 运用语句实现存储过程创建与执行

创建存储过程的语句是 CREATE PROCEDURE，其基本语法格式为

```
CREATE  <PROC | PROCEDURE>  <存储过程名>
  [( @<参数名>  参数数据类型
    [VARYING] [=default ] [OUT | OUTPUT]
  )] [ ,...n ]
[WITH
  <RECOMPILE | ENCRYPTION | RECOMPILE, ENCRYPTION>]
[FOR REPLICATION]
AS
<SQL 语句>[;][,...n ]
```

参数说明：

PROC | PROCEDURE：在 CREATE 后面跟 PROC 或 PROCEDURE 都可以。

@<参数名> 参数数据类型：在 CREATE PROCEDURE 语句中可以声明一个或多个参数。如果在创建存储过程时声明了参数，则在执行存储过程时要为每个声明的参数提供参数值。

VARYING：指定作为输出参数支持的结果集。仅适用于游标。

default：参数的默认值，必须是常量或 NULL。

OUT|OUTPUT：返回值。该选项的值可以返回给调用存储过程的 EXECUTE 语句。

< RECOMPILE | ENCRYPTION | RECOMPILE, ENCRYPTION >：RECOMPILE 表明 DBMS 不会缓存该存储过程的执行计划，该过程将在运行时重新编译；ENCRYPTION 指示 DBMS 对 CREATE PROCEDURE 语句的原始文本进行加密。

FOR REPLICATION：指定不能在订阅服务器上执行为复制创建的存储过程。使用 FOR REPLICATION 选项创建的存储过程可用作存储过程筛选，且只能在复制过程中执行。如果指定了 FOR REPLICATION 则无法声明参数。本选项不能和 WITH RECOMPILE 选项一起使用。

AS <SQL 语句>：定义存储过程中 SQL 语句的集合。

需要说明的是，只有具有存储过程创建权限的用户才能执行此操作。创建存储过程的权限默认授予 sysadmin 服务器角色成员以及 db_owner 和 db_ddladmin 数据库角色成员。存储过程的编写在查询分析器中进行。

1) 简单的存储过程

简单的存储过程往往是不带参数的存储过程，首先从简单的存储过程进行讨论。

【例 3-76】 编写存储过程查询学生表(Students)中所有学生的学号(Sno)和姓名(Sname)。

```
CREATE PROCEDURE  stu_selec
As
    SELECT Sno,Sname
    FROM Students;
```

在查询分析器中执行上述语句就会创建名为 stu_selec 的存储过程,该存储过程非常简单,其中只有一条 SQL 语句并且不带参数。

简单的不带参数的存储过程的执行比较简单,在查询分析器中输入 EXECUTE <存储过程名>即可。例如,执行例 3-76 只需要在查询分析器中输入

```
EXEC stu_selec;
```

2) 带有输入参数的存储过程

在 CREATE PROCEDURE 语句中通过"@<参数名> 参数数据类型"可以指定若干个向存储过程传递的参数。带参数的存储过程可以实现对数据的灵活处理,在实际应用中带参数的存储过程有着非常广泛的应用。

【例 3-77】 编写存储过程,查询指定学号学生的选课信息。

```
CREATE PROCEDURE  sc_Reports
@ssno char(20)
AS
    SELECT Sno,Cno,grade
    FROM Reports
    WHERE sno=@ssno;
```

带有输入参数的存储过程在执行或调用时对参数赋值。例如,执行例 3-75 需要在查询分析器中输入以下任何一条语句:

```
EXEC sc_Reports '08082101';
EXEC sc_Reports @ssno='08082101';
```

上述两种执行存储过程的语句是等价的。

上面的例子是比较简单的,只带一个输入参数,下面看带有多个参数的存储过程及其执行过程。

【例 3-78】 编写存储过程,实现对一个学生信息的输入。

```
CREATE PROCEDURE s_add
(
@ssno char(20),
@ssname char(20),
@ssex char(10),
@sage int,
@ssdept char(20)
```

```
)
AS
INSERT
INTO students
VALUES(@ssno,@ssname,@ssex,@sage,@ssdept);
```

上面的存储过程中定义了多个参数,因此在调用或执行时需要为每个声明的参数赋值,除非定义了默认值,也就是说,上面的存储过程一共定义了5个参数,则在执行时需要为这5个参数都赋值。执行以上存储过程的语句如下:

```
EXEC s_add '08082239','吴俊耀','男','20','信息与工程系';
EXEC s_add
@ssno='08082239',@ssname='吴俊耀',@ssex='男',@sage='20',@ssdept='信息与工程
系';
```

从上面的执行语句可以看到,多个参数在执行时均被赋值,而且赋值的位置与先前在存储过程中的参数位置一一对应,各个值之间用逗号隔开。或者也可以在执行时用"@参数名 = 参数值"的格式来指定哪个值赋给哪个参数,这时值之间不存在顺序的问题。即上述第二种执行语句也可以写为:

```
EXEC s_add
@ssname='吴俊耀',@ssno='08082239', @ssex='男',@sage='20',@ssdept='信息与工程系';
```

【例 3-79】 编写存储过程,修改指定学号的学生的年龄。

```
CREATE PROCEDURE s_update
(
@ssno char(20),
@sage int
)
AS
UPDATE students
SET sage=@sage
WHERE sno=@ssno;
```

执行上述存储过程的语句为

```
EXEC s_update '08082239',21;
EXEC s_update @sage=21, @ssno='08082239';
```

3）带有输出参数的存储过程

存储过程也可以向调用它的EXECUTE语句返回一个或者多个执行结果,这就需要在CREATE PROCEDURE语句中加入一个或者多个OUTPUT参数。

对于带有输出参数的存储过程,其调用方法与其他方法不同,首先要声明相应的变量来保存存储过程的返回结果,然后在执行时带关键字OUTPUT,否则无法将返回的结果保存下来。

【例 3-80】 编写存储过程输出平均成绩。

```
CREATE PROCEDURE s_avg
  @gradeavg int OUTPUT
AS
SELECT @gradeavg=AVG(Grade)
FROM Reports;
```

以下是执行存储过程的步骤:

```
DECLARE @gradeavgs int ;
            /*执行存储过程之前首先声明新的变量与存储过程中带输出值的变量类型一致*/
EXECUTE s_avg1 @gradeavgs output;      /*执行存储过程,把输出结果放在变量中*/
PRINT @gradeavgs;                      /*打印输出结果*/
```

【例 3-81】 编写存储过程,查询指定学号学生的选课信息并打印在屏幕上。

```
CREATE PROCEDURE  sc_Reports2
@ssno char(20),
@s_studentsno char(20) OUTPUT,
@s_studentcno char(20)OUTPUT,
@s_studentgrade int OUTPUT
AS
SELECT @s_studentsno=Sno,@s_studentcno=Cno,@s_studentgrade=grade
FROM Reports
WHERE sno=@ssno;
```

以下是执行存储过程的步骤:

```
DECLARE @studentsno char(20),@studentcno char(20),@studentgrade int;
EXECUTE sc_Reports2  '08082101',@studentsno output,@studentcno output,@studentgrade
output;
PRINT @studentsno;
PRINT @studentcno;
PRINT @studentgrade;
```

与例 3-80 不同的是,例 3-81 不但带有输入参数,也带有输出参数。

2. 运用可视化方法实现存储过程的创建与执行

1) 存储过程的创建

除了使用 CREATE PROCEDURE 语句在查询分析器中创建存储过程以外,还可以使用可视化工具 SQL Server Management Studio 进行存储过程的创建。

具体步骤如下:

(1) 启动 Microsoft SQL Server Management Studio(SQL Server 控制管理工具)。选择“开始”菜单→“程序”→Microsoft SQL Server 2005→SQL Server Management Studio→“数据库引擎”→“连接到服务器”。

(2) 在 Microsoft SQL Server Management Studio(SQL Server 控制管理工具)界面左侧的对象资源管理器中选择"数据库"→选择具体数据库→"可编程性"→"存储过程",右击鼠标,在弹出的对话框中选择"新建存储过程",将显示如图 3-13 所示的界面,在窗口右侧可以进行存储过程的编写。

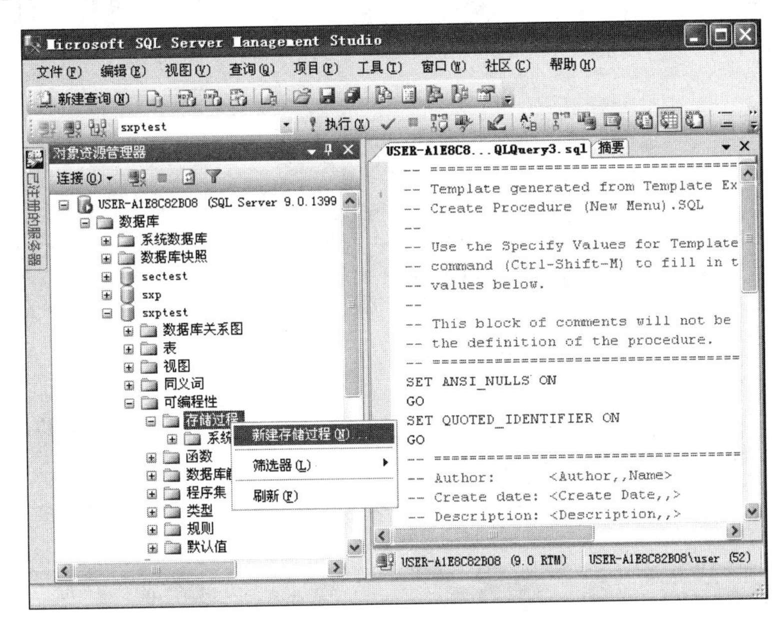

图 3-13 存储过程的创建

2) 存储过程的执行

除了使用语句 EXECUTE 在查询分析器中执行存储过程以外,还可以使用可视化工具执行存储过程。

用可视化方法执行存储过程的操作很简单,与创建存储过程的操作步骤相同,如图 3-13 所示,在"对象资源管理器"中找到相应数据库,选择"可编程性"→"存储过程",选择要执行的存储过程,右击鼠标,在快捷菜单中选择"执行存储过程",将弹出如图 3-14 所示的对话框,在这里给出存储过程的参数,单击"确定"按钮。

在图 3-15 中可以输入存储过程的参数值,并完成存储过程的执行。

3.6.4 存储过程的修改与删除

1. 存储过程的修改

与存储过程的创建相同,存储过程的修改也有两种方法:一是通过语句来完成,二是通过可视化方法来实现。

修改存储过程的语句是 ALTER PROCEDURE,其所有参数均与 CREATE PROCEDURE 相同。但是由于其语法较复杂,因此本书建议,若原有存储过程有问题,可删除后重新创建。

用可视化方法进行存储过程的修改操作很简单,与创建存储过程的操作步骤相同,

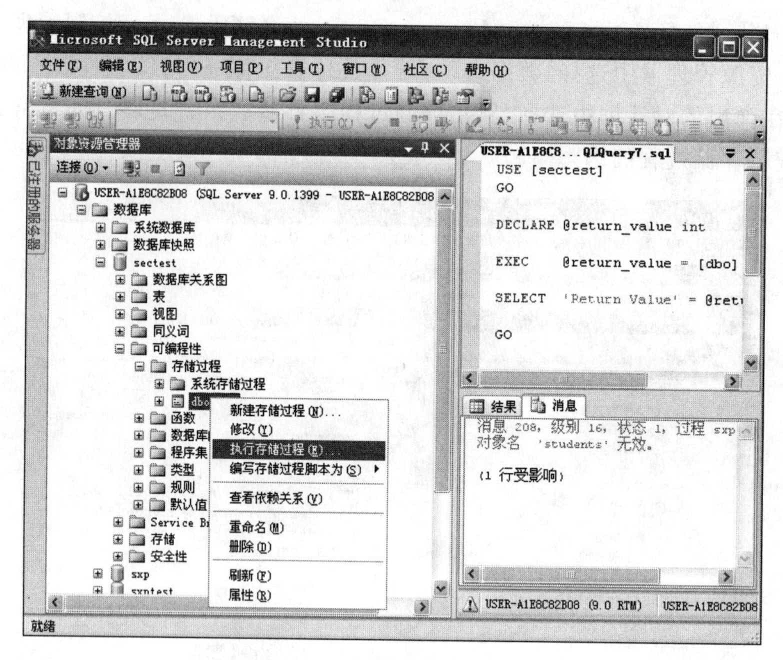

图 3-14　存储过程的执行 1

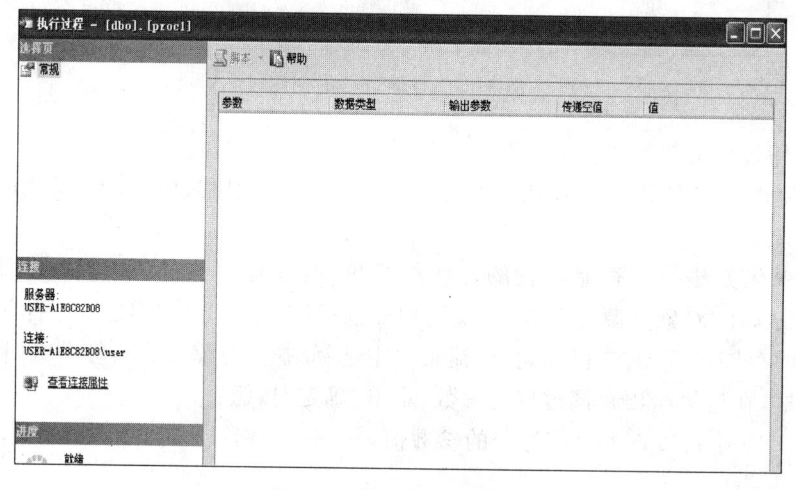

图 3-15　存储过程执行 2

在“对象资源管理器”中找到相应数据库的存储过程，选择要修改的过程，右击鼠标，在快捷菜单中选择“修改”命令即可。

2. 存储过程的删除

与存储过程的创建相同，存储过程的删除也有两种方法：一是通过语句来完成，二是通过可视化方法来实现。

删除存储过程的语句为 DROP PROCEDURE，其基本语法为

```
DROP  PROCEDURE <存储过程名> [,...n]
```

【例 3-82】 删除名为 SXP 的存储过程。

```
DROP PROCEDURE SXP;
```

用可视化方法进行存储过程的删除操作很简单，与创建存储过程的操作步骤相同，在“对象资源管理器”中找到相应数据库的存储过程，选择要删除的过程，右击鼠标，在快捷菜单中选择“删除”命令即可。

第4章 chapter 4

数据库的备份与恢复

4.1 备份策略

4.1.1 选择备份的内容和备份方式

1. 备份的内容

备份内容包括备份系统数据库、用户数据库和事务日志。

1）系统数据库

Microsoft SQL Server 2005 系统数据库包括 Master 系统数据库、Msdb 系统数据库、Model 系统数据库、Tempdb 数据库和 Distribution 数据库。

Master 系统数据库包含了 SQL Server 配置的信息和服务器上所有其他数据库的有关信息，存储着 SQL Server 服务器的配置参数、用户登录标识、系统存储过程、用户数据库以及初始化等重要数据，必须备份。

Msdb 系统数据库是 SQL Server Agent 服务使用的数据库，为报警和调度任务以及记录操作员的操作提供存储空间，因此必须备份。

Model 系统数据库为新建立的用户数据库提供模板和原型，其中包含了用户数据库的系统表，建议备份。

Tempdb 数据库是 SQL Server 系统中的全局共享空间，是一个临时数据库，所有建立的临时表和存储过程都存储在该数据库中。每次用户与 SQL Server 断开连接时，其建立的临时表和存储过程都自动删除，不备份。

Distribution 数据库只在将服务器配置为复制分发服务器时才会存在。

2）用户数据库

用户数据库是存储企业数据的地方。从某种意义上讲，用户数据库是备份最重要的工作。

3）事务日志

事务日志用于存储对数据库进行的所有更改，并全部记录插入、更新、删除、提交、回退和数据库模式变化。

2. 备份方式

SQL Server 2005 提供了 3 种常用的备份方式：完整备份、差异备份和事务日志备份。

(1) 完整备份：顾名思义，就是备份整个数据库，包括所有对象、系统表以及数据。恢复时，仅需要恢复最后一次完整备份即可。

(2) 差异备份：用于备份最近一次完整备份之后发生更改的数据。这种备份时间较短，可以经常进行。

(3) 事务日志备份：是自最后一次日志备份后对数据库执行的所有事务的一系列日志记录。

4.1.2 选择备份介质

备份存储介质类型包括磁盘(本地磁盘或网络中的磁盘)、磁带和命名管道。

磁盘备份设备是硬盘或其他存储媒体，可以将备份文件存储在运行 SQL Server 系统的服务器上或共享网络资源的远程磁盘上。

磁带便于携带，是最常用的备份介质。当使用磁带备份时，将在磁带标签上创建有关备份的详细信息。

SQL Server 系统将命名管道提供给其他的软件开发公司所开发的数据库备份和恢复软件，从而提供一种特殊的数据库备份和恢复方法。

4.1.3 备份数据库

1. 使用 SQL Server Management Studio 备份数据库

下面以备份数据库 dbChooseCourse 为例，备份类型为完整备份。使用 SQL Server Management Studio 备份数据库的操作步骤如下。

(1) 启动 SQL Server Management Studio 工具，并连接 SQL Server 2005 中的数据库。

(2) 打开“数据库”文件夹，右击数据库 dbChooseCourse，在弹出的快捷菜单中选择“任务”→“备份”，如图 4-1 所示。

(3) 进入如图 4-2 所示的备份数据库的“常规”对话框。在“源/数据库”下拉列表框中选择要备份的数据库 dbChooseCourse。在“源/备份类型”下拉列表框中选择备份类型“完整”。“源/备份组件”区域的选项中选择“数据库”单选按钮，表示备份数据库。在“备份集/名称”的文本框中输入备份名称。在“备份集/说明”文本框中可输入相应的说明。在“备份集/备份集过期时间”区域中可以输入备份集过期的时间(0 表示备份集将永不过期)。在“目标”区域中单击“添加”按钮。

(4) 弹出“选择备份目标”对话框，如图 4-3 所示。选中“备份设备”单选按钮，选择前面创建的备份设备 dbChooseCourseBakDevice，单击“确定”按钮，返回备份数据库的“常规”对话框。

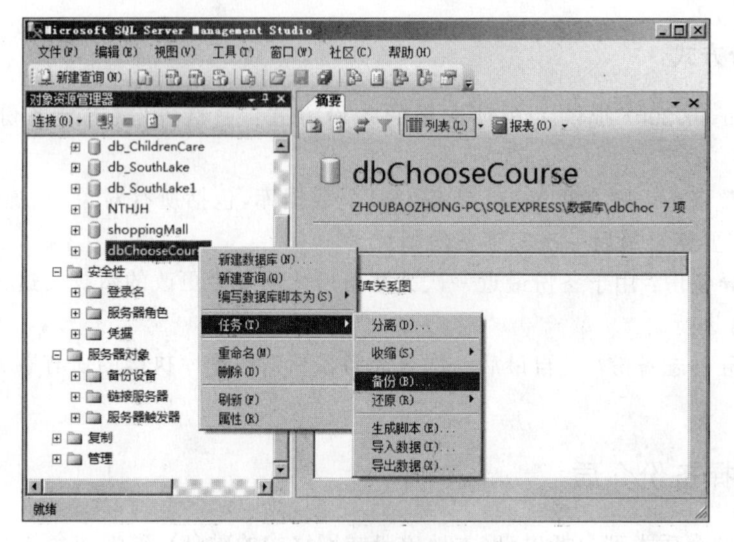

图 4-1　备份数据库

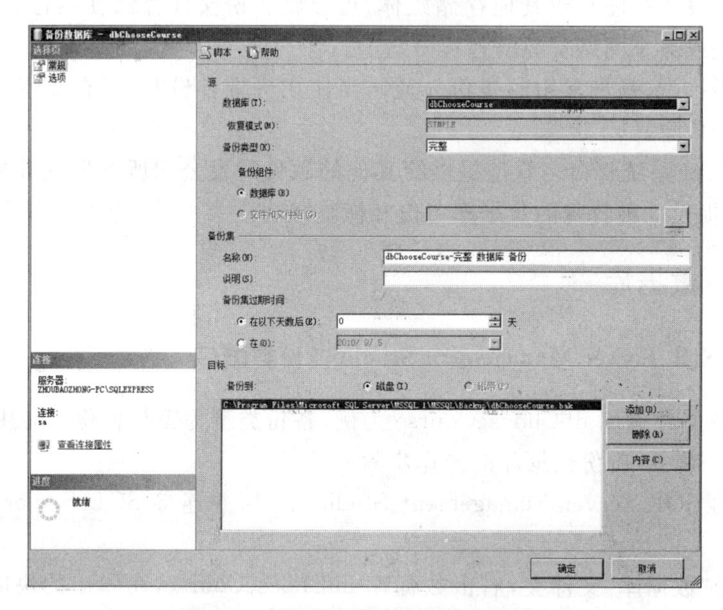

图 4-2　备份数据库的“常规”对话框

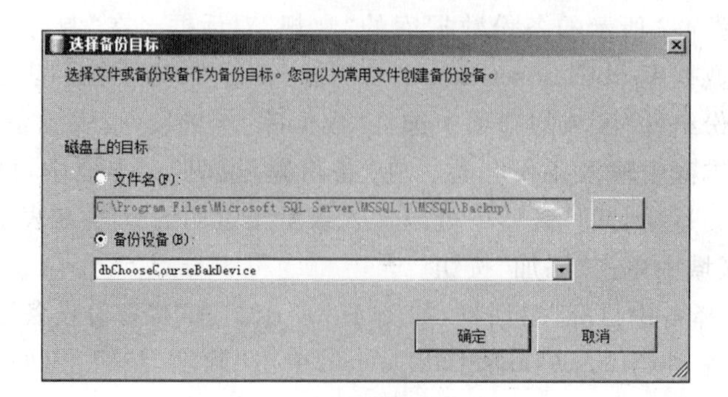

图 4-3　选择备份目标对话框

(5) 选择左侧的“选择页”下的“选项”，选择“覆盖媒体/备份到现有媒体集/追加到现有媒体集”，把备份文件追加到指定媒体上，同时保留以前的所有备份，如图 4-4 所示。

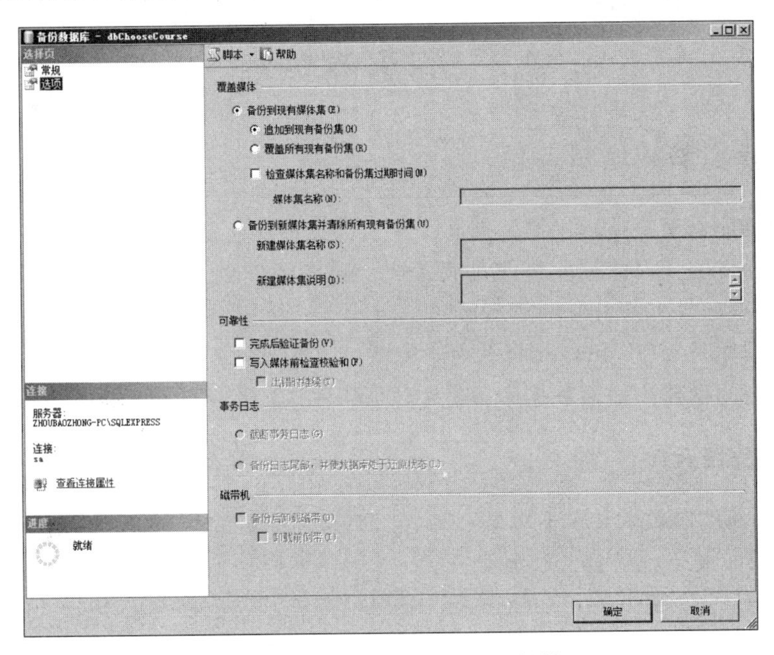

图 4-4 备份数据库的“选项”对话框

(6) 设置完成后，单击“确定”按钮，弹出消息框，提示备份已成功完成，如图 4-5 所示。

图 4-5 备份完成的提示

(7) 单击“确定”按钮，完成数据库的完整备份。

2. 用 BACKUP 语句备份数据库

BACKUP 语句的语法格式如下：

BACKUP DATABASE 数据库名 TO 备份设备名

例如，对数据库 dbChooseCourse 做一次完全备份，备份设备名称为 dbChooseCourseBakDevice。代码如下：

```
BACKUP DATABASE dbChooseCourse TO dbChooseCourseBakDevice
```

备份完成后，出现下述提示信息：

已为数据库 'dbChooseCourse'，文件 'dbChooseCourse' (位于文件 1 上)处理了 176 页。

已为数据库 'dbChooseCourse',文件 'dbChooseCourse_log' (位于文件 1 上)处理了 1 页。
BACKUP DATABASE 成功处理了 177 页,花费 0.158 秒(9.177MB/s)。

4.2 恢复数据库

4.2.1 恢复完整或增量备份

恢复数据库备份将重新创建数据库和备份数据库中存在的所有相关文件。但是,自创建备份后所作的任何数据库修改都将丢失。若要还原创建数据库备份后所发生的事务,必须使用事务日志备份或增量备份。

还原数据库时,SQL Server 将备份中的所有数据复制到数据库中。数据库的其余部分作为未用空间创建。回滚数据库备份中任何未完成的事务以确保数据库保持一致性。

1. 恢复完整备份

下面演示使用 SQL Server Management Studio 工具备份好的 dbChooseCourse 数据库进行数据库恢复。具体操作步骤如下:

(1) 启动 SQL Server Management Studio 工具,并连接 SQL Server 2005 中的数据库。

(2) 右击"数据库",在弹出的快捷菜单中选择"还原数据库"命令,如图 4-6 所示,打开如图 4-7 所示的对话框。

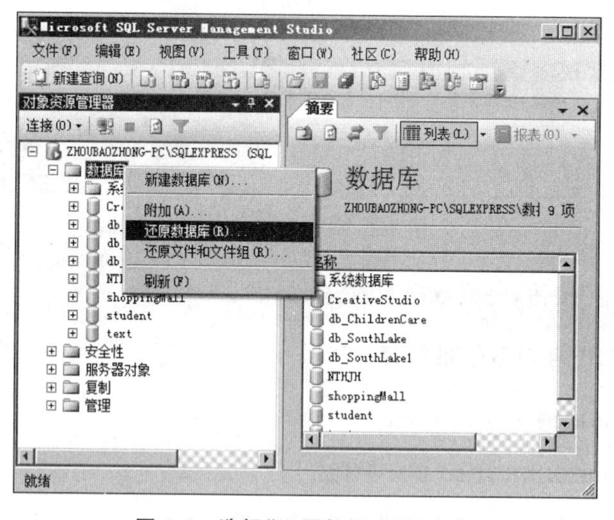

图 4-6 选择"还原数据库"的命令

(3) 在"目标数据库"下拉列表中选择或输入要还原的目标数据库。在"指定用于还原的备份集的源和位置"区域中选择"源备份"单选按钮,如图 4-7 所示。

(4) 单击"源设备"右侧的 ... 按钮,进入"指定备份"对话框。"备份媒体"默认为"文件",如图 4-8 所示。

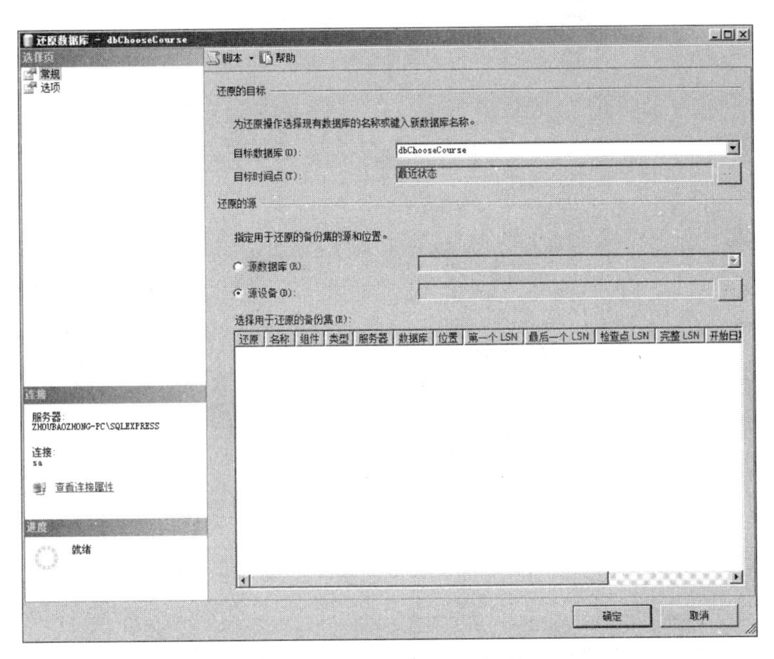

图 4-7 “还原数据库”对话框

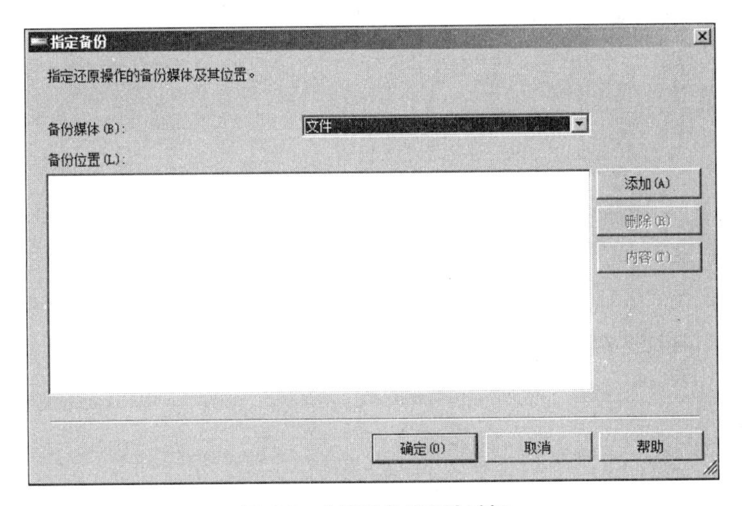

图 4-8 “指定备份”对话框

(5) 单击“添加”按钮,进入“定位备份文件”对话框,定位到 dbChooseCourse.bak 文件,如图 4-9 所示。

选择完毕,结果如图 4-10 所示。

(6) 单击“确定”按钮,返回“还原数据库”对话框,如图 4-11 所示。

(7) 在“选择用于还原的备份集”区域中选择最后一个“类型”为“完整”的备份集,它表示最后一次进行完整备份的数据库,如图 4-12 所示。

(8) 单击“确定”按钮,开始还原操作。最后出现恢复完成提示框,如图 4-13 所示。

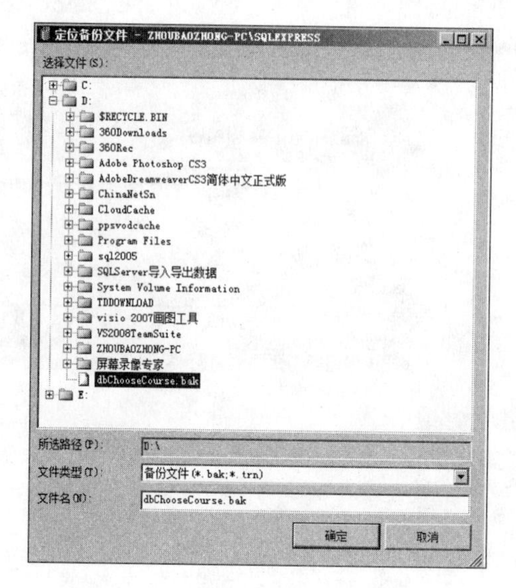

图 4-9 “定位备份文件”对话框

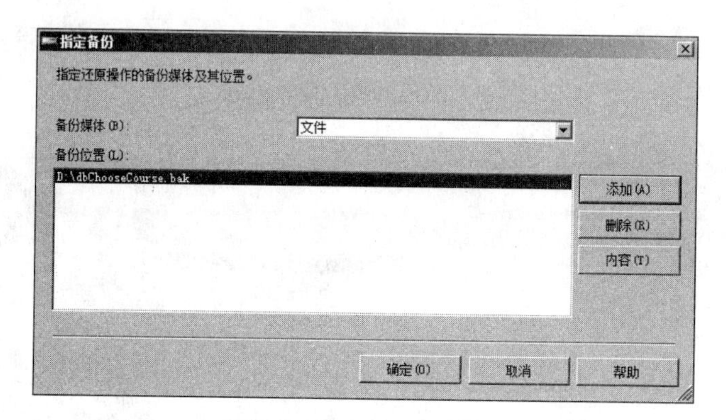

图 4-10 选择好文件后的“指定备份”对话框

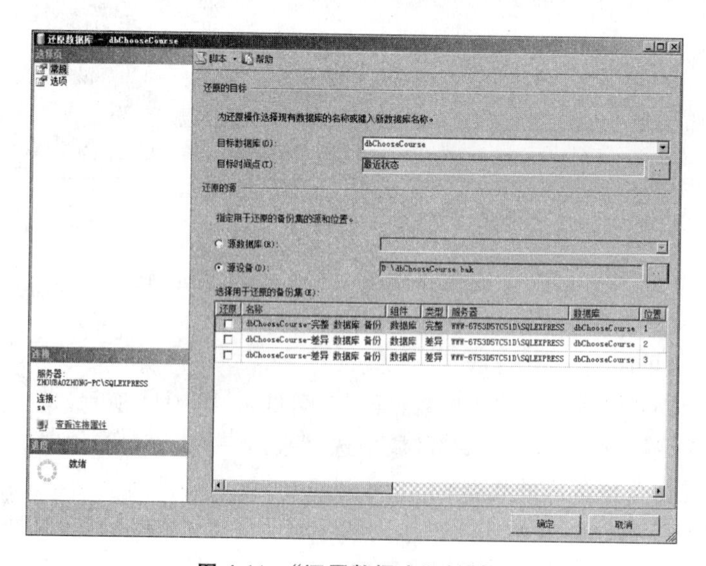

图 4-11 “还原数据库”对话框

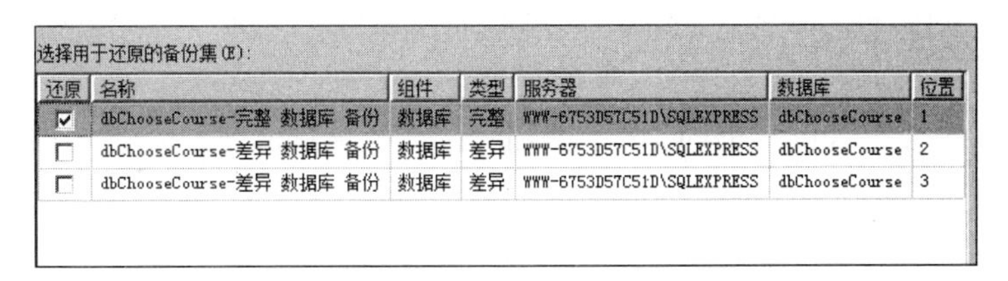

图 4-12 “选择用于还原的备份集”

图 4-13 恢复数据库完成提示框

2. 用 restore 语句恢复数据库

恢复整个数据库时，restore 语句的语法格式如下：

```
RESTORE DATABASE<数据库名>
FROM DISK='备份设备名'
[WITH[FILE=n ][,NORECOVERY|RECOVERY][,REPLACE]]
```

在上述语法中 FILE=n 指出从第几个备份中恢复。

例如，用 dbChooseCourse 数据库做一次完整备份的恢复，备份设备名为 dbChooseCourseBakDevice，代码如下：

```
Restore database dbChooseCourse from disk='dbChooseCourse.bak';
```

提示信息为

```
已为数据库'dbChooseCourse',文件'dbChooseCourse' (位于文件 1 上)处理了 184 页。
已为数据库'dbChooseCourse',文件'dbChooseCourse_log' (位于文件 1 上)处理了 2 页。
RESTORE DATABASE 成功处理了 186 页,花费 0.205 秒(7.397MB/s)。
```

4.2.2 恢复事务日志备份

事务日志是自上次备份事务日志后对数据库执行的一系列记录，是及时恢复 SQL Server 数据库不可缺少的部分，可以使用事务日志备份将数据库恢复到特定的时间点或故障点。

事务日志的还原是建立在还原完全备份数据库之上的，并且数据库需置于“还原”状态，然后从完全备份数据库后的第一个事务日志开始依次还原事务日志，除最后一个事务日志外，其余事务日志选项均为 Norecovery，最后一个事务选项为 Recovery。

下面演示使用 SQL Server Management Studio 工具备份好的 dbChooseCourse 数据库进行数据库恢复。具体操作步骤如下：

(1) 启动 SQL Server Management Studio 工具，并连接 SQL Server 2005 中的数据库。

(2) 右击"数据库"，在弹出的快捷菜单中选择"还原数据库"命令，如图 4-14 所示，打开如图 4-15 所示的对话框。

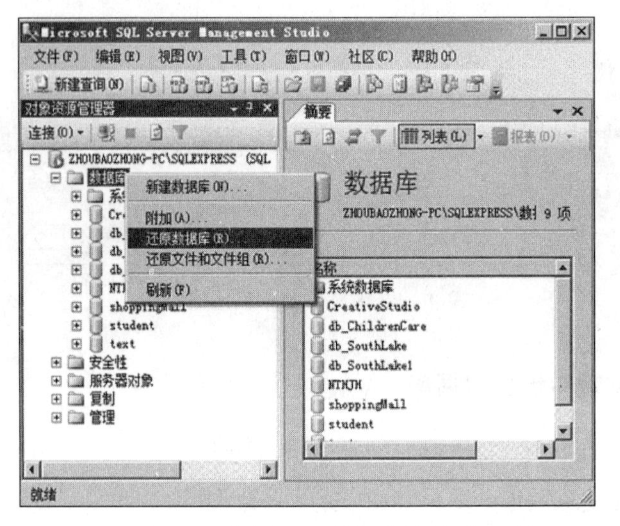

图 4-14　选择"还原数据库"的命令

(3) 在"目标数据库"下拉列表中选择或输入要还原的目标数据库。在"指定用于还原的备份集的源和位置"区域中选择"源备份"单选按钮，如图 4-15 所示。

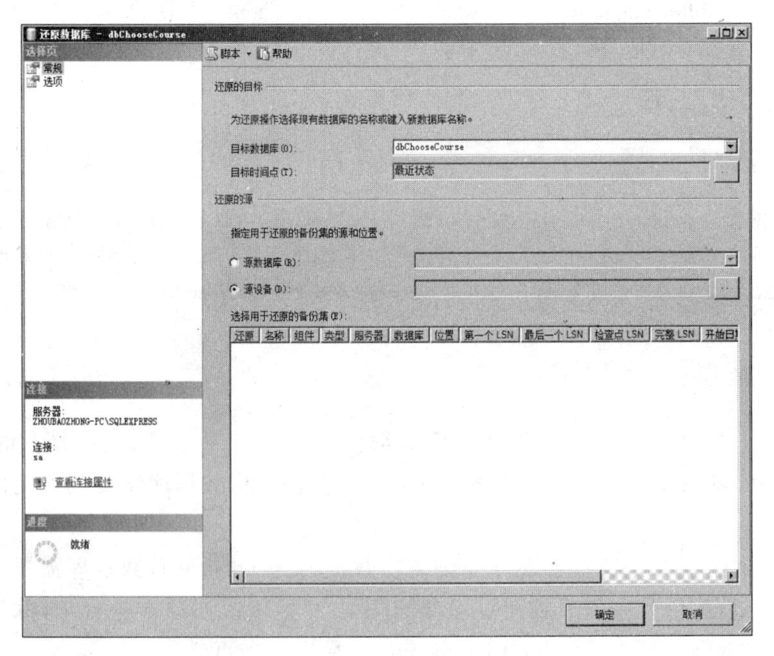

图 4-15　"还原数据库"对话框

(4) 单击“源设备”右侧的 ... 按钮，进入“定位备份文件”对话框，在“备份媒体”下拉列表中选择“备份设备”，如图 4-16 所示。

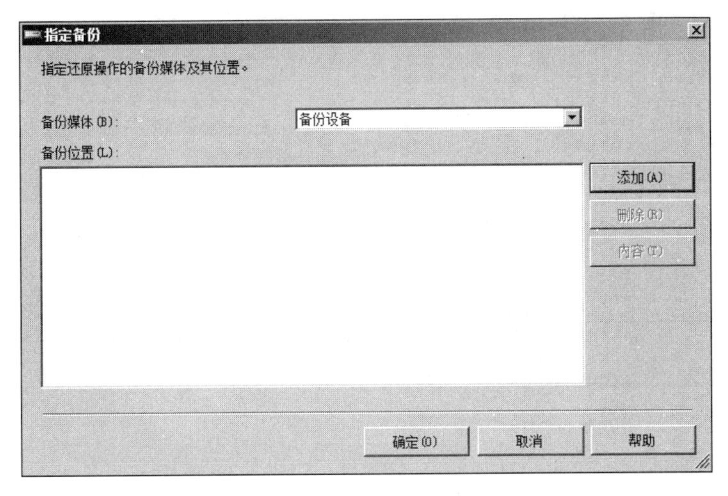

图 4-16　指定设备对话框

(5) 单击“添加”按钮，进入“选择备份设备”对话框，在“备份设备”下拉列表中选择 dbChooseCourseBakDevice，如图 4-17 所示。

图 4-17　“选择备份设备”对话框

(6) 单击“确定”按钮，返回“指定备份”对话框，如图 4-18 所示，单击“确定”按钮。

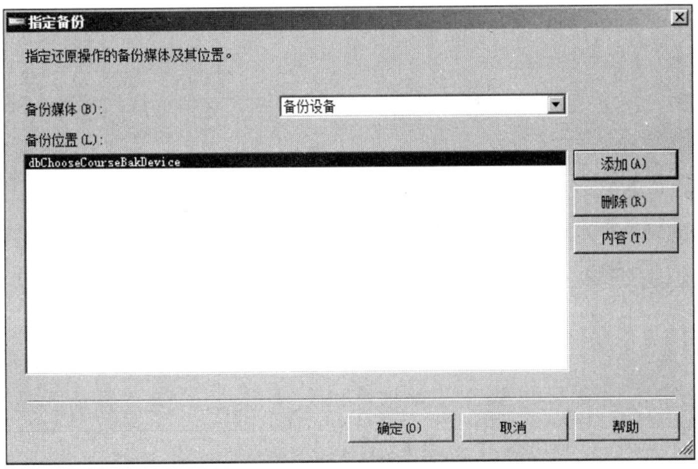

图 4-18　选择完全的“指定备份”对话框

(7) 回到"还原数据库"对话框。在"选择用于还原的备份集"列表中，列出备份设备中包含的所有媒体内容，选择需要还原的媒体内容，如图 4-19 所示。

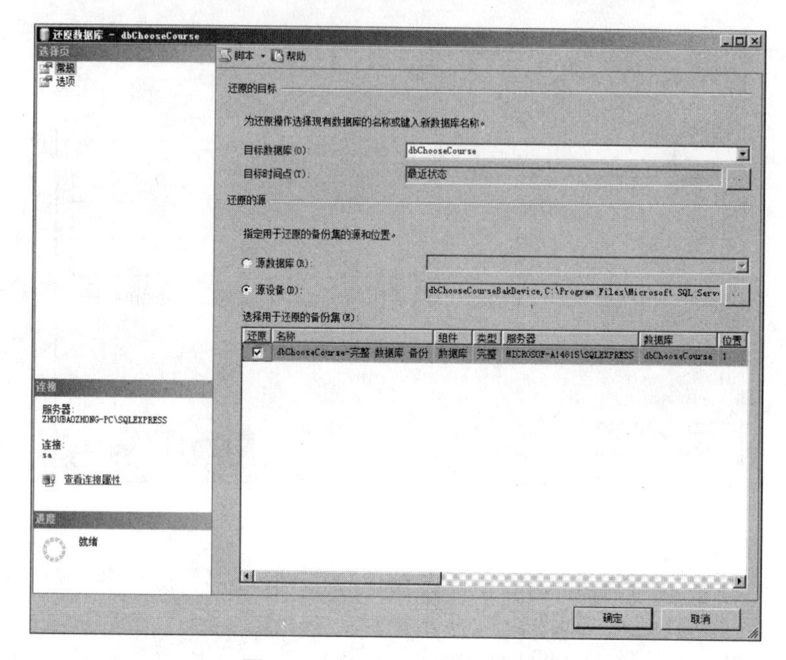

图 4-19 "还原数据库"对话框

(8) 单击"确定"按钮，完成还原。

4.3 数据库维护

4.3.1 数据导入与导出

SQL Server 2005 为用户提供了强大的数据库导入导出功能，它可以实现多种常用数据格式(数据库、电子表格和文本文档)之间导入和导出数据，为不同的数据源间的数据转换提供便利。

本节以 SQL Server 2005 数据库与 Access 数据库之间的数据移植为例，介绍 SQL Server 2005 数据的导入与导出的方法。

Access 数据库的路径如下：

D:\SQLServer 导入导出数据\dbStudent.mdb(学生信息库)

dbStudent.mdb 中的 tbStudent(学生信息表)的表结构如图 4-20 所示。

注意：Microsoft Access 是一种关系式数据库，关系式数据库由一系列表组成，表又由一系列行和列组成，每一行是一个记录，每一列是一个字段，每个字段有一个字段名，字段名在一个表中不能重复。Access 数据库以文件形式保存，文件的扩展名是 mdb。

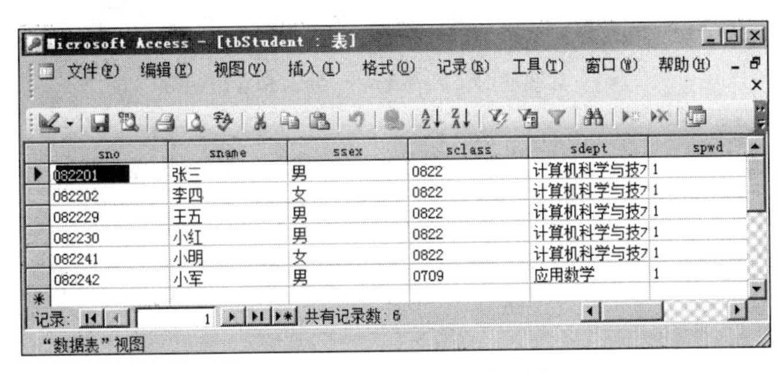

图 4-20 tbStudent 的表结构

1. 导入 SQL Server 数据表

导入数据是从 Microsoft SQL Server 的外部数据源中检索数据，然后将数据插入 SQL Server 2005 表的过程。

接下来以 Access 数据库 dbStudent 中的表 tbStudent 导入到 Microsoft SQL Server 数据库 dbChooseCourse(选课系统数据库)为例进行演示。具体操作步骤如下：

(1) 启动 SQL Server Management Studio 工具，并连接 SQL Server 2005 中的数据库。

(2) 右击数据库 dbChooseCourse，在弹出的快捷菜单中选择"任务"→"导入数据"，如图 4-21 所示。

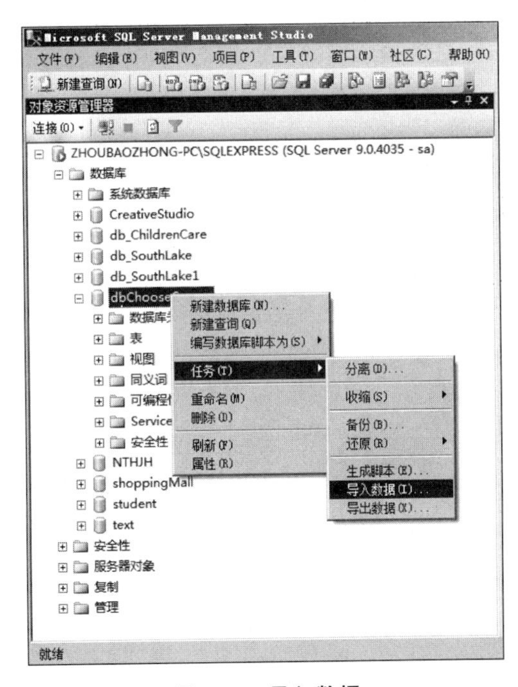

图 4-21 导入数据

(3) 进入"SQL Server 导入和导出向导"对话框，如图 4-22 所示。

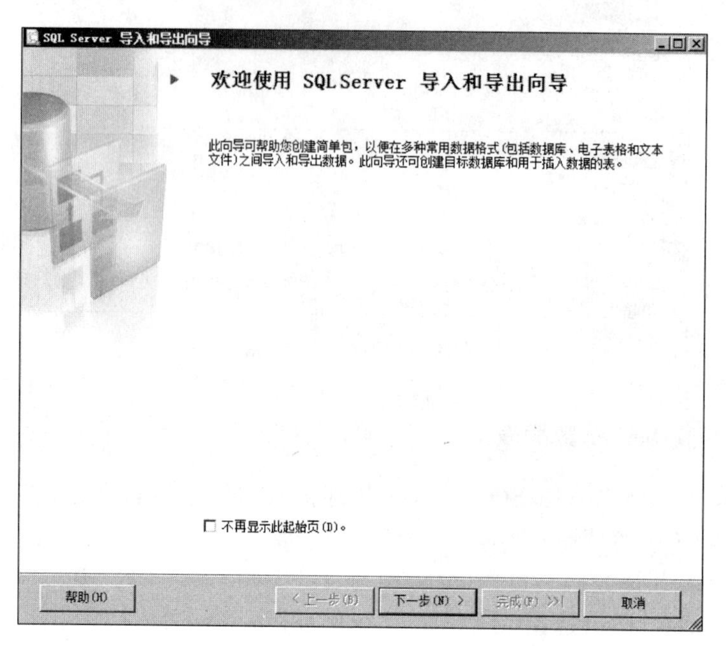

图 4-22　SQL Server 导入和导出向导

(4) 单击"下一步"按钮，进入"选择数据源"窗口。在"数据源"下拉列表框中选择 Microsoft Access，在文件名中输入或通过"浏览"按钮指定 dbStudent. mdb 文件的路径，用户名和密码可以省略，如图 4-23 所示。

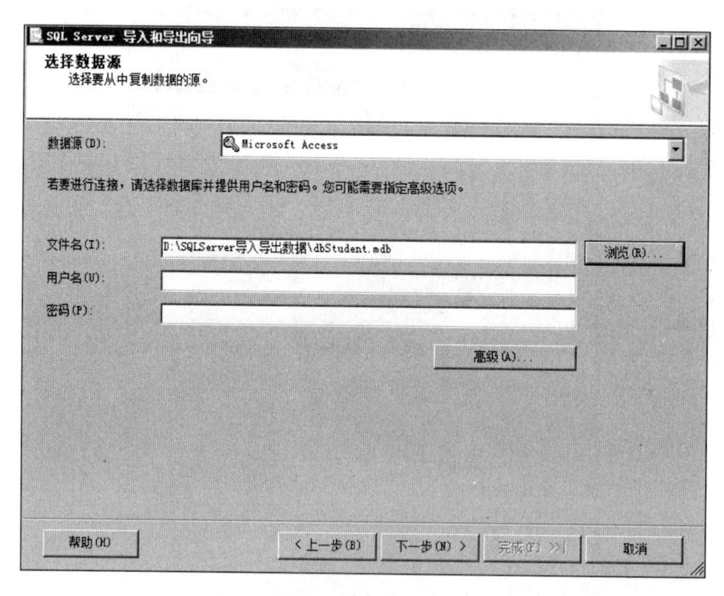

图 4-23　选择数据源

(5) 点击"下一步"按钮，进入"选择目标"对话框，如图 4-24 所示，在"目标"下拉列表框中选择默认设置 SQL Native Client 选项(设置将数据导入到目标数据库)，在"数据库"下拉列表框中选择 dbChooseCourse(选择导入的目标数据库)。

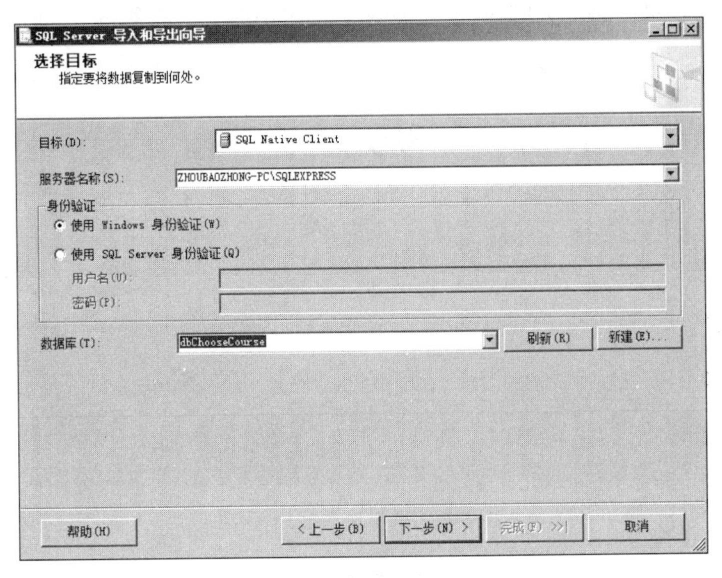

图 4-24　选择目标

(6) 单击“下一步”按钮,进入“指定表复制或查询”对话框,如图 4-25 所示。

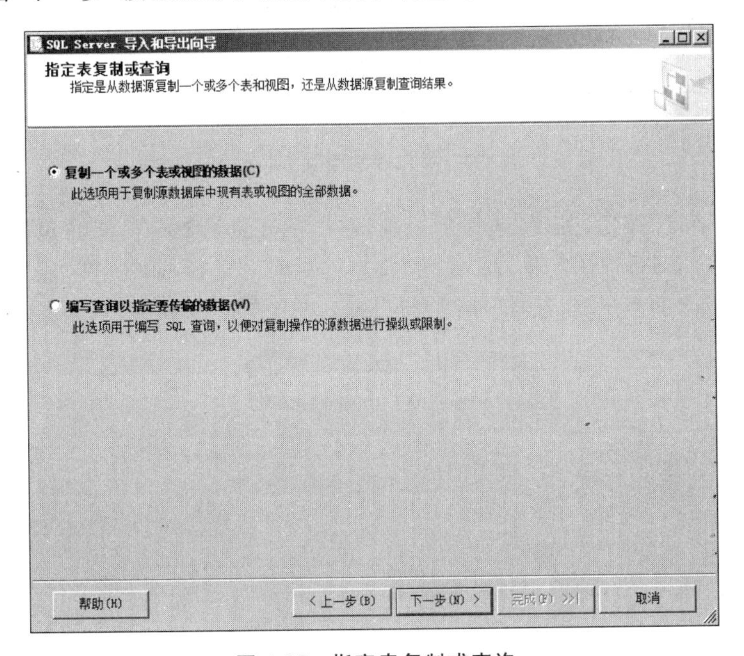

图 4-25　指定表复制或查询

(7) 直接单击“下一步”按钮,进入“选择源表和源视图”对话框,选择学生信息表 tbStudent,如图 4-26 所示。

(8) 单击“下一步”按钮,进入“保存并执行包”对话框,如果选中“保存 SSIS 包”复选框,则系统打开“包保护级别”对话框,根据需要选择“包保护级别”,然后输入密码,如图 4-27 所示。

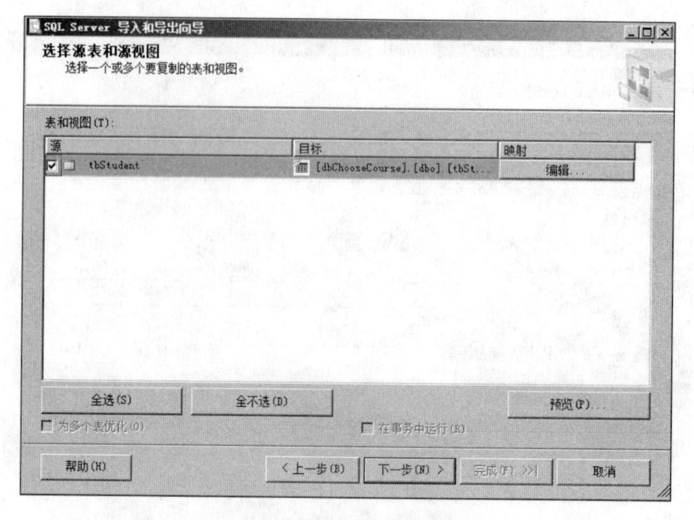

图 4-26　选择源表和源视图

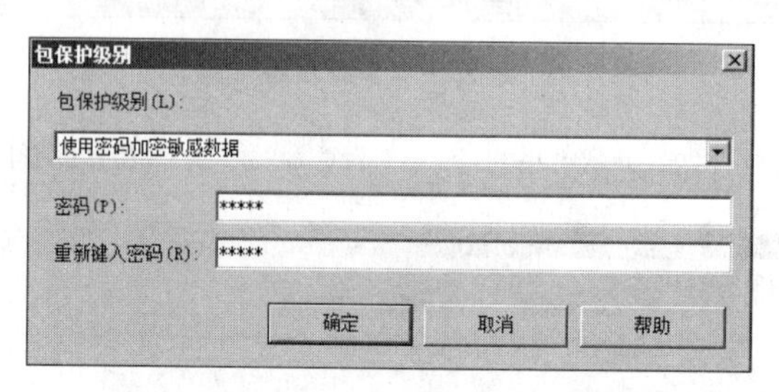

图 4-27　“包保护级别”对话框

(9) 单击“确定”按钮，关闭“包保护级别”对话框并进入“保存 SSIS 包”对话框，在“名称”文本框中输入 SSIS 包的名称，在“说明”文本框中对其进行描述。在“服务器名称”下拉列表框中选择适当的服务器，选择“使用 Windows 身份验证”单选按钮，如图 4-28 所示。

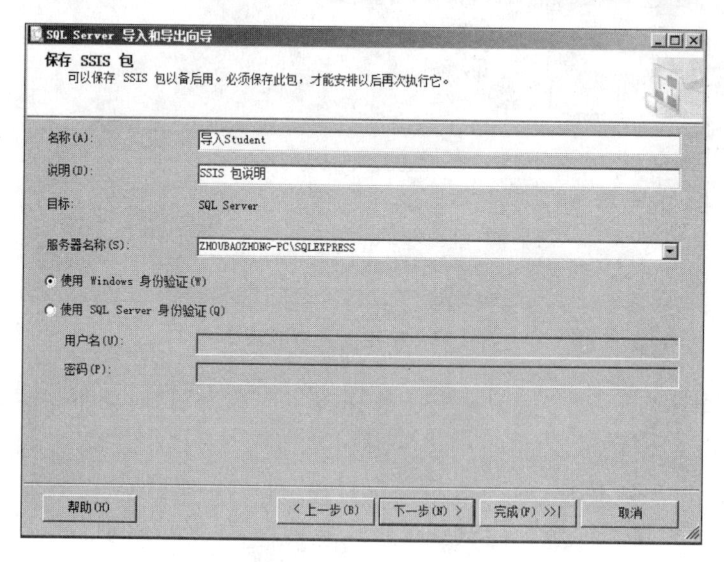

图 4-28　保存 SSIS 包

(10) 单击“下一步”按钮,进入“完成该向导”对话框,如图 4-29 所示。

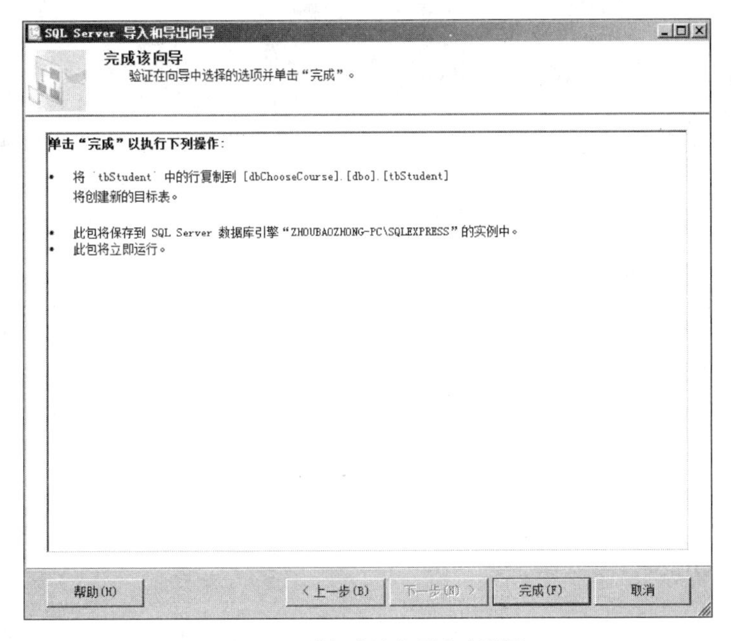

图 4-29 “完成该向导”对话框

(11) 单击“完成”按钮,进入“执行成功”对话框,如图 4-30 所示。

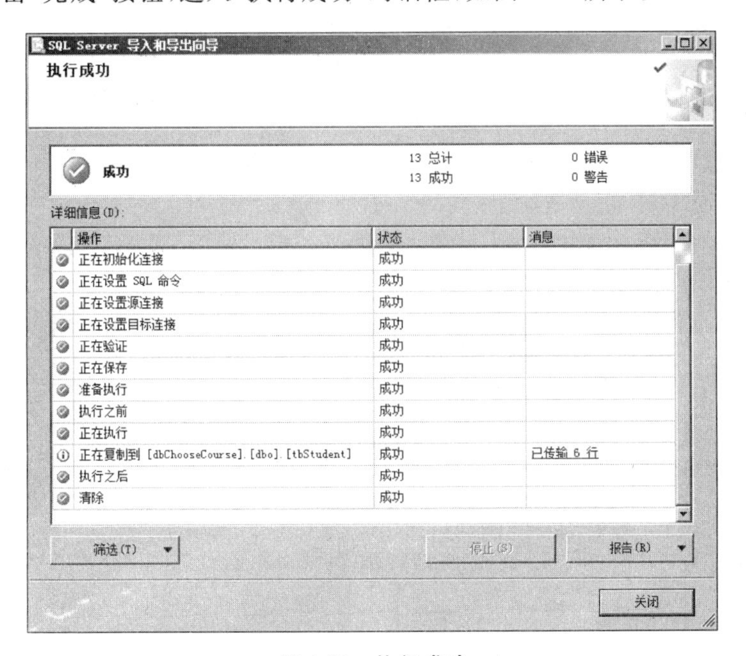

图 4-30 执行成功

(12) 等待执行成功后,单击“关闭”按钮,刷新“对象资源管理器”窗口的数据库 dbChooseCourse 节点,展开表 dbo.tbStudent,检查是否导入成功,如图 4-31 所示。

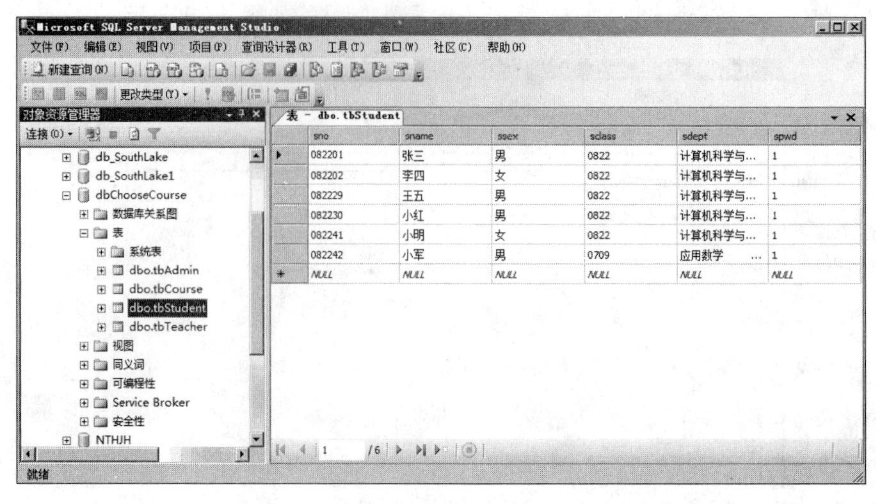

图 4-31 dbChooseCourse 数据库中的 dbo. tbStudent 表的结构

2. 导出 SQL Server 数据表

导出数据是将 Microsoft SQL Server 实例中的数据析取为某种用户指定格式的过程,如将 Microsoft SQL Server 表的内容复制到 Access 数据库中。

接下来介绍如何将 Microsoft SQL Server 数据库 dbChooseCourse(选课系统数据库)中的表导出到 Access 数据库 dbCC 中。具体操作步骤如下:

(1) 启动 SQL Server Management Studio 工具,并连接 SQL Server 2005 中的数据库。

(2) 右击数据库 dbChooseCourse,在弹出的快捷菜单中选择"任务"→"导出数据",如图 4-32 所示。

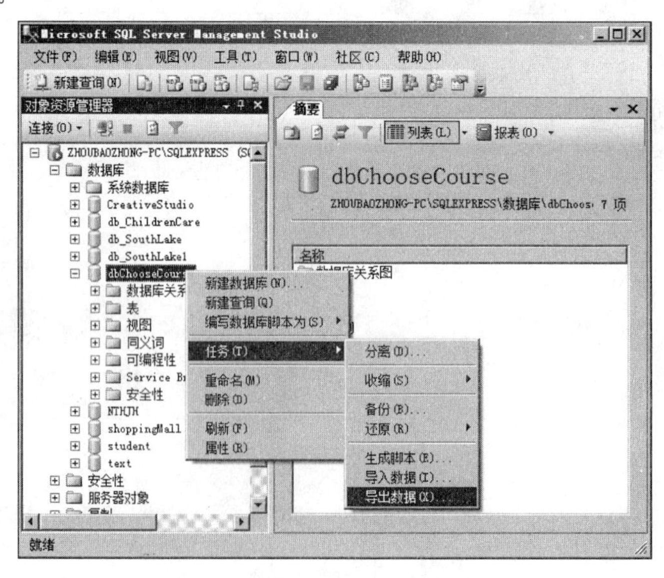

图 4-32 导出数据

(3) 进入“SQL Server 导入和导出向导”对话框,如图 4-33 所示。

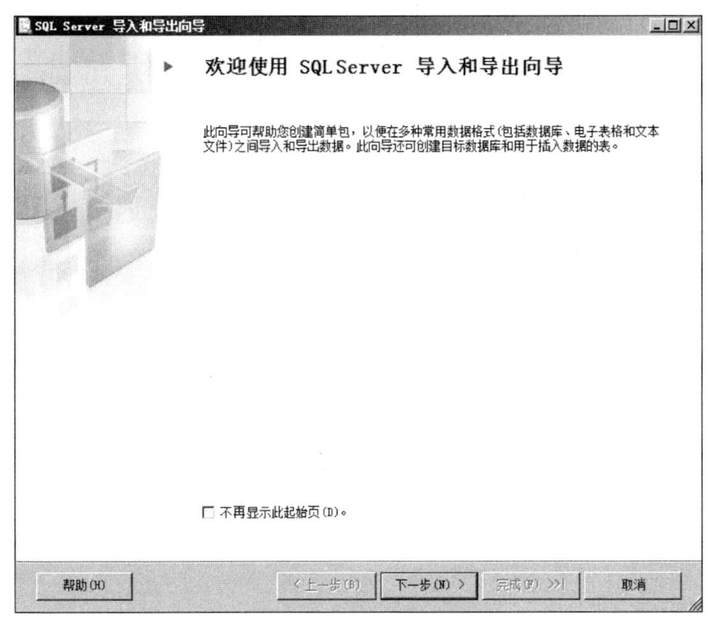

图 4-33 “SQL Server 导入和导出向导”对话框

(4) 单击“下一步”按钮,进入“选择数据源”对话框。在“数据源”下拉列表框中选择默认的 SQL Native Client,在“服务器名称”下拉列表框中选择正确的服务器名称,在“身份验证”区域选择“使用 Windows 身份验证”单选按钮,在“数据库”下拉列表框中选择 dbChooseCourse,如图 4-34 所示。

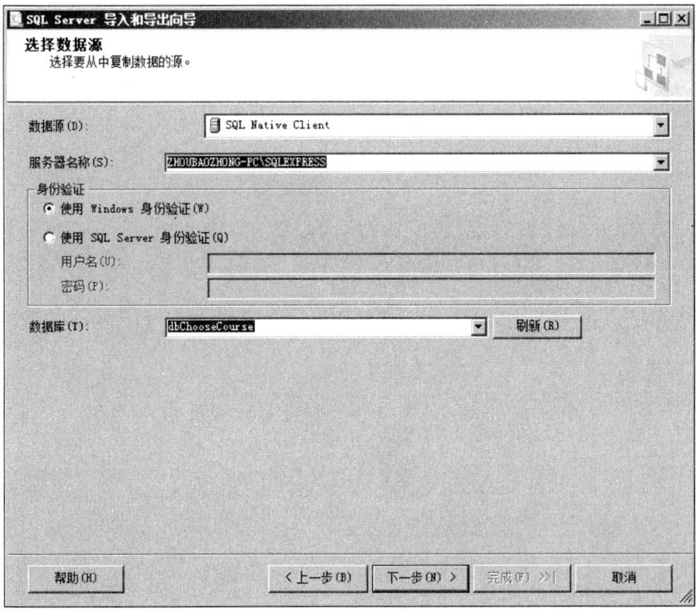

图 4-34 “选择数据源”对话框

(5) 单击“下一步”按钮，进入“选择目标”对话框，如图 4-35 所示，在“目标”下拉列表框中选择 Microsoft Access 选项(将数据导出到 Microsoft Access 数据库)，在“文件名”文本框中输入或通过“浏览”按钮指定 dbCC.mdb 文件的路径(选择要导出到哪一个 Access 数据库)。用户名和密码可以省略不写。

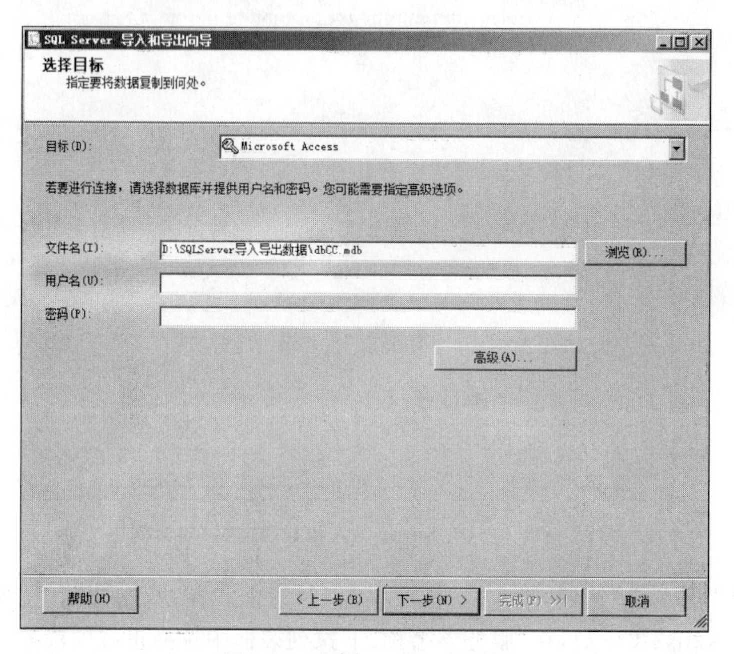

图 4-35 “选择目标”对话框

(6) 单击“下一步”按钮，进入“指定表复制或查询”对话框，如图 4-36 所示。

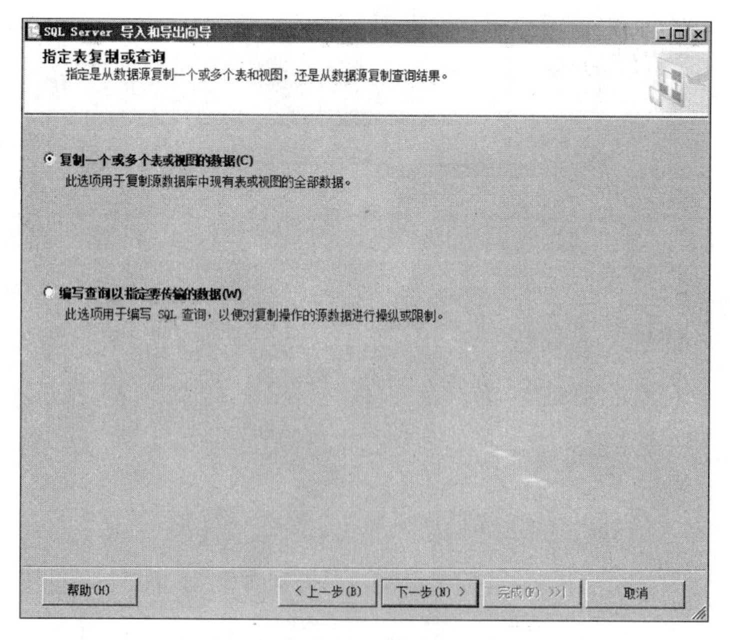

图 4-36 “指定表复制或查询”对话框

(7) 直接单击“下一步”按钮，进入“选择源表和源视图”对话框，选择 dbChooseCourse 数据库中的 tbStudent 表，如图 4-37 所示。

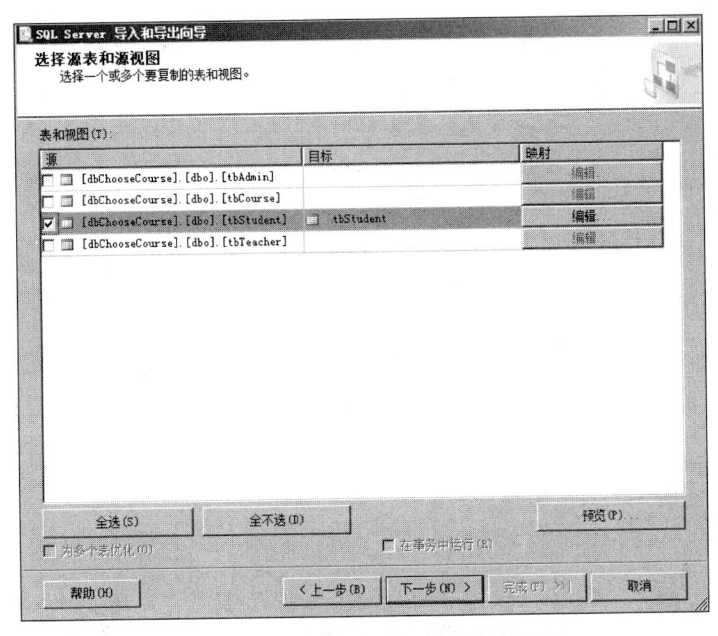

图 4-37 “选择源表和源视图”对话框

(8) 单击“下一步”按钮，进入“保存并执行包”对话框，如果选中“保存 SSIS 包”复选框，则系统打开“包保护级别”对话框，根据需要选择“包保护级别”，然后输入密码(可以不输入密码)，如图 4-38 所示。

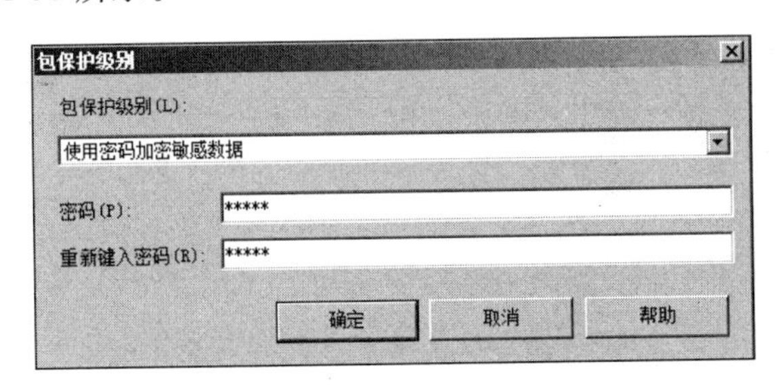

图 4-38 “包保护级别”对话框

(9) 单击“确定”按钮，关闭“包保护级别”对话框并进入“保存 SSIS 包”窗口，在“名称”文本框中输入 SSIS 包的名称，在“说明”文本框中对其进行描述。在“服务器名称”下拉列表框中选择适当的服务器，选择“使用 Windows 身份验证”单选按钮，如图 4-39 所示。

(10) 单击“下一步”按钮，进入“完成该向导”对话框，如图 4-40 所示。

(11)单击“完成”按钮，进入“执行成功”对话框，如图 4-41 所示。

(12) 等待执行成功后，单击“关闭”按钮，打开 dbCC 数据库中的 tbStudent 表，如图 4-42 所示，检查是否导出 tbStudent 表成功，如图 4-43 所示。

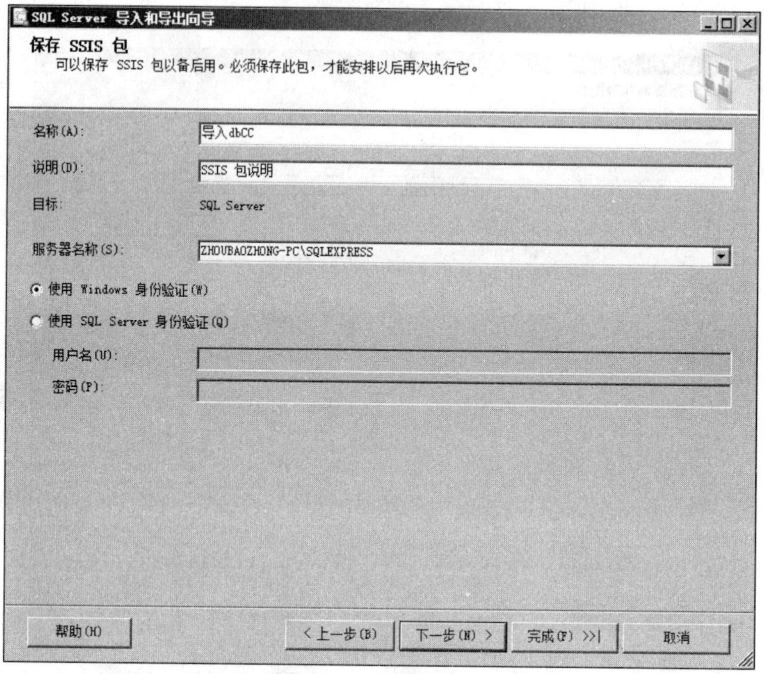

SQL Server 导入和导出向导
保存 SSIS 包
可以保存 SSIS 包以备后用。必须保存此包，才能安排以后再次执行它。
名称(A):
导入dbCC
说明(D):
SSIS 包说明
目标:
SQL Server
服务器名称(S):
ZHOUBAOZHONG-PC\SQLEXPRESS
使用 Windows 身份验证(W)
使用 SQL Server 身份验证(Q)
用户名(U):
密码(P):
帮助(H)
< 上一步(B)
下一步(N) >
完成(F) >>|
取消

图 4-39 保存 SSIS 包

SQL Server 导入和导出向导
完成该向导
验证在向导中选择的选项并单击"完成"。
单击"完成"以执行下列操作:
• 将 [dbChooseCourse].[dbo].[tbStudent] 中的行复制到 `tbStudent`
新行将被追加到现有表中。
• 此包将保存到 SQL Server 数据库引擎"ZHOUBAOZHONG-PC\SQLEXPRESS"的实例中。
• 此包将立即运行。
帮助(H)
< 上一步(B)
下一步(N) >
完成(F)
取消

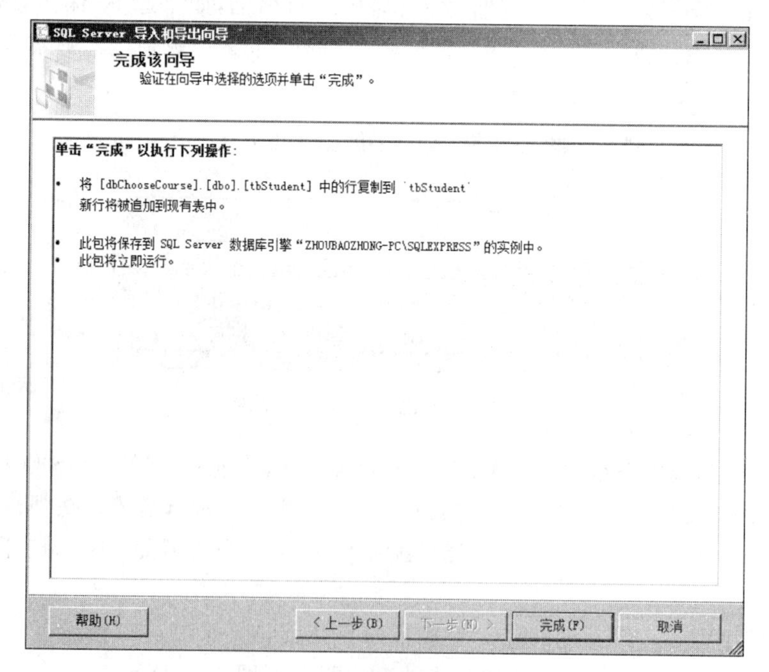

图 4-40 "完成该向导"对话框

图 4-41　“执行成功”对话框

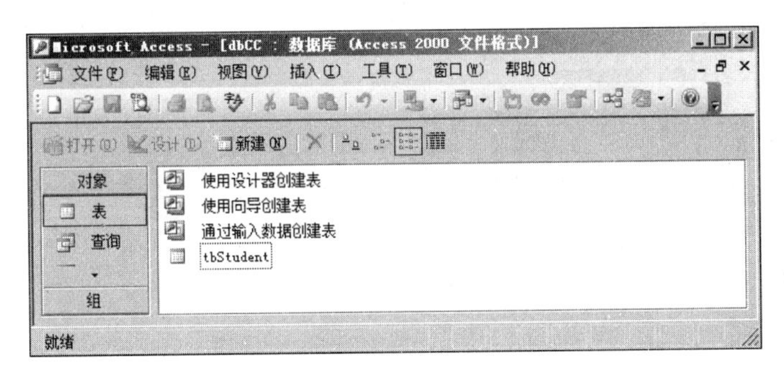

图 4-42　打开 dbCC.mdb 数据库

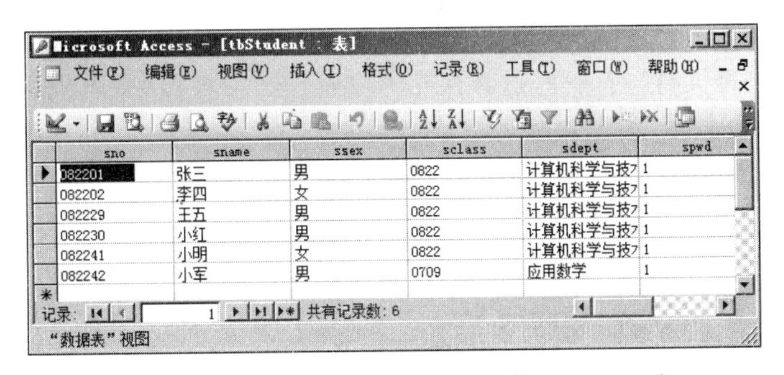

sno	sname	ssex	sclass	sdept	spwd
082201	张三	男	0822	计算机科学与技7	1
082202	李四	女	0822	计算机科学与技7	1
082229	王五	男	0822	计算机科学与技7	1
082230	小红	男	0822	计算机科学与技7	1
082241	小明	女	0822	计算机科学与技7	1
082242	小军	男	0709	应用数学	1

图 4-43　打开 dbCC.mdb 数据库中的 tbStudent 表

4.3.2　脚本

脚本是存储在文件中的一些 SQL 语句。用户可以通过 SQL Server Management

Studio 工具对制定的脚本进行修改、分析和执行。

本节主要介绍如何将数据库、数据表生成脚本，如何执行已有的脚本。

1. 将数据库生成脚本

数据库生成的脚本可以在不同计算机之间的使用，使用户得到便利。下面以数据库 dbChooseCourse 生成脚本为例进行演示，具体操作步骤如下：

(1) 启动 SQL Server Management Studio 工具，并连接 SQL Server 2005 中的数据库。

(2) 右击数据库 dbChooseCourse，在弹出的快捷菜单中选择"编写数据库脚本为"→"CREATE 到"→"文件"，如图 4-44 所示。

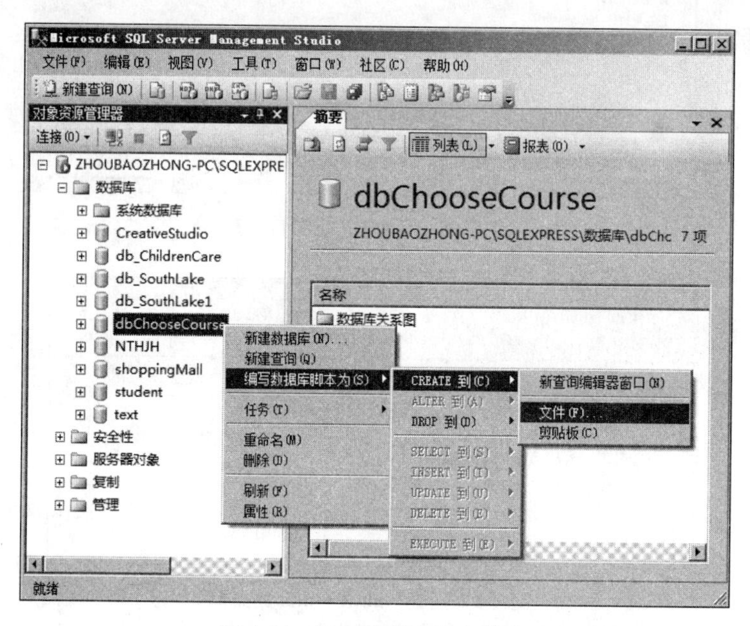

图 4-44 编写数据库脚本模式

(3) 进入"选择文件"对话框，选择保存的位置，在"文件名"文本框中输入文件名，单击"保存"按钮保存脚本，如图 4-45 所示。

2. 将数据表生成脚本

用户除了可以将数据库生成脚本文件，也可以根据需要将指定的数据表生成脚本文件。下面以数据库 dbChooseCourse 中的 tbStudent 表生成脚本文件为例进行演示，具体操作步骤如下：

(1) 启动 SQL Server Management Studio 工具，并连接 SQL Server 2005 中的数据库。

(2) 右击数据库 dbChooseCourse 中的 tbStudent 表，在弹出的快捷菜单中选择"编写表脚本为"→"CREATE 到"→"文件"，如图 4-46 所示。

(3) 进入"选择文件"对话框，选择保存的位置，在"文件名"文本框中输入文件名，单

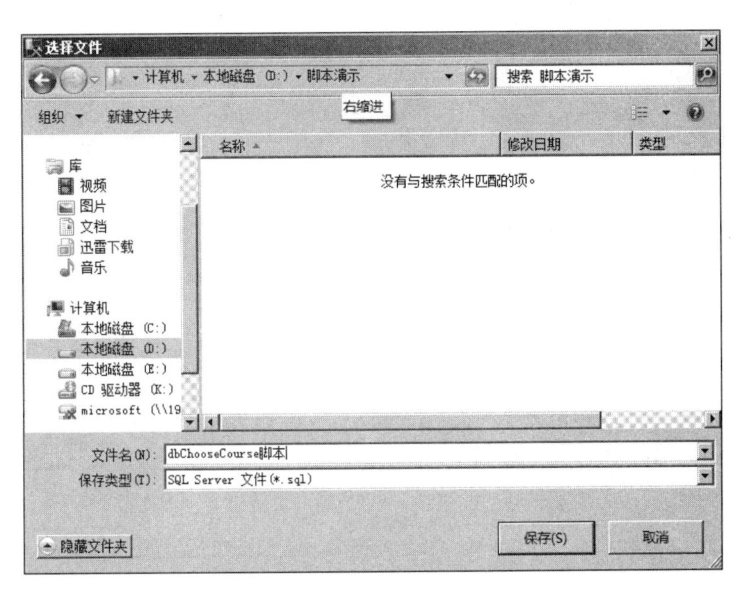

图 4-45　选择文件对话框

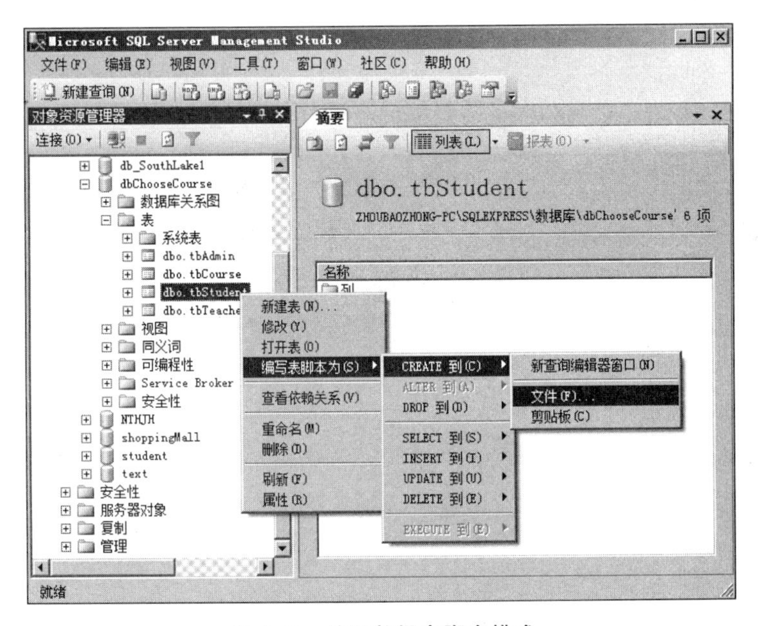

图 4-46　编写数据表脚本模式

击“保存”按钮保存脚本，如图 4-47 所示。

3. 执行脚本文件

用户可以使用 SQL Server Management Studio 工具对已生成的脚本进行分析、修改和执行。具体操作步骤如下：

(1) 启动 SQL Server Management Studio 工具，并连接 SQL Server 2005 中的数

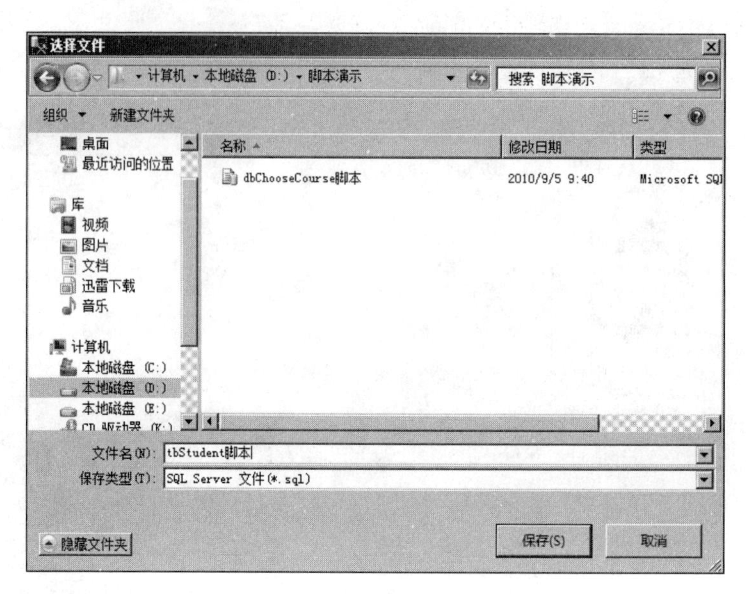

图 4-47 “选择文件”对话框

据库。

(2) 选择“文件”→“打开”→“文件”菜单命令，如图 4-48 所示。

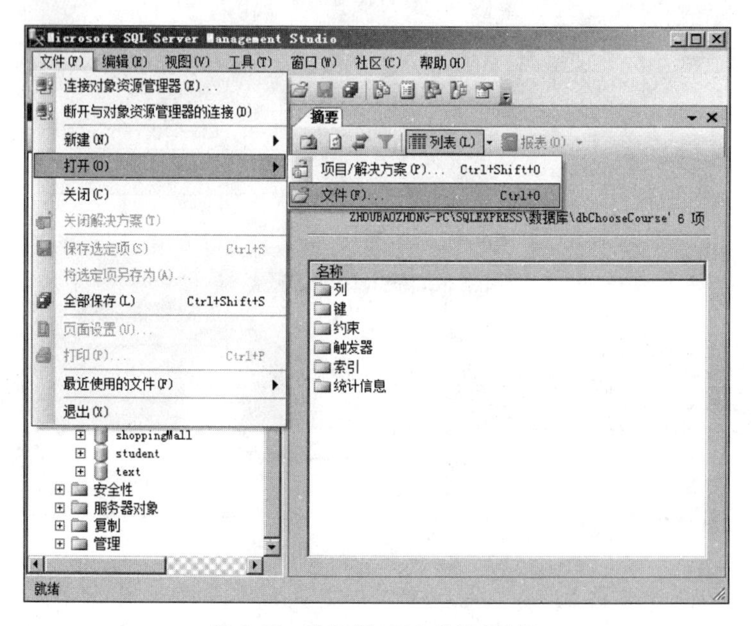

图 4-48 选择“打开文件”对话框

(3) 进入“打开文件”对话框，选择保存的脚本文件“tbStudent 脚本”，单击“打开”按钮，如图 4-49 所示。

(4) 在 SQL Server Management Studio 工具的 dbChooseCourse 一栏中选择将要导入的数据库。可以对打开的脚本文档代码进行修改。修改完成后，可以单击

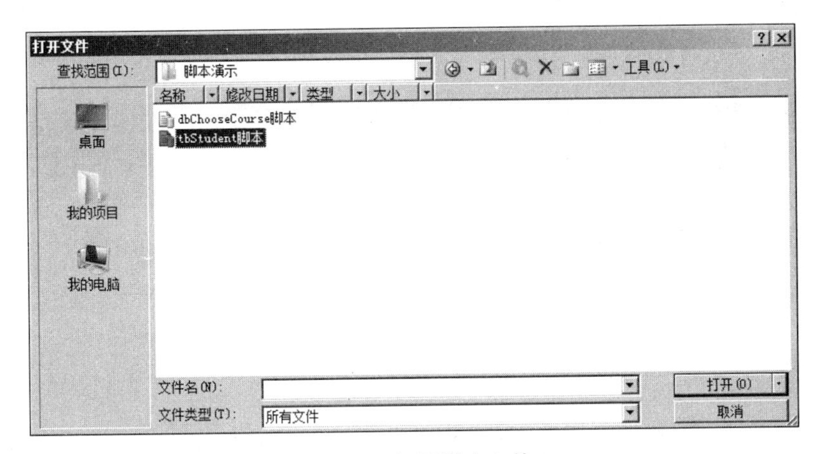

图 4-49　打开脚本文件

按钮或按 Ctr+F5 组合键对脚本进行分析，然后单击“执行”按钮或按 F5 键执行脚本，如图 4-50 所示。

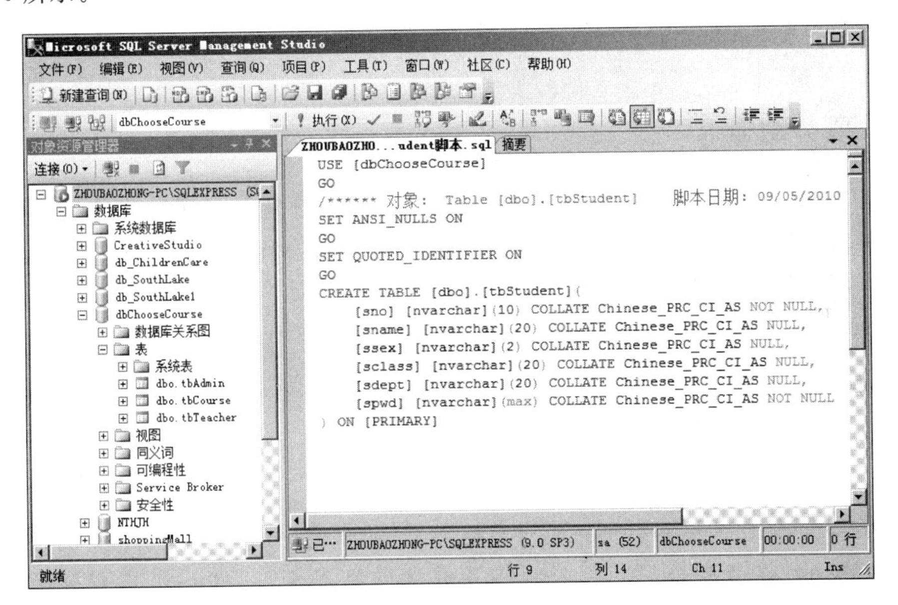

图 4-50　脚本文件

第5章 chapter 5

事务与并发控制

数据库系统通常是面向多用户的，因此在DBMS系统中面临的一个基本问题就是：在多个用户同时访问数据库的情况下，如何保证数据的一致性和有效性。事务控制与并发处理为该问题的解决提供了有效的途径。

5.1 事务的定义

5.1.1 事务的概念

事务是指用户定义的一个数据库操作序列，这些操作要么全做要么全不做，是一个不可分割的工作单位，是并发控制的基本单位。在SQL Server 2005中，一个事务可以是一条T-SQL语句或一组T-SQL语句。事务具有4个特性：原子性、一致性、隔离性和持续性。

1. 原子性

事务是数据库的逻辑工作单位，事务中包含的一个或多个对数据的操作要么全做要么全不做。

例如，用户在一个事务中要完成对数据库的更新，这时所有的更新对外部世界必须是全部完成的，或者完全没有更新。前者称事务已提交(commit)，后者称事务撤销(pollback，也称为回滚)。DBMS必须确保由成功提交的事务完成的所有操作在数据库内有完全的反映，而失败的事务对数据库完全没有影响。

2. 一致性

事务执行的结果必须是从一个一致性状态转变到另一个一致性状态，这种特性称为事务的一致性。因此当数据库只包含成功提交的结果时，就说数据库处于一致性状态。如果在执行事务时，当执行了事务的若干语句后到达某个语句的执行，但是出于某种原因(如断电或磁盘故障等)可能会导致该语句执行失败，这时执行的结果是不可预知的，需要将数据库中的数据恢复到事务执行前的初始状态，否则数据库中的数据会发生错误。

举例说明以上的问题：银行需要进行如下操作：将 A 帐户上的金额转账到 B 帐户。这个过程可以被分成 5 个操作步骤：读入 A 帐户金额 x→判断 $x>=$要转账的金额 y 是否成立→$A=A-x$→$B=B+x$。如果刚好执行了第 4 个步骤发生了断电事故，这时如果没有事务的概念，则金额 x 已经从 A 帐户扣除，而并没有写进 B 帐户，显然这种情况不应该发生。正是有了事务的概念，可以避免上述情况的发生：将以上 5 个步骤定义为一个事务，当它执行了前 4 步而第 5 步未执行，则将上面 4 步的执行全部取消，这样就不会发生数据错误，因为事务最大的特点就是要么全做要么全不做。可以看到，事务是保证数据在并发执行环境下正确的关键。

还要说明的是：一致性状态并不仅仅只有一种状态，并发执行的多个事务由于执行顺序的不同导致数据库中的数据呈现不同的一致性状态，这个问题将在并发控制阶段加以讲解。

3. 隔离性

隔离性指并发的事务是相互隔离的，一个事务的执行不能被其他事务干扰，即一个事务内部的操作及正在操作的数据必须封锁起来，不被其他企图进行修改的事务看到。隔离性是 DBMS 针对并发事务间的冲突提供的安全保证。DBMS 可以通过加锁在并发执行的事务间提供不同级别的分离。假如并发交叉执行的事务没有任何控制，操纵相同的共享对象的多个并发事务的执行可能引起异常情况。

4. 持续性

持续性意味着当系统或介质发生故障时，确保已提交事务的更新不能丢失，即对已提交事务的更新能恢复。一旦一个事务被提交，DBMS 保证它对数据库中数据的改变应该是永久性的，不会由于系统故障而发生变化。持久性可以通过数据库备份和恢复来保证。

5.1.2 事务的分类

根据事务的设置和用途的不同，SQL Server 2005 将事务分为多种类型。

1. 根据系统的设置分类

SQL Server 2005 根据系统的设置将事务分为系统事务和用户自定义的事务。

1）系统事务

在 SQL Server 2005 中一条 SQL 语句就是一个事务。例如，当创建一张数据库表时，创建表的一条 SQL 语句 CREATE TABLE 就构成了一个事务。这条语句要么创建全部成功，要么全部失败。

2）用户自定义事务

在实际应用中，用户可以使用 BEGIN TRANSACTION 语句来明确定义用户自己的事务。在使用用户自定义的事务时，一定要注意事务必须有明确的结束语句，否则系统可能把从事务开始到用户关闭连接之间的全部操作都作为一个事务来对待。事务的明确结束可以使用下面两个语句中的一个：COMMIT 语句和 ROLLBACK 语句。COMMIT 语句是正常提交语句，将全部完成的语句明确地提交到数据库中。ROLLBACK 语句是意外回滚语句，该语句将事务的操作全部取消，即表示事务操作失败。

2. 根据事务的运行模式分类

SQL Server 2005 根据事务的运行模式将事务分为 4 种类型：自动提交事务、显示事务、隐式事务和批处理级事务。

1）自动提交事务

自动提交事务即系统事务，每条单独的 SQL 语句都是一个自动提交事务，当用户需要执行一条 SQL 语句时，SQL Server 2005 会自动启动一个事务，语句执行后 SQL Server 2005 自动提交该事务。

2）显式事务

显式事务是指以 BEGIN TRANSACTION 语句显式开始，以 COMMIT 或 ROLLBACK 语句显式结束的事务，其实也是用户自定义的事务。

3）隐式事务

隐式事务指在前一个事务完成时新事务隐式启动，但每个事务仍以 COMMIT 或 ROLLBACK 语句显式完成。

4）批处理级事务

这类事务只能应用于多个活动结果集（MARS），在 MARS 会话中启动的 T-SQL 显式或隐式事务变为批处理级事务。当批处理完成时，没有提交或回滚的批处理级事务自动由 SQL Server 语句集合分组后形成单个的逻辑工作单元。

5.2 事务的使用

5.2.1 事务处理语句

正确应用事务可以最大限度地保证数据的安全性。事务处理语句共包括 4 条。

BEGIN TRANSACTION 语句：正常地开始一个事务。

COMMIT TRANSACTION 语句：提交事务，事务中的语句全部执行。

ROLLBACK TRANSACTION 语句：事务回滚，全部撤销事务中语句的执行。

SAVE TRANSACTION 语句：保存事务。

在 SQL Server 2005 中使用事务的方法是在查询分析器中运用以上事务处理语句进行事务的定义、执行等操作。下面以 5.1.1 节的银行转账问题为例来展示事务怎样保证两个帐户中数据的安全。

【例 5-1】 创建并执行银行转账的事务。

首先创建存储帐户的用户表 UserInfo：

```
CREATE TABLE UserInfo
( Userid varchar(18) PRIMARY KEY,              /*身份证号码*/
  Username varchar(20) NOT NULL,               /*用户名*/
  account varchar(20) NOT NULL UNIQUE,         /*帐户*/
  balance float                                /*余额*/
)
```

添加两个用户：

```
INSERT INTO UserInfo
VALUES('6321**************','A','0211****************',1000);
INSERT INTO UserInfo
VALUES('4322**************','B','6871****************',1);
```

使用事务来保证帐户的安全：

```
BEGIN TRANSACTION jy
DECLARE @balance float,@x float;        /*声明两个变量*/
SET @x=200;                             /*设变量x的值为200,实际上是要转账的金额*/
SELECT @balance=balance FROM UserInfo
WHERE account='0211****************';
/*查询A帐户余额,存入变量@balance*/
IF (@balance<@x)                        /*判断A帐户余额是否大于要转账的金额*/
return;
UPDATE UserInfo SET balance=balance-@x
WHERE account='0211****************';
/*扣除A帐户金额*/
UPDATE UserInfo SET balance=balance+@x
WHERE account='6871****************';
/*增加B帐户金额*/
COMMIT TRANSACTION jy;
```

在上面的例子中我们把对A帐户金额扣除和B帐户金额的增加放在了一个事务中，因此不会出现由于外界因素导致的两条UPTATE 语句只执行其中一条的错误(事务执行的意外终止)，从而保证了两个帐户的数据安全性。

但是还有一点需要注意：有时候数据操纵语句执行失败的原因不一定都是由于硬件错误造成的，还有可能是由于内部运行错误造成的，比如事务中有数据操纵语句违反了完整性约束条件，从而导致数据操纵的失败，此时SQL Server不会回滚全部事务，而只是回滚执行失败的T-SQL语句。下面举例说明这个问题。

【例5-2】 回滚有内部错误的事务。

编写事务erroroll在上例的UserInfo表中插入3条数据：

```
BEGIN TRANSACTION erroroll
INSERT INTO UserInfo
VALUES('3205**************','C','0211****************',1000);
```

```
INSERT INTO UserInfo
VALUES ('4301**************',NULL,'6871****************',100);
INSERT INTO UserInfo
VALUES ('4322**************','E','2465****************',1);
COMMIT TRANSACTION erroroll;
```

可以看出：需要插入的第二条数据违反了列 Username 不能为“空”的约束，当执行以上事务时，并不像例 5-1 的事务一样完全回滚，而是把满足条件的第一条、第三条数据全部插入了表，只回滚了第二条发生内部错误的数据操纵语句。

如果要回滚全部事务，需要将 SET XACT_ABORT 参数设为 ON(默认值为 OFF)，在查询分析器中写如下语句：

```
SET XACT_ABORT ON
BEGIN TRANSACTION erroroll
INSERT INTO UserInfo
VALUES ('3205**************','C','0211****************',1000);
INSERT INTO UserInfo
VALUES ('4301**************',NULL,'6871****************',100);
INSERT INTO UserInfo
VALUES ('4322**************','E','2465****************',1);
COMMIT TRANSACTION erroroll;
```

5.2.2 事务与存储过程一起使用

在存储过程内可以使用任何关于事务处理的语句。通常将事务的定义放在一个存储过程当中。

【例 5-3】 重写例 3-77，在存储过程中带有事务。

```
CREATE PROCEDURE sc_Reports
@ssno char(20)
AS
BEGIN TRANSACTION
@count int
SELECT Sno,Cno,grade
FROM Reports
WHERE sno=@ssno;
SELECT @count=@@error
/* @@error 是一个内置的全局变量,表示最近的一次操作没有错误,若出现错误则会返回错误信息 */
IF(@count=0)
    COMMIT TRANSACTION;
ELSE
    ROLLBACK TRANSACTION;
```

执行带有事务的存储过程与普通存储过程一样，这里不再赘述。

【例 5-4】 重写例 3-78 在存储过程中带有事务。

```
CREATE PROCEDURE  s_add1
(
    @ssno char(20),
    @ssname char(20),
    @ssex char(10),
    @sage int,
    @ssdept char(20)
)
AS
DECLARE @count int
INSERT
INTO students
VALUES (@ssno,@ssname,@ssex,@sage,@ssdept)
IF(@@error<>0 OR @@rowcount=0)
/* @@error 是一个内置的全局变量,表示最近的一次操作没有错误,若出现错误则会返回错误信息 */
/* @@rowcount 是一个内置的全局变量,表示操作影响数据的行数 */
    ROLLBACK TRANSACTION
ELSE
    COMMIT TRANSACTION
```

5.3 并发控制

5.3.1 并发控制概述

数据库是共享资源,可以供多个用户使用,因此同一时刻可能会有多个事务在并发运行。当多个用户并发地存取数据库时,就会产生多个事务同时存取同一个数据的情况。若对并发执行的事务不加以控制,就会存取和存储不正确的数据,为保证事务的隔离性和一致性,DBMS 系统一定要提供并发控制机制。

下面以一个例子来说明并发操作可能带来的数据不一致问题。

考虑以下火车订票系统中的数据操纵过程:

(1) 售票点甲读出某车次车票剩余数量为 $A=10$。

(2) 售票点乙读出同一车次车票剩余数量也为 $A=10$。

(3) 甲售票点卖出一张车票,执行修改剩余数量的操作 $A=A-1$,将 $A=9$ 写回到数据库。

(4) 乙售票点也卖出一张车票,执行修改剩余数量的操作 $A=A-1$,将 $A=9$ 写回到数据库。

从以上过程发现,车票剩余数量不正确。这就是由于并发控制不正确造成的数据的不一致性。也就是说:以上两个并发执行的事务在数据库系统中的执行有可能是交替进行的，如果不能很好地控制其交替执行的顺序，就会造成数据的不正确。

在并发系统中可能出现以下数据不一致性：丢失修改、不可重复读以及读“脏”数据。一般来说，锁可以防止脏读、不可重复读和读“脏”数据。

丢失修改是指：当事务并发执行时两个事务读入同一数据并修改，第一个事务对数据进的修改会被第二个事务对数据的修改破坏，从而导致丢失修改，上面的例子就是一个丢失修改的问题。

读“脏”数据是指：当一个事务正在访问数据，并且对数据进行了修改，而这种修改还没有提交到数据库中，这时，另外一个事务也访问了相同的数据，而第一个事务对数据的修改还没有提交，那么第二个事务读到的这个数据就是“脏”数据，第二个事务依据“脏”数据所做的操作可能是不正确的。

不可重复读是指在一个事务内多次读同一数据。在这个事务还没有结束时，另外一个事务也访问该数据。那么，在第一个事务中的两次读数据之间，由于第二个事务的修改，则第一个事务两次读到的数据可能是不一样的。这样就发生了在一个事务内两次读到的数据是不一样的，因此，称为不可重复读。

锁是事务防止其他事务使用其正在访问的资源，实现并发控制的重要手段。所谓锁技术就是当一个事务在对某个数据库对象进行操作之前，先对该数据对象加锁以向其他事务声明对数据对象的使用。加锁后事务对该数据对象就具有了一定的控制，当该事务对数据对象使用结束后释放锁，向其他事务表明对数据控制权的释放。

5.3.2 锁的模式

锁有多种模式，基本的模式有共享锁和排他锁。数据库引擎使用不同的锁定资源，这些锁模式确定了并发事务访问资源的方式。根据锁定资源方式的不同，SQL Server 2005 提供了 4 种锁模式：共享锁、排他锁、更新锁和意向锁。

1. 共享锁

共享锁也称为 S 锁或者读锁，允许并行事务读取同一种资源，当使用共享锁锁定资源时，不允许修改数据的事务访问数据。当读取数据的事务读完数据之后，立即释放所占用的资源。一般地，当使用 SELECT 语句访问数据时，系统自动对所访问的数据使用共享锁锁定。

2. 排他锁

排他锁也称为 X 锁或者写锁，对于那些修改数据的事务，例如使用 INSERT、UPDATE 和 DELETE 语句，系统自动在执行修改的事务上放置排他锁。排他锁要求在同一时间内只允许一个事务访问一种资源，其他事务都不能在有排他锁的资源上访问。在有排他锁的资源上，不能放置共享锁，只有当产生排他锁的事务结束之后，排他锁锁定的资源才能被其他事务使用。

3. 更新锁

更新锁也称为U锁，用于可更新的资源中，防止多个事务在读取、锁定以及随后可能进行的更新时发生死锁。在可重复读或可序列化的事务中，事务在读取数据时首先获取资源的共享锁，如果之后需要修改数据，则此操作要求锁转换为排他锁。如果两个事务同时获取了资源上的共享锁，然后试图同时更新数据，则一个事务尝试将锁转换为排他锁，第二个事务也试图获取排他锁以进行数据更新。由于两个事务都要转换为排他锁，并且每个事务都等待另一个事务释放共享模式锁，因此有可能发生死锁。若要避免这种潜在的死锁问题，就需要使用更新锁。一次只有一个事务可以获得资源的更新锁。如果事务修改资源，则更新锁转换为排他锁。

4. 意向锁

意向锁是放置在资源层次结构的一个级别上的锁，以保护较低级别资源上的共享锁或排他锁。例如，在数据库引擎中应用数据表上的共享锁或排他锁之前，在该表上放置一个意向锁。如果另一个事务试图在该表级别上应用共享锁或排他锁，则受到由第一个事务控制的表级别意向锁而阻塞。第二个事务在锁定该表前不必逐一检查表中各行或列上是否已经加了锁，而只需检查表上是否有意向锁。

意向锁有两种用途：一是防止其他事务以使较低级别的锁无效的方式修改较高级别的资源；二是意向锁是实现多种封锁粒度的关键，意向锁能够提高数据库引擎在较高粒度级别上检测锁冲突的效率。

意向锁又分为意向共享锁(IS)、意向排他锁(IX)以及意向排他共享锁(SIX)。

5.3.3 锁的粒度

锁粒度是指被封锁目标的大小，SQL Server 2005具有多粒度锁定，允许一个事务锁定不同粒度的数据资源。为了使锁定的成本减至最少，SQL Server 2005自动将数据资源锁定在适合事务的级别上。封锁粒度小则并发性高，但需要较大的开销；相反，封锁粒度大则并发性低，但开销较小。

SQL Server 2005提供的不同粒度的锁以及锁定数据范围见表5-1。

表5-1 SQL Server 2005中锁的粒度

锁定的资源	锁的级别	功能描述
RID	行锁	用于单独锁定表中的一行
键	行锁	用于锁定可串行事务中的键范围
页	页级锁	用于锁定长度为8KB的数据页或索引页
扩展盘区	页级锁	用于锁定相邻的一组8个数据页或索引页
Table	表级锁	用于锁定包括所有数据和索引在内的整个表
Database	数据库级锁	用于锁定整个数据库

5.3.4 锁的使用

在 SELECT、INSERT、UPTATE 和 DELETE 语句中为表中数据的引用指定锁。为表指定锁的语法格式为

```
<SELECT|INSERT|UPTATE|DELETE> TABLE [WITH](<表提示>[,...n])
```

其中表提示有很多选项用于指定为表加什么类型的锁。下面介绍常用的若干个选项。

HOLDLOCK：为表加共享锁，直到事务执行完成。

NOLOCK：表示语句执行时不发布共享锁而阻止其他事务对数据进行修改，允许读“脏”数据。

PAGLOCK：表示在使用表级锁时使用多个页。

ROWLOCK：强制使用行锁代替页级锁和表级锁。

TABLOCK：指定对表采用共享锁直至语句结束。如果同时指定了 HOLDLOCK，则会一直持有共享锁直至事务结束。

TABLOCKX：指定对表采用排他锁。如果同时指定了 HOLDLOCK，则会一直持有排他锁直至事务结束，因此在事务执行期间，其他事务将不能访问该表当中的数据。

UPLOCK：指定在读表中数据时使用更新锁而不是共享锁。

【例 5-5】 在事务中为数据表 Students 添加共享锁，间隔一段时间后再解锁，并给出加锁时间和解锁时间。

```
BEGIN TRANSACTION
DECLARE @now_time varchar(8);
SELECT * FROM Students WITH(HOLDLOCK);
SELECT  @now_time=CONVERT(VARCHAR,GETDATE(),8);
PRINT '用户 A 对 Students 加锁的时间为:'+@now_time;
WAITFOR DELAY '00:00:08';
SELECT  @now_time=CONVERT(VARCHAR,GETDATE(),8);
PRINT '用户 A 对 Students 解锁的时间为:'+@now_time;
COMMIT TRANSACTION
```

以上操作相当于对事务加共享锁后实现对表 Students 的 SELECT 操作，因此事务被执行后将会把 Students 表中所有数据都查询出来，并且锁定表持续了 8 秒钟。执行结果如图 5-1 所示。在该事务执行的同时，若有新的事务开始执行，则只能对表 Students 进行读操作(就是还可以加共享锁)，但是不可进行数据更新操作，直到例 5-5 中的事务结束后才可以进行数据的更新。在例 5-6 中给出了一个新事务，可以看到这个事务既有对数据的读操作也有更新操作，执行结果见图 5-1，可以明显看到更新操作是等到例 5-5 的事务完成后才被执行的。例 5-6 的执行结果见图 5-2。

图 5-1 具有表级共享锁的事务执行结果

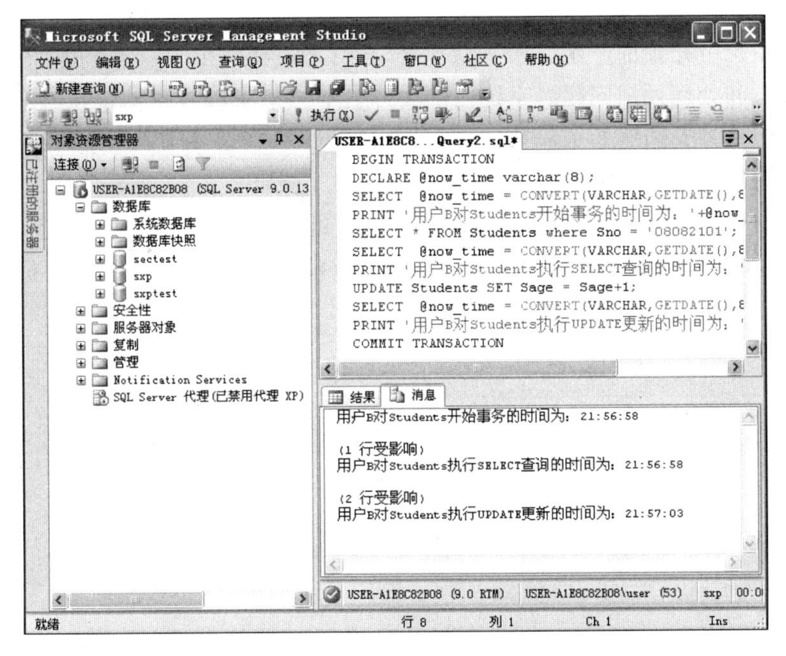

图 5-2 另一个事务的执行结果

【例 5-6】 在另一个事务中对数据表 Students 进行更新操作。

```
BEGIN TRANSACTION
DECLARE @now_time varchar(8);
```

```
SELECT  @now_time=CONVERT(VARCHAR,GETDATE(),8);
PRINT '用户 B对 Students 开始事务的时间为:'+@now_time;
SELECT * FROM Students where Sno='08082101';
SELECT  @now_time=CONVERT(VARCHAR,GETDATE(),8);
PRINT '用户 B对 Students 执行 SELECT 查询的时间为:'+@now_time;
UPDATE Students SET Sage=Sage+1;
SELECT  @now_time=CONVERT(VARCHAR,GETDATE(),8);
PRINT '用户 B对 Students 执行 UPDATE 更新的时间为:'+@now_time;
COMMIT TRANSACTION
```

5.3.5 死锁的产生及处理

1. 死锁的产生

死锁是指，在支持并发执行的数据库系统中，多个事务分别锁定了一个资源，又试图请求锁定其他事务已经锁定的资源，而对方也有这样的要求，这就使得每个事务握有自己锁定的资源，等待对方把它锁定的资源释放出来才执行下去，因此两个事务都不能向前推进，即称这种情况为产生了死锁。

2. 死锁的处理

在并发系统中死锁的产生几乎无法避免，SQL Server 2005 解决死锁的办法是系统自动定期搜索和处理死锁问题。系统在每次搜索中标识所有等待锁定执行的事务，如果下一次搜索中该事务仍然处于等待状态，系统将自动搜索发生死锁的事务，然后按照事务的优先级别来强行结束优先级最低的事务，并回滚该事务。

在 SQL Server 2005 中还有一种较好的机制，可以在死锁发生时帮助用户了解死锁产生的原因，那就是使用 try…catch 语句。try…catch 可以用于异常发生的捕获和处理。

第 6 章 chapter 6

数据库设计工具

6.1 数据库设计工具简介

6.1.1 流行数据库设计工具简介

与以往相比，当前应用程序的开发不断发生变化，各种基于 Internet 和客户机/服务器结构以及使用纯 Java、C++ 和诸如 Delphi、PowerBuilder 之类的可视化开发工具编写的新系统层出不穷。但是，对遍布整个公司的信息进行逻辑设计，以便生成物理数据库，对这种数据库结构设计的需求没有发生变化。用户数据库可能只服务一部分用户，或者为整个 Internet 所调用，但有一点很明确：如果数据库设计错误，开发者将在很长一段时间内听到来自不同群体的抱怨。因此，选择一个适合的数据库开发工具对公司数据环境进行规范非常重要，主要的建模工具有 CA ERwin，Visible Analyst，Embarcadero ER/Studio，IBM Data Architect，ModelRight，DeZign for Databases，Oracle Designer，Sybase PowerDesigner 以及 SILVERRUN. mysql。建模工具提供建造逻辑模型的能力，帮助用户区分哪些是概念上的数据库设计，而哪些又是物理上的设计。

1. ERwin 简介

CA ERwin 数据建模工具是一款为包括业务系统数据库及数据中心在内的特定信息系统服务的数据建模（数据需求分析和数据设计等）的软件工具。

ERwin 最初是由美国 Logicworks 公司创建，1998 年该公司被 Platinum Technology 公司兼并，1999 年 5 月被 Computer Associates 公司收购，将其加入 AllFusion 套装，并以 AllFusion ERwin DataModeler 命名。与该产品相联的产品还有 BPwin，一个 IDEF0 过程建模工具以及支持数据和过程模型的团队合作开发工具 ModelMart，该工具后来被重命名为 CA ERwin ModelManager。ERwin 运行在 Windows 操作系统环境下，目前稳定的版本是 r7. 3/01-26-2009。

该软件有以下特点。

(1) 逻辑数据建模：建立独立逻辑模型，从该模型推导出物理模型。同时支持组合逻辑与物理模型，支持实体类型及属性逻辑名称及描述，逻辑域名、数据类型及关系命名。

(2) 物理数据建模：建立独立物理模型及组合逻辑物理模型。支持表和列命名及描述、用户定义数据类型及主键、外键、替代键、检查约束定义及命名。支持索引、视图、存储过程以及触发器。

(3) 逻辑模型到物理模型转换：包括一个称为“命名标准编辑器”的缩略语/命名词典及称为“数据类型标准编辑器”的逻辑到 RDBMS 数据类型的映射设施，每一个都可通过条目及基本规则的实施来定制。

(4) 正向工程：一旦数据库设计满足物理模型，工具可自动生成 SQL 数据定义语言(DDL)脚本，可直接在 RDBMS 环境执行或保存为 script 文件。

(5) 逆向工程：如果分析师需要检查或了解一个已存在的结构，ERwin 可以真实地捕获 ERwin 模型文件中有关物理数据库对象的描述。

(6) 模型与模型比较：如果分析师或设计师需要了解两个模型文件(包括实时逆向工程文件)之间的变化，ERwin 可以通过 Complete/Compare 功能来实现该目的。

(7) 在版本 7 中实现了 undo 功能。

2. Rational Rose DataModeler 简介

Rational Rose 是 Rational 公司出品的一种面向对象的统一建模语言的可视化建模工具。用于可视化建模和公司级水平软件应用的组件构造。由于 Rational 公司被 IBM 公司并购，该产品现在称为 IBM Rational Rose DataModeler。该产品为数据库应用开发提供了一个高级的可视化建模环境。通过通用工具和统一建模语言(UML)将数据库设计者与开发团队中的其他团队连接起来，从而加快开发和设计过程。

(1) 数据库设计者可以设想应用程序如何访问数据库，从而使得问题在部署前就被发现并加以解决。

(2) 允许对象模型、数据模型和数据存储模型的创建，并提供逻辑模型与物理模型之间的映射，可灵活地将数据库设计演变成应用逻辑。

(3) 支持数据模型、对象模型、数据定义语言文件(DDL)/数据库管理系统(DBMS)之间的循环工程，提供转换同步选择(转换过程中数据模型与对象模型之间的同步)。

(4) 提供数据模型-对象模型比较向导，支持一次对整个数据库进行前向工程，并与其他 IBM Rational 软件开发生命周期工具进行集成。

(5) 提供与遵循 SCC 规范的版本控制系统的集成能力，包括 IBM Rational ClearCase。

(6) 提供 Web 发布模型及报告以提高与扩展团队的交流能力。

3. IBM InfoSphere Data Architect 简介

以前称 Rational Data Architect，InfoSphere Data Architect 是一个企业级的数据建模及集成设计工具。InfoSphere Data Architect 是一个协作数据设计解决方案，可以用它来发现、建模、关联并标准化多种分布式数据。

该工具具有以下特色。

(1) 揭开已有数据源的神秘面纱。

InfoSphere Data Architect 通过检查、分析基本的元数据来发现混合数据源的结构。使用已建立的 JDBC(Java Database Connectivity)连接到数据源，InfoSphere Data Architect 使用本地查询(native query)探测它们的结构。有了用户接口，用户可以通过数据元素的层次结构方便地进行浏览，便于理解每一个元素的详细特性。

(2) 便于在混合数据环境中开发数据模型。

InfoSphere Data Architect 可以创建各种环境下的逻辑模型、物理模型和域模型，包括 DB2、Informix Dynamic Server、Oracle、Sybase、Microsoft SQL Server、MySQL 和 Teradata。逻辑数据模型及物理数据模型中的元素可以使用 IE(Information Engineering)符号呈现在图中。物理数据模型图也可以使用 UML 标注。InfoSphere Data Architect 可以使数据专业人员以不同的方式创建物理模型：从头开始、从逻辑模型转换或者从数据库使用逆向工程创建。

(3) 管理循环变化。

多数开发项目本质上来讲是循环的，所以能够进行增量设计，无缝地对变化及其影响进行管理变得非常重要。InfoSphere Data Architect 就可以使用户那样做。影响分析可以列出所选数据项目的所有依赖关系。高级同步技术可以在两个模型、模型与数据库及两个数据库之间进行比较。变化可以在数据模型或数据源内或跨越模型及数据源进行传播。

(4) 实现公司级标准

InfoSphere Data Architect 能够使得设计师定义并实现标准以提高数据的质量，实现命名、含义、值、关系、特权、隐私及可跟踪性的企业级一致性。标准只需要定义一次，然后就可以与各种模型及数据库关联。模型与数据库的标准实现通过内置的、可扩展的、规则驱动的分析来进行，检查命名、语法、规范化与标准的符合程度。

(5) 便于跨团队校正。

不管开发者是为一个小团队(每个成员扮演多个角色)效力，还是为一个大的分布式团队(有较清晰的责任描述)效力，都可以把 InfoSphere Data Architect 当作即插(plug-in)函数用到一个共享的 Eclipse 实例，或者通过像 Rational Clear Case 或 Concurrent Versions System(CVS)的标准配置管理库来共享作品。

(6) 支持数据生命周期管理。

设计师、开发人员和数据库管理员可以共同安装带 Optim Development Studio 和 Optim Database Administrator 的 InfoSphere Data Architect，以实现无缝地设计、开发和部署。一次定义隐私策略并将其提供给下一个进程，可以加快测试环境中管理数据隐私的企业级一致性。

(7) 便于转换的导入/导出功能。

InfoSphere Data Architect 可以从 CA AllFusion ERwin、Sybase PowerDesigner、IBM Rational Rose 及许多其他的无数据源及目标中导入导出模型。在这个转换过程中，支持逻辑模型与物理模型。或者只是从活动的数据库接连中逆向工程现有的模型。

6.1.2 数据库设计工具的功能

通常来讲，数据库设计工具应具有逻辑数据建模、物理数据建模、维度数据建模、计算物理空间大小、域词典、前向工程与逆向工程等功能。

1. 逻辑数据建模

逻辑数据建模包括：定义和命名实体及属性；选择主键；指定替换键属性；定义一对一和一对多关系；分解多对多关系；指定特殊关系类型（n 元、递归和子类型）；定义外键，指定标识和非标识关系；建立引用完整性约束等。

2. 物理数据建模

物理数据建模包括：将实体转换为表；将属性转换为列；分配主键和外键；定义数据验证和约束；为业务规则定义触发器和存储过程（包含 INSERT、UPowerDesignerATE 和 DELETE 的触发器，以保持引用完整性）；基于目标 DBMS 设置数据类型等。

3. 维度数据建模

维度数据建模包括：建立事实表；定义维度表；设计星形模式；设计支架表（雪片模式）；解决缓慢更改的维度；定义和附加数据仓库规则；定义数据仓库源；从数据仓库源导入数据；将源附加到列等。

4. 计算物理存储空间

计算物理存储空间包括：评估数据库表大小；建立容量；为空间计算设置参数等。

5. 域词典

域词典包括：建立标准；设置域继承和覆盖；建立域；定义域属性；更改域属性等。

6. 前向工程

前向工程包括：按种类选择模式生成选项；设置模式生成选项：引用完整性、触发器、模式、表、视图、索引、目标 DBMS 的相关特性；有生成模式前检查汇总信息；执行 SQL 代码，生成适当模式定义等。

7. 逆向工程

逆向工程包括：选择关系数据库的数据词典条目；选择 SQL 数据定义语句的文件；建立物理数据模型；建立逻辑数据模型；分析生成的数据模型。

6.1.3 PowerDesigner 简介

PowerDesigner 是 Sybase 公司的 CASE 工具集，使用它可以方便地对管理信息系统进行分析设计，它几乎包括了数据库模型设计的全过程。利用 PowerDesigner 可以制作数据流程图、概念数据模型和物理数据模型，可以生成多种客户端开发工具的应用程序，还可为数据仓库制作结构模型，也能对团队设备模型进行控制。它可与许多流行的数据库设计软件，例如 PowerBuilder、Delphi 和 VB 等配合使用来缩短开发时间和使系统设计更优化。

1. 用 PowerDesigner 建模

PowerDesigner 提供了唯一的企业级建模工具，将业务过程模型、数据模型及 UML 应用模型的标准技术及标注与其他强有力的特征结合起来，在分析、设计、构建、维护应用程序、使用软件工程规范方面给用户以帮助。

PowerDesigner 企业建模解决方案使得用户可以将应用核心数据层的设计及维护与项目需求、业务过程、面向对象的代码、XML 词汇和数据库复制信息紧密地集成在一起。通过提供不同抽象层的综合模型集，PowerDesigner 将循环设计过程的范围拓宽到了系统结构的所有方面，从概念到部署，以至更远。

PowerDesigner 并不强加任何一种特殊的软件工程方法或工程。每个公司可以实现自己的工作流，定义责任与角色，描述使用的什么工具，需要什么样的验证，在过程的每一步产生什么样的文档。

一个开发团队由多个角色组成，包括业务分析师、分析师和设计师、数据库管理员、开发人员和测试人员，每一角色使用 PowerDesigner 组件的不同部分。

1) 业务分析师

业务分析师定义组织的结构、业务需求及高层业务流。可以使用企业结构模型(Enterprise Architecture Model，EAM)来提供组织的一个大图片，以定义它的结构，分析高层功能、过程以及流。这些结构对象可被附加到其他模型中的实现对象中。

可以使用需求模型(Requirements Model，RQM)来定义业务需求，分析师和设计师可将其提炼为技术需求。RQM 列出并精确解释了项目开发过程中需要实现的功能以及谁来负责它们。这些需求可与任何其他模型中的任何对象相联，以跟踪它们在哪里实现、如何实现。

也可以使用业务过程模型(Business Process Model，BPM)来定义描述已有系统及新系统的高层业务过程流，模拟业务过程以减少时间和资源，增加回报。BPM 以真实的业务术语来描述组织过程，可当作一个设计工具来识别业务需要，以层次结构来组织它们，以图形方式显示过程，然后以过程语言，如 BPEL4WS，来产生组件。

2) 数据分析师

数据分析师将技术需要映射为业务需求。通过深层次地分析，可定义用例，并将它们映射为需求。书写规范、更为精确地定义每个过程的性质及细节、应用及其数据结构。可以用 BPM 及 CDM 给出其静态数据结构的抽象视图，CDM(Conceptual Data Model，概念数据模型)是一个与平台无关的对系统的描述。PowerDesigner CDM 允许现实的规范数据结构，如多对多、超类/子类关系，提供一个跨越所有系统的业务数据的清晰视图，使得业务用户、系统架构师和业务分析师可以方便地使用系统信息。

3）数据库管理员

数据库管理员使用定义良好的数据结构来优化、反规范化并创建数据库。使用PowerDesigner PDM(Physical Data Model，物理数据模型)，PowerDesigner PDM是运行在服务器上的真实数据库及相关联对象的一个描述，包含物理对象结构的完整信息，这些物理对象包括表、列、引用、触发器、存储过程、视图及索引。

PowerDesigner PDM可用来为它支持的50种关系数据库管理系统PowerDesigner PDM创建所有的数据库代码。可以从脚本或从一个通过标准的ODBC连接的活动服务器逆向工程创建PowerDesigner PDM。通过维护PowerDesigner PDM和CDM，可以确保最后的实现与系统需求完全匹配，为分析及设计所做的努力反映到实际系统中。

可以使用LDM(Logical Data Model，逻辑数据模型)，LDM是连接CDM和PDM的桥梁，在技术方面比CDM更为精确。LDM可以解决多对多、超类/子类关系、反规范化数据结构以及定义索引方面的问题，不用指定某个特殊的关系数据库管理系统。

如果数据库管理员还负责数据库复制，也可以使用ILM(Information Liquidity Model，信息流模型)，该模型提供了从一个源数据库到一个或几个远程数据库信息复制的全局描述。

4）开发人员

开发人员负责书写RQM中的技术规范，对应用建模，定义对象结构及行为、对象/关系映射。使用OOM(Object-Oriented Model，面向对象模型)，OOM使用标准的UML图和标注来描述对象及其交互。OOM可以从Java、.NET及许多其他语言中逆向工程产生，也可用于产生这些代码。OOM与BPM、CDM、PDM紧密结合，极大地简化了系统的维护和开发。

可以使用XSM(XML Model，XML模型)对XML文件的复杂结构进行图形建模。图形及树形视图对所有的文档元素给出一个全局的、概要式的描述，而这类模型可用于由PDM或OOM来直接产生DTD及XSD文件。

5）团队领导

团队领导对所有的模型都感兴趣并要确保所有的需求、设计对象及文档连接在一起，这些可跟踪的连接考虑了影响分析和变化管理。建立PowerDesigner企业仓库作为存储中心点。该仓库支持元数据共享、版本控制和影响分析，为模型及其他系统文档生成报告，具有一个健壮的安全模型，支持从单一的仓库实例到真正的企业级扩展性。

确保生成最新的、精确的文档并且可广泛使用。全功能的报告编辑器(ReportEditor)允许团队领导自动生成系统中任一组件或所有组件的详细报告(以RTF或HTML形式)，从而在项目组和整个公司共享设计信息。

FEM(FreeModel)可用来生成图并解释系统和应用的架构、应用的用例方案、流程图及其他图形。

6）测试人员

测试人员使用RQM、CDM及其他模型、设计文档来理解应用应如何工作、如何开发。

2. 链接并同步模型

PowerDesigner 的高级模型交互、代码和数据库生成能力使得用户可以同步模型及应用，提供了对每个改变进行控制的能力。

PowerDesigner 模型导入、导出各种文件类型并从其他模型中生成的过程如图 6-1 所示。

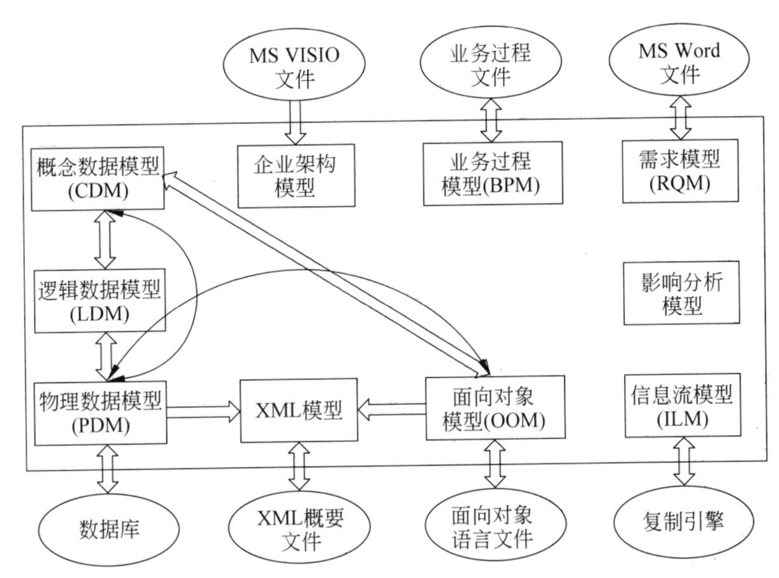

图 6-1 模型导入、导出及转换图

PowerDesigner 还提供以下形式的连接。

- 需求可跟踪连接：允许将一个对象与一个需求联系起来。
- 企业架构对象：可与其他模型中的对象连接。
- 业务过程数据：可与 CDM、PDM 和 OOM 中的对象联系起来。
- 信息流输入输出：由 BPM、PDM 及 XSM 提供。
- 快捷键与复制：允许将一个模型中的对象重用到另一个模型中。
- 扩展连接与扩展依赖：允许将任意模型中的任意对象用到另一个模型中。

PowerDesigner 提供了强大的工具来分析模型对象间的依赖关系。

6.2 PowerDesigner 的使用

6.2.1 PowerDesigner 的界面与工具箱

典型的 PowerDesigner 窗口见图 6-2。可以看到以下组件。

(1) 浏览器：显示用户的模型以及属于它们的对象，允许在其间快速进行导航。浏览器同时也有一个标签可以访问 PowerDesigner 库，模型及所关联的文件就存储到那里。

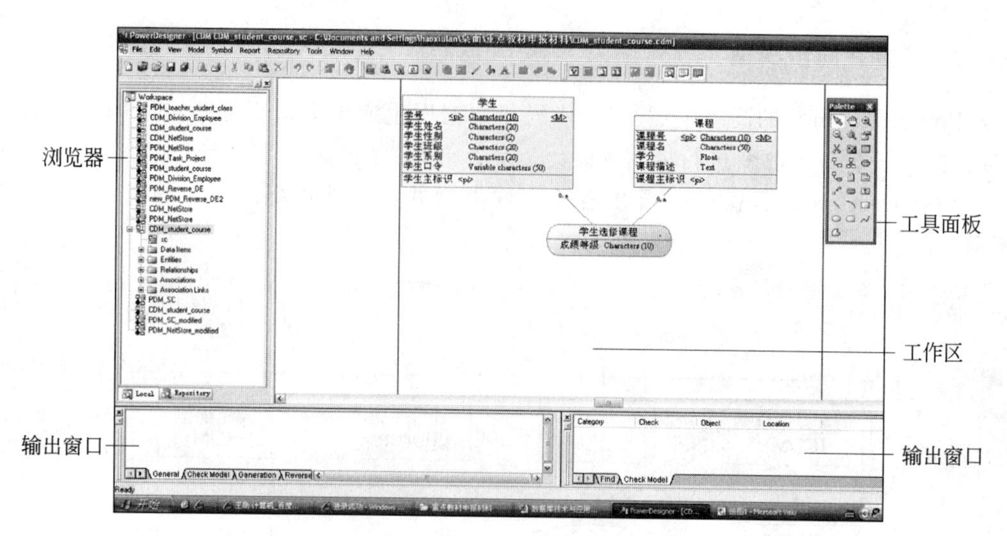

图 6-2 PowerDesigner 窗口

(2) 工作区：是显示现有模型图及报告轮廓的主要窗格。

(3) 工具面板：提供图形工具以帮助用户快速建立模型图，可用工具随图形的类型而改变。

(4) 输出窗口：显示 PowerDesigner 过程的进度，例如检查模型、生成数据库和逆向工程一个数据库。

(5) 结果表：显示搜索结果或模型检查的结果。

1. 浏览器

1) 浏览器简介

浏览器提供了所有模型对象的一个层次视图，如图 6-3 所示。

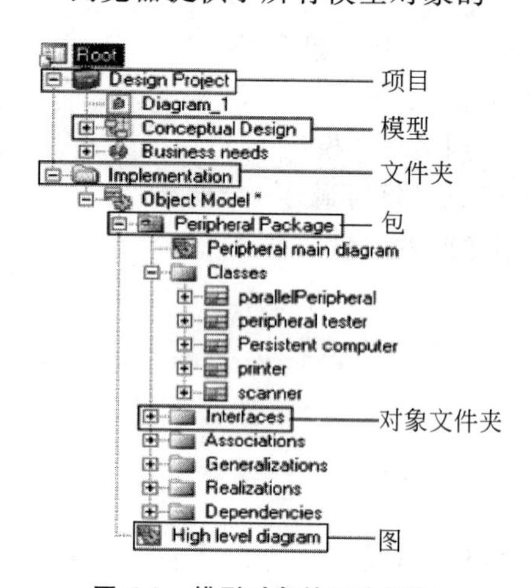

图 6-3 模型对象的层次视图

小技巧：一次扩展所有的结点，按右侧小键盘上的"＋"键；一次折叠所有的结点，按小键盘上的"－"键。

PowerDesigner 浏览树中的典型层次对象如下。

(1) 工作空间(workspace)：浏览树的根是一个称为 workspace 的特殊类型的文件夹，一个虚拟环境包含并组织所有在设计过程中创建的信息和文件。工作空间允许用户保存局部设计环境，以便在下次启动会话时使用。

(2) 项目(project)：是存放开发部件的容器，允许用户将它们存储在库中的一个单独单元中。每个项目都有一个图，这个图自动计算并显示用户模型与其他文档之间的依赖关系及连接。

(3) 文件夹(folder)：工作空间包含用户定义的文件夹，允许用户将模型及其他文件组织起来。例如，假如一个开发者在两个项目上工作，但是却想从一个单独的空间访问它们，那么就可以使用文件夹来组织它们。

(4) 模型(model)：是 PowerDesigner 中的基本设计单元。每个模型有一个或多个称为图的图形视图及任意数目的模型对象。

(5) 包(package)：当用户使用一个较大的模型时，有可能想要将其分裂为较小的"子模型"以避免对大的项集进行操作。这些子模型称为包，可用于将不同的任务或主题分配给不同的开发团队。

(6) 图(diagram)：显示各种模型对象的交互。可以在一个模型或包中创建若干个图。

(7) 模型对象(model object)：是所有属于模型的项的通称。一些模型对象，如面向对象模型中的类，具有图形符号表示；而另外一些对象，如业务规则，并不出现在图中，只能从浏览器界面或对象列表中进行访问。

(8) 报告(reports)：可以自动生成来记录用户模型。

2) 拖放

用户可以在浏览器窗口中或者从浏览器到图形窗口中拖放或复制对象。

3) 搜索

可以通过以下方式找到图中任一对象的浏览器条目：

- 右击图中的符号对象并从快捷菜单中选择 Edit→Find 命令。
- 从对象属性菜单中选择。
- 从结果表中的快捷菜单中选择。

2. 属性对话框

每个模型对象都有一个属性对话框，如图 6-4 所示，允许用户浏览并编辑其属性。可以通过双击对象的符号或其浏览器条目，或右击该对象，从快捷菜单中选择"属性"命令来访问对象的属性对话框。

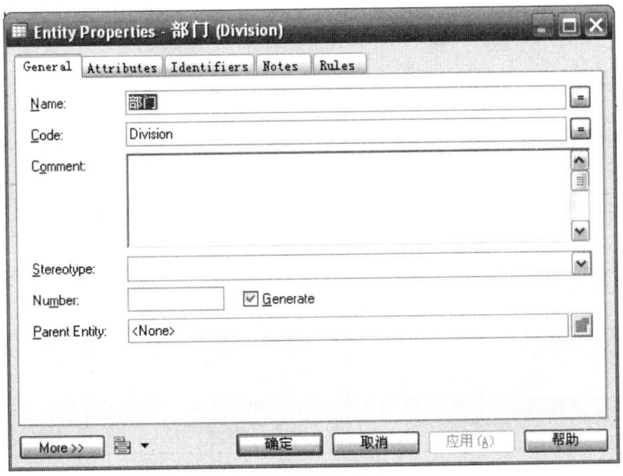

图 6-4 实体对象属性对话框

3. 对象列表

对象列表可通过模型菜单获得。用户可以从对象列表中查看、添加、创建、修改和删除某一特定类型的多个对象。

【例 6-1】 显示一个数据项列表。

选择菜单“模型”→Data Items…命令，则显示如图 6-5 所示的数据项列表。

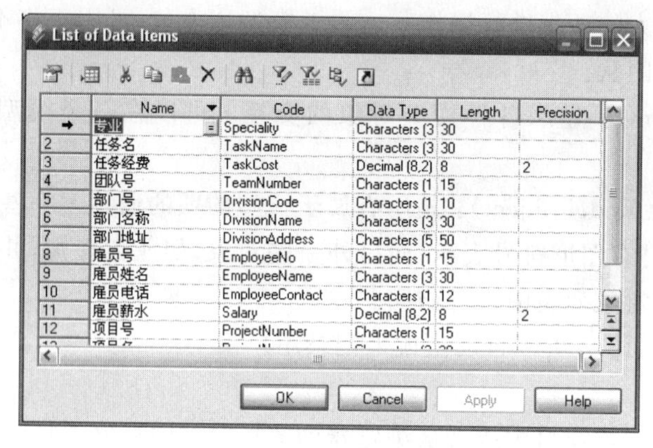

图 6-5 数据项列表

6.2.2 利用 PowerDesigner 设计概念数据模型

概念数据模型简称 CDM，在 CDM 中可使用表 6-1 中的对象。

表 6-1 概念图中的对象

对　象	工　具	符　号	描　述
域	—	—	数据项的有效值的集合
数据项	—	—	信息的基本单位
实体		Entity	人、地点、事物或企业感兴趣的概念
实体属性	—	—	与实体相联的信息的基本单位
标识符	—	—	一个或多个实体属性，其值可唯一标识一个实体
联系			ER 方法中实体间的命名连接或关系
继承			定义一个实体是更为一般的实体的特殊情况的关系
关联		Association	实体间的命名连接或关联
关联链接		——	将实体与关联连接起来的链接

1. 创建概念图

可以在一个已存在的 CDM 中以下列任一种方式创建概念图：

- 在浏览器窗口中右击模型，如图 6-6 所示，从快捷菜单中选择 New→Conceptual Diagram 命令。

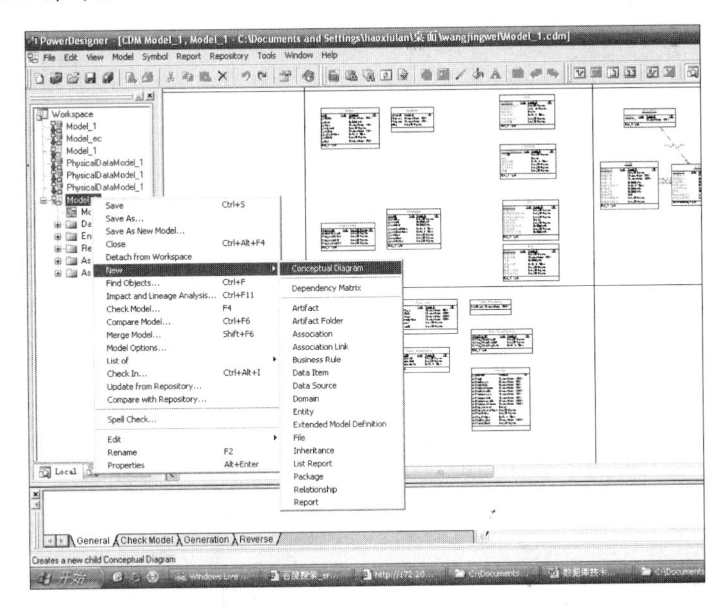

图 6-6 概念图的创建(1)

- 右击任何图的背景，如图 6-7 所示，从快捷菜单中选择 Diagram→New Diagram→Conceptual Diagram 命令。

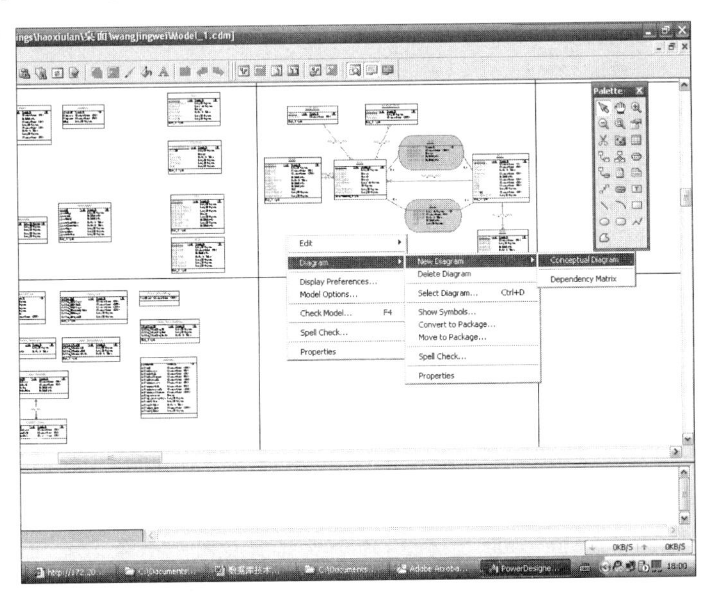

图 6-7 概念图的创建(2)

创建新的概念模型，选择 File→New Model 命令，从出现的 New Model 对话框的模型类型(Model type)表中选择 Conceptual Data Model，单击“确定”按钮，如图 6-8 所示。

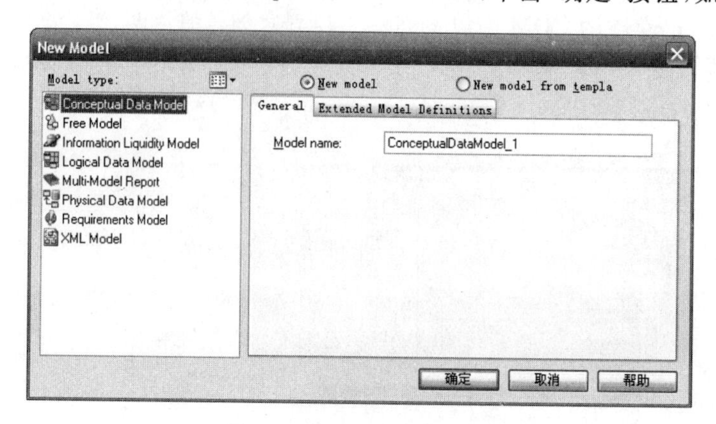

图 6-8 创建新的概念模型

2. 数据项

数据项(data item)是信息存储的最小单位，它可以附加在实体上作为实体的属性。

注意：模型中允许存在没有附加至任何实体上的数据项。

1) 新建数据项

选择 Model→Data Items 菜单命令，在打开的 List of Data Items 窗口中显示已有的数据项的列表，单击 Add a Row 按钮，创建一个新数据项，如图 6-9 所示。

List of Data Items

	Name	Code	Data Type	Length	Precision
4	团队号	TeamNumber	Characters (1	15	
5	部门号	DivisionCode	Characters (1	10	
6	部门名称	DivisionName	Characters (3	30	
7	部门地址	DivisionAddress	Characters (5	50	
8	雇员号	EmployeeNo	Characters (1	15	
9	雇员姓名	EmployeeName	Characters (3	30	
10	雇员电话	EmployeeContact	Characters (1	12	
11	雇员薪水	Salary	Decimal (8,2)	8	2
12	项目号	ProjectNumber	Characters (1	15	
13	项目名	ProjectName	Characters (3	30	
14	项目标签	ProjectLabel	Characters (2	20	
→	雇员身份证号	EmployeeID	<Undefined>		

OK Cancel Apply Help

图 6-9 添加一个数据项

2) 数据项的唯一性代码选项和重用选项

选择 Tools→Model Options→Model Settings 命令。在 Data Item 区中定义数据项的唯一性代码(Unique code)选项与重用(Allow reuse)选项，如图 6-10 所示。

注意：如果选择 Unique code 复选框，每个数据项在同一个命名空间有唯一的代码；而选择 Allow reuse，一个数据项可以充当多个实体的属性。

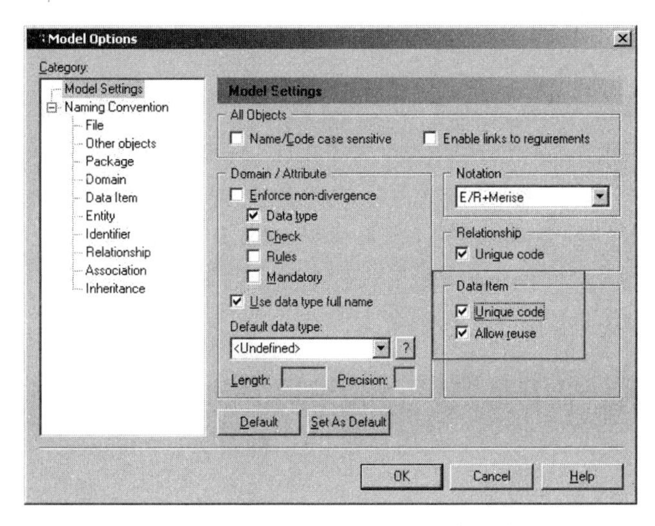

图 6-10 唯一性代码选项和重用选项设置

3）在实体中添加数据项

(1) 双击一个实体符号，打开该实体的属性窗口。

(2) 选择 Attributes 选项卡，打开如图 6-11 所示窗口。

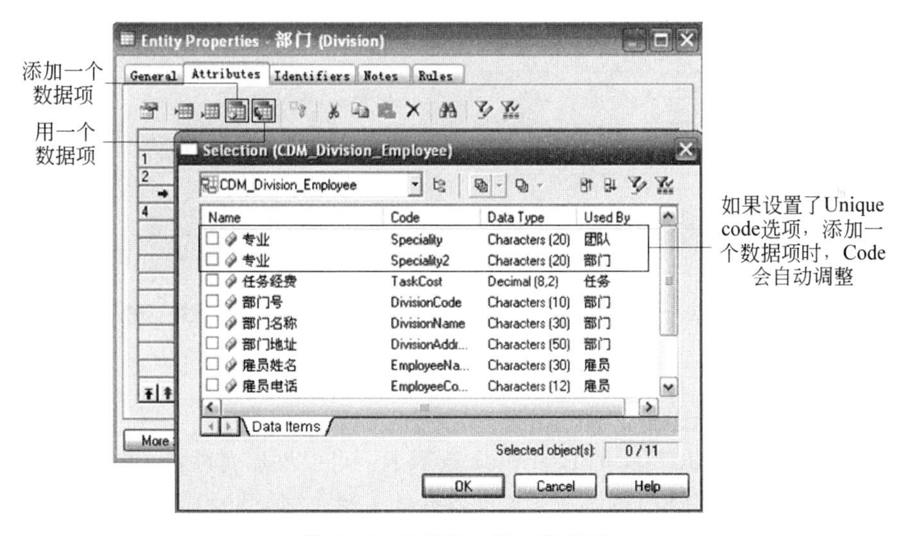

图 6-11 在实体中添加数据项

注意：“添加一个数据项”与“重用一个数据项”的区别在于：在使用“添加一个数据项”的情况下，选择一个已经存在的数据项，系统会自动复制所选择的数据项。如果设置了 Unique code 选项，那么系统在复制过程中，新数据项的 Code 会自动生成一个唯一的号码，否则与所选择的数据项完全一致。

在使用“重用一个数据项”的情况下，只引用不新增，就是引用那些已经存在的数据项作为新实体的数据项。

3. 实体

1）实体的创建

可以用以下 3 种方式来创建实体：

- 选择 Model→Entities 命令访问实体列表，单击 Add a Row 按钮。
- 在浏览器窗口右击模型或包，选择 New→Entity 命令。
- 在 CDM 的图形窗口中，单击工具选项板上的 Entity 工具，再单击图形窗口的空白处，在单击的位置就出现一个实体符号。单击 Pointer 工具或右击鼠标，释放 Entity 工具，如图 6-12 所示。

2）输入实例的信息

双击刚创建的实体符号，打开如图 6-13 所示的窗口，在 General 选项卡中可以输入实体的名称、代码和描述等信息。

图 6-12　以图形方式创建一个实体

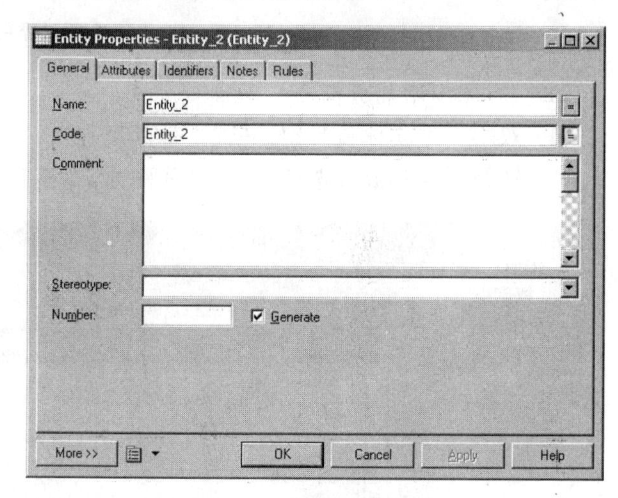

图 6-13　实体属性对话框

4. 属性

（1）在图 6-13 所示的窗口的 Attribute 选项卡中可以添加属性，如图 6-14 所示。

注意：数据项中的“添加属性”和“重用已有数据项”这两项功能与模型中 Data Item 的 Unique code 和 Allow reuse 选项有关。

P 列表示该属性是否为主标识符；D 列表示该属性是否在图形窗口中显示；M 列表示该属性是否为强制的，即该列是否为空值。

如果一个实体属性为强制的，那么，这个属性在每条记录中都必须被赋值，不能为空。

（2）在图 6-14 所示的窗口中，单击插入属性按钮，弹出属性对话框，如图 6-15 所示。

其中，Name 指定数据项的名字，该名字应该有明确的含义，它面向的是非技术用户；而 Code 是对象的技术名字，可以缩写，是用来生成代码或脚本的，一般不应包含空格；Domain 则指定一个关联域的名字，如果将一个属性附在某个域上，则这个域为属性提供

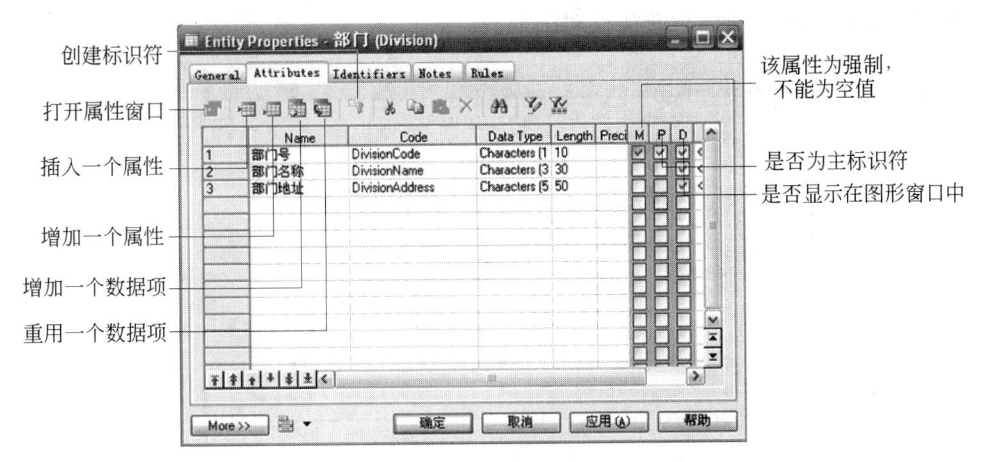

图 6-14　实体属性页

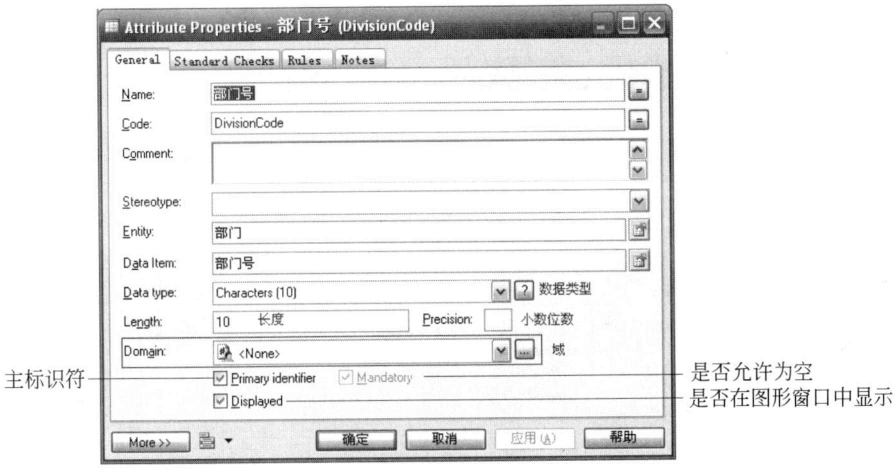

图 6-15　属性对话框

一个数据类型、长度、小数位数及参数检查。

5. 标识符

标识符是实体中一个或多个属性的集合，可用来唯一标识实体中的一个实例。

每个实体都必须至少有一个标识符。如果实体只有一个标识符，则它为实体的主标识符。如果实体有多个标识符，则其中一个被指定为主标识符，其余的标识符就是次标识符。

由 CDM 生成 PDM 时，标识符生成为 PDM 中的主键或候选键。

【例 6-2】 定义主、次标识符。

(1) 选择某个实体双击，弹出实体的属性对话框。如图 6-16 所示，在 Identifiers 选项卡中可以进行实体标识符的定义。

(2) 如图 6-16 所示选择第一行 Identifier_1，单击属性按钮或双击第一行 Identifier_

1，弹出如图 6-17 所示的标识符属性对话框。

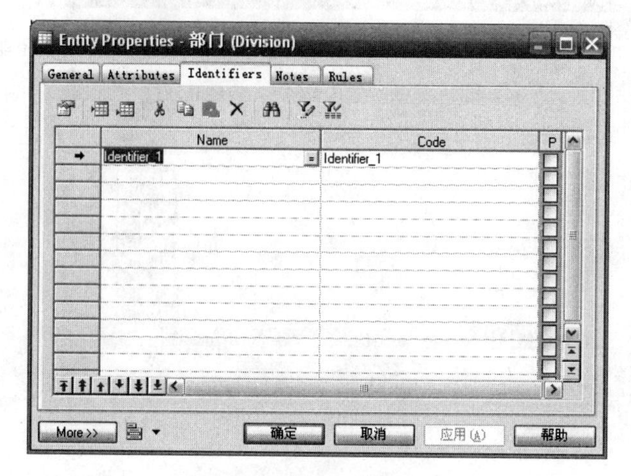

图 6-16　实体标识符定义

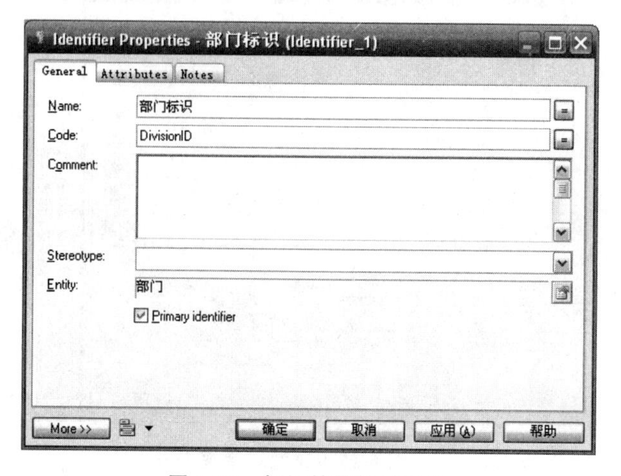

图 6-17　标识符属性对话框

(3) 选择 Attributes 选项卡，再单击添加属性工具，弹出如图 6-18 所示的窗口，选择某个属性作为标识符就行了。

6. 联系

联系(relationship)是指实体集之间或实体集内部实例之间的连接。由 CDM 生成 PDM 时，联系转变为引用(reference)。

按照实体类型中实例之间的数量对应关系，通常可将联系分为 4 类，即一对一(one to one，＜1..1＞)联系、一对多(one to many，＜1..*n*＞)联系、多对一(many to one，＜*n*..1＞)联系和多对多联系(many to many，＜*m*..*n*＞)。

1) 建立联系

CDM 工具选项板如图 6-19 所示。

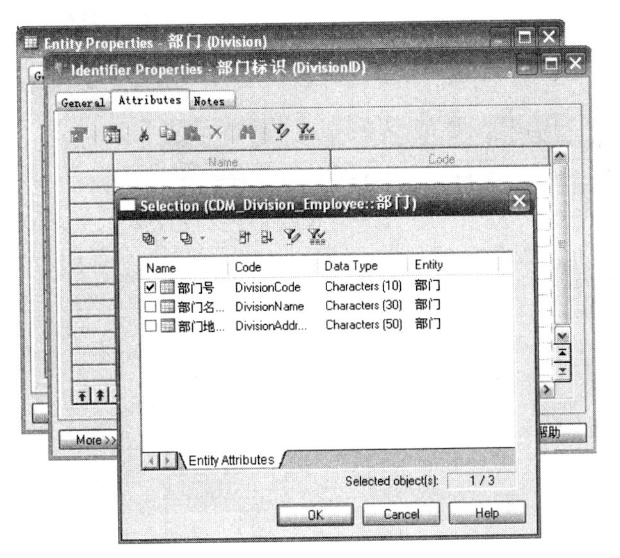

图 6-18 选择某个属性作为标识符

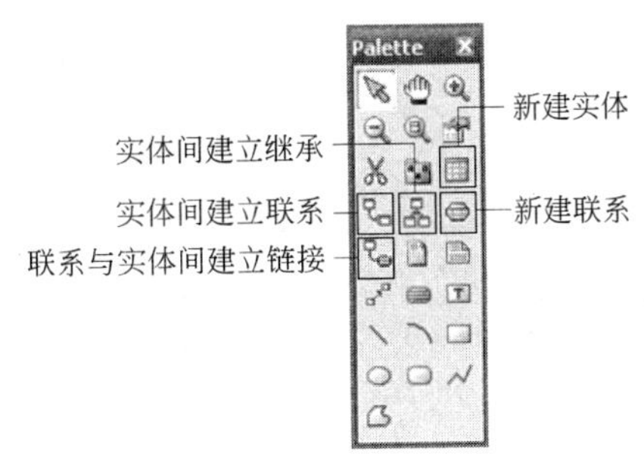

图 6-19 CDM 工具选项板

在图形窗口中创建两个实体后，单击“实体间建立联系”工具，单击一个实体，在按下鼠标左键的同时把光标拖至另一个实体上并释放鼠标左键，这样就在两个实体间创建了联系。右击图形窗口，释放 Relationship 工具，如图 6-20 所示。

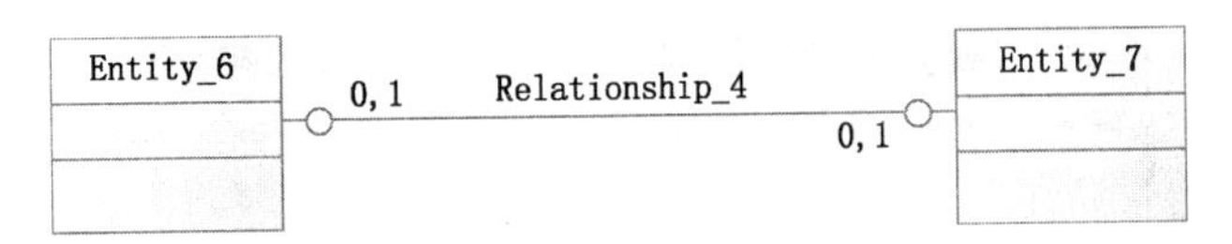

图 6-20 两个实体间的联系

2) 四种基本的联系

E-R 图中的 4 种基本的联系如图 6-21 所示。

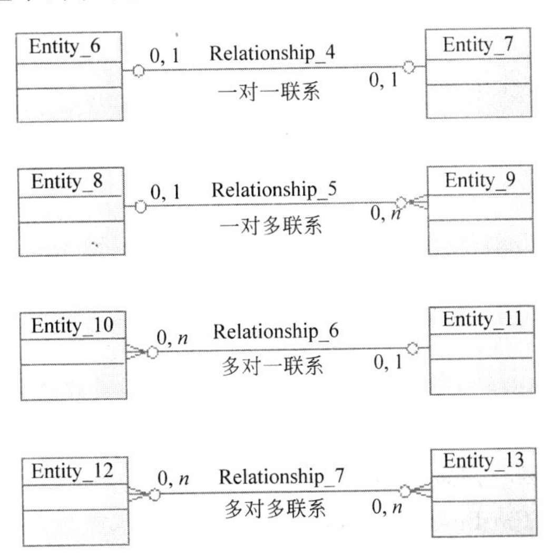

图 6-21 ER 图中的 4 种基本关联

3）联系的属性

联系的 General（一般）标签页见图 6-22，Cardinalities（基数）标签页见图 6-23。

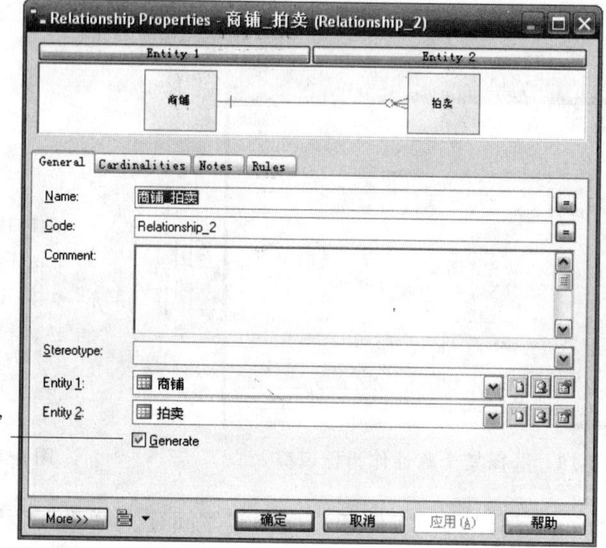

在生成PDM时，该关系将被生成为一个参照

图 6-22 联系的 General 标签页

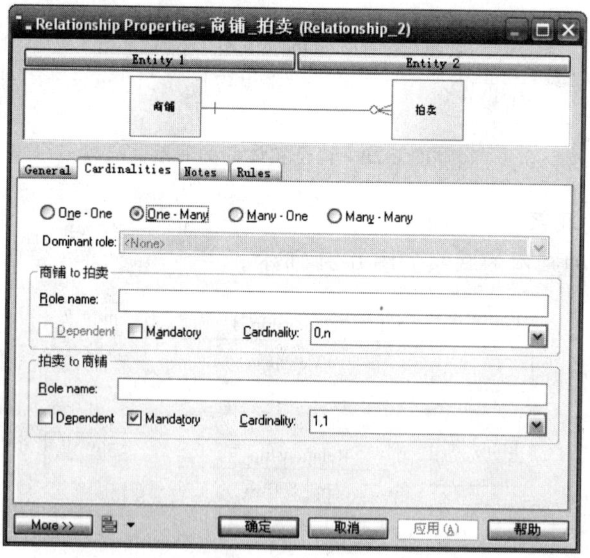

图 6-23 联系的 Cardinalities 标签页

在联系的 Cardinalities 标签页上有以下属性：

（1）基数(Cardinality)

联系具有方向性，每个方向上都有一个基数用来指定实体 A 和实体 B 关系中实例的最大数目和最小数目。Cardinality 可取以下数值：

0,1：表示 0 到 1 个实例；

0,n：表示 0 到多个实例；

1,1：表示只有 1 个实例；

1,n：表示 1 到多个实例。

【例 6-3】 联系的基数示意。

“系”与“学生”两个实体之间的联系是一对多联系，换句话说，“学生”和“系”之间的联系是多对一联系。而且一个学生必须属于一个系，并且只能属于一个系，不能属于零个系，所以从“学生”实体至“系”实体的基数为“1,1”；从联系的另一方向考虑，一个系可以拥有多个学生，也可以没有任何学生，即零个学生，所以该方向联系的基数就为“0,n”，如图 6-24 所示。

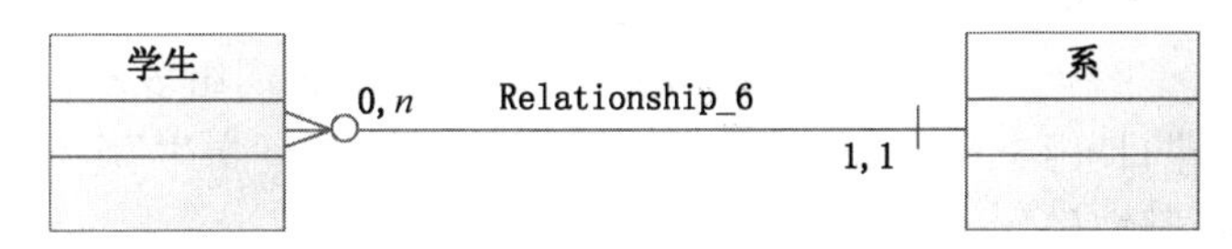

图 6-24 联系的基数示意

(2) 支配角色(Dominant role)

在一对一关系中，可以定义一个方向的关系处于支配地位。如果定义了支配方向，那么一对一关系将会在 PDM 中生成一个引用，支配实体变为主表；如果没有定义支配方向，那么一对一关系将会产生两个引用。

(3) 依赖联系(Dependent)

在依赖联系中，一个实体部分由另一个实体识别。每个实体类型都有自己的标识符，但是，有时一个实体的属性不足以标识实体中的每一实体。对于这些实体，它们的标识符与具有依赖关系的另一个实体的标识符相结合，这种联系则称为依赖联系，也叫标定联系；反之，则称为非标定联系或非依赖联系。

【例 6-4】 依赖联系与非依赖联系。

在依赖联系中，一个实体(选课)依赖一个实体(学生)，那么(学生)实体必须至少有一个标识符，而(选课)实体可以没有自己的标识符，没有标识符的实体可以用实体(项目)的标识符作为自己的标识符，如图 6-25 所示。

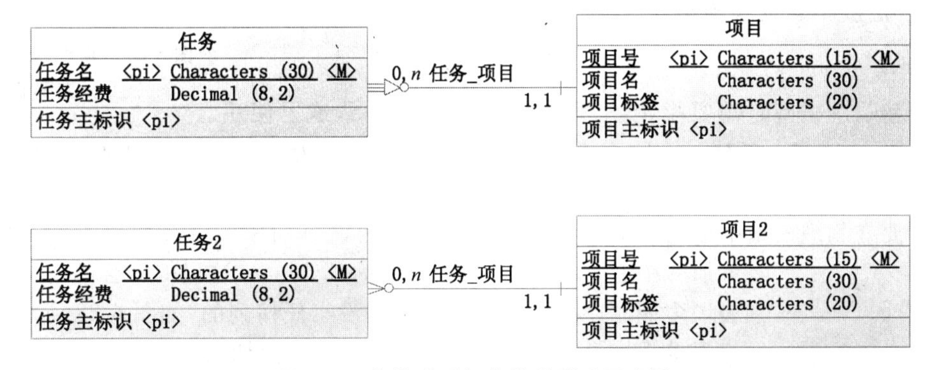

图 6-25 依赖联系与非依赖联系示意图

(4) 递归联系(reflexive)

递归联系是实体集内部实例之间的一种联系,通常形象地称为自反联系。同一实体类型中不同实体集之间的联系也称为递归联系。

【例 6-5】 在"职工"实体集中存在很多的职工,这些职工之间必须存在一种领导与被领导的关系,有递归联系存在。

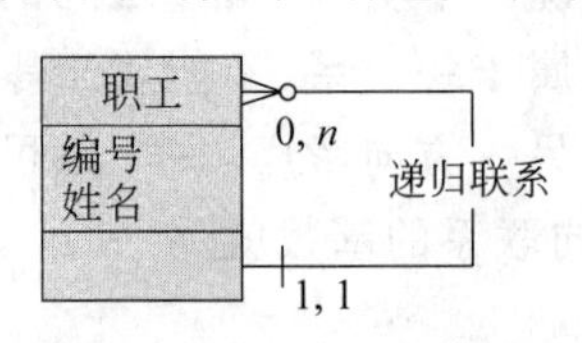

图 6-26 递归联系示意图

操作:单击"实体间建立联系"工具,从实体的一部分拖至该实体的另一个部分即可,如图 6-26 所示。

(5) 联系的角色名(Role name)

在联系的两个方向上各自包含有一个分组框,其中的参数只对这个方向起作用,Role name 为角色名,描述该方向联系的作用,一般用一个动词或动宾词组表示。

如,"学生 to 课目"组框中应该填写"拥有",而在"课目 To 学生"组框中填写"属于"。

(6) 联系的强制性(Mandatory)

Mandatory 表示这个方向联系的强制关系。选中这个复选框,则在联系线上产生一条与其垂直的竖线;不选择这个复选框,则表示联系这个方向上是可选的,在联系线上产生一个小圆圈。

6.2.3 生成 PowerDesigner 的物理数据模型

在 PowerDesigner 中建立物理模型由以下几种办法:

- 直接新建物理模型。
- 设计好概念模型,然后由概念模型生成物理模型。
- 设计好逻辑模型,然后由逻辑模型生成物理模型。
- 使用逆向工程的方法,连接到现有的数据库,由数据库生成物理模型。

物理模型能够直观地反映出当前数据库的结构。在数据库中的表、视图和存储过程等数据库对象都可以在物理模型中进行设计。

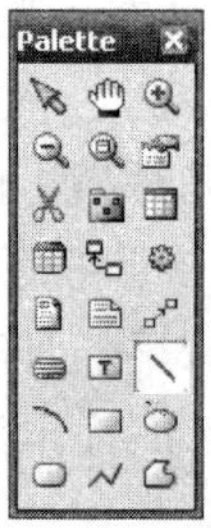

图 6-27 物理模型设计工具栏

1. 直接新建物理模型

1) 表

新建物理模型时需要指定物理模型对应的 DBMS,这里使用 SQL Server 2005。新建一个物理模型后,系统会显示一个专门用于物理模型设计的工具栏,如图 6-27 所示。

若要在物理模型中添加一个表,单击"表"按钮,然后再到模型设计面板中单击便可添加一个表,系统默认为表命名为 Table_n,这里的 n 会随着添加的表增多而顺序增加。添加的表是没有任何列的,如图 6-28 所示。

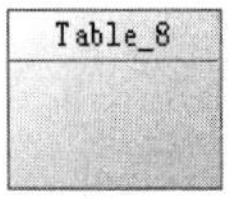

图 6-28 用工具按钮生成表

单击工具栏的鼠标指针按钮,将鼠标切换回指针模式,然后双击一个表,系统将打开表属性窗口,在 General 选项卡中可以设置表的 Name、Code 等属性。例如,要新建一个学生表(Student),则可修改 Name 和 Code，如图 6-29 所示。Name 是在模型中显示的名称，Code 是生成数据库表的时候的实际表名。另外 Name 中的内容还会作为 SQL Server 中的表备注。

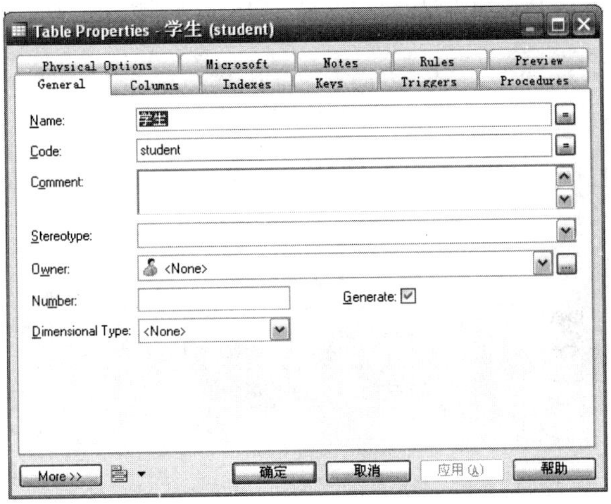

图 6-29 表的一般标签页

2）列

选择表属性页的 Columns（列）选项卡，在下面的列表中可以添加表中的列。Name 是模型上显示的名称，Code 是生成的实际的表名，后面的 3 个复选框中 P 代表主键，F 代表外键，M 代表不能为空。

【例 6-6】 为学生表设计 4 个列，如图 6-30 所示。

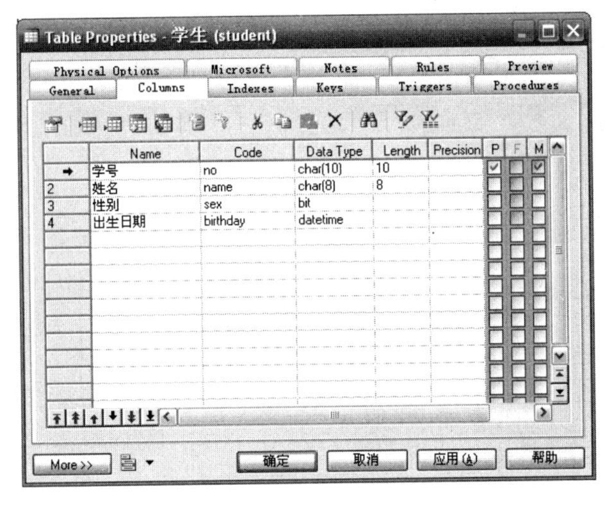

图 6-30 学生表的列设计

3）主键

在设计一个表时，一般情况下每个表都会有一个主键，主键分为单列主键和复合主键。在为表设置主键时有以下几种办法：

- 在 Columns 选项卡中，直接选中主键列的 P 列复选框，这是最简单的方式。

- 选中一个列，然后单击工具栏中的“属性”按钮，将弹出列属性窗口，如图 6-31 所示，在该窗口中可以设置该列的各种属性，当然也包括该列是否是主键。另外还有一个很重要的复选框是 Identity，选中 Identity 复选框则表示该列为自增列。

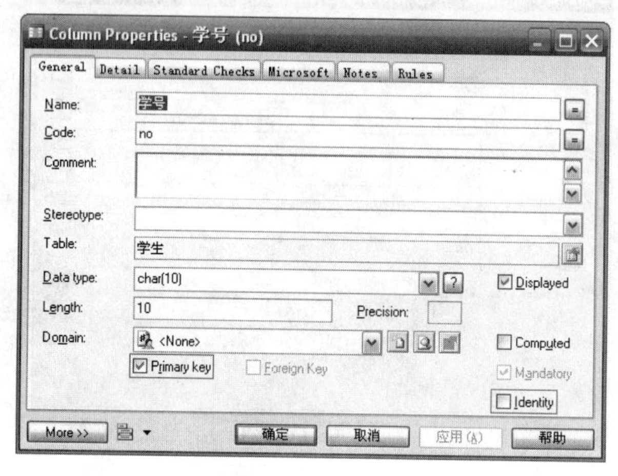

图 6-31　列属性设置

- 如图 6-32 所示，切换到 Keys 选项卡中，在其中添加一行，命名为 PK_Student，然后单击工具栏的“属性”按钮，打开键属性窗口，在该窗口中切换到 Columns 选项卡，单击添加列按钮，弹出列选择窗口，选中主键中应该包含的列，单击 OK 按钮即可完成主键的创建。

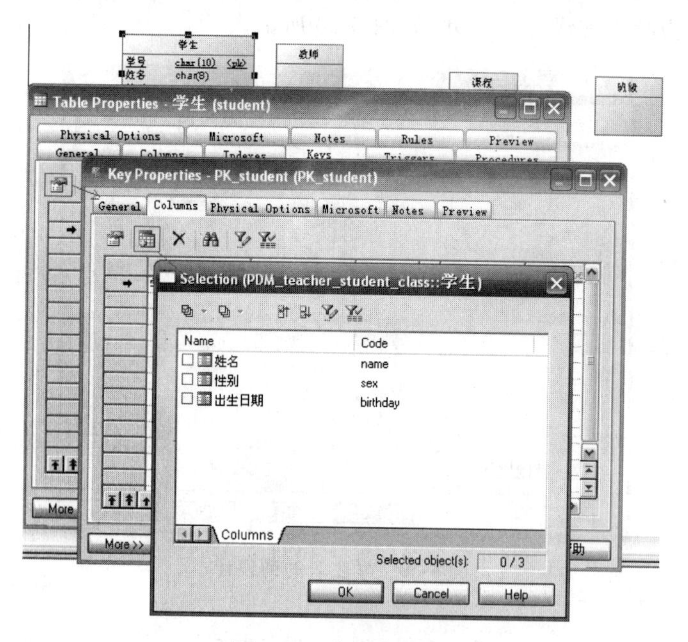

图 6-32　主键的创建

4）外键

如果是由概念模型或者逻辑模型生成物理模型，那么外键是通过 Relationship 生成的;也可以通过工具栏中的 Reference 来实现两表之间的外键关系。

【例 6-7】 学生选修课程的关系中的外键。

在学生选修课程关系中,有一个属性成绩,但是学生的成绩既和学号有关,又和课程号有关,那么学生选修课程表中就需要添加学号列以及课程号列以形成外键列,如图 6-33 所示。

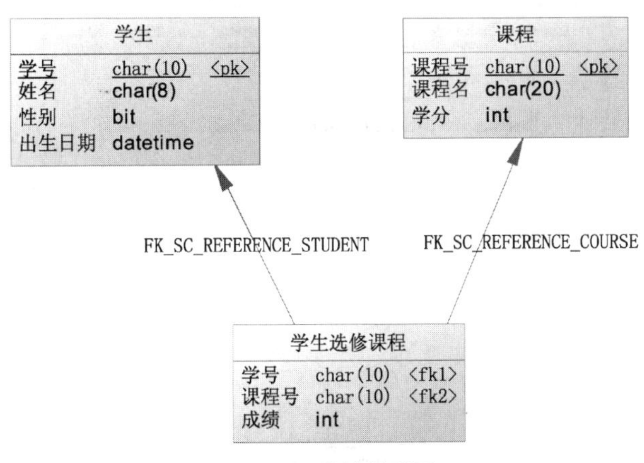

图 6-33 外键的引用

操作如下:

在工具栏中单击 Reference 按钮,在设计面板中的学生选修课程表上按下鼠标左键,并拖曳到学生表中放开鼠标。这时如果课程表中没有学号列,系统会自动创建学号列并创建该列上的外键引用;如果已经存在学号列,则只添加外键引用,不会再添加新列。对课程号也可进行类似的操作。

切换到鼠标指针模式,双击箭头,系统将弹出引用的属性窗口,在属性窗口中可以设置该引用的 Name、Code、关联的列、约束名、更新策略和删除策略等。

5) 唯一约束

唯一约束与创建唯一索引基本上是一回事,因为在创建唯一约束的时候,系统会创建对应的一个唯一索引,通过唯一索引来实现约束。不过唯一约束更直观地表达了对应列的唯一性,使得对应索引的目的更加清晰,所以一般建议创建唯一约束而不是只创建唯一索引。

【例 6-8】 在课程表中,课程号是主键,必然是唯一的,课程名如果也要求必须是唯一的,那么可进行如图 6-34 所示的唯一性约束设置。

操作如下:

在 PowerDesigner 的模型设计面板中,双击"课程"表,打开属性窗口,切换到 Keys 选项卡,可以看到里面有一行数据 PK_Course,这是主键约束。添加一行数据,命名为 UQ_cname,不能将右边的 P 列选上,然后单击工具栏的"属性"按钮,弹出 UQ_cname 的属性窗口,切换到列选项卡,单击增加列按钮,选择将 cname 列添加到其中,然后单击 OK 按钮即可完成唯一约束的添加。

6) Check 约束

Check 分为列约束和表约束,列约束是只对表中的某一列进行的约束,可以在列的属

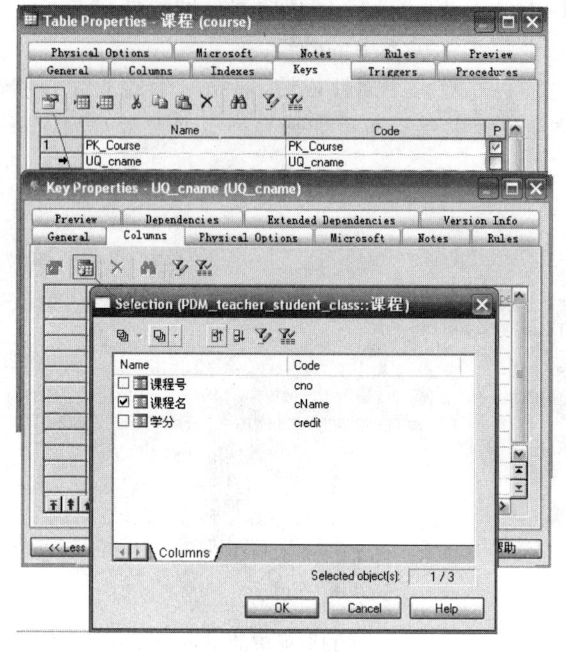

图 6-34　唯一约束的创建

性中进行设置;而表约束是对多个列进行的约束,需要在表的属性中进行设置(列约束也可以在表约束中设置)。

(1) 标准 Check 约束

对于一些常用的 Check 约束,可以直接通过设置界面来完成。

【例 6-9】 在学生表中,每个学校有自己命名学号的规则。假设这里规定学号必须以 0 开头,那么需要在学号列上定义 Check 约束,使得其满足命名规范。

在 PowerDesigner 中双击学生表,打开学生的属性窗口,切换到列选项卡,选择学号列,单击工具栏的"属性"按钮,弹出学号的属性窗口,切换到 Standard Checks 选项卡,如图 6-35 所示。

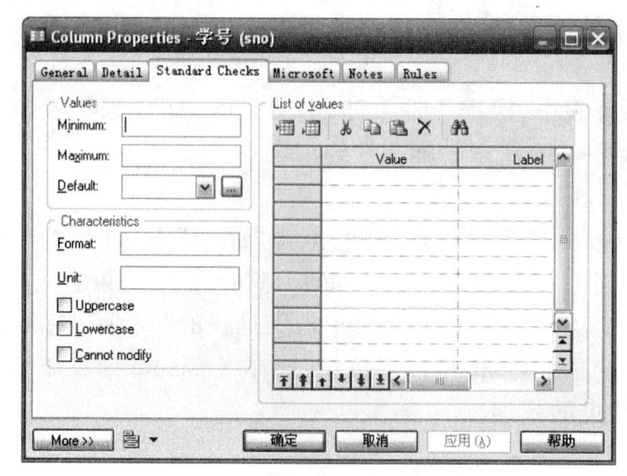

图 6-35　标准 Check 约束选项卡

在这个选项卡中可以定义属性的标准Check约束，窗口中每项的参数的含义如表6-2所示。

表6-2 标准Check约束窗口中的参数含义

参数	说明
Minimum	属性可接受的最小数
Maximum	属性可接受的最大数
Default	属性不赋值时，系统提供的默认值
Unit	单位，如公里、吨、元
Format	属性的数据显示格式
Lowercase	属性的赋值全部变为小写字母
Uppercase	属性的赋值全部变为大写字母
Cannot modify	该属性一旦赋值不能再修改
List of values	属性赋值列表，除列表中的值，不能有其他的值
Label	属性列表值的标签

(2) 直接编写SQL语句的Check约束

【例6-10】 列级的Check约束。

在前面弹出的学号属性窗口中，单击左下角的More按钮，系统将弹出更多的选项卡，切换到Additional Checks选项卡，可以设置约束名和具体的约束内容，如图6-36所示。

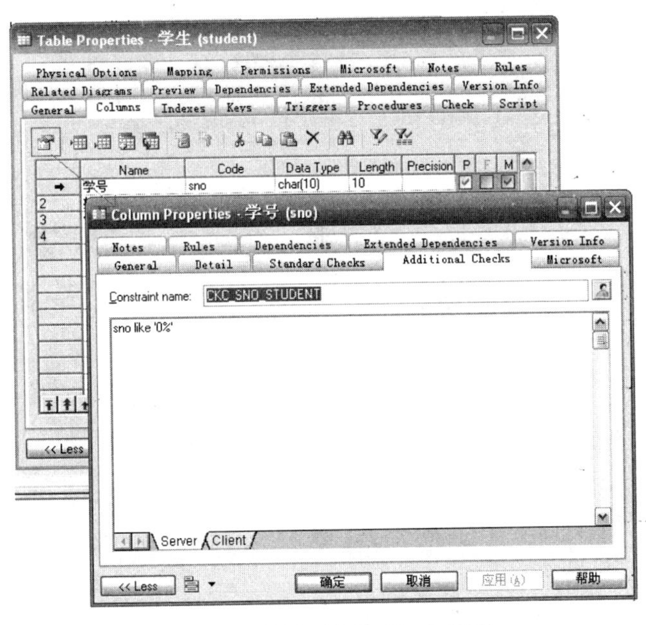

图6-36 编写列级的Check约束

【例6-11】 表级的Check约束。

操作：

与列级的Check约束设置类似，单击表属性窗口左下角的More按钮，切换到Check

选项卡，设置 Check 约束的命名和 SQL 语句内容，如图 6-37 所示。

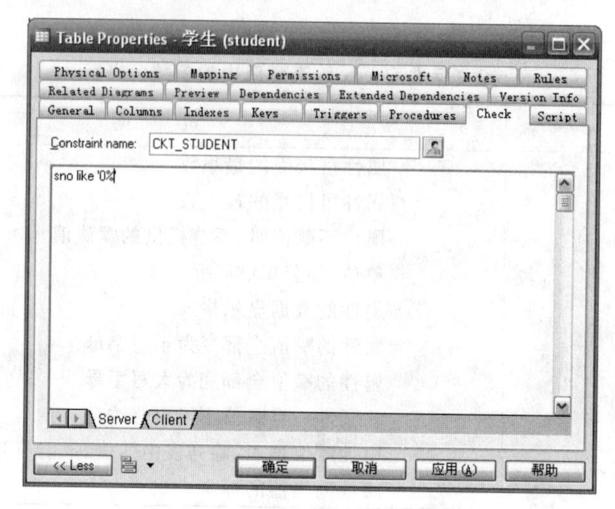

图 6-37　编写表级的 Check 约束

(3) 使用 Rule 创建约束

【例 6-12】　以学号必须以 0 开头为例，通过 Rule 创建 Check 约束。

首先需要创建一个 Rule。双击学生表，打开表的属性窗口，切换到 Rules 选项卡，单击 Create a Object 按钮，系统将打开一个业务规则属性窗口，修改规则名，并将规则的类型修改为 Constraint，如图 6-38 所示。

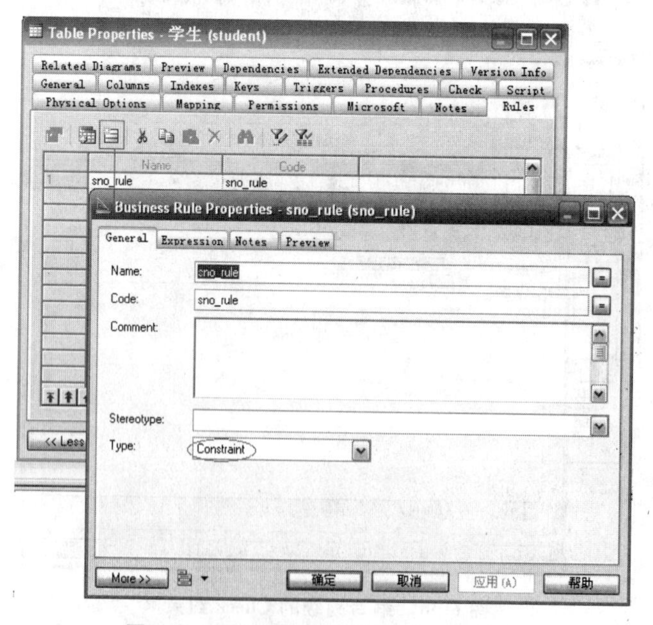

图 6-38　通过编写规则创建 Check 约束

然后切换到 Expression 选项卡，设置规则的内容为"sno like '0%'"，单击"确定"按钮即可完成 Rule 的设置。切换到表属性的 Check 选项卡，默认约束内容中的"%

RULES%"就是用来表示 Rule 中设置的内容。如果还有一些其他的 Check 约束内容，不希望在 Rule 中设置，而是在 Check 选项卡中设置，那么只需要删除%RULES%，将 Check 约束内容添加进去；也可以保留%RULES%，然后在 Check 约束内容与%RULES%之间添加一个 and 即可。比如规定 sno 必须小于'0598765432'，那么可以将 Check 内容设置为如图 6-39 所示的内容。

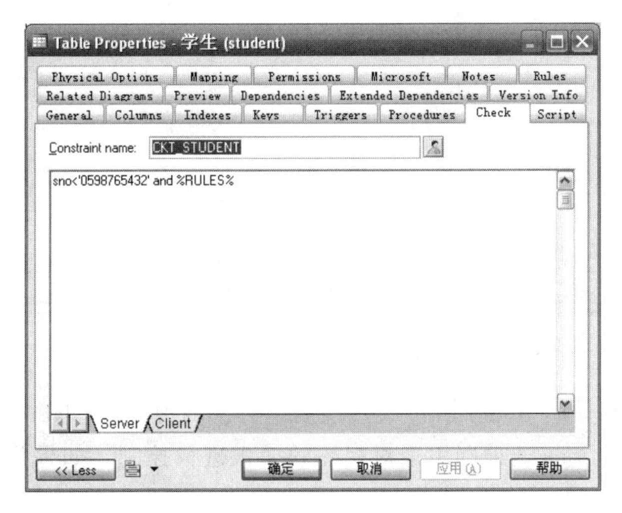

图 6-39　Check 选项与 Rule 并用

生成的脚本如下：

```
create table student (
    sno                      char(10)              not null
        constraint CKC_SNO_STUDENT check (sno like "0%"),
    sname                    char(8)               not null,
    sex                      bit                   null,
    birthday                 datetime              null,
    constraint PK_STUDENT primary key (sno),
    constraint CKT_STUDENT check (sno< '0598765432'),
    constraint sno_rule check (sno like "0%")
)
Go
```

可以看到，根据 Rule 生成的 Check 约束与在 Check 选项卡中设置的约束将分别创建一个约束，相互并不影响。

7）视图

在 SQL Server 中，视图定义了一个 SQL 查询，一个查询中可以查询一个表，也可以查询多个表，在 PowerDesigner 中定义视图与在 SQL Server 中定义查询相似。

【例 6-13】 创建所有学生的所有课程成绩的视图。

在工具栏中选择视图按钮，然后在设计面板中单击鼠标便可添加一个空白的视图。切换到鼠标指针模式，双击该视图便可打开视图的属性窗口，如图 6-40 所示。在 General

选项卡中,可以设置视图的名字和其他属性。

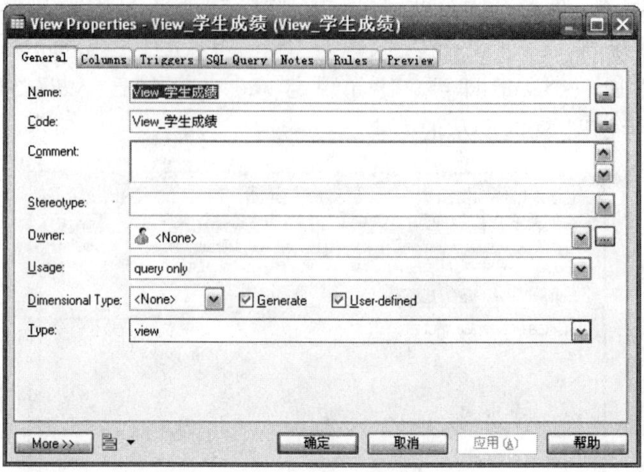

图 6-40　视图属性窗口

Usage 有 3 个选项：query only 表示视图是只读的视图,updatable 表示视图是可更新的视图,check options 选项则用来对视图的插入进行控制。如果只创建一般的视图,那么就选择 Check options。

Dimensional Type 指定该视图表示的是维度还是事实,这个选项主要是在进行数据仓库多维数据建模时使用,一般情况下不需要指定。后面的两个复选框也不需要进行修改。Type 使用默认的 view 选项。

切换到 SQL Query 选项卡,在文本框中可以设置视图定义的查询内容,建议直接先验证视图定义 SQL 语句的正确性,然后再将 SQL 语句复制、粘贴到该文本框中。在定义视图时最好不要使用 *,而应该使用各个需要的列名,这样在视图属性的 Columns 中才能看到每个列,如图 6-41 所示。SQL Query 的设计如图 6-42 所示。

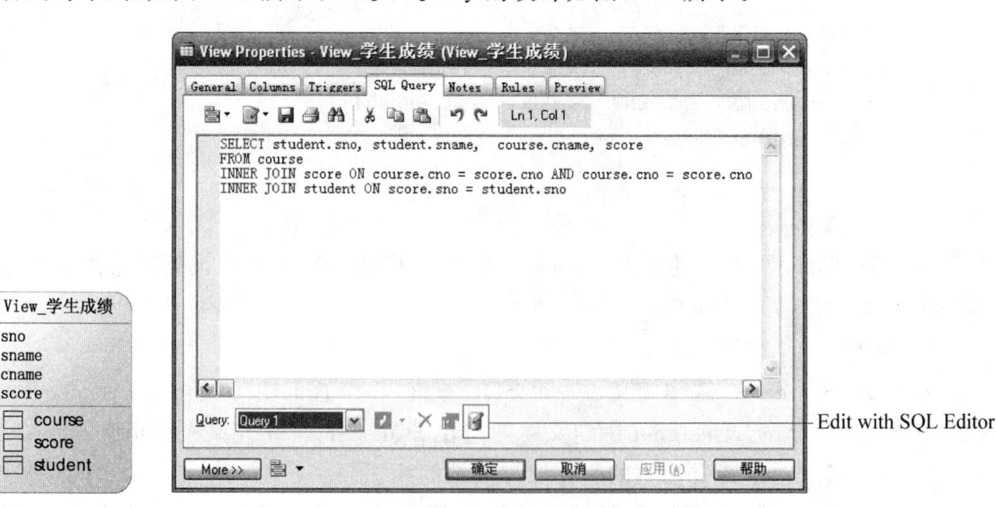

图 6-41　视图

图 6-42　在视图中设计 SQL Query

当然，也可以在 PowerDesigner 中使用自带的 SQL 编辑器编写 SQL 语句，单击右下角的 Edit with SQL Editor 按钮，即可弹出 SQL Editor 编辑器，在其中编写 SQL 语句。

8）存储过程和函数

存储过程和用户自定义函数都是在同一个组件中设置的，在工具栏中单击 Procedure 按钮，然后在设计面板中单击便可添加一个存储过程。

【例 6-14】 创建一个存储过程，根据学生的学号获得学生所选的课程。

在指针模式下双击添加的存储过程，打开 Procedure 属性窗口，在 General 选项卡中可以设置该存储过程的名字，如图 6-43 所示。

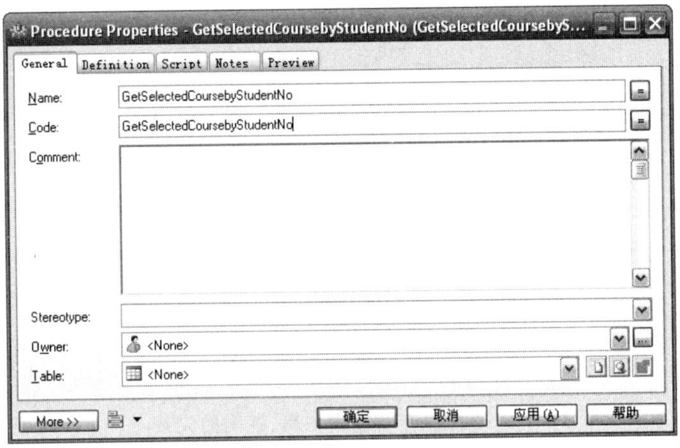

图 6-43　设置存储过程的名字

然后切换到 Definition 选项卡，该选项卡中给出了存储过程的定义，在下拉列表框中选择＜Default Procedure＞选项，如图 6-44 所示。如果是要定义函数，那么就需要选择＜Default Function＞选项，系统会根据选择的类型创建 SQL 语句的模板。

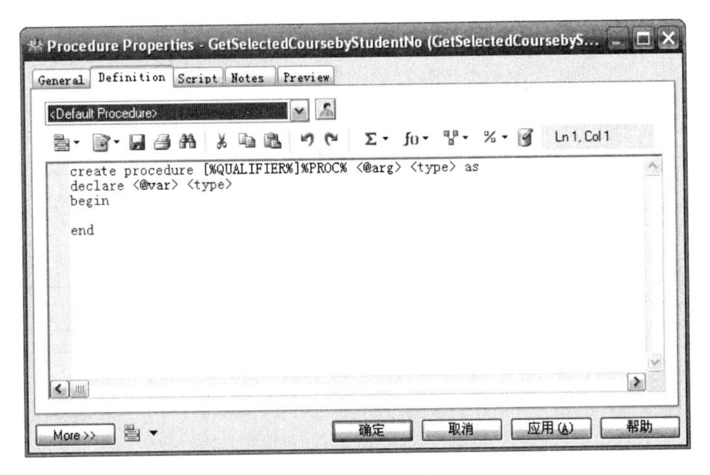

图 6-44　存储过程的定义

在下面的 SQL 语句中，可以将 create procedure[%QUALIFIER%]%PROC%保

留，将其他的内容删除，根据要创建的存储过程编写 SQL 语句。

```
create procedure [%QUALIFIER%]%PROC%@ sno int as
begin
select cname
from view_学生成绩
where sno=@sno
end
```

单击"确定"按钮，系统会根据编写的 SQL 语句，将所使用的表、视图与存储过程关联起来，如图 6-45 所示。

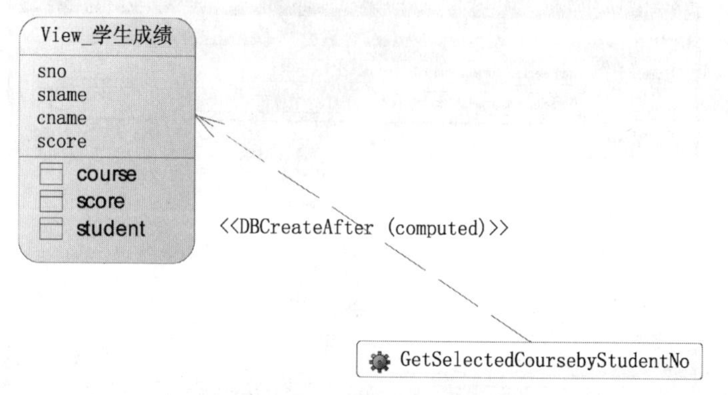

图 6-45　存储过程与表、视图的关系

创建函数的过程与之类似，只是使用的是 create function 而不是 create procedure 而已。

2. 由概念模型生成物理模型

表 6-3 详细列出了 CDM 的对象是如何转为 PDM 中的对象的。

表 6-3　CDM 与 PDM 对象的对应关系

CDM	PDM
实体(Entity)	表(Table)
实体属性(Entity Attribute)	表列(Table column)
主标识符(Primary identifier)	主键或外键，由依赖关系决定(Primary or foreign key depending on independent or dependent relationship)
标识符(Identifier)	候选键(Alternate key)
关系(Relationship)	引用(Reference)

由 CDM 的实体标识符产生 PDM 的表键主要有以下几种情况。

1）非依赖的一对多关系

在此关系中，关系"一"边的实体主标识符产生：

(1)"一"边的实体生成的表的主键；

(2)"多"边的实体生成的表的外键。

【例 6-15】　图 6-46 所示为一个非依赖关系，每个部门包含一个或多个雇员。

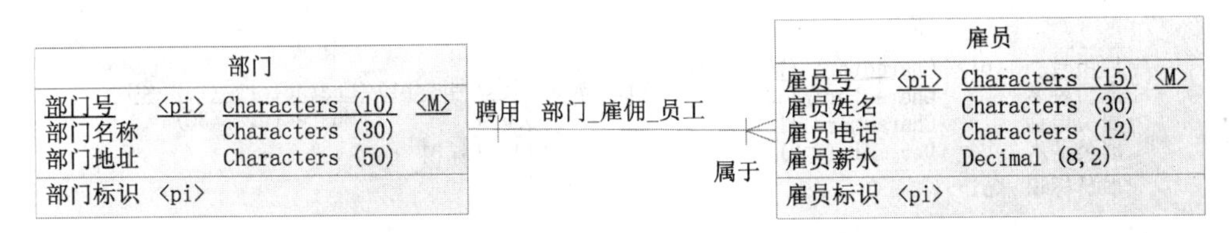

图 6-46 非依赖的雇员、部门 CDM

CDM 设计完成后，选择菜单中的 Tools→Generate Physical Data Model 命令，便可生成如图 6-47 所示的物理模型。可以看出，原“部门”实体中的主标识符变为表“部门”的主键，“雇员”实体中的主标识符变为“雇员”表的主键，而“部门”实体中的主标识符同时成为“雇员”表中的外键。

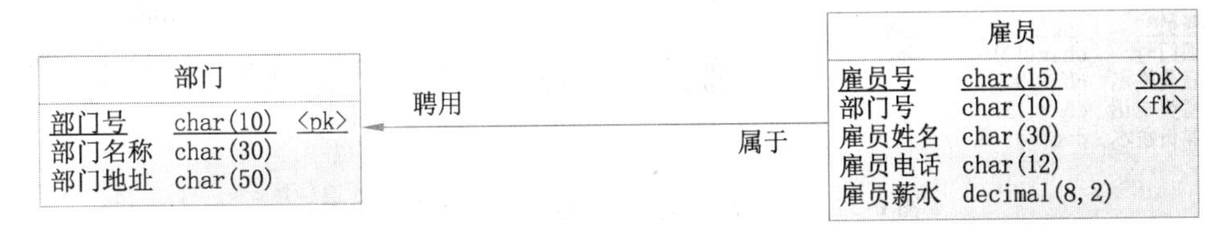

图 6-47 由非依赖的“一对多”CDM 生成的 PDM

2）依赖的一对多关系

在此关系中，非依赖实体的主标识符生成为由依赖实体产生的表的主键或外键。如果迁移的列已经存在的话，那么它将变为主键。

【例 6-16】 图 6-48 的 CDM 显示了一个依赖关系，每个任务必须有一个项目号。

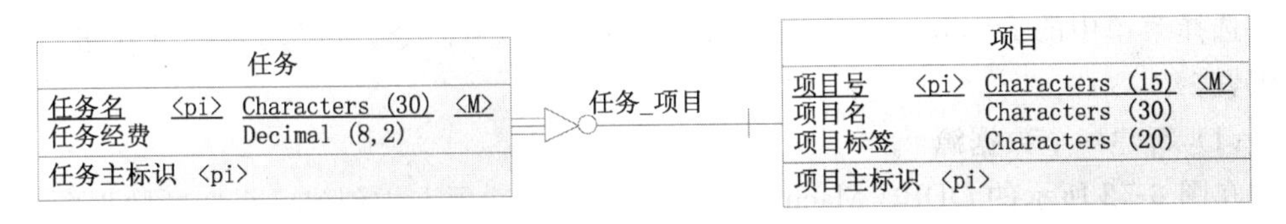

图 6-48 依赖的任务、项目 CDM

CDM 设计完成后，选择菜单中的 Tools→Generate Physical Data Model 命令，便可生成图 6-49 所示的物理模型。可以看出，原“项目”实体中的主标识符变为表“任务”的主键及外键。

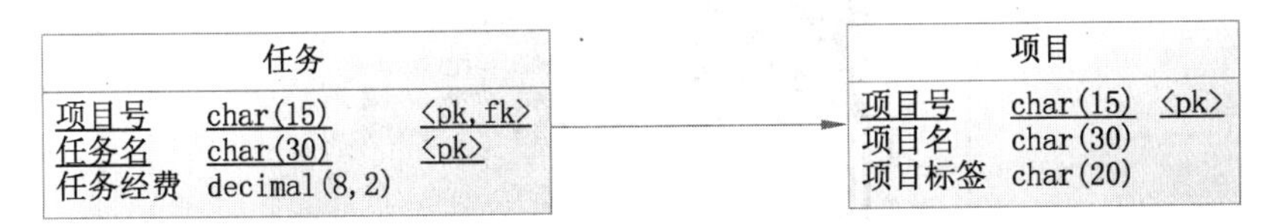

图 6-49 由依赖的“一对多”CDM 生成的 PDM

3）非依赖的多对多关系

在此关系中，两个实体的主标识符作为主键/外键迁移到一个联合表。

【例 6-17】 图 6-50 的 CDM 显示了每一个雇员是一个或者多个团队的成员，每一个团队必须有一个或多个雇员作为成员。

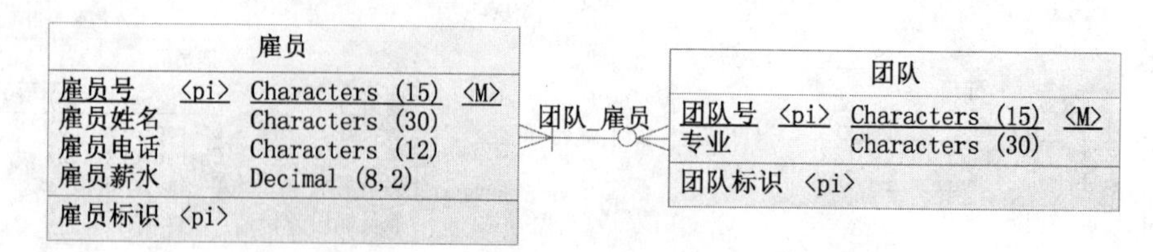

图 6-50 非依赖的雇员、团队 CDM

CDM 设计完成后，选择菜单中的 Tools→Generate Physical Data Model 命令，便可生成图 6-51 所示的物理模型。可以看出，“雇员”的主键为雇员号，“团队”的主键为团队号，联合表“雇员_团队”的主键/外键为雇员号和团队号。

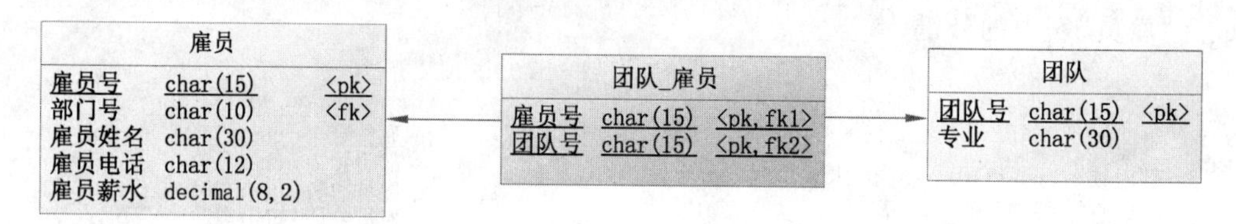

图 6-51 由非依赖的“多对多”CDM 生成的 PDM

4）非依赖的一对一关系

在此关系中，一个实体的主标识符作为外键迁移到另一个生成的表。

3. 由数据库逆向工程生成物理模型

1）配置 ODBC 数据源

选择菜单中的 Database→Configure Connections…命令，可以用两种方式进行连接的配置。

（1）新建一个数据源

在图 6-52 所示的 ODBC Machine Data Sources 选项卡中创建一个新的数据源，选择

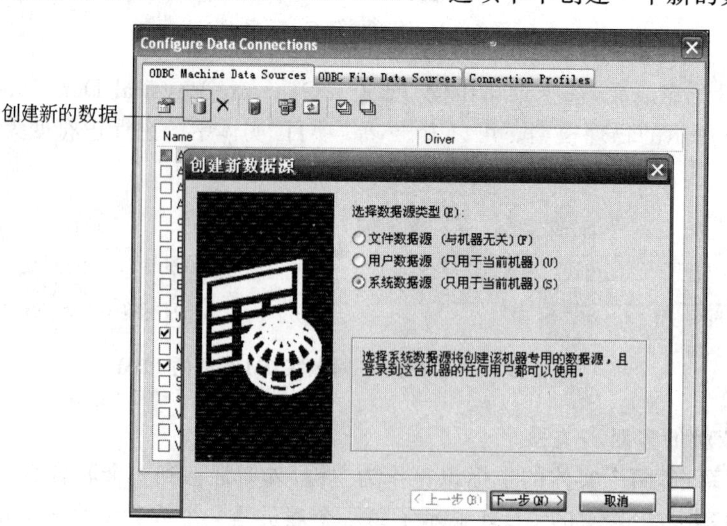

图 6-52 创建新的数据源

系统数据源，单击“下一步”按钮，在图 6-53 所示的“创建新数据库”对话框中选择 SQL Native Client 创建一个本地客户数据源，依次单击“下一步”按钮和“完成”按钮，进入图 6-54 进行数据源属性的设置。

图 6-53 创建 SQL Server 2005 数据源

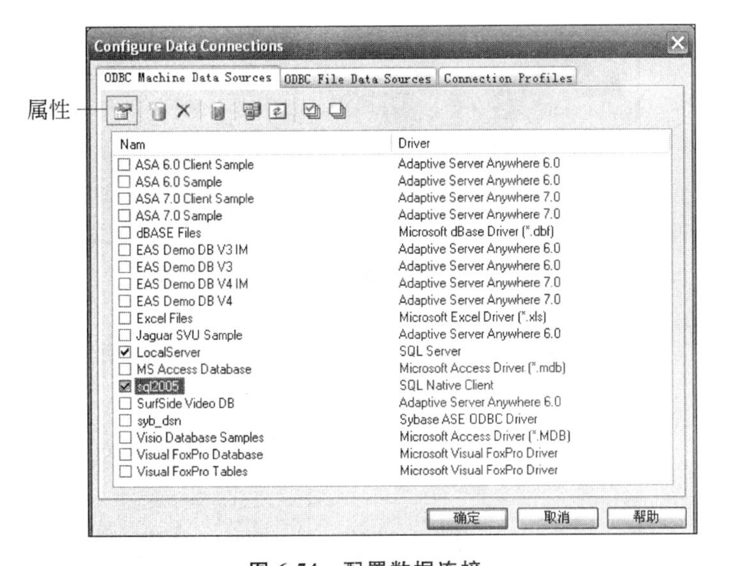

图 6-54 配置数据连接

(2) 修改一个数据源

也可以对已有的数据源进行修改，如 sql2005(一个 SQL Native Client 对象)，从图 6-54 开始，单击“属性”工具，进入图 6-54 进行数据源属性的设置。

数据源的名称和连接的服务器设置如图 6-55 所示。

单击“下一步”按钮，进入身份验证页面，如图 6-56 所示。

单击“下一步”按钮，进入数据库选择页面，进行默认数据库的设置，可以选择要进行逆向工程的数据库，如 Division_Employee，如图 6-57 所示。

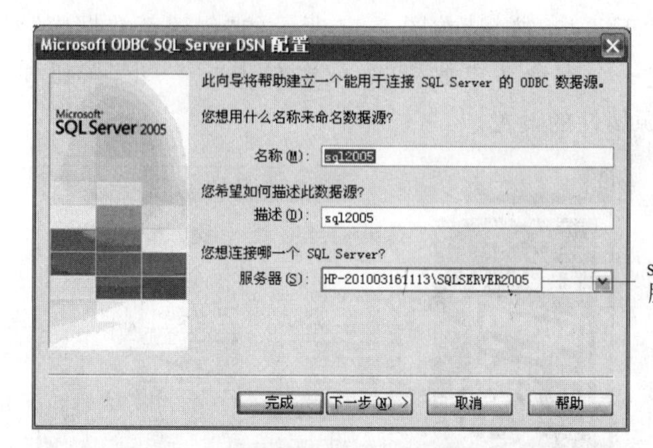

图 6-55　设置数据源的名称和服务器

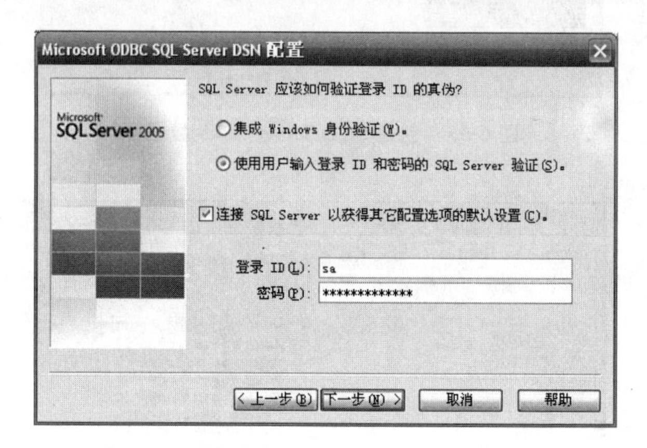

图 6-56　身份验证页面

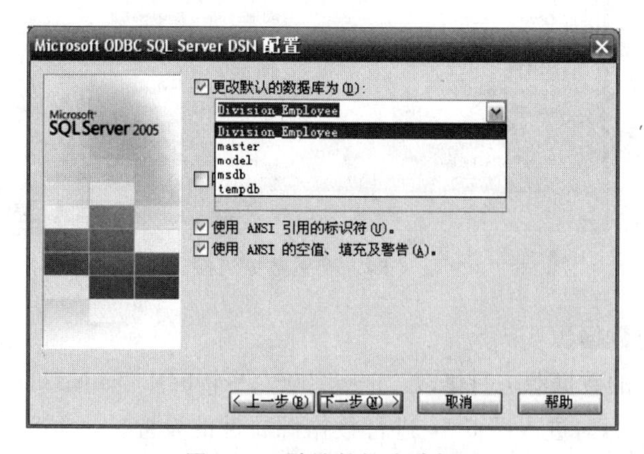

图 6-57　默认数据库选择

单击“下一步”按钮，单击“完成”按钮，出现“ODBC Microsoft SQL Server 安装”画面，如图 6-58 所示，此时可单击“测试数据源”按钮，来测试连接是否成功。如果出现图 6-59 所示的信息，则表示连接成功。

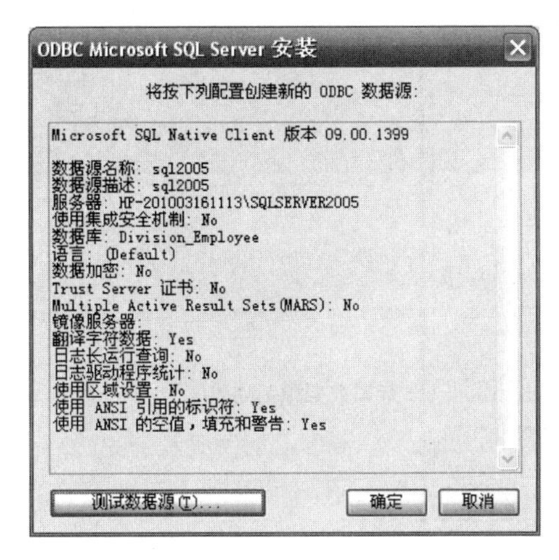

图 6-58　ODBC Microsoft SQL Server 安装

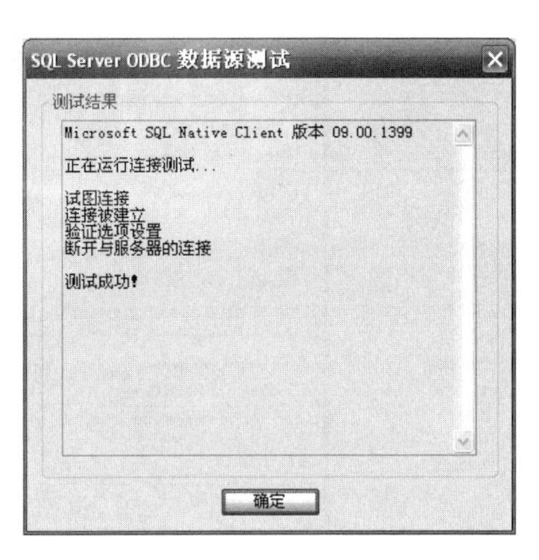

图 6-59　SQL Server ODBC 数据源测试信息

2）逆向工程生成 PDM

（1）选择菜单中的 Database→Connect Information…命令，查看当前的数据库连接信息，确保连接到了正确的数据库，如图 6-60 所示。

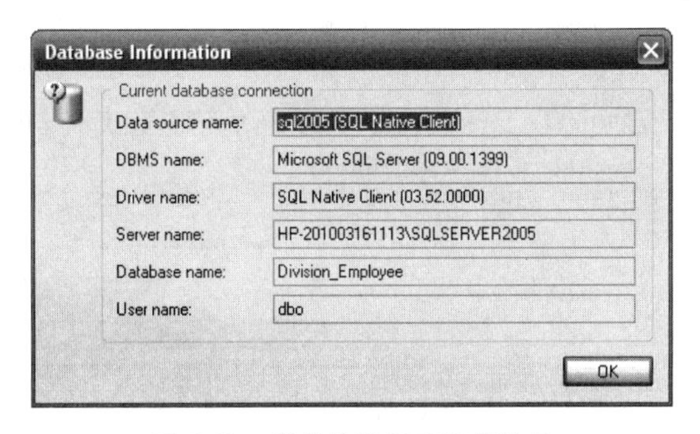

图 6-60　当前的数据库连接信息

（2）选择菜单 File→Reverse Engineer→Database…命令，在图 6-61 所示的画面中输入新生成的物理模型的名字，单击"确定"按钮；在图 6-62 中，单击选择数据源工具，选择 sql2005，单击"确定"按钮，出现图 6-63，选择需要逆向工程的对象，然后单击"确定"按钮。

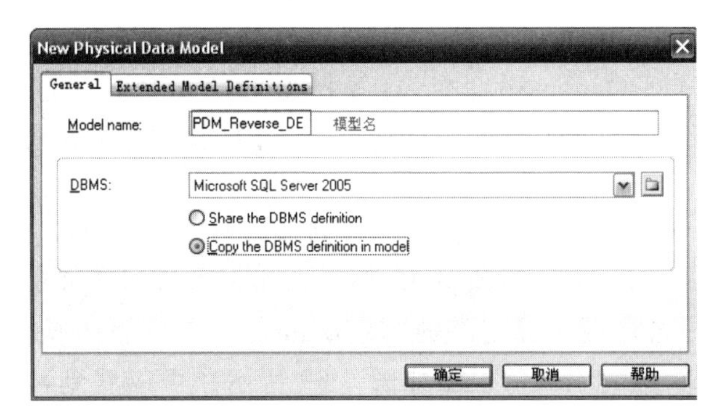

图 6-61　逆向工程生成数据库

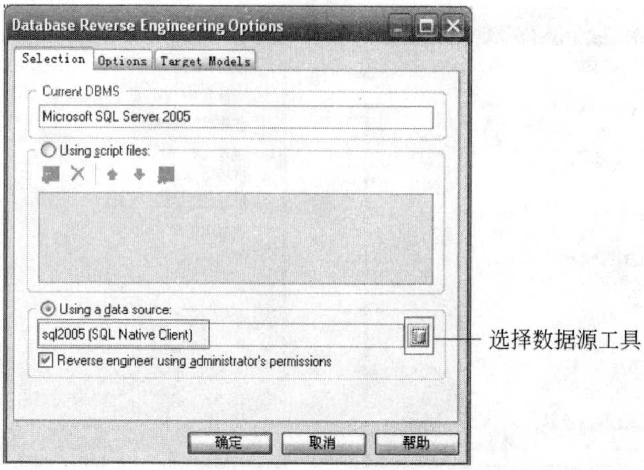

图 6-62　选择数据源

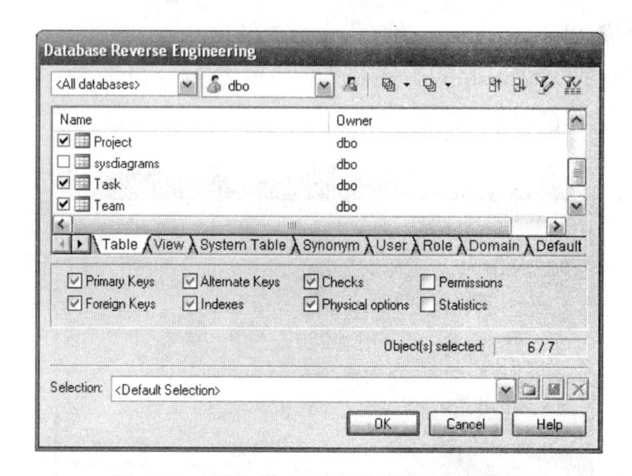

图 6-63　需要逆向工程的对象及其属性

生成的 PDM 如图 6-64 所示，引用关系完全与原来的 PDM 一样，见图 6-47、图 6-49 和图 6-51。

小技巧：在逆向工程生成的 PDM 中可以看到，所有的表名和列名都变成了英文，此时可以采用两种方法来解决。

(3) 在模型转换前，对模型选项中的列命名规则进行修改。

选择 Tools→Model Options…命令，打开模型选项窗口。在打开的窗口中，选择 Naming Convention 下的 Column，如图 6-65 所示。以下的操作都是在窗口右侧 Name 选项卡下进行的。

单击"命名模板列表"按钮，出现命名模板列表，如图 6-66 所示。在该窗口中，增加一行，将 Name 及 Display Name 项均设为"%Comment%"，如图 6-67 所示。在命名模板下拉列表选择框中选择刚刚设定好的"%Comment%"，如图 6-68 所示。然后，重新进行物理模型的生成，此时生成的模型如图 6-69 所示。可以看到，名称又恢复为中文的了。

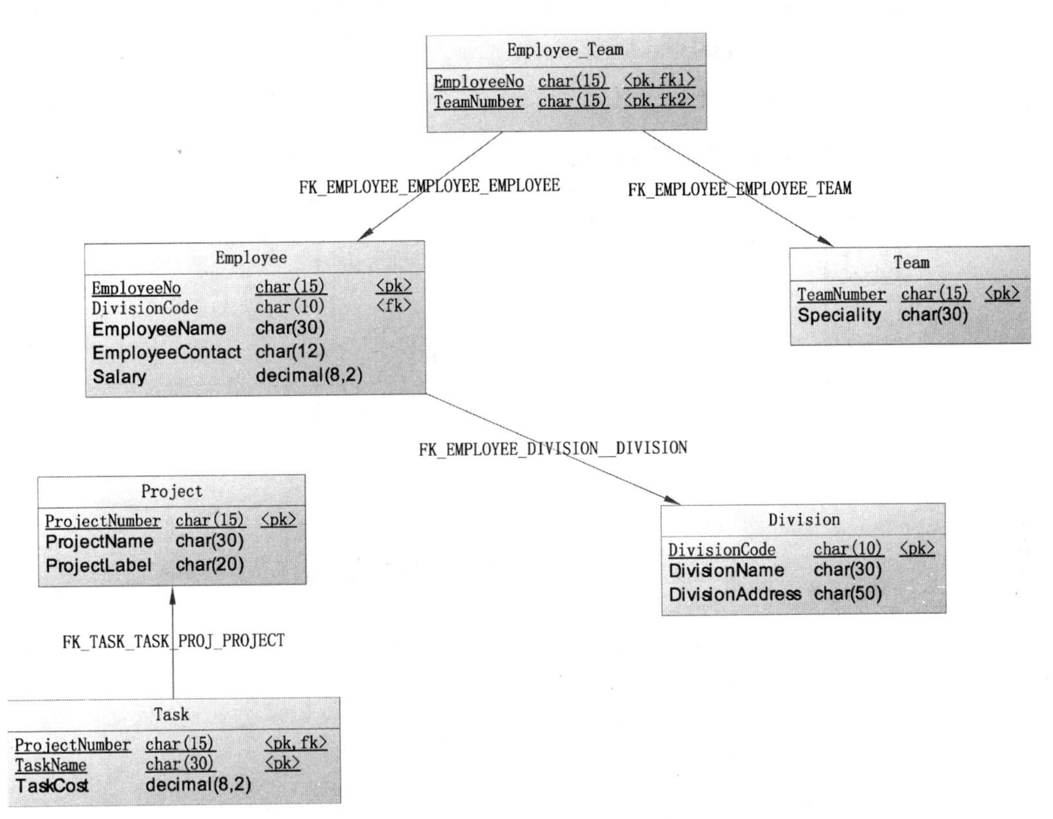

图 6-64 逆向工程生成的 PDM

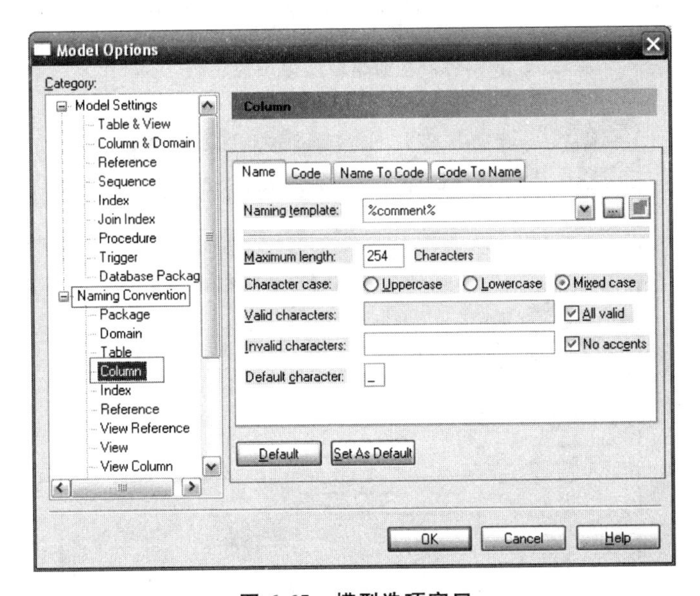

图 6-65 模型选项窗口

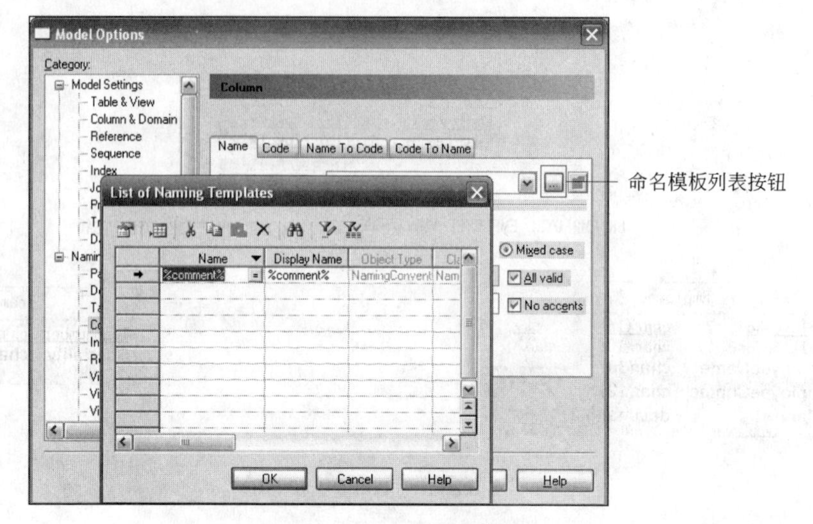

图 6-66　命名模板列表窗口

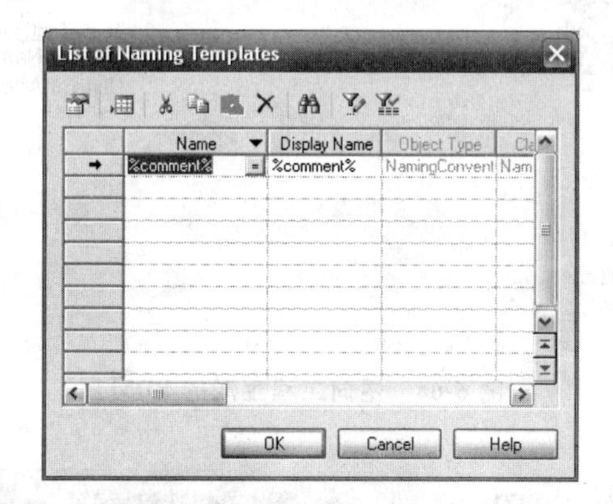

图 6-67　在命名模板中增添一行

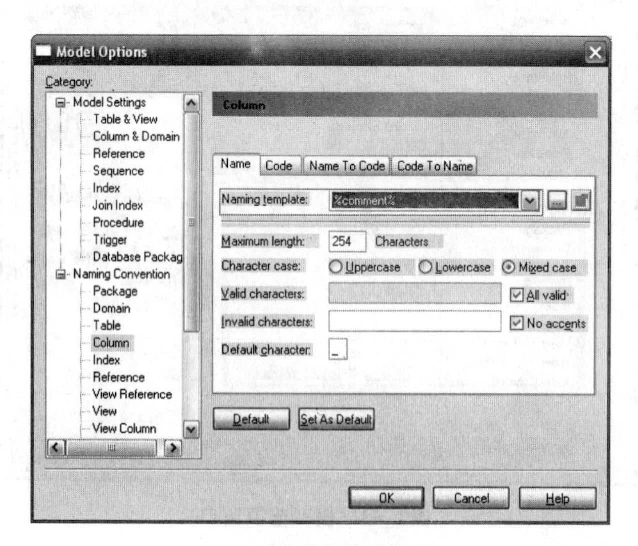

图 6-68　选择命名模板

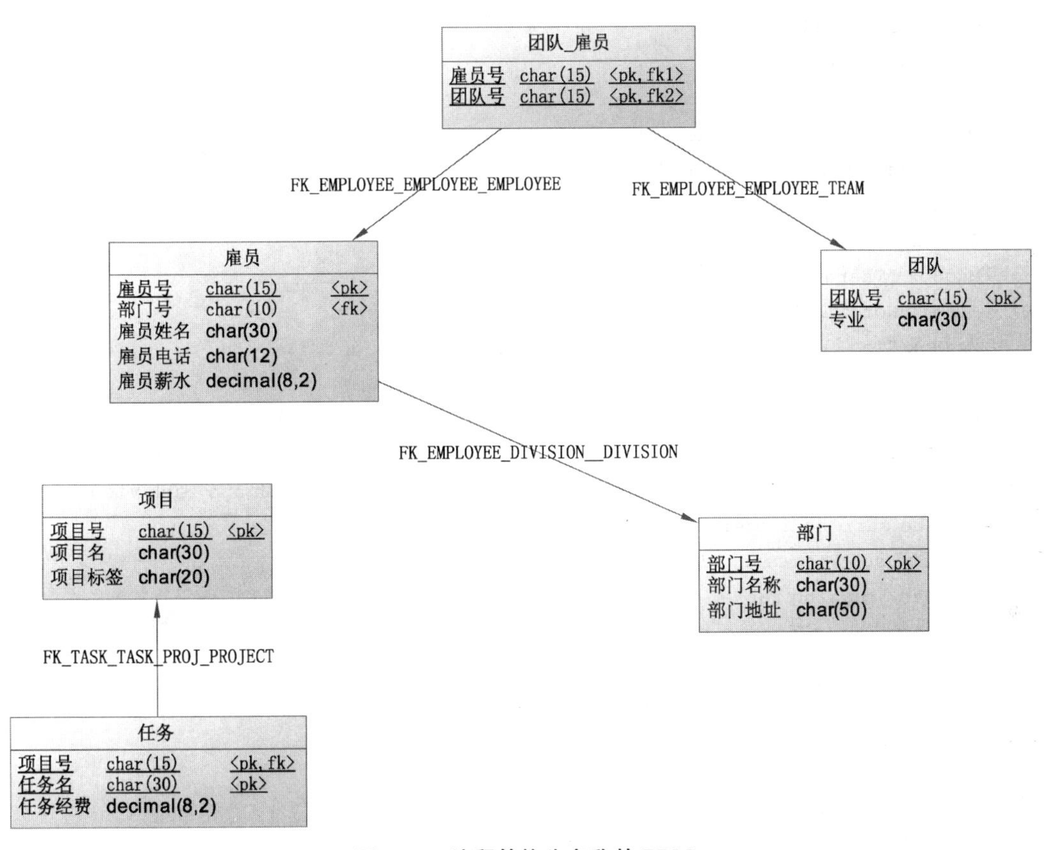

图 6-69 注释转换为名称的 PDM

(4) 执行一段 VB 脚本代码，将数据库中表和列的注释转换为名字。具体操作如下。

选择生成的 PDM，选择菜单 Tools→Execute Commands→Edit/Run Script 命令，输入以下代码(见图 6-70)：

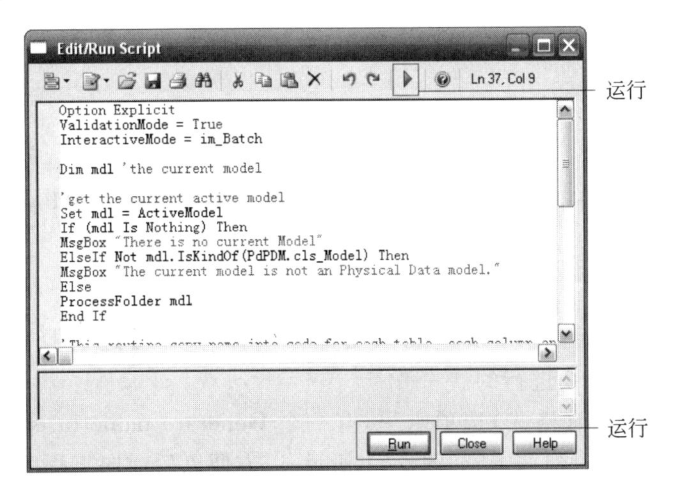

图 6-70 将注释转换为名称

```
Option Explicit
ValidationMode=True
InteractiveMode=im_Batch
Dim mdl 'the current model
'get the current active model
Set mdl=ActiveModel
If (mdl Is Nothing) Then
MsgBox "There is no current Model"
ElseIf Not mdl.IsKindOf(PdPDM.cls_Model) Then
MsgBox "The current model is not an Physical Data model."
Else
ProcessFolder mdl
End If
'This routine copy name into code for each table, each column and each view
'of the current folder
Private sub ProcessFolder(folder)
Dim Tab 'running table
for each Tab in folder.tables
if not tab.isShortcut then
if len(tab.comment) <>0 then
tab.name=tab.comment
end if
On Error Resume Next
Dim col 'running column
for each col in tab.columns
if len(col.comment) <>0 then
col.name=col.comment
end if
On Error Resume Next
next
end if
next
end sub
```

代码输入完成后，单击“运行”按钮即可完成转换，转换后的 PDM 见图 6-69。

6.2.4 生成 SQL 脚本

设计好 PDM 之后，就可以生成数据库了。操作是通过选择菜单 Database→Generate Database…命令进行的。

小技巧：在 Format(格式)选项卡里，有一个 Generate name in empty comment 选项，建议在生成数据库时勾选上，如图 6-71 所示，以方便以后逆向工程后使用。

由 CDM 生成的 PDM 在生成数据库时存在一个问题，SQL 脚本没有生成需要的外键约束，只是生成了相关索引。

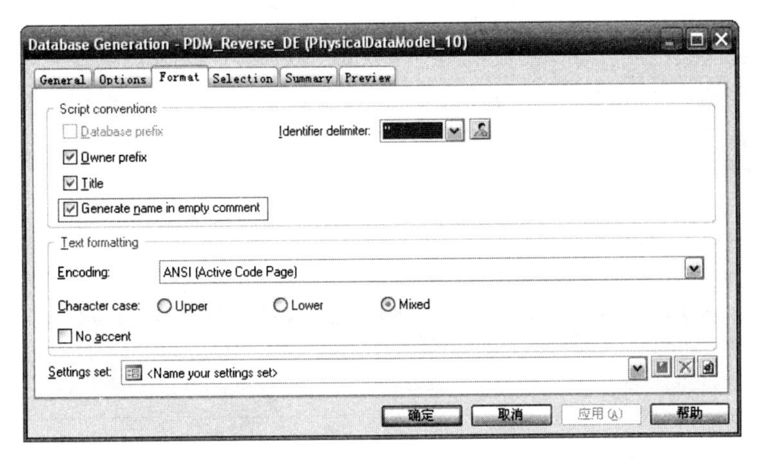

图 6-71 勾选 Generate name in empty comment 选项

【例 6-18】 由图 6-49 所示的 PDM 生成数据库时,产生的 SQL 脚本如下:

```
/*==============================================================*/
/* DBMS name:      Microsoft SQL Server 2005                    */
/* Created on:     2010-10-11 15:14:36                          */
/*==============================================================*/
if exists (select 1
          from  sysobjects
          where id=object_id('Project')
          and   type='U')
   drop table Project
go
if exists (select 1
          from  sysindexes
          where id    =object_id('Task')
          and   name  ='Task_Project_FK'
          and   indid >0
          and   indid <255)
   drop index Task.Task_Project_FK
go
if exists (select 1
          from  sysobjects
          where id=object_id('Task')
          and   type='U')
   drop table Task
go
/*==============================================================*/
/* Table: Project                                               */
/*==============================================================*/
create table Project (
```

```
   ProjectNumber        char(15)             not null,
   ProjectName          char(30)             null,
   ProjectLabel         char(20)             null,
   constraint PK_PROJECT primary key nonclustered (ProjectNumber)
)
go
declare @CurrentUser sysname
select @CurrentUser=user_name()
execute sp_addextendedproperty 'MS_Description', '项目', 'user', @CurrentUser,
'table', 'Project'
go
declare @CurrentUser sysname
select @CurrentUser=user_name()
execute sp_addextendedproperty 'MS_Description', '项目号', 'user', @CurrentUser,
'table', 'Project', 'column', 'ProjectNumber'
go
declare @CurrentUser sysname
select @CurrentUser=user_name()
execute sp_addextendedproperty 'MS_Description', '项目名', 'user', @CurrentUser,
'table', 'Project', 'column', 'ProjectName'
go
declare @CurrentUser sysname
select @CurrentUser=user_name()
execute sp_addextendedproperty 'MS_Description', '项目标签', 'user', @CurrentUser,
'table', 'Project', 'column', 'ProjectLabel'
go
/*==============================================================*/
/* Table: Task                                                  */
/*==============================================================*/
create table Task (
   ProjectNumber        char(15)             not null,
   TaskName             char(30)             not null,
   TaskCost             decimal(8,2)         null,
   constraint PK_TASK primary key nonclustered (ProjectNumber, TaskName)
)
go
declare @CurrentUser sysname
select @CurrentUser=user_name()
execute sp_addextendedproperty 'MS_Description','任务', 'user', @CurrentUser,
'table', 'Task'
go
declare @CurrentUser sysname
select @CurrentUser=user_name()
execute sp_addextendedproperty 'MS_Description', '项目号', 'user', @CurrentUser,
```

```
'table', 'Task', 'column', 'ProjectNumber'
go
declare @CurrentUser sysname
select @CurrentUser=user_name()
execute sp_addextendedproperty 'MS_Description', '任务名', 'user', @CurrentUser,
'table', 'Task', 'column', 'TaskName'
go
declare @CurrentUser sysname
select @CurrentUser=user_name()
execute sp_addextendedproperty 'MS_Description', '任务经费', 'user', @CurrentUser,
'table', 'Task', 'column', 'TaskCost'
go
/*==============================================================*/
/* Index: Task_Project_FK                                       */
/*==============================================================*/
create index Task_Project_FK on Task (
ProjectNumber ASC
)
go
```

可以看到,其中的外键约束丢掉了。解决方法如下:

(1) 打开生成的 PDM。

(2) 将 DBMS 类型换为 MS SQL Server 2000。选择菜单 Database→Change Current DBMS…命令进行修改,如图 6-72 所示。

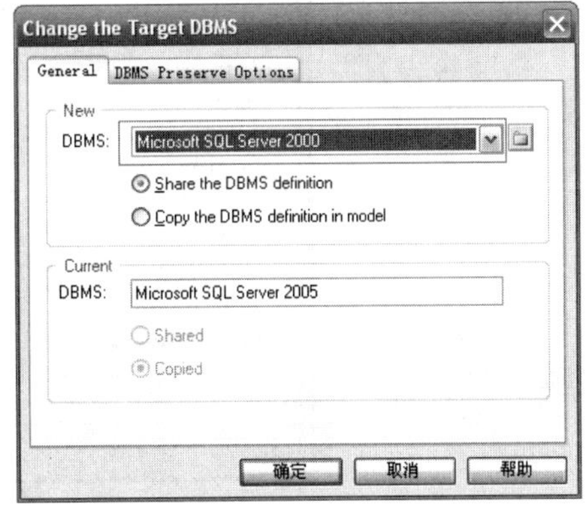

图 6-72 修改目标 DBMS

(3) 在 Model 菜单中选择 References 命令,如图 6-73 所示,可以看到最后的 Implementation 被设置为 Trigger。

(4) 将 Implementation 设置为 Declarative (如果没有第(2)步就不能完成本步),如图 6-74 所示。

(5) 将 DBMS 类型换为 MS SQL Server 2005。

(6) 生成 MS SQL Server 2005 数据库生成脚本,能够正常生成需要的外键。

执行上述步骤之后,重新生成 Database,可以看到在 SQL 脚本的末尾多了以下内容:

```
alter table Task
   add constraint FK_TASK_TASK_PROJ_PROJECT foreign key (ProjectNumber)
      references Project (ProjectNumber)
go
```

从而生成了正确的外键约束。

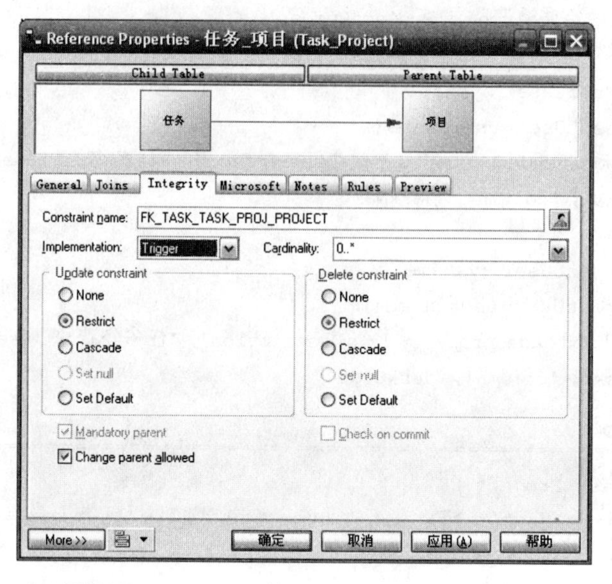

图 6-73　References 的 Implementation 为 Trigger

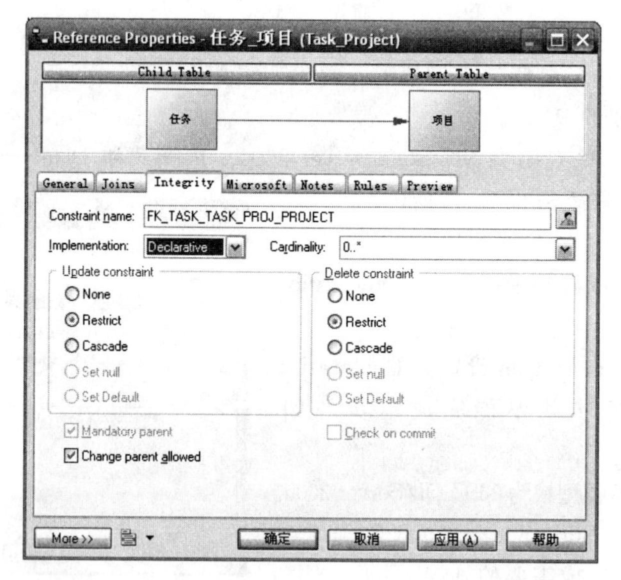

图 6-74　将 References 的 Implementation 改为 Declarative

6.2.5　生成数据库

生成 SQL 脚本文件之后，在查询分析器里执行相应的脚本，即可生成数据库。

(1) 进入 Microsoft SQL Server Management Studio，新建一个数据库，如图 6-75 所示，数据库的名称为 Project_Task。

(2) 打开刚生成的 SQL 脚本文件，如图 6-76 所示。输入连接到数据库引擎的信息，如图 6-77 所示。

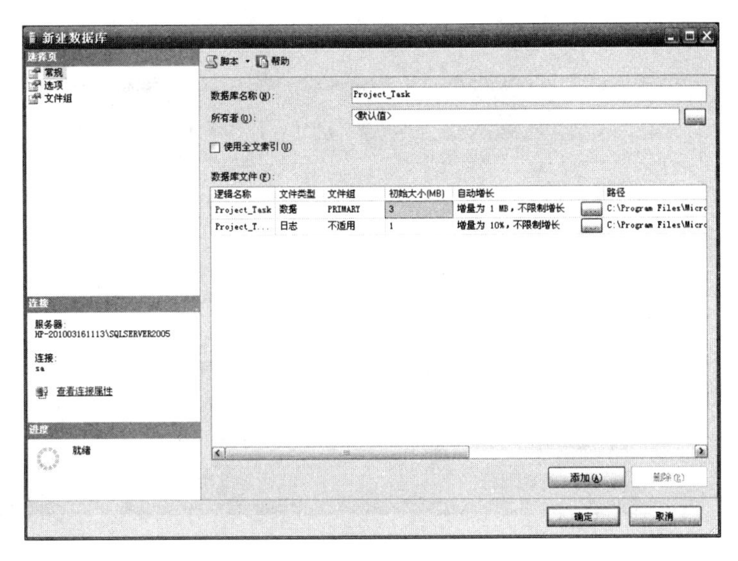

图 6-75 新建一个数据库

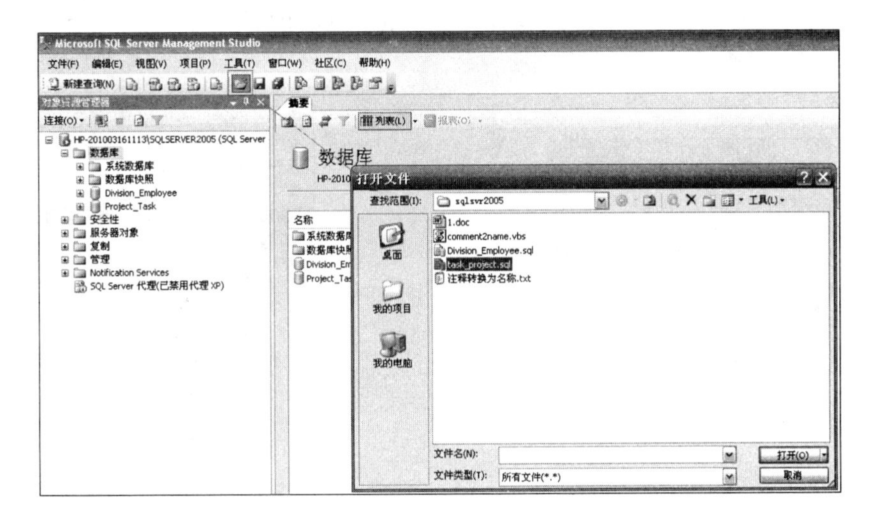

图 6-76 打开生成的 SQL 脚本文件

图 6-77 连接到数据库引擎

(3) 选择可用的数据库为 Project_Task,如图 6-78 所示。

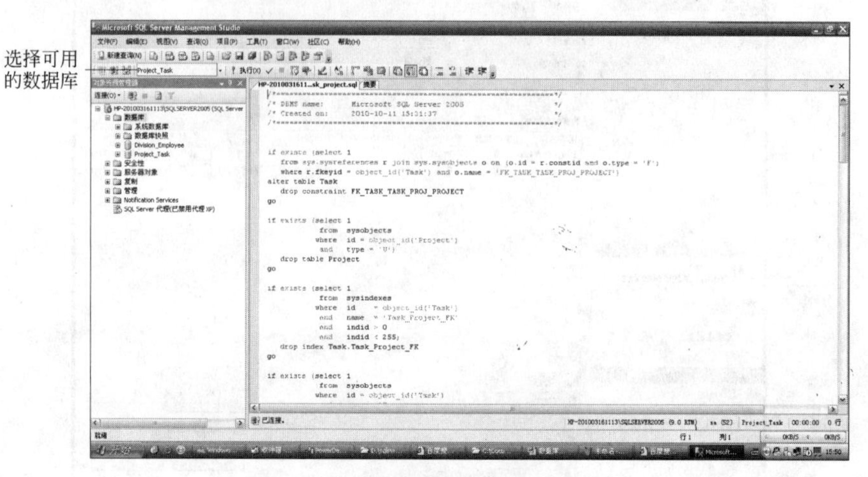

图 6-78　选择可用数据库

(4) 单击“执行”按钮,执行脚本,执行脚本前后的 Project_Task 数据库分别如图 6-79 和图 6-80 所示。

图 6-79　执行脚本前的 Project_Task 数据库

图 6-80　执行脚本后的 Project_Task 数据库

6.3　利用 PowerDesigner 进行数据库设计案例

【例 6-19】 以学生选修课程为例,用 PowerDesigner 进行数据库设计。

1. 概念模型的设计

在本例中有两个实体:学生和课程。两个实体间通过选修建立联系,联系有属性

"成绩"。

(1) 如图 6-81 所示，建立数据项。

(2) 如图 6-82 所示，建立两个实体：学生和课程。

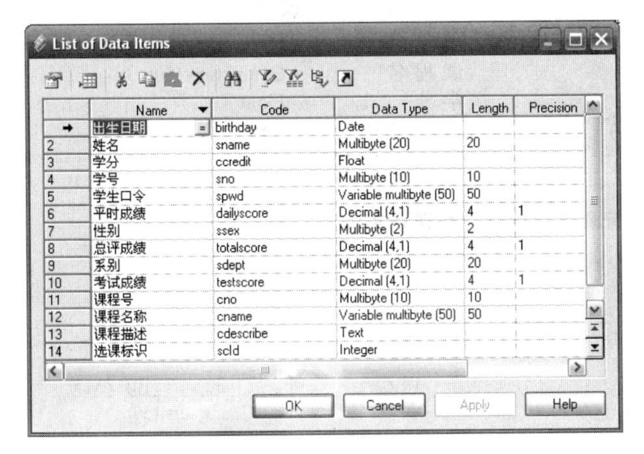

图 6-81 建立数据项

图 6-82 建立实体

(3) 为实体分配属性，如图 6-83 所示。

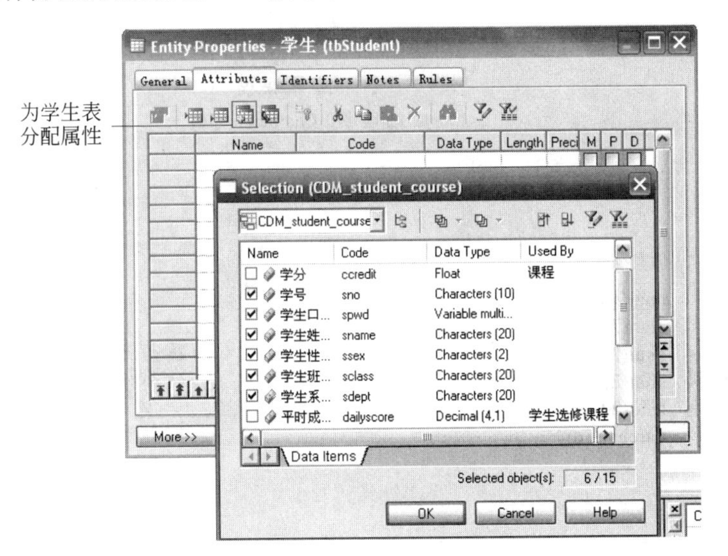

图 6-83 为学生实体分配属性

分配属性后的实体如图 6-84 所示。

(4) 在两个实体间建立联系"学生选修课程"，并为联系创建 3 个属性，创建方法与为实体创建属性的方法相同，建立关联后的实体联系图如图 6-85 所示。

2. 由 CDM 生成 PDM

(1) 由图 6-85 创建物理模型，在生成的物理模型中，课程的主标识"课程号"和学生的主标识"学号"分别进入联系"学生选修课程"，并成为其主键，如图 6-86 所示。由于这两个标识同时又分别是学生和课程的主键，因而它们又是学生选修课程的外键。

学生			
学号	<pi>	Characters (10)	<M>
学生姓名		Characters (20)	
学生性别		Characters (2)	
学生班级		Characters (20)	
学生系别		Characters (20)	
学生口令		Variable characters (50)	
学生主标识 <pi>			

课程			
课程号	<pi>	Characters (10)	<M>
课程名		Characters (50)	
学分		Float	
课程描述		Text	
课程主标识 <pi>			

图 6-84　分配属性后的学生和课程实体

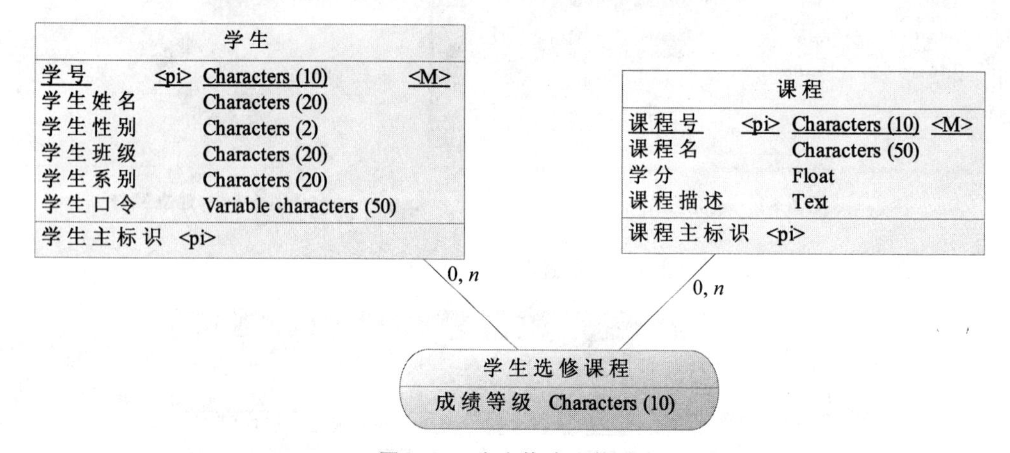

图 6-85　为实体建立关联

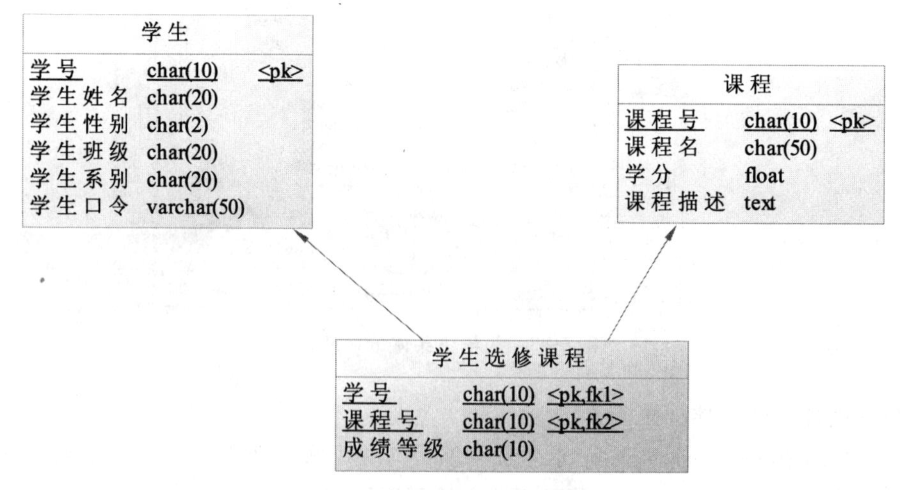

图 6-86　由 CDM 学生选修课程生成的 PDM

(2) 为生成正确的 SQL 语句作准备(正常生成需要的外键)。

① 打开生成的 PDM。

② 将 DBMS 类型换为 MS SQL Server 2000。

③ 在 Model 菜单中选择 References 命令，将 Implementation 由 Trigger 设置为 Declarative。

④ 将 DBMS 类型换为 MS SQL Server 2005。

⑤ 生成 MS SQL Server 2005 数据库生成脚本，能够正常生成需要的外键。

生成的 SQL 脚本如下：

```
/*==============================================================*/
/* DBMS name:      Microsoft SQL Server 2005                    */
/* Created on:     2011-3-26 13:16:05                           */
/*==============================================================*/
if exists (select 1
   from sys.sysreferences r join sys.sysobjects o on (o.id=r.constid and o.type='F')
   where r.fkeyid=object_id('tbSC') and o.name='FK_TBSC_TBSC_TBSTUDEN')
alter table tbSC
   drop constraint FK_TBSC_TBSC_TBSTUDEN
go
if exists (select 1
   from sys.sysreferences r join sys.sysobjects o on (o.id=r.constid and o.type='F')
   where r.fkeyid=object_id('tbSC') and o.name='FK_TBSC_TBSC2_TBCOURSE')
alter table tbSC
   drop constraint FK_TBSC_TBSC2_TBCOURSE
go
if exists (select 1
            from  sysobjects
            where id=object_id('tbCourse')
            and   type='U')
   drop table tbCourse
go
if exists (select 1
            from  sysindexes
            where id    =object_id('tbSC')
            and   name  ='FK_tbSC2'
            and   indid >0
            and   indid <255)
   drop index tbSC.FK_tbSC2
go
if exists (select 1
            from  sysindexes
            where id    =object_id('tbSC')
            and   name  ='FK_tbSC'
            and   indid >0
            and   indid <255)
```

```
    drop index tbSC.FK_tbSC
go
if exists (select 1
          from  sysobjects
          where id=object_id('tbSC')
          and   type='U')
    drop table tbSC
go
if exists (select 1
          from  sysobjects
          where id=object_id('tbStudent')
          and   type='U')
    drop table tbStudent
go
/*==============================================================*/
/* Table: tbCourse                                              */
/*==============================================================*/
create table tbCourse (
    cno                  char(10)             not null,
    cname                char(50)             null,
    ccredit              float                null,
    cdescribe            text                 null,
    constraint PK_TBCOURSE primary key nonclustered (cno)
)
go
declare @CurrentUser sysname
select @CurrentUser=user_name()
execute sp_addextendedproperty 'MS_Description','课程', 'user', @CurrentUser,
'table', 'tbCourse'
go
declare @CurrentUser sysname
select @CurrentUser=user_name()
execute sp_addextendedproperty 'MS_Description','课程号', 'user', @CurrentUser,
'table', 'tbCourse', 'column', 'cno'
go
declare @CurrentUser sysname
select @CurrentUser=user_name()
execute sp_addextendedproperty 'MS_Description','课程名', 'user', @CurrentUser,
'table', 'tbCourse', 'column', 'cname'
go
declare @CurrentUser sysname
select @CurrentUser=user_name()
execute sp_addextendedproperty 'MS_Description','学分', 'user', @CurrentUser,
```

```
'table', 'tbCourse', 'column', 'ccredit'
go
declare @CurrentUser sysname
select @CurrentUser=user_name()
execute sp_addextendedproperty 'MS_Description','课程描述', 'user', @CurrentUser,
'table', 'tbCourse', 'column', 'cdescribe'
go
/*==============================================================*/
/* Table: tbSC                                                  */
/*==============================================================*/
create table tbSC (
   sno                  char(10)             not null,
   cno                  char(10)             not null,
   grade                char(10)             null,
   constraint PK_TBSC primary key (sno, cno)
)
go
declare @CurrentUser sysname
select @CurrentUser=user_name()
execute sp_addextendedproperty 'MS_Description','学生选修课程', 'user', @CurrentUser,
'table', 'tbSC'
go
declare @CurrentUser sysname
select @CurrentUser=user_name()
execute sp_addextendedproperty 'MS_Description','学号', 'user', @CurrentUser,
'table','tbSC', 'column', 'sno'
go
declare @CurrentUser sysname
select @CurrentUser=user_name()
execute sp_addextendedproperty 'MS_Description','课程号', 'user', @CurrentUser,
'table', 'tbSC', 'column', 'cno'
go
declare @CurrentUser sysname
select @CurrentUser=user_name()
execute sp_addextendedproperty 'MS_Description','成绩等级', 'user', @CurrentUser,
'table', 'tbSC', 'column', 'grade'
go
/*==============================================================*/
/* Index: FK_tbSC                                               */
/*==============================================================*/
create index FK_tbSC on tbSC (
sno ASC
)
```

```
go
/*==============================================================*/
/* Index: FK_tbSC2                                              */
/*==============================================================*/
create index FK_tbSC2 on tbSC (
cno ASC
)
go
/*==============================================================*/
/* Table: tbStudent                                             */
/*==============================================================*/
create table tbStudent (
   sno                  char(10)             not null,
   sname                char(20)             null,
   ssex                 char(2)              null,
   sclass               char(20)             null,
   sdept                char(20)             null,
   spwd                 varchar(50)          null,
   constraint PK_TBSTUDENT primary key nonclustered (sno)
)
go
declare @CurrentUser sysname
select @CurrentUser=user_name()
execute sp_addextendedproperty 'MS_Description','学生', 'user', @CurrentUser,
'table', 'tbStudent'
go
declare @CurrentUser sysname
select @CurrentUser=user_name()
execute sp_addextendedproperty 'MS_Description','学号', 'user', @CurrentUser,
'table', 'tbStudent', 'column', 'sno'
go
declare @CurrentUser sysname
select @CurrentUser=user_name()
execute sp_addextendedproperty 'MS_Description','学生姓名', 'user', @CurrentUser,
'table', 'tbStudent', 'column', 'sname'
go
declare @CurrentUser sysname
select @CurrentUser=user_name()
execute sp_addextendedproperty 'MS_Description','学生性别', 'user', @CurrentUser,
'table', 'tbStudent', 'column', 'ssex'
go
declare @CurrentUser sysname
select @CurrentUser=user_name()
```

```
execute sp_addextendedproperty 'MS_Description','学生班级', 'user', @CurrentUser,
'table', 'tbStudent', 'column', 'sclass'
go
declare @CurrentUser sysname
select @CurrentUser=user_name()
execute sp_addextendedproperty 'MS_Description','学生系别', 'user', @CurrentUser,
'table', 'tbStudent', 'column', 'sdept'
go
declare @CurrentUser sysname
select @CurrentUser=user_name()
execute sp_addextendedproperty 'MS_Description','学生口令', 'user', @CurrentUser,
'table', 'tbStudent', 'column', 'spwd'
go
alter table tbSC
   add constraint FK_TBSC_TBSC_TBSTUDEN foreign key (sno)
      references tbStudent (sno)
go
alter table tbSC
   add constraint FK_TBSC_TBSC2_TBCOURSE foreign key (cno)
      references tbCourse (cno)
go
```

3. 生成数据库

在 Microsoft SQL Management Studio 中，新建数据库 dbChooseCourse，并在查询分析器中执行刚刚生成的 SQL 语句，就生成了数据库。由图 6-87 可见，生成的主键和外键完全正确。

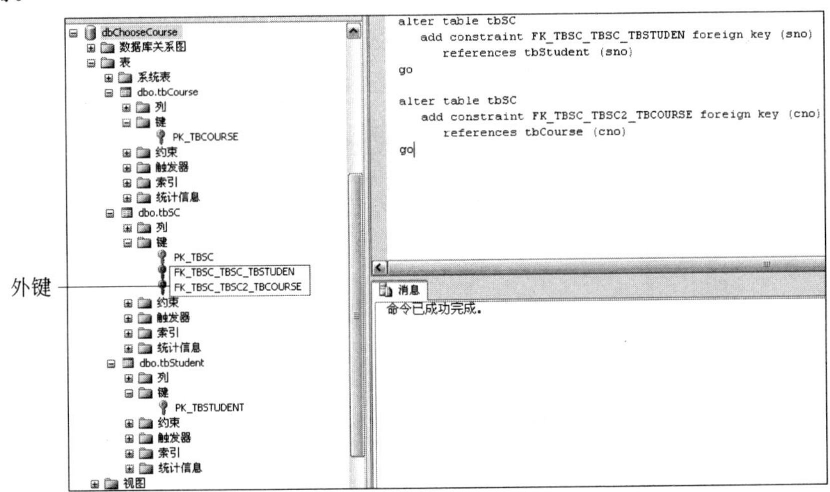

图 6-87 新生成的 dbChooseCourse 库

4. 为实际应用修改表结构

在实际开发中,有的程序设计人员为了简化数据库控件的绑定,习惯为有联合主键的表设置一个自增列,作为该表的主键,而联合主键变为候选键。在本例中,学生选修课程表 tbSC 中就有一个联合主键(sno,cno)。生成 PDM 之后,可以对 PDM 中的表 tbSC 进行修改,以简化数据库控件的绑定。

如图 6-88 所示,打开学生选修课程表 tbSC 的属性页,选择 Columns 选项卡,将学号和课程号的 P 列中的勾去掉,使其不再是主键;之后,为 tbSC 增加一列 ID 号——scId,并勾选它的 P 列,使其变为主键。

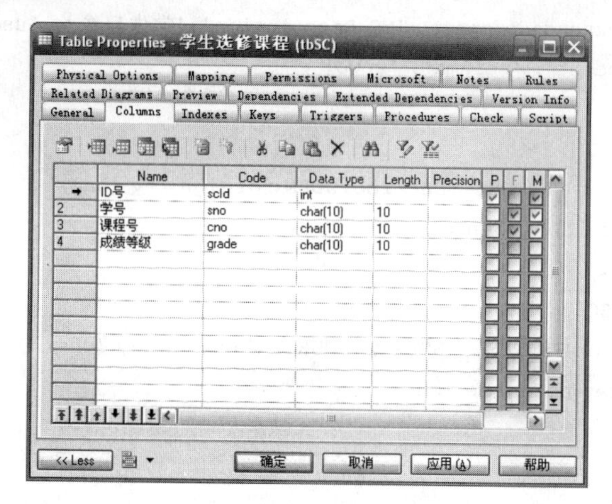

图 6-88 为 tbSC 增加一个字段,并将其设为主键

打开 scId 列的属性,勾选它的 Identity 属性,将它设为自增列,如图 6-89 所示。

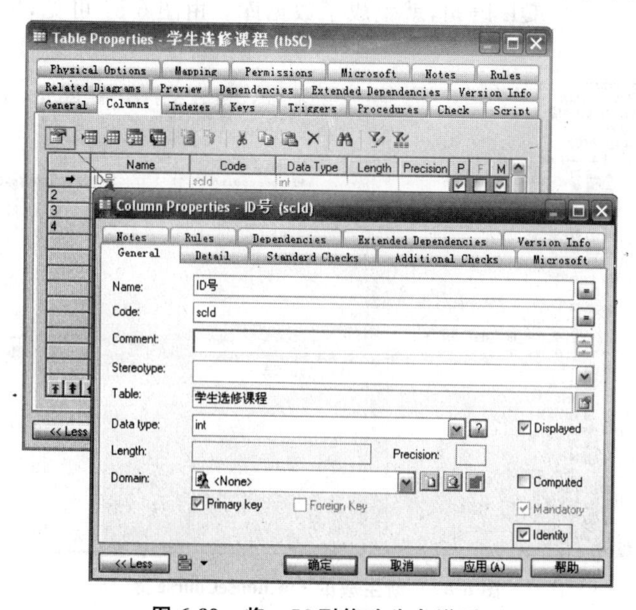

图 6-89 将 scId 列修改为自增列

修改之后，重新生成 MS SQL 2005 数据库脚本，可以看到有关 tbSC 的 SQL 语句有如下变化：

```
/*==============================================================*/
/* Table: tbSC                                                  */
/*==============================================================*/
create table tbSC (
   scId          int               identity,
   sno                    char(10)          not null,
   cno                    char(10)          not null,
   grade                  char(10)          null,
   constraint PK_TBSC primary key (scId)
)
go
……
declare @CurrentUser sysname
select @CurrentUser=user_name()
execute sp_addextendedproperty 'MS_Description','ID号', 'user', @CurrentUser,
'table', 'tbSC', 'column', 'scId'
go
……
```

执行新生成的数据库脚本，打开 tbSC 的 scId 属性，可以看到，该列确实已变为自增列，如图 6-90 所示。

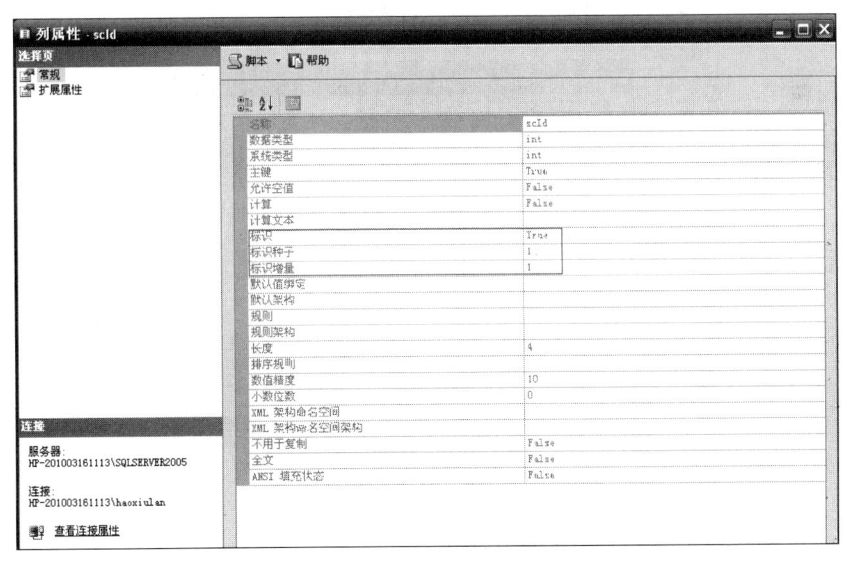

图 6-90　在 MS SQL Server 2005 中查看 scId 列的属性

【例 6-20】 以网上书店为例，用 PowerDesigner 进行数据库设计。

1）概念模型的设计

在本例中，有 3 个实体：用户、图书订单和图书。用户与订单实体通过“填写”建立联系，为"一对多"联系；图书订单与图书通过"图书订单明细"建立联系，为"多对多"联系；用户与图书通过"评价"建立联系，为"多对多"联系。

(1) 如图 6-91 所示，建立数据项。

List of Data Items

	Name	Code	Data Type	Length	Precision
→	会员Email地址	email	Variable multibyte (50)	50	
2	会员名	username	Variable multibyte (50)	50	
3	会员密码	userPwd	Variable multibyte (100)	100	
4	会员的年龄	age	Integer		
5	会员的性别	sex	Variable multibyte (6)	6	
6	会员真实姓名	realName	Variable multibyte (50)	50	
7	会员详细地址	Address	Variable multibyte (100)	100	
8	出售数量	saleNumber	Integer		
9	出版时间	publish time	Date & Time		
10	出版社	publish	Variable multibyte (100)	100	
11	剩余数量	restCount	Integer		
12	图书ID	bookID	Integer		

OK　Cancel　Apply　Help

图 6-91　为网上书店建立数据项

(2) 建立 3 个实体：用户、图书订单和图书。

(3) 为实体分配属性，如图 6-92 所示。

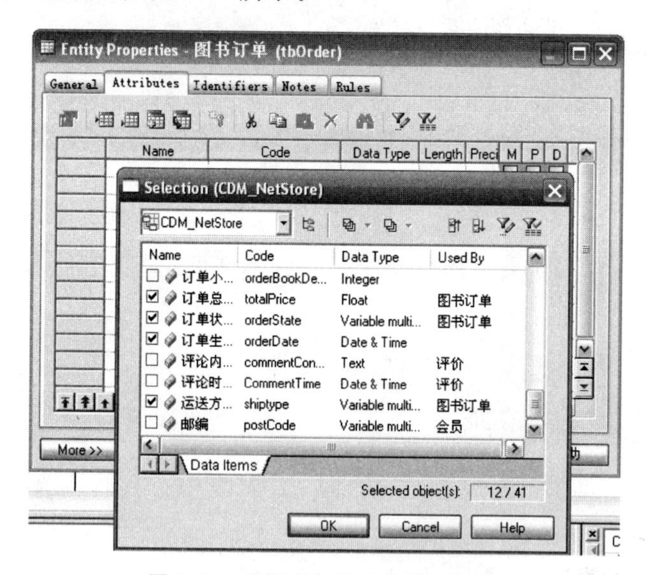

图 6-92　为图书订单实体分配属性

(4) 分配属性后的实体，如图 6-93 所示。

(5) 在用户与图书订单两个实体间建立联系"填写"；在图书订单与图书之间创建联系"图书订单明细"，并为联系创建两个属性，创建方法与为实体创建属性的方法相同；在会员与图书之间创建联系"评价"，并为联系创建两个属性。建立联系后的 E-R 图如图 6-94 所示。

会员			
会员名	<pi>	Variable multibyte (50)	<M>
会员密码		Variable multibyte (100)	<M>
电话号码		Variable multibyte (20)	
会员Email地址		Variable multibyte (50)	
会员详细地址		Variable multibyte (100)	
邮编		Variable multibyte (20)	
注册日期		Date & Time	<M>
user_Id <pi>			

图书订单			
订单ID号	<pi>	Integer	<M>
订单生成日期		Date & Time	
总图书数量		Integer	<M>
订单总费用		Float	<M>
运送方式		Variable multibyte (50)	<M>
接收人地址		Text	<M>
接收人姓名		Variable multibyte (50)	<M>
接收人电话		Variable multibyte (50)	<M>
接收人邮编		Variable multibyte (50)	<M>
订单状态		Variable multibyte (20)	<M>
order_id <pi>			

图书			
图书ID	<pi>	Integer	<M>
图书名		Variable multibyte (200)	
图书单价		Float	
图书简介		Text	
图书作者		Variable multibyte (100)	
出版社		Variable multibyte (100)	
出版时间		Date & Time	
市场价格		Float	
book_id <pi>			

图 6-93　分配属性后的用户、图书订单和图书实体

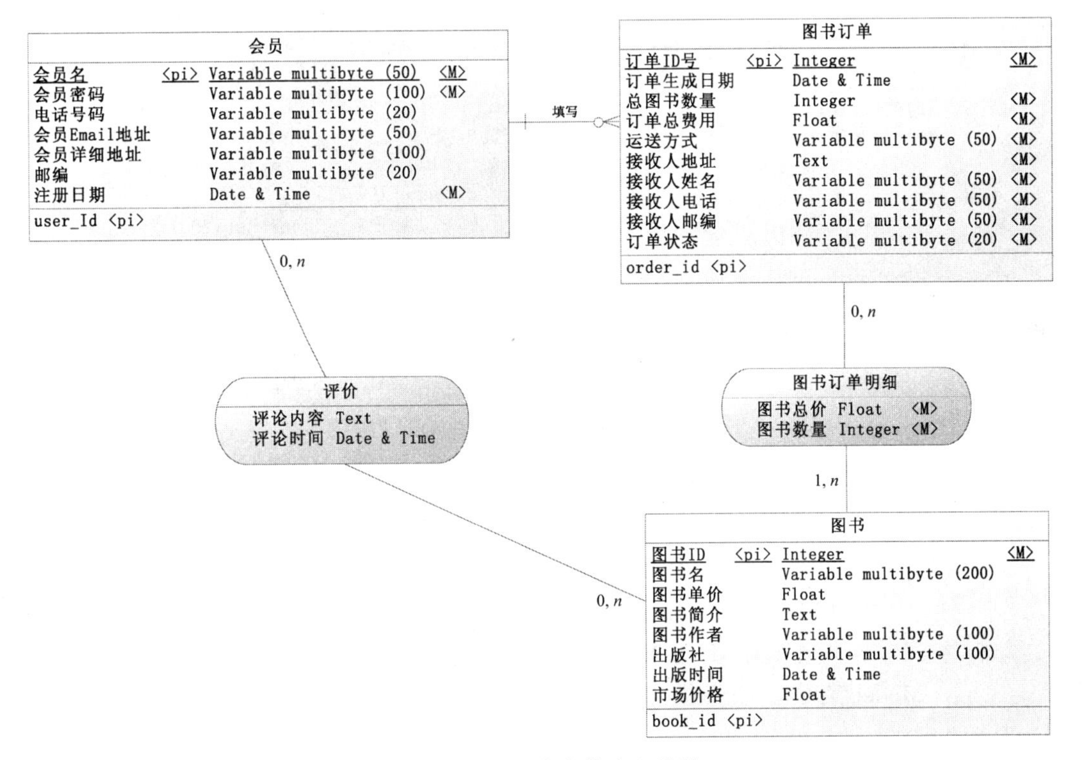

图 6-94　为 3 个实体建立关联

2）由 CDM 生成 PDM

(1) 由图 6-94 所示的 CDM 创建物理模型。在图 6-95 生成的物理模型中，一对多联系的“一”方的主键进入“多”方，即：用户的主标识“用户名”进入图书订单，成为图书订单的外键。图书订单的主标识“订单 ID 号”和图书的主标识“图书 ID”分别进入联系“图书订单明细”,并成为其主键。由于这两个标识同时又分别是图书订单和图书的主键,因而它们又是“图书订单明细”的外键。而会员的主标识“会员名”和图书的主标识“图书ID”分别进入联系“评价”中,并成为联合主键,而这两个字段又分别是会员和图书的主键,因而又是评价的外键。

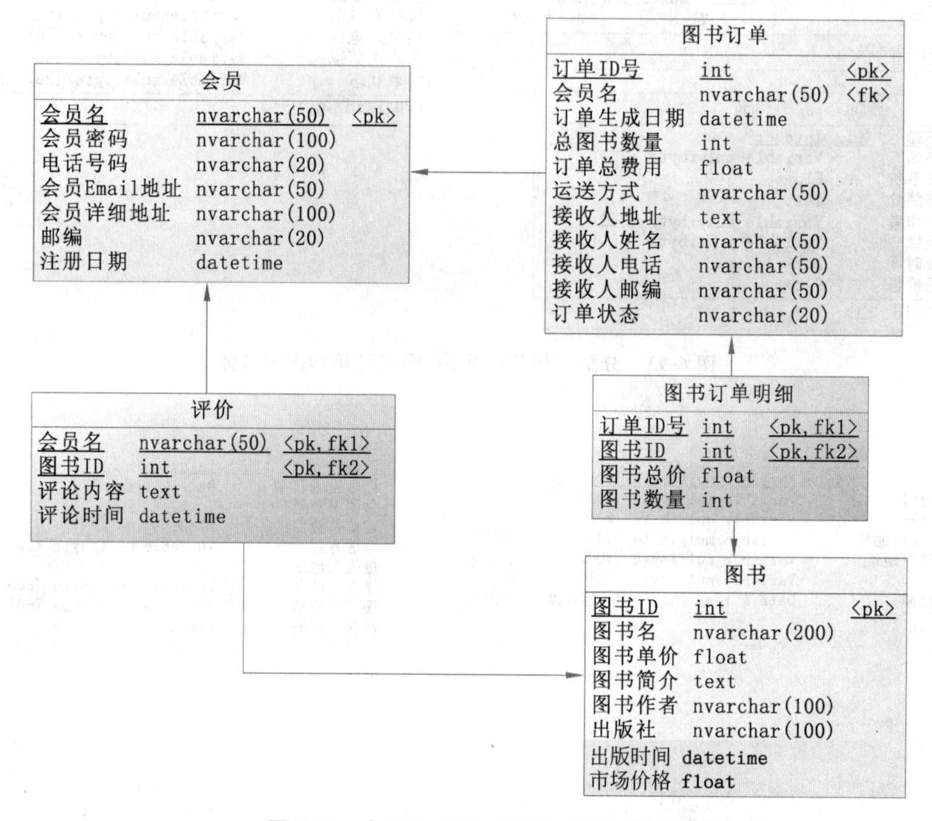

图 6-95 由 CDM 网上书店生成的 PDM

(2) 在生成的 PDM 中,将图书订单及图书的主键分别改为自增列,方法如图 6-89 所示。

(3) 为生成正确的 SQL 语句作准备(正常生成需要的外键)。

① 打开生成的 PDM。

② 将 DBMS 类型换为 MS SQL Server 2000。

③ 在 Model 菜单中选择 References 命令,将 Implementation 由 Trigger 设置为 Declarative。

④ 将 DBMS 类型换为 MS SQL Server 2005。

⑤ 生成 MS SQL Server 2005 数据库生成脚本,能够正常生成需要的外键。

生成的 SQL 脚本(略)。

3) 生成数据库

在 Microsoft SQL Management Studio 中,新建数据库 dbNetStore,并在查询分析器中执行刚刚生成的 SQL 语句,就生成了数据库。由图 6-96 可见,生成的主键和外键完全正确。

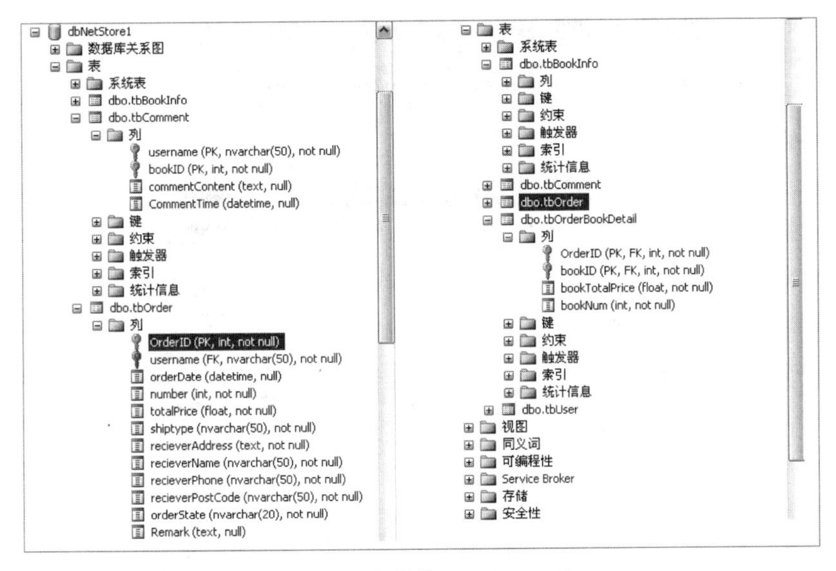

图 6-96 生成的 dbNetStore 库

4）为实际应用修改 PDM 模型

在实际开发中，有的程序设计人员为了简化数据库控件的绑定，习惯为有联合主键的表设置一个自增列，作为该表的主键，而联合主键变为候选键。在本例中，学生评价表 tbComment 中有一个联合主键（username，bookID）、图书订单明细表 tbOrderBookDetail 中有一个联合主键（OrderID，bookID）。生成 PDM 之后，可以对 PDM 中的表 tbComment、tbOrderBookDetail 进行修改，以简化数据库控件的绑定。

如图 6-97 所示，打开评价表 tbComment 的属性页，选择 Columns 选项卡，将 username，bookID 的 P 列中的勾去掉，使其不再是主键；之后，为 tbComment 增加一列 ID 号——CommentId，并勾选它的 P 列，使其变为主键。

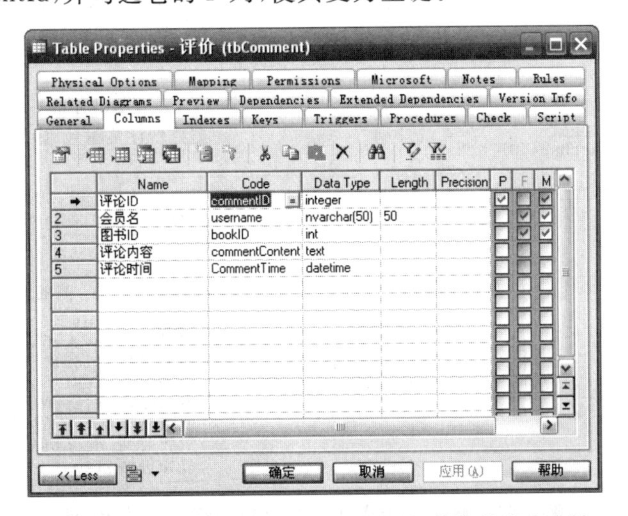

图 6-97 为 tbComment 增加一个字段，并将其设为主键

打开 CommentId 列的属性，勾选它的 Identity 属性，将它设为自增列，如图 6-98 所示。

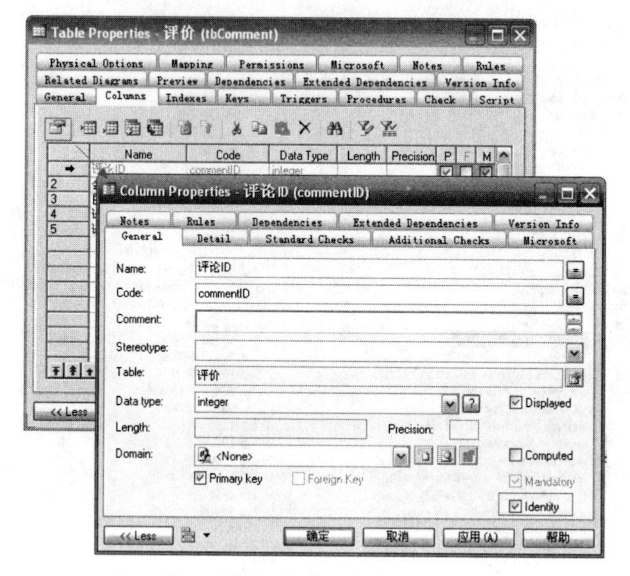

图 6-98　将 CommentId 列修改为自增列

对于图书订单明细表 tbOrderBookDetail 的联合主键（OrderID, bookID）也可以做类似的处理，使其不再是主键；之后，为 tbOrderBookDetail 增加一列 ID 号——orderBookDetailID，使其变为主键，将它设为自增列。生成的 PDM 如图 6-99 所示。

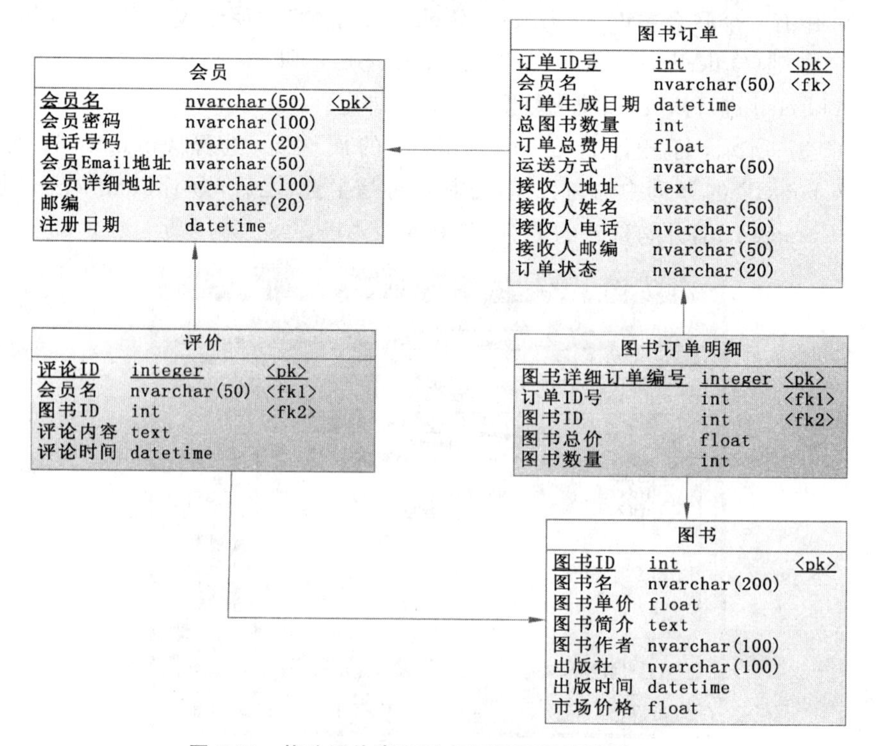

图 6-99　修改评价表和图书订单明细表后的 PDM

修改之后，重新生成 MS SQL Server 2005 数据库脚本，并在 MS SQL Server 2005 查询分析器中执行，生成新的数据库，如图 6-100 所示，主键和外键完全正确。

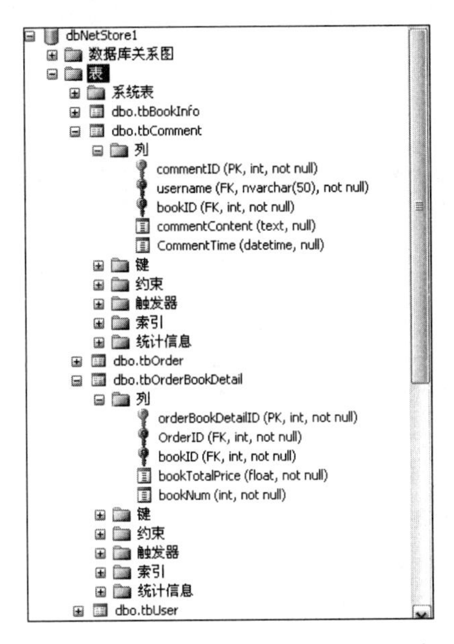

图 6-100 新生成的 dbNetStore 数据库

第7章 chapter 7

ADO.NET数据库技术

7.1 ASP.NET 3.5 概述

ASP.NET是微软公司推出的ASP的下一代Web开发技术，作为一种网络应用的商业开发模式，涉及许多网络应用方面的知识。同时，作为Microsoft .NET Framework平台的一部分，ASP.NET提供了一种基于组件的、可扩展且易于使用的方式来构建、部署及运行面向任意浏览器和移动设备的Web应用程序。

ASP.NET是Web开发领域的最前沿的技术，是其中的佼佼者，在构建基于HTTP协议进行传输的分布式应用程序方面，它是目前最先进，特征最丰富、功能最强大的平台。

1. ASP.NET的优点

1）与浏览器无关

ASP.NET是一个与浏览器无关的程序设计框架，利用它编写的应用程序可以与最新版本的Internet Explorer、Netscape Navigator等常用的浏览器兼容。

2）将业务逻辑代码与显示逻辑分开

在ASP.NET中引入了“代码隐藏”这一新概念，通过在单独的文件中编写表示应用的业务逻辑代码，使其与HTML编写的显示逻辑分开，从而更好地理解和维护应用程序，并使得程序员可以独立于设计人员工作。

3）新的集成开发环境

Visual Stodio .NET提供了一个强大的、界面友好的集成开发环境，以使开发人员能够轻松地开发Web应用程序。

4）简单性和易学性

ASP.NET使得运行一些平常的任务如表单的提交、客户身份的验证、分布系统和网站配置变得非常简单。ASP.NET包含称为ASP.NET换件的HTML服务器控件集合，这些控件可通过脚本以程序方式使用。另外，它还包括一组“Web服务器控件”，这些控件都有自己的属性、方法和事件，用于控制控件在应用程序中的外观和行为。所有ASP.NET控件和其他对象都可引发事件，可通过代码以程序方式处理这些事件，从而更好地管理代码。在ASP.NET中，有一组用于进行用户验证的控件，可以大大减少验证代码和编写量。它还支持 Cookie 的管理和对未经授权的登录进行重定向。

5）用户帐户和角色

ASP.NET 允许创建"用户帐户"和"角色"，以便每个用户能访问不同的代码和可执行代码，从而提高应用程序的安全性。

6）多处理器环境的可靠性

ASP.NET 是一种可以用于多处理器的开发工具，它在多处理环境下用特殊的无缝技术，大大提高了运行速度。即使现在的 ASP.NET 应用软件是为一个处理器开发的，将来多处理器运行时也不需要任何改变就能提高它们的效能。

7）可扩展性

ASP.NET 是一项可扩展技术。为了提高 ASP.NET 应用程序的可扩展性，改进了服务器的通信，使得可以在多台服务器上运行一个应用程序。

8）高效的可管理性

ASP.NET 使用分组的配置系统，使服务器环境和应用设置更加简单。因为配置信息都保存在基于 XML 的文本文件中，新的设置不需要启动本地的管理工具就可以实现。这种被称为"Zero Local Administration"的哲学观念使 ASP.NET 的基于应用的开发更加具体和快捷。一个 ASP.NET 的应用程序在一台服务器系统的安装只需要简单地复制一些必需的文件，而不需要重新启动系统。

9）执行效率的大幅提高

不像以前的 ASP 即时解释程序，ASP.NET 是将服务器端首次运行时进行编译执行，使得应用程序的执行效率有了很大的提高。

10）易于配置和部署

利用纯文本配置 ASP.NET 应用程序，可在程序运行时上传或修改配置文件，而无须重新启动服务器。部署或替换已编译的代码时也无须重新启动服务器，ASP.NET 会自动将所有新的请求指向新代码。

11）灵活的输出缓存

根据应用程序的需要，ASP.NET 可以缓存页数据、页的一部分或整个页。缓存的项目可以依赖缓存中的文件或其他项目，或者可以根据过期策略进行刷新。

12）国际化

ASP.NET 在内部使用 Unicode 以表示请求和响应数据。可以为每台计算机、每个目录和每页配置国际化设置。

13）跟踪和调试

ASP.NET 提供了跟踪服务，该服务可在应用程序级别调试过程中启用。可以选择页面的信息，或者使用应用程序级别的跟踪查看工具查看信息，在开发和应用程序处于生产状态时，ASP.NET 支持使用.NET Framework 调试工具进行本地和远程调试。当应用程序处于生产状态时，跟踪语句能够留在产品代码中而不会影响性能。

14）.NET Framework 集成

因为 ASP.NET 是.NET Framework 的一部分，整个平台的功能灵活性对 Web 应用程序都是可用的。也可从 Web 上流畅地访问.NET 类库以及消息和数据访问解决方案。ASP.NET是独立于语言之外的，所以开发人员能选择最适于应用程序的语言。另外，公共语言运行库的互用性还保存了基于COM开发的现有投资。

2. ASP.NET的发展前景

ASP.NET 3.5的推出背景是整个开发平台的重新整合，Visual Studio 2008、Windows Server 2008和SQL Server 2008在很短的时间内相继推出，表明一个强烈的信号，这就是微软公司已经把操作系统、数据库和编程平台高度集成起来，在强有力的技术支持下，把.NET系列产品推向一个新的阶段。

在PDC 09大会中，微软公司ASP.NET团队的成员演示了为ASP.NET 4以后版本设计的一些功能，其主要方向是简化应用程序的开发，支持Web标准，以及提高性能。在简化应用程序开发方面，ASP.NET团队正在考虑以下几个功能：

(1) 可用于ASP.NET MVC和WebForms的Action Record模式支持，基于Entity Framework，方便快速建模，快速开发。

(2) 更易于使用Route规则。能结合各种信息(如硬盘上的文件路径)自动判断路径目标及相关参数。

(3) 可扩展的、基于常见任务/场景的辅助方法，例如：

① 图片处理，如缩放、水印等常用操作。

② OpenID支持，这样开发人员可以轻松地将ASP.NET认证与OpenID集成。

③ 后台计划任务，如“每10分钟”或“每天凌晨2点”执行某个任务。

④ Email发送，以及使用Email进行验证注册的流程。

这意味着开发人员将不仅仅需要关注开发工具的使用，还需要用更多的精力去把握整个平台推出的新技术、新概念。这些新技术能够极大地提高开发效率，然而，在使用这些技术之前，必须非常清晰地了解包含其中的概念，把握这些技术的原理和设计理念，否则不仅无法体验新技术带来的强大功能，还可能因为误用、滥用而导致开发效率低下。

7.2 ASP.NET集成开发环境

使用.NET框架进行应用程序开发的最好工具莫过于Visual Studio 2008，Visual Studio系列产品被认为是世界上最好的开发环境之一。使用Visual Studio 2008能够快速构建ASP.NET应用程序，并为ASP.NET应用程序提供所需要的类库、控件和智能提示能支持，可以方便地开发ASP.NET 2.0、ASP.NET 3.0、ASP.NET 3.5 Web应用程序。因此，在开发ASP.NET应用程序时需要先安装Visual Studio 2008集成开发环境，下面介绍Visual Studio 2008的安装步骤。

安装Visual Studio 2008的计算机需要满足如下的配置要求。

(1) 支持的操作系统：Windows Server 2003、Windows XP、Windows Vista和Windows 7。

(2) 最低的配置：1.6GHz CPU，384 MB内存，1024×768显示分辨率，7200 RPM及以上的硬盘，硬盘有至少5GB的剩余空间(推荐10GB或更高)，显示器至少为800×600。

当计算机满足以上的配置要求时就可以安装Visual Studio 2008，其安装步骤非常简单。单击“安装Visual Studio 2008”项，安装程序开始加载安装过程中需要用到的组件，窗口右边显示Visual Studio 2008的徽章，等待安装程序完成组件加载，如图7-1所示。

图7-1 组件加载完成

单击“下一步”按钮，正式开始Visual Studio 2008的安装，这时安装程序打开的是安装产品的授权信息。

在这个窗口中需要输入产品密钥和用户的姓名，单击“下一步”按钮继续安装。

(1) 安装程序现在进行到安装程序选项页，这个步骤需要指定Visual Studio 2008安装的功能和安装的路径。当用户选择安装路径后就能够进行Visual Studio 2008的安装。用户在选择路径之前，可以选择相应的安装功能，用户可以选择“默认值”、“完全”和“自定义”单选按钮。选择“默认值”单选按钮将会安装Visual Studio 2008提供的默认组件，选择“完全”单选按钮安装Visual Studio 2008的所有组件。而如果用户只需要安装几个组件，可以选择“自定义”单选按钮进行组件的选择安装，如图7-2所示。

(2) 选择后，单击“安装”按钮进行Visual Studio 2008的安装，如图7-3所示。

(3) 当安装完毕后，就会出现安装成功的界面，说明在本地计算机中成功安装了Visual Studio 2008。

要使用Visual Studio 2008开发ASP. NET应用程序，就应该熟悉Visual Studio 2008的开发环境，只有这样，才能在开发的时候熟练地编写程序和设计网站。运行Visual Studio 2008，打开的起始界面如图7-4所示。

这个起始页的布局很容易熟悉，如果要在自己的网页中添加组件或创建一个数据库连接，就要在左边的工具箱和服务资源集中找到相应的组件。只需要将组件添加到网页中，右边的属性窗口就会显示组件的属性，只需要修改组件相关的属性，就可以让组件达

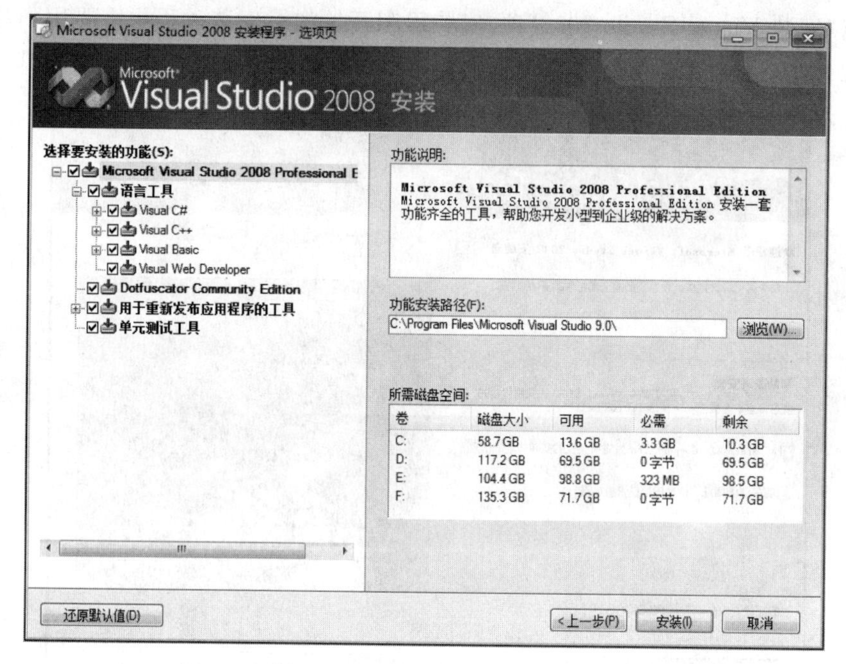

图 7-2 选择 Visual Studio 2008 安装路径和功能

图 7-3 Visual Studio 2008 的安装

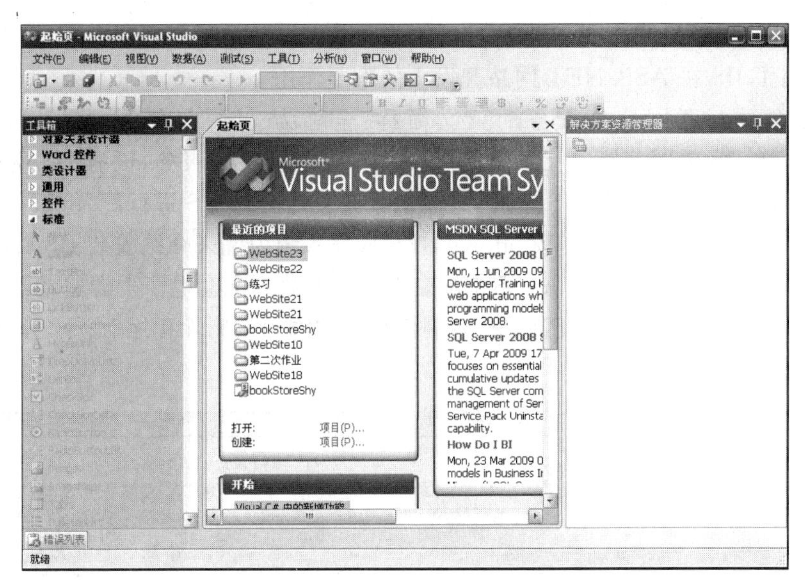

图 7-4 Visual Studio 2008 的起始页

到使用者所需要的效果。

Visual Studio 2008 的起始页提供创建应用程序项目或者网站的连接，对于已经使用该工具创建应用程序或网站的 Visual Studio 2008，起始页将会显示最近打开的项目或网站，方便使用者快速地打开自己所需要的项目或网站，在 Visual Studio 2008 的正中央可以看到关于 Visual Studio 的相关新闻，用以帮助使用者了解 Visual Studio 的最新动态以用来提高 Visual Studio 使用者的开发水平。在窗口右边的“解决方案资源管理器”中显示了当前网站的文件结构，在这个窗口中，可以方便地创建一个网站或 Web 服务、XML 数据等。

Visual Studio 2008 的工具条与 Office 的应用程序中的工具条类似，所以使用者应该不会对此感到陌生。但 Visual Studio 2008 的工具条更加适合开发人员使用。与 Office 的应用程序相同，在工具栏上右击会看到一列选项，但不必打开所有的工具条选项，否则工具条将会变得非常拥挤。

Visual Studio 2008 中的许多窗口都可以隐藏，使其拥有更多的空间来显示代码，使用者可以更具实际开发的情况适当地选择隐藏一些工具栏，如“工具箱”、“方案资源管理器”、“属性”和“错误列表”等。

熟悉 Visual Studio 2008 对于开发者来说是十分重要的，至于如此多的窗口如何摆放，哪些需要隐藏，这个没有绝对的合理之说，全凭开发者自己的习惯，合理的窗口摆放和使用工具可以显著提高开发者的开发效率。

7.3 IIS服务器的安装、配置与管理

在 ASP. NET 网站所在的服务器中，IIS 负责接收和响应客户端的请求。如果把 ASP. NET 比作一个工厂，IIS 相当于响应客户所提出的订单要求，ASP. NET 程序员是

工厂车间，而.NET Framework 则是工厂的采购员。也许这样的比方不是很恰当，但这确实反映出了 IIS 在 ASP.NET 网站开发中的重要作用。

IIS 是微软互联网信息服务的英文简称，全称为 Microsoft Internet Information Service。安装 IIS 的服务器向互联网提供文件和应用程序的服务，没有 IIS 网站就没有办法在互联网上发布。安装 IIS 以后，专业的程序员还会对 IIS 进行配置，以获得更高的安全性能和运行效率。下面以 Windows 2003 操作系统为例来介绍安装 IIS 6.0 的步骤：

(1) 将 Windows Server 2003 系统配套电子资源放到配套电子资源驱动器中。

(2) 依次选择"开始"→"设置"→"控制面板"→"添加或删除程序"命令，弹出"添加或删除程序"窗口，如图 7-5 所示。

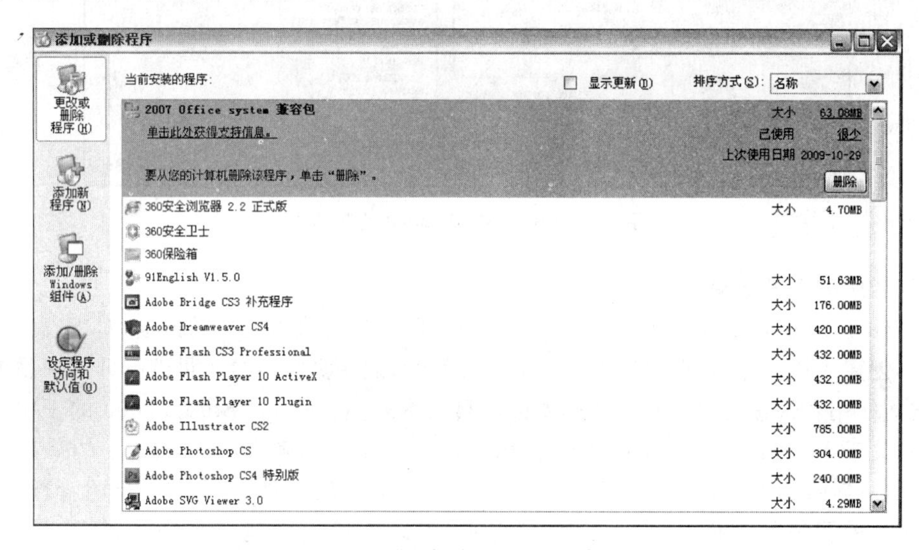

图 7-5 "添加或删除程序"窗口

(3) 单击窗口左侧的"添加/删除 Windows 组件"命令，弹出"Windows 组件向导"窗口，如图 7-6 所示。

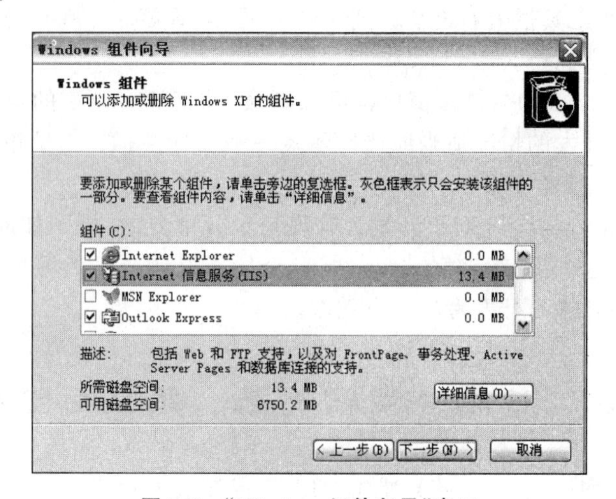

图 7-6 "Windows 组件向导"窗口

(4) 在“组件”列表中选择“应用程序服务器”复选框，单击“详细信息”按钮，弹出“应用程序服务器”窗口。

(5) 选择“Internet 信息服务(IIS)”复选框，单击“详细信息”按钮，选择 IIS 服务器需要安装的组件。

(6) 单击“确定”按钮，然后单击“下一步”按钮，开始安装 IIS 信息服务，如图 7-7 所示。

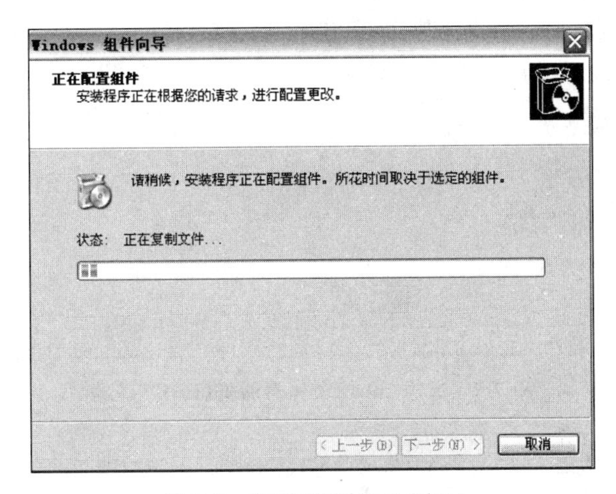

图 7-7 “正在配置组件”窗口

(7) 单击“完成”按钮，完成 IIS 信息服务的安装，如图 7-8 所示。

图 7-8 完成“Windows”组件向导

IIS 安装并启动后就要对其进行必要的配置，这样才能使服务器在最优的环境下运行，下面介绍配置 IIS 服务器的具体步骤。

(1) 选择菜单“开始”→“管理工具”→“Internet 信息服务(IIS)管理器”，如图 7-9 所示。

(2) 进行网站新建，如图 7-10 所示。

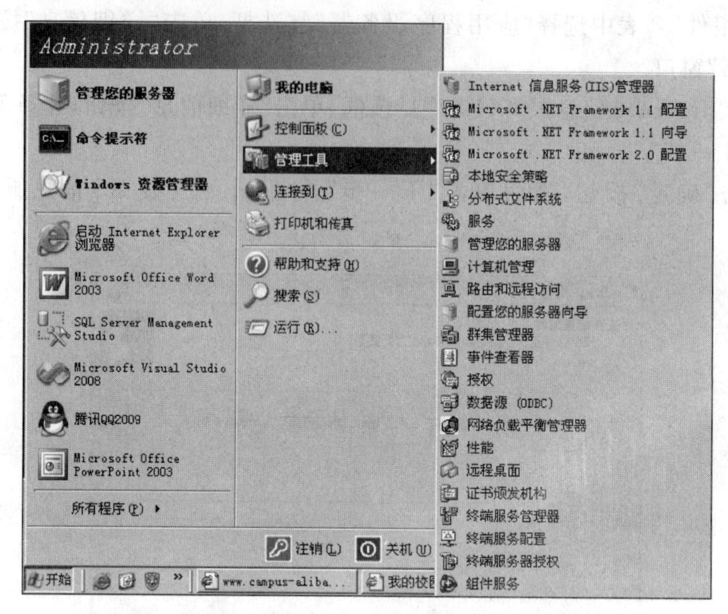

图 7-9　选中 Internet 信息服务(IIS)管理器

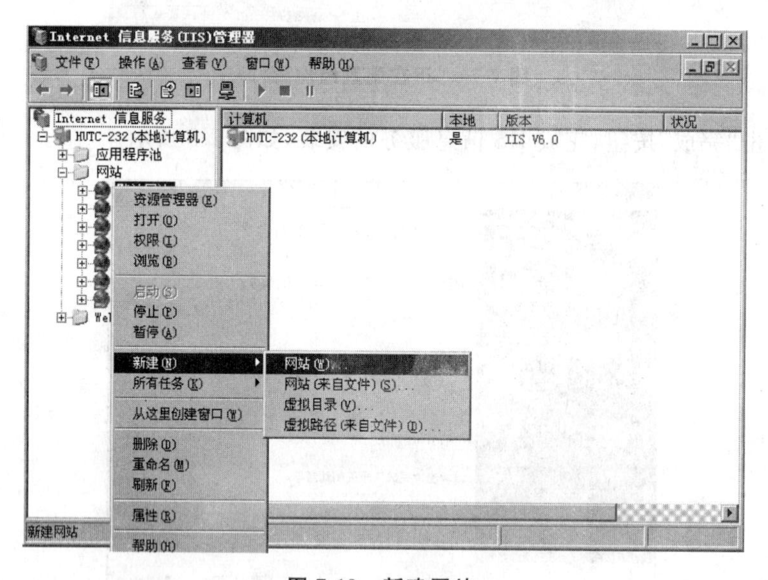

图 7-10　新建网站

(3) 新建网站,输入网站描述。

(4) 设置 IP 地址和端口,其中选择自己的 IP 地址,如图 7-11 所示。

(5) 选择目录,在路径框中选择合适的目录。

(6) 设置访问权限,如图 7-12 所示。

(7) 完成网站的 IIS 设置,如图 7-13 所示。

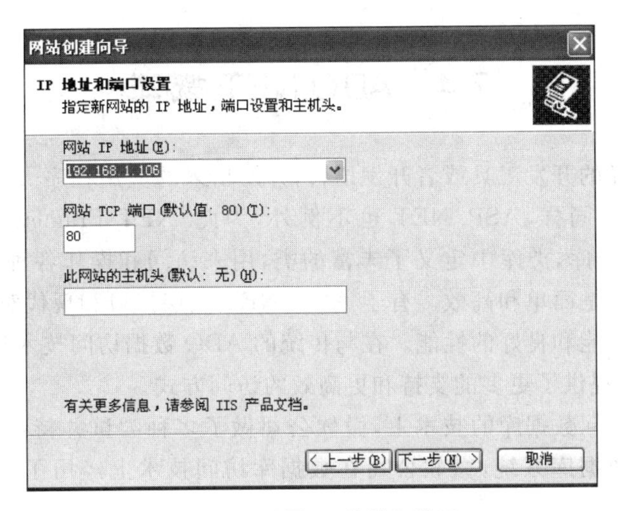

图 7-11 设置 IP 地址和端口

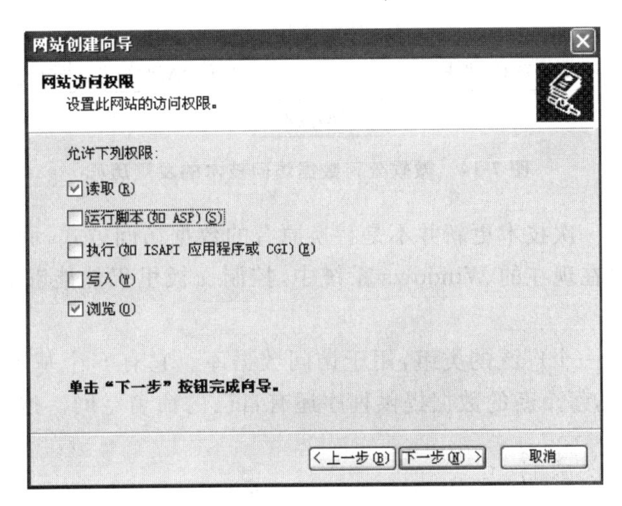

图 7-12 设置网站访问权限

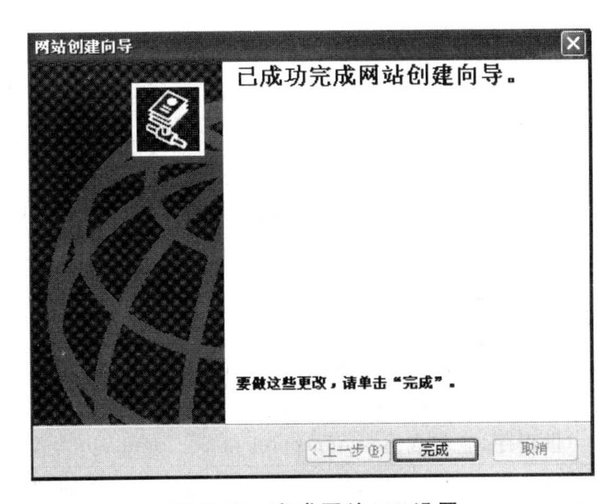

图 7-13 完成网站 IIS 设置

7.4 ADO.NET概述

无论是什么样的开发工具或者开发语言，开发出来的应用程序大部分都是与数据库相关的应用程序。同样，ASP. NET 也不例外，为此. NET Framework 提供的 ADO. NET 访问数据的类库，类库中定义了丰富的类，用来访问和操作各种各样的数据库，它最主要的设计理念是简单和高效。有了 ADO. NET 底层接口和现代对象模型的简单性，便能获得强大的功能和良好的性能。在与传统的 ADO 数据访问技术尽量保持一直的基础上，ADO. NET 提供了更多的支持和更高效的访问方式。

在应用程序访问数据库的技术上，微软公司做了多种尝试并持续地进行更新，为了支持日新月异的数据库系统，微软公司在数据库访问技术上经历了 7 次重大的技术更新，如图 7-14 所示。

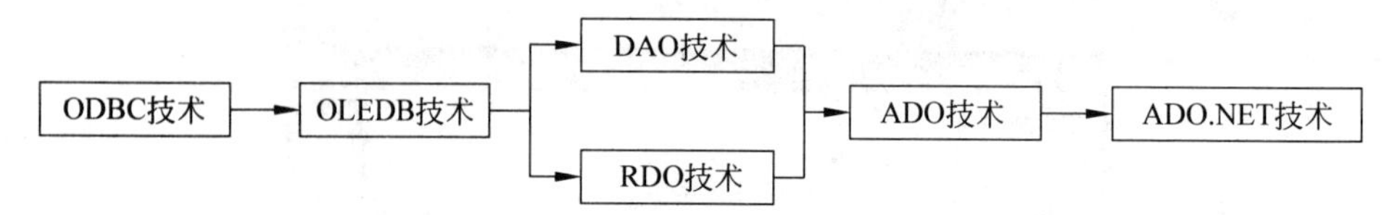

图 7-14 微软公司数据访问技术的发展历程

微软公司的每一次技术更新并不是替换原有的数据访问方式，而是在原方式上作出重要的扩充。所以在现在的 Windows 系统中，控制面板里仍然能够看到设置 ODBC 数据源的选项。

ADO. NET 是一个广泛的类组，用于访问数据库。它有 6 个基本的命名空间，除了这些命名空间之外，每个新的数据提供程序还有自己的命名空间。这 6 个基本命名空间如表 7-1 所示。

表 7-1 基本命名空间

命名空间	说明
System. Data	这个命名空间是 ADO. NET 的核心，它包含所有数据提供程序使用的类，这些类可表示表、列、行和 DataSet。它包含几个非常有用的接口，例如 IDbCommand、IDbConnection 和 IDbDataAdapter。这些接口由所有的受管制提供程序使用，允许它们进入 ADO. NET 的核心
System. Data. Common	这些接口由所有的受管制提供程序使用，允许它们进入 ADO. NET 的核心
System. Data. OleDb	这个命名空间定义了常用的类，用作数据提供程序的基类。所有的数据提供程序都共享这些类。例如 DbConnection 和 DbDataAdapter
System. Data. Odbc	这个命名空间定义了用. NET OleDb 数据提供程序处理 OLE-DB 数据源的类，它包含 OleDbConnection 和 OleDbCommand 等类
System. Data. SqlClient	这个命名空间为 SQL Server 7. 0 或更高版本的数据库定义了一个数据提供程序，它包含 SqlConnection 和 SqlCommand 等类
System. Data. SqlTypes	这个命名空间为 SQL Server 7. 0 或更高版本的数据库定义了一个数据提供程序，它包含 SqlConnection 和 SqlCommand 等类

除此之外，ADO. NET 有 5 个不同类型的类，分别是 Disconnected、Shared、Data Providers、SqlBulkCopy 和 SqlBulkCopyColumnMapping。对这 5 个类的详细描述如表 7-2 所示。

表 7-2 ADO. NET 的类

类 别	说 明
Disconnected	该类为 ADO. NET 框架提供了基本结构。这个类的一个实例是 DataTable 类，该类的对象可以在不依赖某个数据提供程序的情况下存储数据
Shared	该类构成了数据提供程序的基类，由所有的数据提供程序共享
Data Providers	该类可以处理不同类型的数据源，它们用于在特定的数据库上执行所有的数据管理操作。例如，SqlClient 数据提供程序只能处理 SQL Server 数据库
SqlBulkCopy	该类有一系列属性和方法，它们提供了一些信息，如目录表名、批量大小、时间期限和列映射，可以定制批量复制操作
SqlBulkCopyColumnMapping	该类可以在源表和目录表之间映射列。它提供了一系列重载构造函数和一组属性，通过名称或索引来制定源列和目标列。在实例化这个类的对象后，就可以调用 Add 方法，在 SqlBulkCopyColumnMappingCollection 类的对象中添加或删除它们

ADO. NET 作为. NET 时代的数据库访问解决方案，具有更好的通用性，它除了包含具有典型数据库功能的类库，如索引、排序和浏览等，同时 ADO. NET 还在理念上更多地考虑应用程序的调用。

7.5 使用 Connection 对象连接数据库

7.5.1 Connection 对象简介

Connection 对象也称为连接对象，是应用程序和数据库之间的桥梁，用来与指定数据源创建连接的对象。在对数据源进行操作之前，必须先与数据源建立连接。根据数据源的不同，连接对象分为 SqlConnection、OleDbConnection、OdbcConnection 和 OracleConnection。

7.5.2 SqlConnection 对象常用属性

SqlConnection 对象常用属性如表 7-3 所示。

下面介绍 SqlConnection 对象的 3 个常用属性。

1. ConnectionString 属性

ConnectionString 属性获取用来连接到数据库的连接字符串。

语法：public override String ConnectionString{get; set;}

属性值：当前数据库的名称或连接打开后要使用的数据库的名称。默认值为空字符串。如果当前数据库发生更改，连接通常会动态更新此属性。

表 7-3 SqlConnection 对象常用属性

属性	说明
ConnectionString	获取或设置用于打开数据库的字符串
ConnectionTimeout	尝试建立连接的时间,超过时间则产生异常
Database	获取所使用数据库的名称
DataSource	获取或设置连接的 SQL Server 实例的名称
State	显示当前 Connection 对象的状态:打开或关闭,默认为关闭
Provider	数据提供程序的名称

2. Database 属性

Database 属性在连接打开之后获取当前数据库的名称,或者在连接打开之前获取连接字符串中指定的数据库名。

语法:Object. Database

属性值:通过 System. Data. OleDb. NET 数据提供程序,用于连接到 Access 数据库的 AccessDataSource 控件的 OLEDB 连接字符串。

3. DataSource 属性

DataSource 属性获取或设置对象,数据绑定控件从该对象中检索其数据项列表。

语法:Object. DataSource[=data Source]

属性值:一个表示数据源的对象,数据绑定控件从该对象中检索其数据。

注意:除了 ConnectionString 外,它们都是只读属性,只能通过连接字符串的标记配置数据库连接。

7.5.3 SqlConnection 对象常用方法

SqlConnection 对象常用方法如表 7-4 所示。

表 7-4 SqlConnection 对象常用方法

方法	说明
BeginTransaction	打开一个数据库事务。允许指定事务的名称和隔离级
Close	关闭数据库连接。使用该方法关闭一个打开的连接
CreateCommand	创建并返回一个与该连接关联的 SqlCommand 对象
Dispose	在显示释放对象时关闭数据库连接
Open	打开一个数据库连接

下面介绍 SqlConnection 对象的两个常用方法。

1. Close 方法

Close 方法关闭数据库连接,使用该方法关闭一个打开的连接。

语法:Object. Close

指示是否在关闭之前保存解决方案；如果应该在关闭之前保存解决方案，则为 True，否则为 False。

2. CreateCommand 方法

创建并返回一个与该连接关联的 SqlCommand 对象。

语法：DBCommand CreateCommand()

返回值：一个 SqlCommand 对象。

注意：如果连接超出范围，并不会自动关闭。那样会浪费一定的系统资源。因此，必须在连接对象超出范围之前，通过调用 Close 或 Dispose 方法显式地关闭连接。这样可以节省部分的系统资源。

7.5.4 SqlConnection 对象的应用

连接 SQL Server 7.0 以上版本的数据库时，需要使用 SqlConnection 对象。下面这段代码演示了建立并打开 SQL Server 连接的一般方法：

```
//创建连接数据库的字符串
string connString="server=.;database=dbChooseCourse;uid=ChooseCourse;pwd=
ChooseCourse";
//创建 SqlConnection 对象,并设置其连接数据库的字符串
SqlConnection conn=new SqlConnection(connString);
//打开数据库的连接
conn.open();
……
//关闭数据库的连接
conn.close();
```

注意：在编写连接数据库的代码前，必须先引用命名空间：using System. Data. SqlClient。

注意：在 connString="server=.;database=dbChooseCourse;uid=ChooseCourse;pwd=ChooseCourse";语句中，"."代表本机，也可以用 local 表示；database 代表数据库名；uid 代表连接 SQL Server 2005 的用户名；pwd 代表密码。

【例 7-1】 实例 Sqlconnection1 通过 Sqlconnection 对象连接数据库。

代码位置：配套电子资源\第 7 章实例源程序\例 7.1

(1) 新建一个网站，将其命名为 Sqlconnection1，默认主页为 Default. aspx。

(2) 打开 Default. aspx. cs 文件，写入如下代码：

```
string connString="server=.;database=dbChooseCourse;uid=ChooseCourse;pwd=
ChooseCourse";
//创建连接数据库的字符串 connString
SqlConnection conn=new SqlConnection(connString);
//创建 SqlConnection 对象,并设置其连接数据库的字符串
```

```
try
{
    conn.Open();                                    //尝试打开连接
    Response.Write("数据库连接成功!");              //提示打开成功
    conn.Close();                                   //关闭连接
}
catch
{
    Response.Write("数据库连接失败!");              //提示连接失败
}
```

对于存放数据库的连接信息还有另外一种比较好的方法，即将连接信息存放在应用程序的配置文件(Web. Config)中，下面做详细介绍。

(1) 在 Web. Config 文件中配置与数据库连接的字符串。

对于应用程序而言，可能需要在多个页面的程序代码中使用数据连接字符串来连接数据库。当数据库连接字符串发生改变时(如应用程序被转移到其他的计算机上运行)，要修改所有的连接字符串。设计人员可以在<connectionStrings>配置节中定义应用程序的数据库连接字符串，所用的程序代码从该配置节读取字符串，当需要改变连接时，只需要在配置节中重新设置即可。下面的代码演示了将应用程序的连接数据库字符串存储在<connectionStrings>配置节中。

```
<?xml version="1.0"?>
<configuration>
<connectionStrings>
<add providerName="System.Data.SqlClient" connectionString="server=.;
database=dbChooseCourse;uid=ChooseCourse; pwd=ChooseCourse " name="sqlconn" />
</connectionStrings>
</configuration>
```

(2) 获取 Web. Config 文件中与数据库连接的字符串。

可以通过一段代码获取与数据库连接的字符串，并返回 SqlConnection 类对象。代码如下：

```
public SqlConnection GetConnection()
{
    //获取 Web.Config 文件中的连接字符串
    string myStr=System.Configuration.ConfigurationManager.
    ConnectionStrings["sqlconn"].ToString();
    SqlConnection myConn=new SqlConnection(myStr);
    return myConn;
}
```

【例 7-2】 实例 Sqlconnection2 通过在 Web. Config 文件中配置来连接数据库。

代码位置：配套电子资源\第 7 章实例源程序\例 7.2

(1) 新建一个网站，将其命名为 Sqlconnection2，默认主页为 Default.aspx。

(2) 打开 web.config 文件，写入如下代码：

```
<appSettings/>
<connectionStrings>
    <add providerName="System.Data.SqlClient" connectionString="server=.;
database=dbChooseCourse;uid=ChooseCourse; pwd=ChooseCourse " name="sqlconn"/>
</connectionStrings>
```

(3) 打开 Default.aspx.cs 文件，写入如下代码：

```
protected void Page_Load(object sender, EventArgs e)
{
    try
    {
        GetConnection().Open();                          //尝试打开连接
        Response.Write("数据库连接成功!");               //提示打开成功
        GetConnection().Close();                         //关闭连接
    }
    catch
    {
        Response.Write("数据库连接失败!");               //提示连接失败
    }
}
public SqlConnection GetConnection()
{
    //获取 Web.Config 文件中的连接字符串
    string myStr=System.Configuration.ConfigurationManager.
    ConnectionStrings["sqlconn"].ToString();
    SqlConnection myConn=new SqlConnection(myStr);
    return myConn;
}
```

7.6 使用 Command 对象进行数据操作

7.6.1 Command 对象简介

Command 对象是在 Connection 对象连接数据库之后，对数据库执行查询、添加、删除和修改等各种操作时使用。操作实现的方式可以使用 SQL 语句，也可以使用存储过程。根据所用的.NET Framework 数据提供程序的不同，Command 对象也可以分成 4 种，分别是 SqlCommand、OleDbCommand、OdbcCommand 和 OracleCommand，本书只介绍 SqlCommand。

7.6.2 SqlCommand 对象常用属性

SqlCommand 对象常用属性如表 7-5 所示。

表 7-5 SqlCommand 对象常用属性

属　性	说　明
CommandType	获取或设置一个值,该值指示如何解释 CommandText 属性
CommandText	获取或设置要执行的语句或存储过程
Connection	获取或设置命令使用的连接对象。默认为空
CommandTimeout	获取或设置试图执行命令时要等待的时间(以秒为单位)。默认为 30 秒
Parameters	获得与该命令关联的参数集合

下面介绍 SqlCommand 对象的两个常用属性。

1. CommandType 属性

CommandType 属性获取或设置 Command 对象要执行命令的类型。

语法：public override CommandType CommandType {get; set;}

属性值：CommandType 值之一,默认为 Text。

当将 CommandType 设置为 StoredProcedure 时,应将 CommandText 属性设置为存储过程的名称。当调用 Execute 方法之一时,该命令将执行此存储过程。

2. CommandText 属性

获取或设置要对数据源执行的 Transact-SQL 语句或存储过程。通过 Command 对象执行 SQL 语句或存储过程。

语法：public override string CommandText { get; set; }

7.6.3 SqlCommand 对象常用方法

SqlCommand 对象常用方法如表 7-6 所示。

表 7-6 SqlCommand 对象常用方法

方　法	说　明
ExecuteNonQuery	执行 SQL 语句并返回受影响的行数
ExecuteScalar	执行查询,并返回查询所返回的结果集中第一行的第一列,忽略其他列或行
ExecuteReader	执行返回数据集的 SELECT 语句

下面对 SqlCommand 对象的上述 3 个常用方法进行详解。

1. ExecuteNonQuery 方法

ExecuteNonQuery 方法执行诸如 UPDATE、INSERT 和 DELETE 语句有关的更新操作,在这些情况下,返回值是命令影响的行数。对于其他类型的语句,诸如 SET 或

CREATE语句，则返回值为−1；如果发生回滚，返回值也为−1。

语法：public override Object ExecuteNonQuery()

例如，创建一个SqlCommand对象，然后使用ExecuteNonQuery方法执行(queryString代表Transact-SQL语句是UPDATE、INSERT或DELETE)，代码如下：

```
private static void CreateCommand(string queryString, string connectionString)
{
    SqlConnection connection=new SqlConnection(connectionString);
    SqlCommand command=new SqlCommand(queryString, connection);
    command.Connection.Open();
    command.ExecuteNonQuery();                              //执行Command命令
}
```

2. ExecuteReader方法

ExecuteReader方法通常与查询命令一起使用，并且返回一个数据阅读器对象SqlDataReader类的一个实例。数据阅读器是一种只读的、向前移动的游标，客户端代码滚动游标并从中读取数据(7.7节将具体介绍数据阅读器)。如果通过ExecuteReader方法执行一个更新语句，则该命令成功地执行，但是不会返回任何受影响的数据行。

例如，创建一个SqlCommand，然后应用ExecuteReader()方法来创建DataReader对象来对数据源进行读取，代码如下：

```
SqlCommand command=new SqlCommand(queryString, connection);
//通过ExecuteReader方法创建DataReader对象
  SqlDataReader reader=command.ExecuteReader();
  while (reader.Read())
  {
      Console.WriteLine(String.Format("{0}", reader[0]));
  }
```

3. ExecuteScalar方法

执行查询，并返回查询所返回的结果集中第一行的第一列。

语法：public override Object ExecuteScalar()

如果只想检索数据库信息中的一个值，而不需要返回表或数据流形式的数据库信息。例如，只需要返回COUNT(*)、SUM(grade)或AVG(grade)等聚合函数的结果，那么Command对象的ExecuteScalar方法就很有用。如果在一个常规查询语句当中调用该方法，则只读取第一行第一列的值，而丢弃所有其他值。

例如，使用SqlCommand对象的ExecuteScalar方法来返回表中记录的数目(SELECT语句使用Transact-SQL COUNT聚合函数返回指定表中的行数的单个值)，代码如下：

```
string sqlstr="SELECT Count(*) FROM tbStudent";
```

```
SqlComand studentCMD=new SqlCommand(sqlstr,connection);
//将返回的记录数目强制转换成整型
Int 32 count=(Int32) studentCMD.ExecuteScalar();
```

7.6.4 SqlCommand 对象的应用

【例 7-3】 使用 Command 对象查询数据。

代码位置：配套电子资源\第 7 章实例源程序\例 7.3

本实例主要讲解在 ASP.NET 应用程序中如何使用 SqlCommand 对象查询数据库中的记录。执行程序，在“姓名”文本框中输入“张三”，并单击“查询”按钮，将会在界面上显示查询结果，如图 7-15 所示。

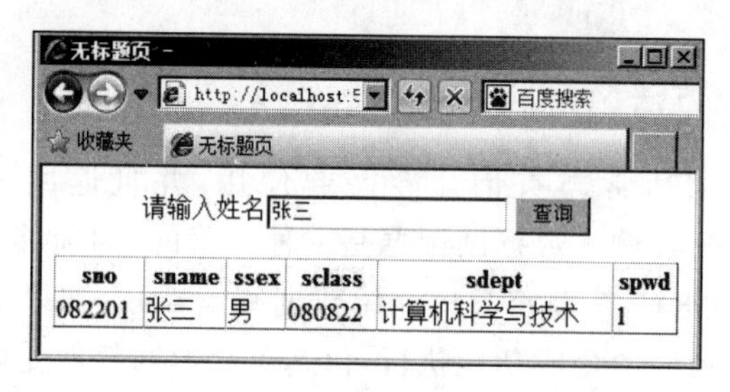

图 7-15 使用 Command 对象查询数据

程序实现的步骤如下：

(1) 新建一个网站，默认主页为 Default.aspx。打开 Default.aspx 文件，在 Default.aspx 界面上添加一个 TextBox 控件和一个 Button 控件，分别命名为 txtName 和 btnSelect，并将 Button 的 Text 属性设为“查询”，然后再添加一个 Gridiew 控件，命名为 gvStudent。

(2) 在 Web.Config 文件中配置数据库连接字符串，在<configuration>下的子配置节<connectionStrings>中添加连接字符串。其代码如下：

```
<configuration>
<connectionStrings>
<add providerName="System.Data.SqlClient" connectionString="server=.;
database=dbChooseCourse;uid=ChooseCourse; pwd=ChooseCourse " name="sqlconn" />
</connectionStrings>
</configuration>
```

(3) 在 Default.aspx 页中，使用 ConfigurationManager 类获取配置节的连接字符串。其代码如下：

```
//自定义数据库连接函数
public SqlConnection GetConnection()
{
    //获取 Web.Config 文件中的连接字符串
    string myStr=System.Configuration.ConfigurationManager.
```

```
    ConnectionStrings["sqlconn"].ToString();
    SqlConnection myConn=new SqlConnection(myStr);
    return myConn;
}
```

(4) 在"查询"按钮的 Click 事件下，使用 Command 对象查询数据库中的记录，调用 GetConnection()函数进行数据库连接，并调用 BindStudent()函数进行数据的绑定。其代码如下：

```
protected void btnSelect_Click(object sender, EventArgs e)
{
    //调用数据绑定函数
    BindStudent();
}
//自定义数据库连接函数
public SqlConnection GetConnection()
{
    //获取 Web.Config 文件中的连接字符串
    String myStr=System.Configuration.ConfigurationManager.
    ConnectionStrings["sqlconn"].ToString();
    SqlConnection myConn=new SqlConnection(myStr);
    return myConn;
}
//自定义数据绑定函数
protected void BindStudent()
{
    SqlConnection myConn=GetConnection();
    myConn.Open();
    //获取文本框的内容，即学生姓名
    string name=txtName.Text.ToString().Trim();
    //SQL 查询语句
    string sqlStr="select * from tbStudent where sname='" +name +"'";
    //创建 Command 对象
    SqlCommand myCmd=new SqlCommand(sqlStr, myConn);
    SqlDataAdapter myDa=new SqlDataAdapter(myCmd);
    DataSet myDs=new DataSet();
    myDa.Fill(myDs);
    if (myDs.Tables[0].Rows.Count >0)
    {
        gvStudent.DataSource=myDs;
        gvStudent.DataBind();
    }
    else
    {
        Response.Write("<script>alert('没有相关记录')</script>");
```

```
        }
        myDa.Dispose();
        myDs.Dispose();
        myConn.Close();
    }
```

【例 7-4】 使用 Command 对象添加数据。

代码位置：配套电子资源\第 7 章实例源程序\例 7.4

本实例主要讲解在 ASP.NET 应用程序中如何使用 SqlCommand 对象如何向数据库中添加数据。执行程序，实例运行结果如图 7-16 所示；在文本框中，输入学生的正确信息，单击“添加学生信息”按钮，将学生信息提交到数据库中，运行结果如图 7-17 所示。

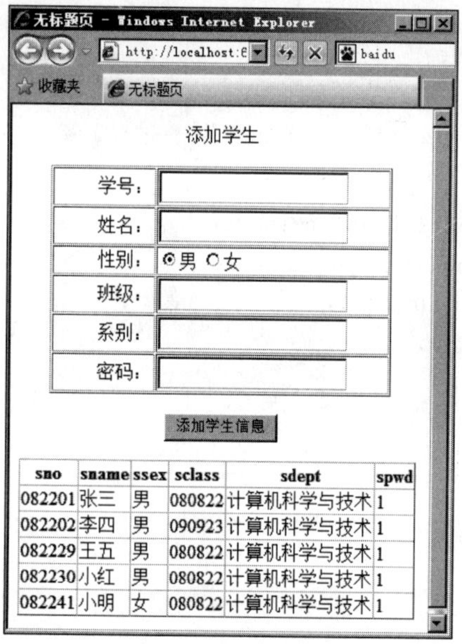

图 7-16 实例运行结果

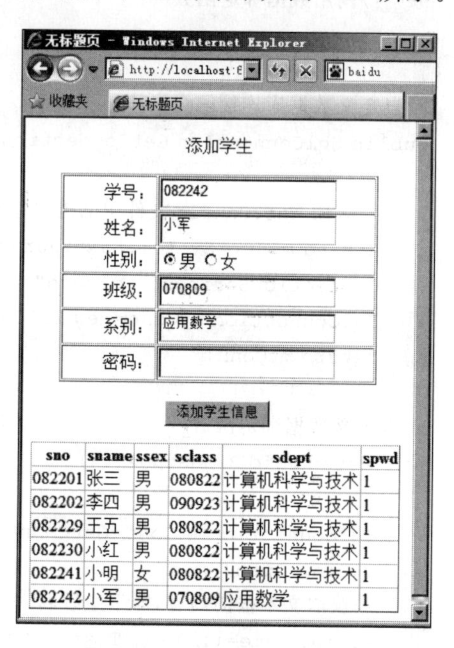

图 7-17 添加记录后的结果

程序实现的步骤如下：

(1) 创建一个新的网站，默认主页为 Default.aspx。在 Default.aspx 页面中添加5 个 TextBooks 控件，分别命名为 txtSno、txtSname、txtClass、txtSdept 和 txtPwd，分别用来填写学号、姓名、班级、系别和密码，其中 txtPwd 控件的 TextMode 属性设为 Password；然后在表格中的性别一栏添加两个 RadioButton 控件，分别命名为 radMan 和 radWoman，将这两个控件的 GroupName 设为 radSex，接着将 radMan 的 Text 属性设为“男”，radWoman 的 Text 属性设为“女”，radMan 的 Checked 属性设为 True。继续添加一个 Button 控件，命名为 btnAdd；再添加一个 GridView 控件，命名为 gvStudent。

(2) 在“添加”按钮的 Click 事件下，使用 Command 对象将文本框中的值添加到数据库中，并将其显示出来。其代码如下：

```
protected void btnAdd_Click(object sender, EventArgs e)
```

```
{
    SqlConnection myConn=GetConnection();
    string ssex;
    if (radMan.Checked)
    {
        ssex="男";
    }
    else
    {
        ssex="女";
    }
    try
    {
        // SQL 插入语句
        string sqlStr ="insert into tbStudent(sno,sname,ssex,sclass,sdept,spwd)values('"
                    +txtSno.Text.ToString().Trim() +"','"
                    +txtSname.Text.ToString().Trim() +"','"
                    +ssex +"','"
                    +txtClass.Text.ToString().Trim() +"','"
                    +txtSdept.Text.ToString().Trim() +"','"
                    +txtPwd.Text.ToString().Trim() +"')";
        SqlCommand myCmd=new SqlCommand(sqlStr, myConn);
        myConn.Open();
        //使用 SqlCommand 对象插入
        myCmd.ExecuteNonQuery();
        BindStudent();
    }
    catch
    {
        Response.Write("添加失败!");
    }
    finally
    {
        myConn.Close();
    }
}
```

【例 7-5】 使用 Command 对象修改数据。

代码位置:配套电子资源\第 7 章实例源程序\例 7.5

本实例主要讲解在 ASP. NET 应用程序中如何使用 SqlCommand 对象修改数据库中的数据。执行程序,实例运行结果如图 7-18 所示;在文本框中输入学生的正确信息,单击“保存”按钮,修改数据库中原有的信息,运行结果如图 7-19 所示。

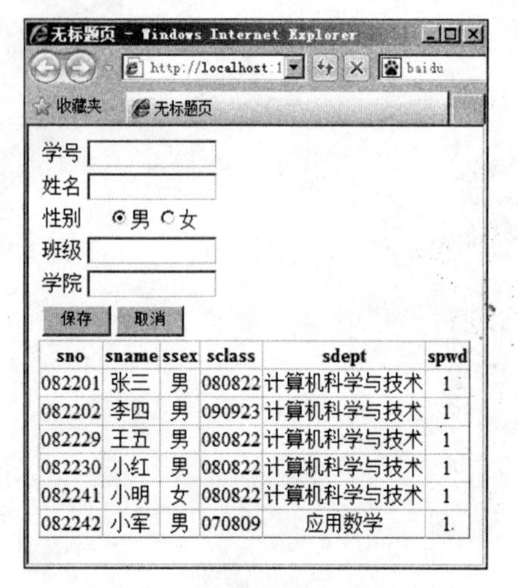

图 7-18 实例运行结果

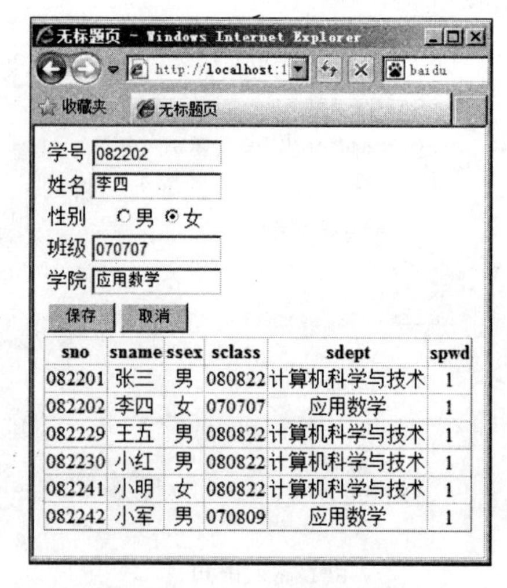

图 7-19 修改记录后的结果

程序实现的步骤如下：

(1) 创建一个新的网站，默认主页为 Default. aspx。在 Default. aspx 页面中添加 4 个 TextBooks 控件，命名为 txtSno、txtSname、txtClass 和 txtSdept，分别用来填写学号、姓名、班级和系别；然后在表格中的性别一栏的单元格中添加两个 RadioButton 控件，分别命名为 radMan 和 radWoman，将这两个控件的 GroupName 设为 radSex，接着将 radMan 的 Text 属性设为“男”，radWoman 的 Text 属性设为“女”，radMan 的 Checked 属性设为 True。继续添加两个 Button 控件，命名为 btnSave 和 btnReturn；再添加一个 Gridview 控件，命名为 gvStudent。

(2) 在“保存”按钮的 Click 事件下，使用 Command 对象将文本框中的值替换数据库中原有的值，并将其显示出来。其代码如下：

```
protected void btnSave_Click(object sender, EventArgs e)
{
    SqlConnection myConn=GetConnection();
    string sno=txtSno.Text.ToString().Trim();
    string sname=txtSname.Text.ToString().Trim();
    string ssex;
    if (radMan.Checked)
    {
        ssex="男";
    }
    else
    {
        ssex="女";
    }
    string sclass=txtSclass.Text.ToString().Trim();
    string sdept=txtSdept.Text.ToString().Trim();
```

```
try
{
    string sqlStr ="update tbStudent set sname='"
                +sname+"',ssex='"
                +ssex+"',sclass='"
                +sclass+"',sdept='"
                +sdept+"' where sno='"
                +sno+"'";
    SqlCommand myCmd=new SqlCommand(sqlStr, myConn);
    myConn.Open();
    myCmd.ExecuteNonQuery();
    BindStudent();
}
catch
{
    Response.Write("修改失败");
}
finally
{
    myConn.Close();
}
}
```

【例 7-6】 使用 Command 对象删除数据。

代码位置：配套电子资源\第 7 章实例源程序\例 7.6

本实例主要讲解在 ASP. NET 应用程序中如何使用 SqlCommand 对象删除数据库中的数据。执行程序，实例运行结果如图 7-20 所示；单击学号为 082201 的行的"删除"按钮，运行结果如图 7-21 所示。

图 7-20 实例运行结果

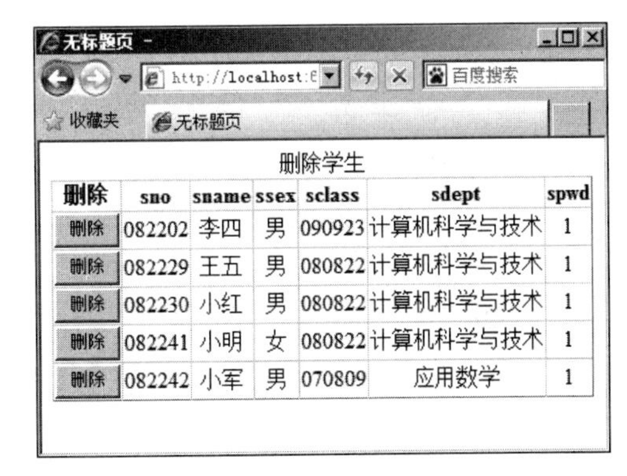

图 7-21 删除记录后的结果

程序实现的步骤如下：

(1) 创建一个新的网站，默认主页为 Default. aspx；在 Default. aspx 页面中添加一个 Gridview 控件，命名为 gvStudent。

(2) 单击 GridView 控件右上方的 控件,在弹出的快捷菜单中选择"编辑列"选项,如图 7-22 和图 7-23 所示。

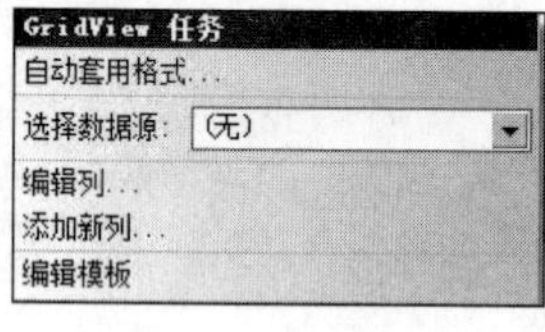

图 7-22 选择"编辑列"选项

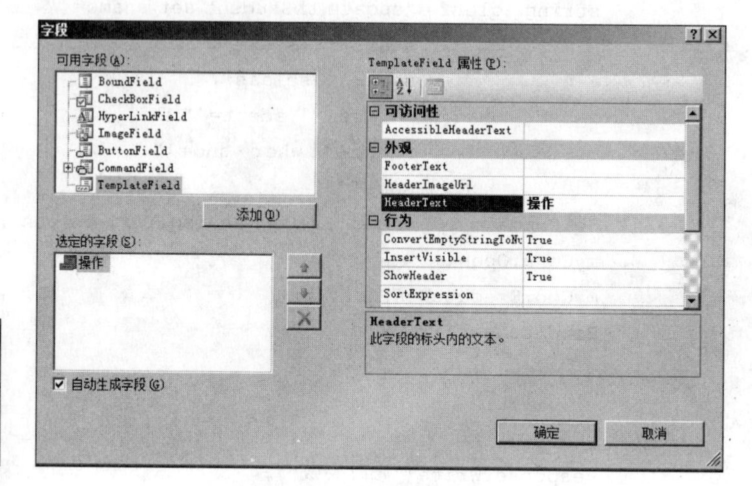

图 7-23 "字段"对话框

(3) 在"字段"对话框中选中 TemplateField,并将其 HeaderText 命名为"操作"。

(4) 在"编辑模板"对话框中添加一个 Button 控件,将其命名为 btnDel,用 CommandArgument 属性绑定 sno,将 CommandName 命名为 del,如图 7-24 所示。gvStudent 的具体代码如下:

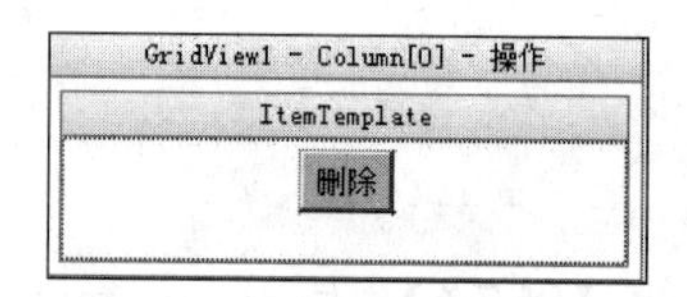

图 7-24 "编辑模板"对话框

```
<asp:GridView ID="gvStudent" runat="server"
onrowcommand="gvStudent_RowCommand">
    <Columns>
        <asp:TemplateField HeaderText="删除">
            <ItemTemplate>
                <asp:Button ID="btnDel" runat="server" Text="删除"
                CommandArgument='<%#Eval("sno")%>' CommandName="del" OnClientClick
                ="return confirm('您是否真要删除此记录?');" />
            </ItemTemplate>
        </asp:TemplateField>
    </Columns>
</asp:GridView>
```

(5) 在"删除"按钮的 Click 事件下,使用 Command 对象更新数据库中的值,并将其显示出来。其代码如下:

```
protected void gvStudent_RowCommand(object sender, GridViewCommandEventArgs e)
{
    //判断 CommandName 是否为"del"
    if(e.CommandName.ToString().Trim()=="del")
    {
```

```
            SqlConnection myConn=GetConnection();
            myConn.Open();
            string sno=e.CommandArgument.ToString().Trim();
            //删除指定学生的 SQL 语句
            string sqlStr="delete from tbStudent where sno='"+sno+"' ";
            SqlCommand myCmd=new SqlCommand(sqlStr, myConn);
            myCmd.ExecuteNonQuery();
            myConn.Close();
            //重新绑定学生数据
            BindStudent();
        }
    }
```

7.7 使用 DataReader 对象读取数据

7.7.1 DataReader 对象简介

DataReader 对象又称数据阅读器，是 DBMS 所特有的，常用来检索大量的数据。DataReader 对象是以连接的方式工作，它只允许以只读、顺向的方式查看其中所存储的数据，并在 ExecuteReader 方法执行期间进行实例化。

根据.NET Framework 数据提供程序的不同，DataReader 也可以分成 SqlDataReader、OleDbDataReader 等。DataReader 与底层数据库密切相联，它实际上是一个流式的 DataSet。可以参照 7.8 节的 DataSet 对象与之比较学习，下面介绍 SqlDataReader。

7.7.2 SqlDataReader 对象常用属性

SqlDataReader 对象常用属性如表 7-7 所示。

表 7-7 SqlDataReader 对象常用属性

属　性	说　明
FieldCount	获取当前行的列数
RecordsAffected	获取执行 SQL 语句所更改、添加或删除的行数

下面介绍 SqlDataReader 对象的常用属性。

1. FieldCount 属性

FieldCount 属性获取 DataReader 对象中有几行数据，默认值为－1。如果未放在有效的记录集中，属性值则为 0；否则为当前行中的列数。

2. RecordsAffected 属性

直到所有的行都被读取并且数据阅读器已经关闭时，才设置 RecordsAffected 属性，其默认值为－1。该属性的值是累计值。例如，如果以批处理模式插入3个记录，则RecordsAffected属性的值将为3。

7.7.3 SqlDataReader对象常用方法

SqlDataReader对象常用方法如表7-8所示。

表7-8 SqlDataReader对象常用方法

方 法	说 明
Read	使DataReader对象前进到下一条记录(如果有)
Close	关闭DataReader对象。注意，关闭阅读器对象并不会自动关闭底层连接
Get	用来读取数据集的当前行的某一列的数据数据

下面介绍SqlDataReader对象的Read方法。

语法：public override bool Read()

返回值：如果存在多个行，则为True；否则为False。

DataReader对象中的Read方法用来遍历整个结果集，不需要显式地向前移动指针或者检查文件的结束，如果没有要读取的记录了，则Read方法会自动返回False。

注意：*要使用SqlDataReader，必须调用SqlCommand对象的ExecuteReader()方法来创建，而不要直接使用构造函数。*

7.7.4 SqlDataReader对象的应用

【例7-7】 使用SqlDataReader对象读取数据。

代码位置：配套电子资源\第7章实例源程序\例7.7

本实例主要讲解在ASP.NET应用程序中如何使用SqlDataReader对象读取数据库中的数据。执行程序，运行结果如图7-25所示。

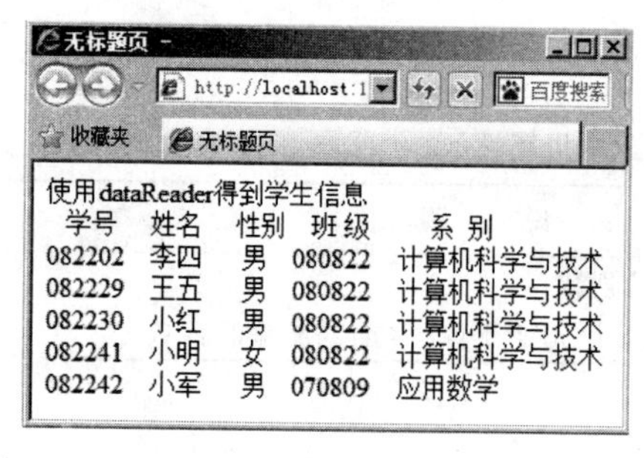

图7-25 读取数据的结果

程序实现的步骤如下：

(1) 新建一个网站，默认主页是Default.aspx。

(2) 在Web.Config文件中配置数据库连接字符串，在＜configuration＞下的子配置节＜connectionStrings＞中添加连接字符串。

(3) 向Default.aspx页中添加一个label控件，将其命名为lblStudent，在Page_Load中写下如下代码：

```
protected void Page_Load(object sender, EventArgs e)
{
    if (!IsPostBack)
    {
        SqlConnection myConn=GetConnection();
```

```
        //查询所有学生信息的SQL
        string sqlStr="select * from tbStudent";
        //创建Command对象
        SqlCommand myCmd=new SqlCommand(sqlStr, myConn);
        try
        {
            myConn.Open();
            //执行SQL语句,并返回DataReader对象
            SqlDataReader myDr=myCmd.ExecuteReader();
            //显示标题文字
            this.lblStudent.Text="   学号    姓名
               性别   班  级
                   系   别<br>";
            //循环读取结果集
            while (myDr.Read())
            {
                //读取数据库中的信息并显示在界面中
                this.lblStudent.Text+=myDr["sno"].ToString().Trim()
                +"    "+myDr["sname"].ToString().Trim()
                +"      "
                +myDr["ssex"].ToString().Trim() +"    "
                +myDr["sclass"].ToString().Trim() +"    "
                +myDr["sdept"].ToString().Trim()+"</br>";
            }
            //关闭DataReader
            myDr.Close();
        }
        catch
        {
            //异常处理
            Response.Write("连接失败!");
        }
        finally
        {
            //关闭数据库连接
            myConn.Close();
        }
    }
}
//连接数据库函数
public SqlConnection GetConnection()
{
    //获取Web.Config文件中的连接字符串
    string myStr=
```

```
    System.Configuration.ConfigurationManager.ConnectionStrings["sqlconn"].
    ToString();
    SqlConnection myConn=new SqlConnection(myStr);
    return myConn;
}
```

7.8 使用 DataSet 和 DataAdapter 对象查询数据

基于集的访问有两类方式，一个是 DataSet，该类相当于内存中的数据库，在命名空间 System.Data 中定义；另外一个类是 DataAdapter，该类相当于 DataSet 和物理数据源之间的桥梁。从本质上讲，DataAdapter 类是两个类的结合，因为其有 SqlDataAdapter 和 OleDbDataAdapter 两个版本。

7.8.1 DataSet 对象简介

DataSet 对象是支持 ADO.NET 的断开式或分布式数据方案的核心对象，是创建在内存中的集合对象。它可以包含任意数量的数据表，以及所有表的约束、索引和关系，相当于在内存中的一个小型关系数据库。

一个 DataSet 对象包括一组 DataTable 对象和 DataRelation 对象，其中每个 DataTable 对象由 DataColumn、DataRow 和 DataRelation 对象组成。因此可以直接使用这些对象访问数据集中的数据。例如，用户在访问数据集中某数据表的某行某列的数据时，可使用如下格式：

```
DataSet.Tables["数据表名"].Rows[n]["列名"]
```

其中，n 表示行号，从 0 开始。

DataSet 由大量相关的数据结构组成。DataSet 是一个完整的数据集。在 DataSet 内部，主要可以存储 5 种对象，如表 7-9 所示。

表 7-9 DataSet 对象介绍及功能

对 象	功 能
DataTable	使用行、列形式来组织的一个矩形数据集
DataColumn	一个规则的集合，描述决定将什么数据存储到一个 DataRow 中
DataRow	由单行数据库数据构成的一个数据集合，该对象是实际的数据存储
Constraint	决定能进入 DataTable 的数据
DataRelation	描述了不同的 DataTable 之间如何关联

注意：在 DataSet 内部是一个或多个 DataTable 的集合。DataTable 内部的 DataRelation 集合对应于父关系和子关系，二者建立了 DataTable 之间的连接。DataSet 内部的 DataRelation 集合是所有 DataTable 中的所有 DataRelation 的一个聚合视图。

7.8.2 SqlDataAdapter 对象简介

DataAdapter 对象又称数据适配器，是一种用来充当 DataSet 对象与实际数据源之间的桥梁的对象。DataSet 对象是一个非连接的对象，它与数据源无关。而 DataAdapter 则正好负责填充它并把它的数据提交给一个特定的数据源，它与 DataSet 配合使用，可以执行新增、查询、修改和删除等多种操作。

7.8.3 SqlDataAdapter 对象常用属性

SqlDataAdapter 对象常用属性如表 7-10 所示。

表 7-10 SqlDataAdapter 对象常用属性

属　性	说　明
SelectCommand	获取或设置一个语句或存储过程，用于在数据源中选择记录
InsertCommand	获取或设置一个语句或存储过程，以在数据源中插入新记录
UpdateCommand	获取或设置一个语句或存储过程，用于更新数据源中的记录
DeleteCommand	获取或设置一个语句或存储过程，以从数据集删除记录

7.8.4 SqlDataAdapter 对象常用方法

SqlDataAdapter 对象常用方法如表 7-11 所示。

表 7-11 SqlDataAdapter 对象常用方法

方　法	说　明
Dispose	删除该对象
Fill	用从源数据读取的数据行填充至 DataSet 对象中
Update	在 DataSet 对象中的数据有所改动后更新数据源

7.8.5 DataSet 和 SqlDataAdapter 对象的应用

创建 DataSet 之后，需要把数据导入到 DataSet 中，一般情况下使用 DataAdapter 取出数据，然后调用 DataAdapter 的 Fill 方法将取到的数据导入 DataSet 中。DataAdapter 的 Fill 方法需要两个参数，一个是被填充的 DataSet 的名字，另一个是对 DataSet 中的数据的命名。在这里把填充的数据看成一张表，则第二个参数是这张表的名字。例如，从数据表 tbStudent 中检索学生数据信息，并调用 DataAdapter 的 Fill 方法填充 DataSet 数据集，其主要代码如下(实例详见例 7.3)：

```
SqlConnection myConn=GetConnection();
myConn.Open();
string name=txtName.Text.ToString().Trim();        //获取文本框的内容,即学生姓名
string sqlStr="select * from tbStudent where sname='" +name +"'";    //SQL 查询语句
```

```
SqlCommand myCmd=new SqlCommand(sqlStr, myConn); //创建 Command 对象
SqlDataAdapter myDa=new SqlDataAdapter(myCmd);
DataSet myDs=new DataSet();
myDa.Fill(myDs);
```

7.9 使用事务

7.9.1 事务简介

事务是合并成逻辑工作单位的操作组，用于控制和维护事务中每个操作的一致性和整体性，而不管系统中可能发生的错误。

例如，将资金从一个帐户转移到另一个帐户的银行应用中，一个帐户将一定的金额贷记到一个数据库表中，同时另一个帐户将相同的金额借记到另一个数据库表中。但是在操作的过程中有可能因为意外情况，而导致在一个表中更新了一行，但未能在其他表中更新相应行的情况发生。

总之，事务是一组由相关任务组成的单元，该单元中的任务要么全部成功，要么全部失败。事务最终执行的结果只能是两种状态，即提交或终止。

7.9.2 事务应用

【例 7-8】 使用事务完成学生管理员的添加。

代码位置：配套电子资源\第 7 章实例源程序\例 7.8

本实例主要讲解如何使用事务完成学生用户的添加，同时把该学生设为管理员，首先学生用户先填写注册信息，再单击“添加”按钮，提交学生信息，如图 7-26 所示。

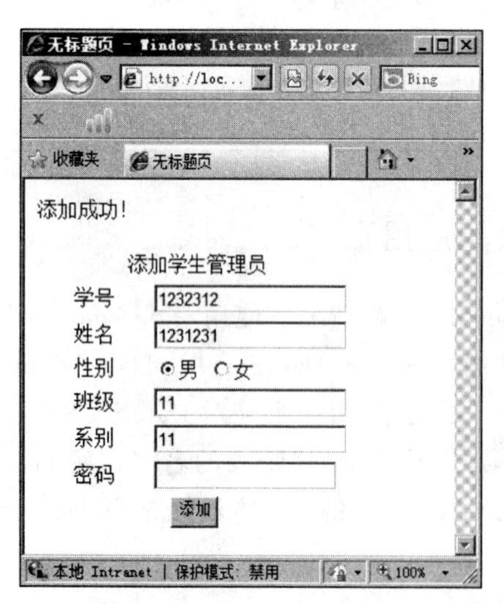

图 7-26 填写学生信息的结果

程序实现的步骤如下：

(1) 新建一个网站，默认主页为 Default.aspx。

(2) 在 Web.Config 文件中配置数据库连接字符串，在<configuration>下的子配置节<connectionStrings>中添加连接字符串。

(3) 向 Default.aspx 中添加一个 8 行 2 列的表格，在表格中添加 5 个文本框、2 个单选按钮和 1 个提交按钮，分别命名为 txtNo、txtName、txtClass、txtDept、txtPwd、radMan、radWoman 和 btnAdd。将 txtPwd 的 TextMode 属性值设为 Password。

(4) 在“查询”按钮的 Click 事件中编写如下代码：

```
protected void btnRegister_Click(object sender, EventArgs e)
{
    SqlConnection myConn=GetConnection();                    //获得连接对象
    myConn.Open();                                           //打开连接
    SqlTransaction mySt=myConn.BeginTransaction();
    //通过 SqlConnection 的 BeginTransaction 方法创建名为 mySt 的对象 Transaction
    SqlCommand myCom=myConn.CreateCommand();
    myCom.Transaction=mySt;
    //将 SqlTransaction 对象分配给 SqlCommand 对象的 Transaction 属性
    try
    {
        //获得学生用户的信息
        string sno=txtNo.Text.ToString().Trim();
        string sname=txtName.Text.ToString().Trim();
        string sclass=txtClass.Text.ToString().Trim();
        string sdept=txtDept.Text.ToString().Trim();
        string spwd=txtPwd.Text.ToString().Trim();
        string ssex;
        if (radMan.Checked)
        {
            ssex="男";
        }
        else
        {
            ssex="女";
        }
        myCom.CommandText ="insert into tbStudent(sno, sname,ssex,sclass,sdept,spwd)
                          values('"
                         +sno +"','" +sname +"','" +ssex +"','" +sclass +"','"
                         +sdept +"','" +spwd +"')";          //SQL 插入语句
        myCom.ExecuteNonQuery();                             //执行 SQL 语句
        myCom.CommandText ="insert into tbAdmin(userName,apwd)values('"
                          +sname +"','"+spwd+"')";           //SQL 插入语句
        myCom.ExecuteNonQuery();                             //执行 SQL 语句
        mySt.Commit();                                       //提交事务
        Response.Write("添加成功!");
    }
    catch(Exception error)
    {
        mySt.Rollback();                                     //回滚事务
        Response.Write(error.ToString());                    //处理异常
    }
    finally
    {
```

```
        myConn.Close();
    }
}
```

7.10 使用存储过程

7.10.1 存储过程简介

存储过程(Stored Procedure)是一组为了完成特定功能的 SQL 语句集,经编译后存储在数据库中。用户通过指定存储过程的名字并给出参数(如果该存储过程带有参数)来执行它。存储过程是数据库中的一个重要对象,任何一个设计良好的数据库应用程序都应该用到存储过程。

7.10.2 存储过程应用

【例 7-9】 使用存储过程完成一个简单的登录操作。

代码位置:配套电子资源\第 7 章实例源程序\例 7.9

本实例主要讲解在 ASP. NET 应用程序中如何使用存储结构完成登录操作,存储结构返回匹配的条数,若返回值为 1,则表示输入了正确的用户姓名和密码,显示"登录成功",否则显示"登录失败"。

给出存储过程代码,它用来在数据库的 tbStudent 表中查找匹配的条数,代码如下:

```
USE dbChooseCourse
GO
CREATE PROCEDURE loginStudent          //存储过程命名为 loginStudent
@sname  nvarchar(20) , @spwd  nvarchar(50)
AS
Select  count(*)  from  tbStudent  where  sname=@sname  and  spwd=@spwd
    //查询语句,返回匹配的个数
GO
```

说明:

用户在 SQL Server 查询分析器中输入以上创建存储过程的 SQL 语句也可创建相应的存储过程,但是必须保证要创建的数据库中并不存在以上存储过程。

程序实现的步骤如下:

(1) 新建一个网站,默认主页为 Default. aspx。

(2) 在 Web. Config 文件中配置数据库连接字符串,在<configuration>下的子配置节<connectionStrings>中添加连接字符串。

(3) 在 Default. aspx 页面上分别添加两个 TextBox 控件,命名为 txtSname 和 txtPwd,一个 Button 控件命名为 btnSubmit,并把 Button 控件的 Text 属性值设为"提交"。

(4) 在"提交"按钮的 Click 事件下编写调用存储过程完成一个简单的登录操作的代码，具体代码如下。

```
protected void btnSubmit_Click(object sender, EventArgs e)
{
    try
    {
        SqlConnection myConn=GetConnection();
        myConn.Open();
        SqlCommand myCmd=new SqlCommand("loginStudent", myConn);
        //调用存储过程 loginStudent
        myCmd.CommandType=CommandType.StoredProcedure;
        //向 myCmd 添加 sname 和 spwd 参数
        myCmd.Parameters.Add("@sname", SqlDbType.NChar, 20).Value=
        this.txtSname.Text.ToString().Trim();
        myCmd.Parameters.Add("@spwd", SqlDbType.NChar, 50).Value=
        this.txtPwd.Text.ToString().Trim();
        //将匹配的行数强制转换成 int 型
        int sign=Convert.ToInt32(myCmd.ExecuteScalar().ToString());
        //如果返回结果是 1,则输出"登录成功"
        if (sign==1)
        {
            Response.Write("登录成功");
        }
        //否则输出"登录失败"
        else
        {
            Response.Write("登录失败");
        }
        myConn.Close();
    }
    catch(Exception q)
    {
        Response.Write("登录失败");
    }
    finally
    {

    }
}
```

7.11 数据库操作类 DBBase 简介和使用

7.11.1 DBBase 简介和使用

前面几节主要介绍了 ADO.NET 的基本内容，对于数据库连接和数据的操作等常用的方法，总是重复地编写代码，大大地延缓了开发进度，所以将一些常用的方法封装成数据库操作类 DBBase。DBBase 既封装了数据库的连接操作以及数据库的查询、添加、删除和修改等操作，又包含了存储过程和事务的使用。使用 DBBase 不仅可以大大减少代码的重复编写，提高代码的重用性，缩短开发周期，而且有利于代码的维护和管理。

1. Exists 方法

功能：Exists 函数执行 SQL 语句，检索查询的信息是否存在，结果返回 bool 值。
参数：strSql 是 SQL 语句字符串。
返回值：值为 false 则表示不存在；
　　　　值为 true 则表示存在。
Exists 函数具体代码如下：

```
/// <summary>
/// 检查用户名是否存在,存在返回 true,不存在返回 false
/// </summary>
/// <param name="strSql">sql 语句</param>
/// <returns>存在返回 true,不存在返回 false</returns>
public static bool Exists(string strSql)
{
    using (SqlConnection connection=new SqlConnection(connectionString))
    {
        connection.Open();
        SqlCommand myCmd=new SqlCommand(strSql, connection);
        try
        {
            object obj=myCmd.ExecuteScalar(); //返回结果的第一行一列
            myCmd.Parameters.Clear();
            if ((Object.Equals(obj, null)) || (Object.Equals(obj,
            System.DBNull.Value))||(Object.Equals(obj,0)))
            {
                return false;
            }
            else
            {
                return true;
            }
        }
        catch (Exception ex)
        {
            throw ex;
        }
    }
}
```

下面举例说明 Exists 方法的使用。

例如,学生登录到 tbStudent 表时(注:本节中的所有例子都以选课系统中的学生表来演示)判断学生登录名和密码是否正确,其实现的主要代码如下:

```
string sqlText ="select * from tbStudent
              where sno='" +userId +"'
              and spwd='" +userPwd +"'";
//若 tag 值为 true 表示用户信息正确,若为 false 则为错误
bool tag=DBBase.Exists(sqlText);
```

2. ExecuteSql 函数

功能:ExecuteSql 函数主要执行 UPDATE、INSERT 和 DELETE 等 SQL 语句,结果返回影响的记录数。

参数:strSql 是 SQL 语句字符串。

返回值:为整型数据,表示影响的记录数。

ExecuteSql 函数具体代码如下:

```
/// <summary>
/// 执行 SQL 语句,返回影响的记录数
/// </summary>
/// <param name="strSql">SQL 语句</param>
/// <returns>影响的记录数</returns>
public static int ExecuteSql(string strSql)
{
    SqlConnection connection=null;
    SqlCommand cmd=null;
    try
    {
        connection=new SqlConnection(connectionString);
        cmd=new SqlCommand(strSql, connection);
        connection.Open();
        int rows=cmd.ExecuteNonQuery();
        return rows;
    }
    finally
    {
        if (cmd !=null)
        {
            cmd.Dispose();
        }
        if (connection !=null)
        {
            connection.Close();
```

```
            connection.Dispose();
        }
    }
}
```

下面举例说明 ExecuteSql 函数的使用方法。

例如，更新 tbStudent 表中学号为 1 的学生的姓名、性别、班级、系别和密码等信息，其使用的主要代码如下：

```
string sqlText="update tbStudent set sname='"
                        +sname +"', ssex='"
                        +ssex +"' , sclass='"
                        +sclass +"' , sdept='"
                        +sdept +"' , spwd='"
                        +spwd +"' where sno='1' ";
  int count=DBBase.ExecuteSql(sqlText); //count 的值表示更新的记录数
```

3. ExecuteReader 函数

功能：ExecuteReader 函数主要执行 SQL 查询语句，结果返回 SqlDataReader 对象。

参数：strSql 是 SQL 查询语句字符串。

返回值：为 SqlDataReader 对象。

ExecuteReader 函数的具体代码如下：

```
/// <summary>
/// 执行查询语句，返回 SqlDataReader（注意：调用该方法后，一定要对 SqlDataReader
  进行 Close）
/// </summary>
/// <param name="strSql">查询语句</param>
/// <returns>SqlDataReader</returns>
public static SqlDataReader ExecuteReader(string strSql)
{
    SqlConnection connection=new SqlConnection(connectionString);
    SqlCommand cmd=new SqlCommand(strSql, connection);
    try
    {
        connection.Open();
        SqlDataReader myReader=cmd.ExecuteReader
        (CommandBehavior.CloseConnection);
        return myReader;
    }
    catch (System.Data.SqlClient.SqlException e)
    {
        throw e;
    }
```

```
    finally
    {
        connection.Close();
    }
}
```

下面举例说明 ExecuteSql 函数的使用方法。

例如，查询学生表 tbStudent 中的所有学生的信息并以 SqlDataReader 对象形式返回，其使用的主要代码如下：

```
string sqlText="select * from tbStudent ";
//dr 接收以 SqlDataReader 对象形式返回的所有学生的信息
DataReader dr=DBBase.ExecuteReader(sqlText);
```

4. GetDataTable 函数

功能：GetDataTable 函数主要执行 SQL 查询语句，结果返回 DataTable 数据表。

参数：strSql 是 SQL 查询语句字符串。

返回值：为 DataTable 数据表。

GetDataTable 函数的具体代码如下：

```
/// <summary>
/// 执行 SQL 查询语句
/// </summary>
/// <param name="strSql"></param>
/// <returns>返回 DataTable 数据表</returns>
public static DataTable GetDataTable(string strSql)
{
    using (SqlConnection connection=new SqlConnection(connectionString))
    {
        DataTable dt=new DataTable();
        try
        {
            connection.Open();
            //执行 SQL 语句，创建 SqlDataAdapter 对象
            SqlDataAdapter command=new SqlDataAdapter(strSql, connection);
            command.Fill(dt);
        }
        catch (System.Data.SqlClient.SqlException ex)
        {
            throw new Exception(ex.Message);//抛出异常信息
        }
        finally
        {
            connection.Close();
```

```
        }
        return dt;//返回 DataTable 数据表
    }
}
```

下面举例说明 GetDataTable 函数的使用方法。

例如,查询所有的学生的信息,并以 DataTable 数据表的形式返回,其使用的主要代码如下:

```
string sqlText="select * from tbStudent ";
//dt 接收以 DataTable 数据表的形式返回的所有学生的信息
DataTable dt=DBBase.GetDataTable(sqlText);
```

5. RunProcedureDataTable 函数

功能:RunProcedureDataTable 函数主要执行存储过程,结果返回 DataTable 数据表。

参数:storedProcName 是存储过程名,SqlParameter[] parameters 为参数。

返回值:为 DataTable 数据表。

RunProcedureDataTable 函数具体代码如下:

```
/// <summary>
/// 运行存储过程,返回 DataTable
/// </summary>
/// <param name="storedProcName">存储过程名称</param>
/// <param name="parameters">参数</param>
/// <returns>返回 DataTable 表</returns>
public static DataTable RunProcedureDataTable (string storedProcName,
SqlParameter[] parameters)
{
    using (SqlConnection connection=new SqlConnection(connectionString))
    {
        DataSet ds=new DataSet();
        connection.Open();
        SqlDataAdapter sqlDA=new SqlDataAdapter();
        sqlDA.SelectCommand=BuildQueryCommand(connection, storedProcName,
           parameters);
        sqlDA.Fill(ds);
        connection.Close();
        return ds.Tables[0];
    }
}
```

下面举例说明 RunProcedureDataTable 函数的使用方法。

例如,利用存储过程设计用户登录,其主要代码如下:

1）创建存储过程

```
USE dbChooseCourse
GO
CREATE PROCEDURE loginStudent            //存储过程命名为 loginStudent
@sname  nvarchar(50) , @spwd  nvarchar(50)
AS
Select  count(*)  from  tbStudent  where  sname=@sname  and  spwd=@spwd
    //查询语句,返回匹配的个数
GO
```

2）引用命名空间

```
using System.Data.SqlClient;
SqlParameter[] parameters={
    new SqlParameter("@sname", SqlDbType.VarChar, 20),
    new SqlParameter("@spwd", SqlDbType.VarChar, 50)
    };
parameters[0].Value=this.txtName.Text.ToString().Trim();      //用登录名给参数赋值
parameters[1].Value=this.txtPwd.Text.ToString().Trim();
//调用 DBBase 使用存储过程
DataTable dt=DBBase.RunProcedureDataTable("loginStudent",parameters);
int count=dt.Rows[0][0];//若 count 为 1 则登录成功,为 0 则失败
```

6. ExecuteSqlTran 函数

功能：ExecuteSqlTran 函数执行多条 SQL 语句，实现数据库事务。
参数：SQLStringList 是多条 SQL 语句字符串的集合。
返回值：为整型数据，表示影响的总记录数。
ExecuteSqlTran 函数的具体代码如下：

```
/// <summary>
/// 执行多条 SQL 语句,实现数据库事务。
/// </summary>
/// <param name="SQLStringList">多条 SQL 语句的集合</param>
public static int ExecuteSqlTran(List<String> SQLStringList)
{
    using (SqlConnection connection=new SqlConnection(connectionString))
    {
        connection.Open();
        SqlCommand cmd=new SqlCommand();
        cmd.Connection=connection;
        //创建名为 tx 的事务
        SqlTransaction tx=connection.BeginTransaction();
        cmd.Transaction=tx;
```

```
            try
            {
                int count=0;
                //循环读取事务中的SQL语句
                for (int n=0; n <SQLStringList.Count; n++)
                {
                    string strsql=SQLStringList[n];
                    if (strsql.Trim().Length >1)             //判断SQL语句是否为空
                    {
                        cmd.CommandText=strsql;
                        count +=cmd.ExecuteNonQuery();     //执行SQL语句
                    }
                }
                tx.Commit();//提交事务
                return count;
            }
            catch
            {
                tx.Rollback();//事务回滚
                return 0;
            }
            finally
            {
                cmd.Dispose();
                connection.Close();
            }
        }
}
```

下面举例说明ExecuteSqlTran函数的使用方法。

例如，使用事务完成插入一个新的用户的注册信息和更新tbStudent表中学号为1的学生的姓名、性别、班级、系别和密码等信息。其使用的主要代码如下：

```
using System.Collections.Generic;                          //引用命名空间
string sql1="insert into tbStudent(sno,sname,ssex,sclass,sdept,spwd)values ('"
             +no +"','" +name +"','" +sex +"','"
             +Class +"', '" +department +"','" +passWord +"')";
string sql2="update tbStudent set sname='"
                    +sname +"', ssex='"
                    +ssex+"' , sclass='"
                    +sclass +"' , sdept='"
                    +sdept +"' , spwd='"
                    +spwd+"' where sno='1' ";
List<String>SQLStringList=new List<String>();          //创建List类
SQLStringList.Add(sql1);
```

```
SQLStringList.Add(sql2);
int count=DBBase.ExecuteSqlTran(SQLStringList);      //执行事务,返回总影响记录数
```

7.11.2 DBBase 的应用实例

【例 7-10】 DBBase 类的运用。

代码位置：配套电子资源\第 7 章实例源程序\例 7.10

本节主要讲解如何使用 DBBase 类来实现 GridView 的删除以及修改数据库中的信息。使用 GridView 数据控件分页显示学生的信息，删除 GridView 中第一个学生的信息，运行结果如图 7-27 和图 7-28 所示。

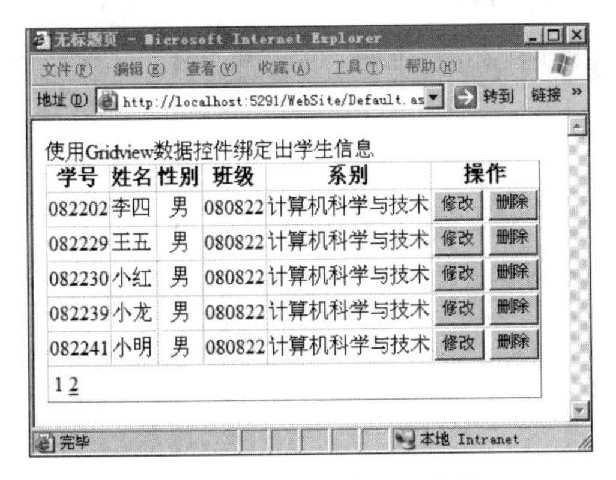

图 7-27 删除前的显示结果

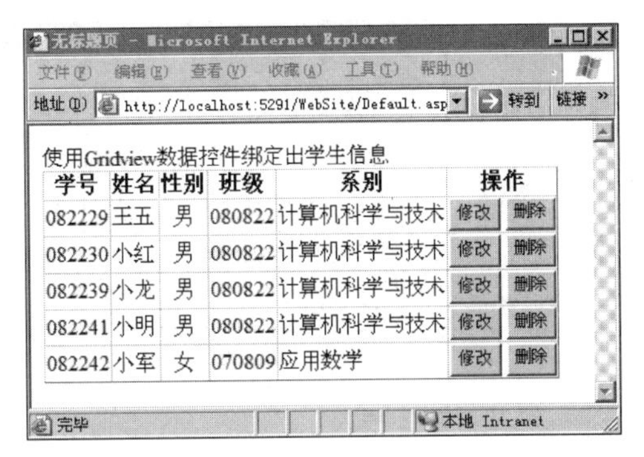

图 7-28 删除后的显示结果

修改第二个学生的信息，名字改为李雷，性别为男，班级为 0707，系别为教师教育，运行结果如图 7-29 和图 7-30 所示。

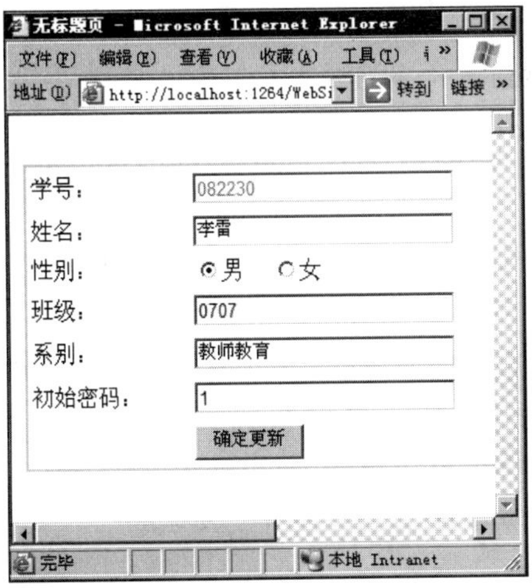

图 7-29 修改页面

图 7-30 修改完成后的显示结果

程序的实现步骤如下：

(1) 新建一个网站，默认主页是 Default.aspx。

(2) 在 Web.Config 文件中配置数据库连接字符串,在<configuration>下的子配置节<connectionStrings>中添加连接字符串。

(3) 在 Website 文件夹下新建一个文件夹 App_Code,将公共数据库操作类 DBBase.cs 放入此文件夹下。

(4) 向 Default.aspx 页中添加一个 Gridview 控件并命名为 gvExample,将其属性 Allowpaging 设为 True,AutoGenerateColumns 设为 False,PageSize 设为 5。单击 GridView 控件右上方的 控件,在弹出的快捷菜单中选择"编辑列"选项,添加 5 个 BoundField 字段,分别将 HeaderText 命名为学号、姓名、性别、班级和系别。将它们的 DataField 取相应的数据库表的列名。再添加一个 TemplateField 字段,将其 HeaderText 命名为操作。编辑列的结果如图 7-31 所示。

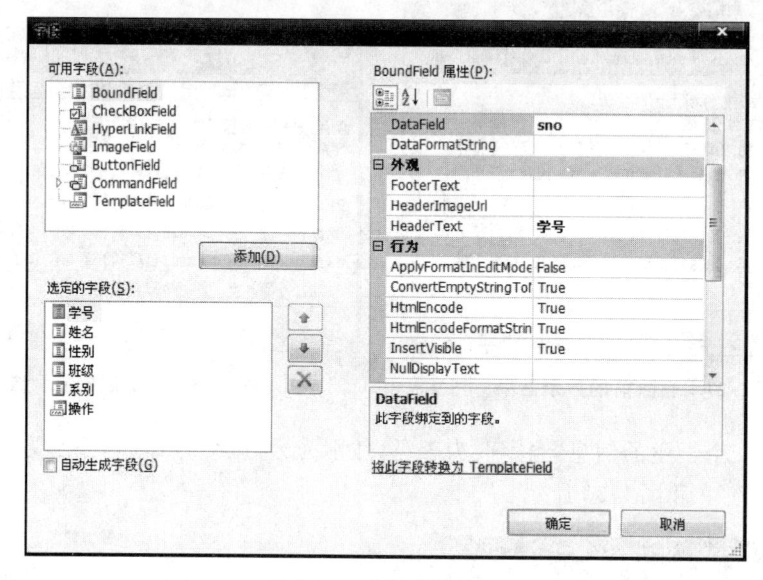

图 7-31 编辑列的结果

单击"确定"按钮后,将自动生成代码。单击编辑模板,向 ItemTemplate 中拖入两个 button 控件,如图 7-32 所示。

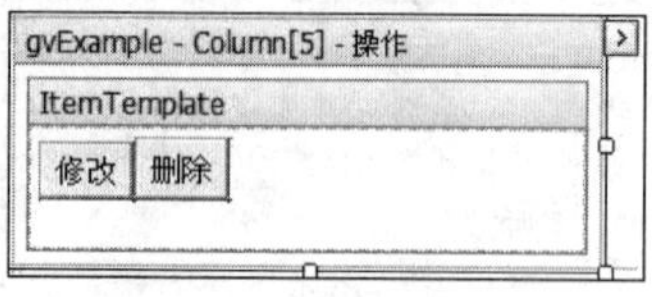

图 7-32 编辑模板后的结果

单击结束模板编辑,设置这两个 button 控件的属性,分别将它们命名为 btnModify 和 btnDelete。用<%# Eval("sno")%>语句给 CommandArgument 绑定主键值。将两个按钮的 Text 属性值分别设为"修改"和"删除",CommandName 值设为 modify 和 del。在 Text 为"删除"的 button 的属性 onclientclick 中写入 return confirm('你确定要删除吗?')。

最后生成的代码如下:

```
<asp:GridView ID="gvStudent" runat="server" AllowPaging="True"
    AutoGenerateColumns="False"
    onpageindexchanging="gvStudent_PageIndexChanging"
    onrowcommand="gvStudent_RowCommand" PageSize="5">
```

```
<Columns>
    <asp:BoundField DataField="sno" HeaderText="学号" />
    <asp:BoundField DataField="sname" HeaderText="姓名" />
    <asp:BoundField DataField="ssex" HeaderText="性别" >
        <ItemStyle HorizontalAlign="Center" />
    </asp:BoundField>
    <asp:BoundField DataField="sclass" HeaderText="班级" />
    <asp:BoundField DataField="sdept" HeaderText="系别" />
    <asp:TemplateField HeaderText="操作">
        <ItemTemplate>
            <asp:Button ID="btnModify" runat="server"
                CommandArgument='<%#Eval("sno")%>'
                CommandName="modify" Height="24px"
                Text="修改" />
            <asp:Button ID="btnDelete" runat="server" Text="删除"
                CommandName="del"
                CommandArgument='<%#Eval("sno")%>'
                onclientclick="return confirm('你确定要删除吗？ ')" />
        </ItemTemplate>
    </asp:TemplateField>
  </Columns>
</asp:GridView>
```

在 Default.aspx.cs 中写如下代码：

```
protected void Page_Load(object sender, EventArgs e)
{
    if (!Page.IsPostBack)
    {
        BindStudent();                                  //绑定 GridView 控件
    }
}
protected void BindStudent()
{
    string sqlText="select * from tbStudent ";
    DataTable dt=DBBase.GetDataTable(sqlText);
    gvStudent.DataSource=dt;
    gvStudent.DataBind();
}
protected void gvStudent_RowCommand(object sender, GridViewCommandEventArgs e)
{
    string sno=e.CommandArgument.ToString();
    string type=e.CommandName.ToString();
    if (type=="modify")
    {
```

```
        //传值 Num,编辑学生信息
        Response.Redirect("studentEdit.aspx?Num=" +sno +" ");
        return;
    }
    if (type=="del")
    {
        //根据学号删除学生信息
        string sqlText="delete from tbStudent where sno=" +sno;
        DBBase.ExecuteSql(sqlText);
        BindStudent();
    }
}
protected void gvStudent_PageIndexChanging(object sender, GridViewPageEventArgs e)
{
    gvStudent.PageIndex=e.NewPageIndex;
    BindStudent();
}
```

第8章

学生选课管理系统的开发

8.1 需求分析

8.1.1 选课工作流程分析

在新学年的开始，系统管理人员首先对学生进行基本的信息录入，然后安排老师和所开的课程，系统默认生成的学生和教师登录系统密码为888888。学生登录系统后根据自身实际情况，查看教师信息，查看课程信息，选择课程。每举行一次考试后由任课老师将成绩录入，任课老师根据实际情况对录入的成绩进行维护，学生对以上录入的信息可以根据自己的需要进行适当的查询。

8.1.2 系统具体需求分析

系统的具体需求如下。

- 系统管理员：学校全体学生的信息管理，对教师和课程信息进行录入和必要的维护。
- 教师：查看选课学生和进行成绩录入等。
- 学生：查询课程、选课、退课和成绩查询等。

8.1.3 系统设计分析

本系统的功能主要分为如下几类。

- 课程管理：各学期课程的开设和修改。
- 教师信息管理：添加、修改和删除教师信息等。
- 学生信息管理：添加、修改和删除学生信息等。
- 成绩管理：用于对成绩的输入和修改。
- 选课管理：用于学生对课程的查询和选课、退课等。

8.2 用户角色及功能结构

本系统用户角色主要有3类：系统管理员、教师和学生。

- 系统管理员：可进行教师信息管理、学生信息管理和课程信息管理等工作，如

图 8-1 所示。

- 教师：可以进行学生信息查询、选课学生查询和成绩录入等工作，如图 8-2 所示。
- 学生：可以进行选课信息查询、选课、退课和成绩查询等工作，如图 8-3 所示。

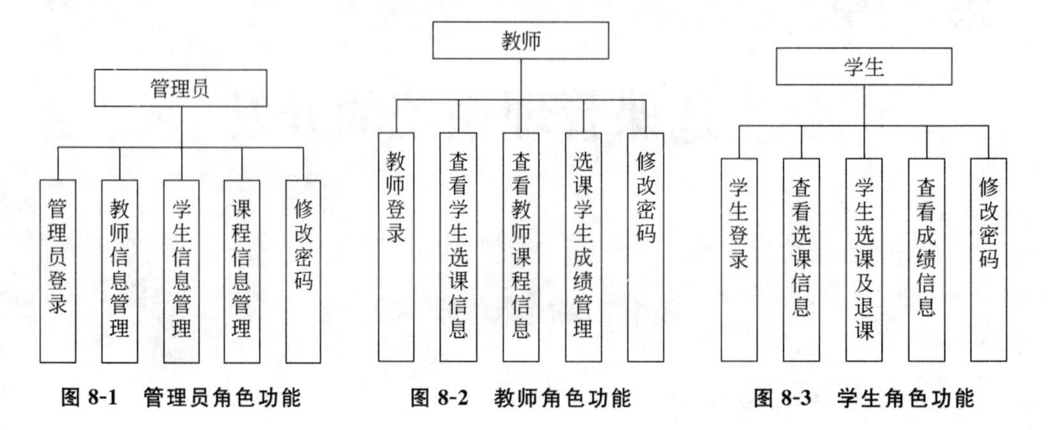

图 8-1　管理员角色功能　　图 8-2　教师角色功能　　图 8-3　学生角色功能

8.3　系统功能模块设计

本系统从功能上可以分为三大模块：学生模块、教师模块和系统管理员模块。以下对各模块进行说明。

- 学生模块：学生登录、查看选课信息、选课、查看成绩和修改密码等。
- 教师模块：教师登录、查询选课学生、成绩管理和修改密码等。
- 系统管理员模块：管理员登录、教师信息管理、学生信息管理、课程信息管理和修改密码。

系统模块图如图 8-4 所示。

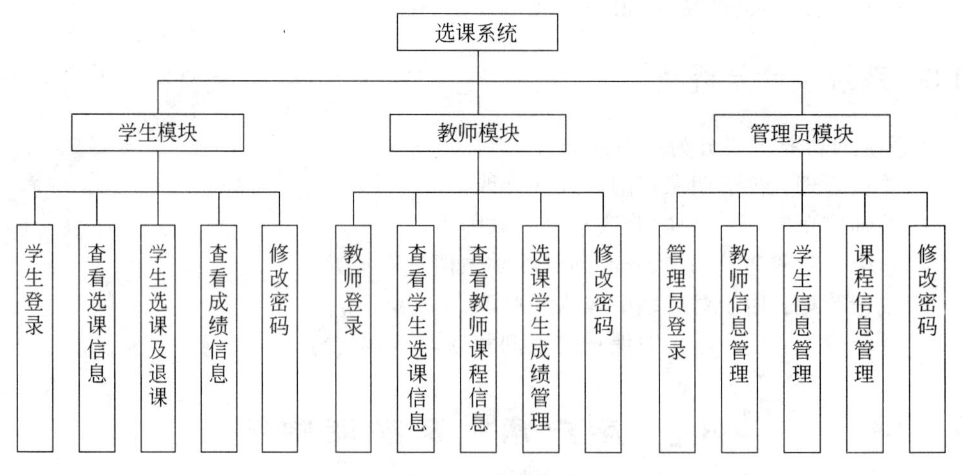

图 8-4　系统模块图

8.4 相关技术分析

1. 防止暴力破解程序的不断尝试登录

为了防止不良用户利用暴力破解程序不断地尝试登录，造成用户信息泄露，本系统引进了验证码技术。验证码是一种区分用户是计算机还是人的公共全自动程序。验证码技术能够有效地防止某个黑客对某一个特定注册用户用特定程序暴力破解方式进行不断的登录尝试。本系统通过引用公共类 RandomImg 类中的 GenerateCheckCode()函数返回的随机字符串作为验证码。调用方法如下：

```
string code=RandomImg.GenerateCheckCode();
```

2. MD5 加密

为了防止用户密码在数据库中以明文显示，用户的密码都进行了 MD5 加密。先将用户输入的密码进行 MD5 加密，然后到数据库中验证用户的帐号和密码是否存在。对用户输入的密码进行 MD5 加密通过调用公共类 Common 的 MD5()方法实现。使用方法如下：

```
Common.MD5(txtPwd.Text.Trim());
```

3. 防止 SQL 注入式攻击

所谓 SQL 注入式攻击，就是攻击者把 SQL 命令插入到 Web 表单的输入域或页面请求的查询字符串，欺骗服务器执行恶意的 SQL 命令。例如，在用户名中输入 admin，在用户密码的文本框中输入'or '1' ='1'，那么查询语句就成为

```
Select count(*) from tbAdmin where userName='admin' and password='' or '1'='1';
```

执行之后的返回值为所有的用户总数，通过上面的方法攻击者不需要知道用户名和密码就能顺利地登录系统，这将导致系统不能真正验证用户身份，并且会将系统错误地授权给攻击者。为了防止此类攻击，登录过程一般都是用存储过程。调用公共类 DBBase 中的 RunProcedureDataTable()函数返回查询到的用户记录。下面是调用 DBBase 使用存储过程的方法：

```
DataTable dt=DBBase.RunProcedureDataTable("loginAdmin", parameters);
```

其中，loginAdmin 为管理员登录的存储过程名，parameters 为参数列表。

8.5 数据库设计

8.5.1 数据库概念设计

通过对学生选课管理系统进行的需求分析、网站流程设计以及系统功能结构的确

定，规划出系统中使用的数据实体对象分别为“管理员”、“学生”、“教师”和“课程”4 个实体，核心的实体 E-R 图在第 6 章已经给出。

8.5.2 数据库表的逻辑结构设计

本系统定义的数据库中包含以下 5 个数据库表，下面介绍这些表的结构。

1. tbAdmin（管理员信息表）

表 tbAdmin 用于保存管理员的基本信息，如表 8-1 所示。

表 8-1 管理员信息表

序号	字 段	描 述	类型和长度	是否为空	说 明
1	aname	用户名	varchar(20)	否	主键
2	apwd	密码	varchar(50)	否	MD5 加密

2. tbStudent（学生信息表）

表 tbStudent 用来保存学生信息，如表 8-2 所示。

表 8-2 学生信息表

序号	字 段	描 述	类型和长度	是否为空	说 明
1	sno	学号	char(10)	否	主键
2	sname	学生姓名	char(20)	否	
3	ssex	学生性别	char(2)	是	
4	sclass	学生班级	char(20)	是	
5	sdept	学生系别	char(20)	是	
6	spwd	学生密码	varchar(50)	否	MD5 加密

3. tbTeacher（教师信息表）

表 tbTeacher 用来保存教师信息，如表 8-3 所示。

表 8-3 教师信息表

序号	字 段	描 述	类型和长度	是否为空	说 明
1	tno	教师编号	char(10)	否	主键
2	tname	教师姓名	char(20)	是	
3	tsex	教师性别	char(2)	是	
4	tdept	教师系别	char(20)	是	
5	temail	教师邮箱	char(50)	是	
6	tpwd	教师密码	varchar(40)	否	MD5 加密

4. tbCourse（课程信息表）

表 tbCourse 用来保存课程信息，如表 8-4 所示。

表 8-4 课程信息表

序号	字 段	描 述	类型和长度	是否为空	说 明
1	cno	课程号	char(10)	否	主键
2	tno	教师编号	char(20)	否	外键
3	cname	课程名	char(50)	是	
4	ccredit	学分	float	是	
5	cdescribe	课程描述	text	是	

5. tbSC（选课信息表）

表 tbSC 用来保存学生选课信息，如表 8-5 所示。

表 8-5 选课信息表

序号	字 段	描 述	类型和长度	是否为空	说 明
1	scId	Id 号	int	否	主键(自增)
2	sno	学号	char(10)	否	外键
3	cno	课程号	char(10)	否	外键
4	grade	成绩	char(10)	是	

8.6 Web.Config 文件配置

为了使应用程序方便移植，需要在应用程序配置文件(Web. Config 文件)中设置数据库连接信息。连接数据库代码如下(代码位置：配套电子资源\第 8 章源程序\ElectiveSystem\web. config)：

```
<configuration>
    <connectionStrings>
        <add name="sqlconn" providerName="System.Data.SqlClient"
        connectionString="server=.;database=dbChooseCourse;uid=ChooseCourse;
        pwd=ChooseCourse"/>
        </connectionStrings>
    ……
</configuration>
```

8.7 公共类的编写

在开发项目中以类的形式来组织、封装一些常用的方法和事件，不仅可以提高代码的复用率，也大大方便了代码的管理。

在学生选课系统中共建了 4 个公共类。

- Alert：用于管理在项目中用到的多种页面跳转提示框，如直接跳转、提示信息并跳转等。

- Common：用于管理在项目中用的公共类，如 MD5 加密、清除脚本等。
- DBBase：用于管理在项目中对数据库的各种操作，如连接数据库、获取数据表 DataTable 等。
- RandomImg：用于获取在项目中用到的随机验证码。

数据库操作类 DBBase 在 7.11 节中已经进行了详细的介绍。下面主要介绍 RandomImg 类、Alert 类和 Common 类的创建过程。

本章系统的代码位置：配套电子资源\第 8 章源程序\ElectiveSystem。

1. 类的创建

在创建类时，用户可以在该项目中找到 App_Code 文件夹，如果项目中没有 App_Code 文件夹，用户可以在项目上右击，在弹出的菜单中选择“添加 ASP.NET 文件夹”命令，添加一个 App_Code 文件夹。然后右击该文件夹，在弹出菜单中选择“添加新项”命令，在弹出的“添加新项”对话框中选择“类”，并为其命名，单击“添加”按钮即可创建一个新类。出现的窗口如图 8-5 所示(此处以创建 RandomImg 为例)。

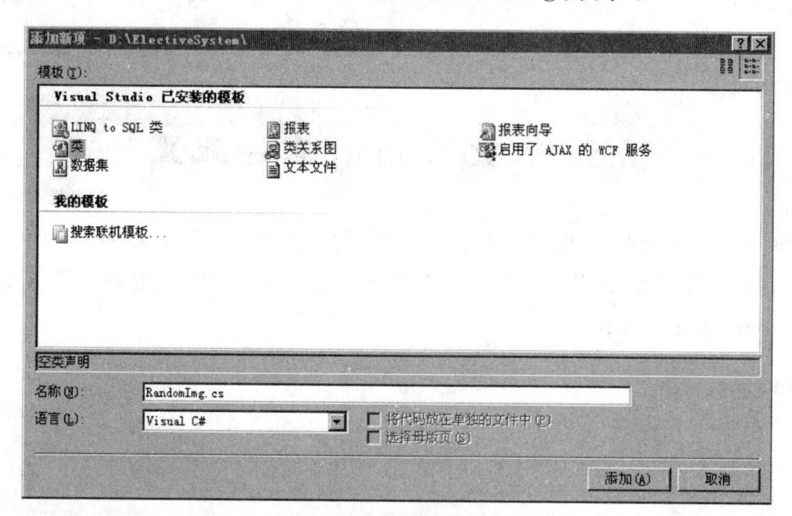

图 8-5 “添加新项”对话框

2. RamdomImg 类

代码位置：配套电子资源\第 8 章源程序\ElectiveSystem\App_Code\RandomImg.cs

RamdomImg 类主要完成一些与验证码相关的功能，比如生成随机验证码字符串、生成验证码的图片等，其中主要方法包括 GenerateCheckCode()、CreateCheckCodeImage()。下面对这些方法分别进行详细讲解。

1) GenerateCheckCode()方法

GenerateCheckCode()方法用于在登录页面自动生成随机验证码。其代码如下：

```
/// <summary>
```

```
/// 生成验证码
/// </summary>
/// <returns>验证码字符串</returns>
public static string GenerateCheckCode()
{
    int number;
    char code;
    string checkCode=String.Empty;
    System.Random random=new Random();
    for (int i=0; i<5; i++)
    {
        number=random.Next();
        if (number %2==0)
            code=(char)('0' +(char)(number %10));
        else
            code=(char)('A' +(char)(number %26));
        checkCode +=code.ToString();
    }
    return checkCode;
}
```

2) CreateCheckCodeImage(string checkCode)方法

CreateCheckCodeImage()方法用于给生成的随机验证码加上背景图片。其代码如下：

```
/// <summary>
/// 生成验证码图片
/// </summary>
/// <param name="checkCode">验证码字符串</param>
public static void CreateCheckCodeImage(string checkCode)
{
    if (checkCode==null || checkCode.Trim()==String.Empty)
        return;
    System.Drawing.Bitmap image=new
    System.Drawing.Bitmap((int)Math.Ceiling((checkCode.Length * 12.5)), 22);
    Graphics g=Graphics.FromImage(image);
    //生成随机生成器
    Random random=new Random();
    //清空图片背景色
    g.Clear(Color.White);
    //画图片的背景噪音线
    for (int i=0; i<25; i++)
    {
        int x1=random.Next(image.Width);
        int x2=random.Next(image.Width);
```

```
        int y1=random.Next(image.Height);
        int y2=random.Next(image.Height);
        g.DrawLine(new Pen(Color.Silver), x1, y1, x2, y2);
    }
    Font font=new System.Drawing.Font("Arial", 12, (System.Drawing.FontStyle.
    Bold | System.Drawing.FontStyle.Italic));
    System.Drawing.Drawing2D.LinearGradientBrush brush=new
    System.Drawing.Drawing2D.LinearGradientBrush(new Rectangle(0, 0,
    image.Width, image.Height), Color.Blue, Color.DarkRed, 1.2f, true);
    g.DrawString(checkCode, font, brush, 2, 2);
    //画图片的前景噪音点
    for (int i=0; i <100; i++)
    {
        int x=random.Next(image.Width);
        int y=random.Next(image.Height);
        image.SetPixel(x, y, Color.FromArgb(random.Next()));
    }
    //画图片的边框线
    g.DrawRectangle(new Pen(Color.Silver), 0, 0, image.Width -1, image.Height -1);
    System.IO.MemoryStream ms=new System.IO.MemoryStream();
    image.Save(ms, System.Drawing.Imaging.ImageFormat.Gif);
    System.Web.HttpContext.Current.Response.ClearContent();
    System.Web.HttpContext.Current.Response.ContentType="image/Gif";
    System.Web.HttpContext.Current.Response.BinaryWrite(ms.ToArray());
}
```

3. Alert 类

代码位置：配套电子资源\第 8 章源程序\ElectiveSystem\App_Code\Alert.cs

Alert 类用于管理在项目中用到的多种页面跳转，主要包括 ShowMessage()、Show()、FramGo()、ShowAndHref()和 ShowAndFramGo()方法，下面进行详细介绍。

1) ShowMessage()方法

ShowMessage()方法用于提示信息。其代码如下：

```
/// <summary>
/// 弹出提示信息
/// </summary>
/// <param name="text">提示信息</param>
public static void ShowMessage(string text)
{
    HttpContext.Current.Response.Write("<script language='javascript'>alert
    ('" +text +"');</script>");
    HttpContext.Current.Response.End();
}
```

2）Show()方法

Show()方法用于提示信息并返回原页面。其代码如下：

```
/// <summary>
/// 提示信息并返回原页面
/// </summary>
/// <param name="text">提示信息</param>
public static void Show(string text)
{
    HttpContext.Current.Response.Write("<script language='javascript'>alert
    ('" +text +"');window.history.back();</script>");
    HttpContext.Current.Response.End();
}
```

3）ShowAndHref 方法

ShowAndHref 方法用于提示信息并跳转页面。其代码如下：

```
/// <summary>
/// 提示信息并跳转页面
/// </summary>
/// <param name="text">提示信息</param>
/// <param name="url">跳转页面</param>
public static void ShowAndHref (string text)
{
    HttpContext.Current.Response.Write("<script language='javascript'>alert
    ('" +text +"');window.location.href='" +url +"';</script>");
}
```

4）ShowAndFramGo()方法

ShowAndFramGo()方法用于提示信息并跳转页面(用于框架页)。其代码如下：

```
/// <summary>
/// 提示信息并跳转页面(用于框架页)
/// </summary>
/// <param name="text">提示信息</param>
/// <param name="url">要跳转的目标页面</param>
public static void ShowAndFramGo(string text, string url)
{
    HttpContext.Current.Response.Write("<script language='javascript'>alert
    ('" +text +"');window.top.location='" +url +"';</script>");
}
```

5）FramGo()方法

FramGo()方法用于跳转页面(用于框架页)。其代码如下：

```
/// <summary>
```

```
/// 跳转页面
/// </summary>
/// <param name="url">目标页面的路径</param>
public static void FramGo(string url)
{
    HttpContext.Current.Response.Write("<script
    language='javascript'>window.top.location='" +url +"';</script>");
}
```

4. Common 类

代码位置：配套电子资源\第 8 章源程序\ElectiveSystem\App_Code\Common.cs

Common 类主要用于管理在项目中用到的公共方法，主要包括 MD5()方法、GetMapPath()方法和 UploadPicFile()方法。下面详细介绍 Common 类中的方法。

1) MD5(string str)方法

MD5()类用于字符串加密。其代码如下：

```
/// <summary>
/// MD5 函数
/// </summary>
/// <param name="str">原始字符串</param>
/// <returns>MD5 结果</returns>
public static string MD5(string str)
{
    byte[] b=Encoding.Default.GetBytes(str);
    b=new MD5CryptoServiceProvider().ComputeHash(b);
    string ret="";
    for (int i=0; i <b.Length; i++)
        ret +=b[i].ToString("x").PadLeft(2, '0');
    return ret;
}
```

2) GetMapPath(string strPath)方法

GetMapPath()方法用于获取当前的绝对地址。其代码如下：

```
/// <summary>
/// 获得当前绝对路径
/// </summary>
/// <param name="strPath">指定的路径</param>
/// <returns>绝对路径</returns>
public static string GetMapPath(string strPath)
{
    if (HttpContext.Current !=null)
    {
        return HttpContext.Current.Server.MapPath(strPath);
```

```
        }
        else //非 web 程序引用
        {
            strPath=strPath.Replace("/", "\\");
            if (strPath.StartsWith("\\"))
            {
                strPath=strPath.Substring(strPath.IndexOf('\\', 1)).TrimStart('\\');
            }
            return System.IO.Path.Combine(AppDomain.CurrentDomain.BaseDirectory,
            strPath);
        }
    }
```

3) UploadPicFile(System. Web. UI. WebControls. FileUpload fileUpload, string pathDir,string firstMark)方法

UploadPicFile()方法用于上传图片。其代码如下：

```
/// <summary>
/// 图片上传
/// </summary>
/// <param name="fileUpload">图片路径</param>
/// <param name="pathDir">保存图片路径</param>
/// <param name="firstMark">前缀名</param>
/// <returns>返回上传结果</returns>
public static string UploadPicFile (System. Web. UI. WebControls. FileUpload
fileUpload,
string pathDir, string firstMark)
{
    string fileName="";
    string retValue="";
    try
    {
        string type="image/pjpeg|image/jpeg|image/bmp|image/gif|application
        /x-shockwave-flash|image/png|application/msword|application/vnd.ms-
        excel";
        bool allowType=type.Contains(fileUpload.PostedFile.ContentType.ToString());
        string localExp=fileUpload.PostedFile.ContentType.ToString().Substring
            (fileUpload.PostedFile.ContentType.ToString().LastIndexOf("/") +1);
        if (allowType)
        {
            if ((fileUpload.PostedFile.ContentLength / 1024) >ImagesMaxSize)
            {
                retValue="error:对不起!你上传的文件大小大于了" +
                ImagesMaxSize.ToString() +"KB";
            }
```

```
                else
                {
                    string expStr=
                    fileUpload.PostedFile.FileName.Substring
                    (fileUpload.PostedFile.FileName.LastIndexOf('.'));     //后缀名
                    Random rd=new Random();
                    fileName=firstMark +sjname() +rd.Next().ToString() +expStr;
                    //新文件名
                    try
                    {
                        string path=HttpContext.Current.Server.MapPath("~/" +pathDir);
                        fileUpload.SaveAs(string.Concat(path, "\\", fileName));
                    }
                    catch (Exception e)
                    {
                        throw e;
                    }
                    retValue=pathDir +"/" +fileName;
                }
            }
            else
            {
                retValue="error:对不起!暂不支持你所上传的文件类型:" +localExp;
            }
        }
        catch (Exception ex)
        {
            throw new Exception(ex.Message);
        }
        return retValue;
    }
```

8.8 管理员登录模块

8.8.1 管理员登录模块概述

管理员是系统的管理者和维护者,管理员可随时对选课系统进行课程信息、学生信息和教师信息的管理,同时管理员可以对自己的信息进行修改和更新。

管理员登录页面是管理员进入系统的唯一接口,只有用户帐号和密码准确无误才能进入选课系统。本系统中,后台管理员默认帐号为 admin,默认密码为 888888。当管理员成功登录后就可以进入选课系统进行管理和维护。登录页面要实现的主要功能有防止暴力破解程序的不断尝试登录、MD5 加密以及防止 SQL 注入式攻击。管理员登录页面的运行结果如图 8-6 所示。

图 8-6　管理员登录界面

8.8.2　管理员登录模块实现过程

1. 设计步骤

(1) 新建一个网站，命名为 ElectiveSystem，新建 admin、student 和 teacher 三个目录，在 admin 目录下添加页面 adminLogin.aspx 作为管理员的登录页面。

(2) 登录页面主要控件属性设置及用途如表 8-6 所示。

表 8-6　adminLogin.aspx 页面中主要控件的属性设置及其用途

控件类型	控件名称	主要属性设置	用　途
TextBox 控件	txtName	无	用于输入用户名
	txtPwd	TextMode 属性设为 Password	用于输入用户密码
	txtCheck	无	用于输入验证码
ImageButton 控件	ibtnInto	无	提交的图片按钮
	ibtnCancle	无	重置登录信息
Label 控件	lblcheckCode	无	用于显示验证码
RequiredFieldValidator 控件	valrUserName	ErrorMessage 属性设为"请输入用户名!"，ControlToValidate 属性设为"txtName"	验证用户名是否为空
	valrPwd	ErrorMessage 属性设为"请输入密码!"，ControlToValidate 设为"txtPwd"	验证密码是否为空
	valrCheckCode	ErrorMessage 属性设为"请输入验证码"，ControlToValidate 属性设为"txtCheck"	验证验证码是否为空

2. 代码实现

(1) 当管理员用户跳转到登录页面时,网站会自动加载登录页面的信息,生成验证码。生成验证码的代码如下:

```
protected void Page_Load(object sender, EventArgs e)
{
    if (!Page.IsPostBack)
    {
        //调用 RandomImg 类中的 GenerateCheckCode()函数生成随机验证码
        string code=RandomImg.GenerateCheckCode();
        //将验证码保存到 ViewState["code"]中
        ViewState["code"]=code;
        //将验证码绑定到前台的 Label 控件上显示
        lblcheckCode.Text=code;
    }
}
```

(2) 当管理员填写完登录信息时,可以单击“登录”按钮,在该按钮的 Click 事件下,首先判断管理员是否输入了合法的信息,如果输入的信息合法,则进入网站后台;否则弹出对话框,提示管理员名、密码或验证码错误。其代码如下:

```
protected void ibtnLogin_Click(object sender, ImageClickEventArgs e)
{
    string userName=txtName.Text.ToString().Trim();
    string passWord=txtPwd.Text.ToString().Trim();
    string checkCode=txtCheck.Text.ToUpper().ToString().Trim();
    string code=ViewState["code"].ToString().Trim() ;
    if (checkCode==code)
    {
        SqlParameter[] parameters={
            new SqlParameter("@userName", SqlDbType.VarChar, 20),
            new SqlParameter("@apwd", SqlDbType.VarChar, 50)
            };
        //用登录名给参数赋值
        parameters[0].Value=this.txtName.Text.ToString().Trim();
        parameters[1].Value=Common.MD5(this.txtPwd.Text.ToString().Trim());
        //调用 DBBase 使用存储过程
        DataTable dt=DBBase.RunProcedureDatatable("loginAdmin", parameters);
        //若 count 为 1 则登录成功,为 0 则失败
        int count=Convert.ToInt32(dt.Rows[0][0]);
        if (count==1)
        {
            Session["admin"]=userName;
```

```
            Response.Redirect("adminIndex.aspx");
        }
        else
        {
            Alert.Show("用户名或密码错误");
        }
    }
    else
    {
        Alert.Show("验证码错误");
    }
```

8.9 管理员首页

8.9.1 管理员首页概述

当管理员成功地通过帐户认证后就自动跳到管理员首页，如图8-7所示。

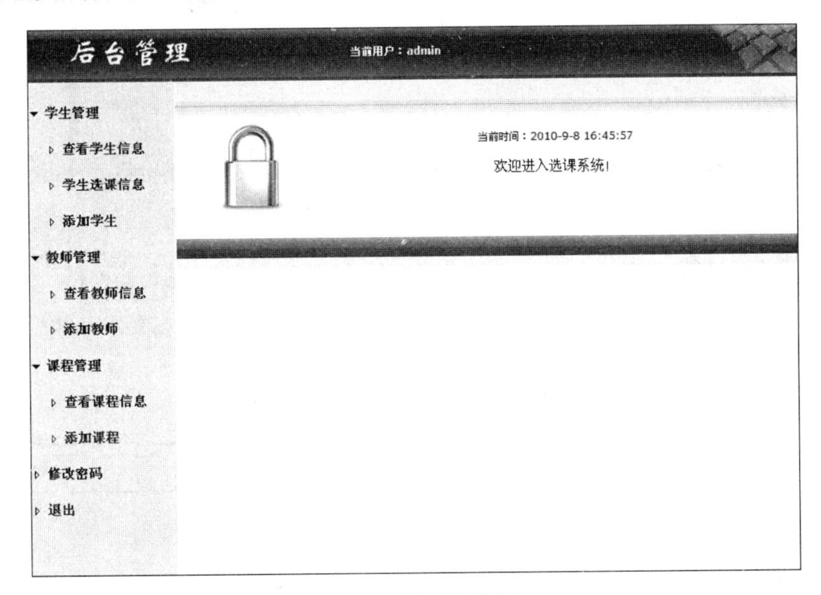

图8-7　管理员首页

8.9.2 管理员首页实现过程

1. 设计步骤

(1) 在admin文件夹中添加新页，并将页面命名为adminIndex.aspx页面。

(2) 在adminIndex.aspx窗体中新建一个div用于页面的布局，在此div中添加一个三行一列Table表格，在表格的第一行拆分成三列，并在其中依次插入三张背景图片，如

图 8-7 所示，图片位置为配套电子资源\第 8 章源程序\ElectiveSystem\admin\ images 中的 header_left. jpg、header_bg. jpg 和 header_right. jpg，并在中间列中添加一个 Label 控件，命名为 lblUserName。在表格的第二行中添加图片 header_bg. jpg。

（3）新建一个一行两列的表格，在第一列中添加 TreeView 控件，第二列中添加一个 iframe 并将其链接地址设为 main. aspx，id 设为 main。将第一列中的 TreeView 命名为 tvTeacher，选定 tvTeacher 控件，单击其右上角的小三角形，然后选择编辑节点，如图 8-8 所示。

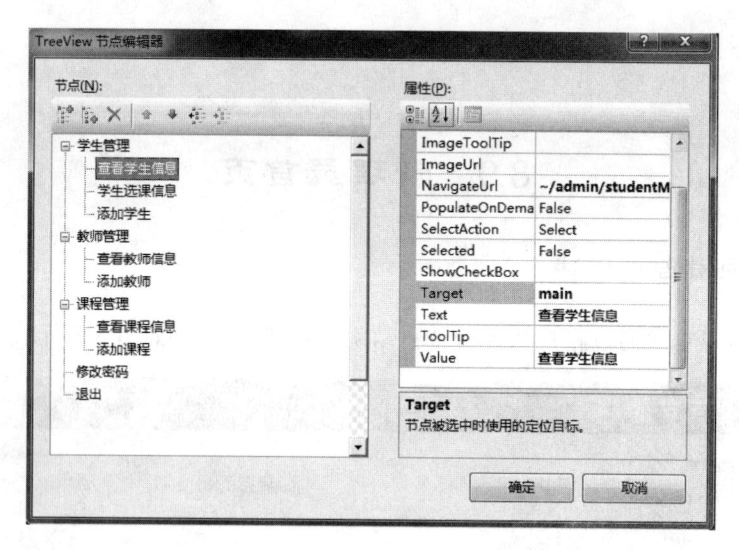

图 8-8 编辑 TreeView 节点

例如，查看学生节点的 NavigateUrl 设置为 admin/studentManage. aspx，Target 属性设为 main，表示单击查看学生节点时将 studentManage. aspx 显示在 id 为 main 的 iframe 中。其他节点的 NavigateUrl 和 Target 属性如表 8-7 所示。

表 8-7 TreeView 控件的属性设置

节 点 名	NavigateUrl	Target
查看学生信息	～/admin/studentManage. aspx	main
学生选课信息	～/admin/studentElective. aspx	main
添加学生	～/admin/studentAdd. aspx	main
查看教师信息	～/admin/teacherManage. aspx	main
添加教师	～/admin/teacherAdd. aspx	main
查看课程信息	～/admin/courseManage. aspx	main
添加课程	～/admin/courseAdd. aspx	main
修改密码	～/admin/modifyPwd. aspx	main
退出	index. aspx	为空

管理员首页页面主要控件属性设置及用途如表 8-8 所示。

表 8-8 adminIndex. aspx 页面中主要控件的属性设置及其用途

控件类型	控件名称	主要属性设置	控 件 用 途
TreeView	tvTeacher	见表 8.7	树形导航条
Label	lblUserName	无	显示当前用户名

下面,用户可参照配套电子资源\第 8 章源程序\ElectiveSystem\admin\mian. aspx 页面自己练习一下 mian 页面制作。做好之后,运行页面,首页就完成了。

8.10 管理员密码修改模块

8.10.1 管理员修改密码模块概述

管理员可以修改自己的密码来提高管理员资料的安全性,页面运行结果如图 8-9 所示。

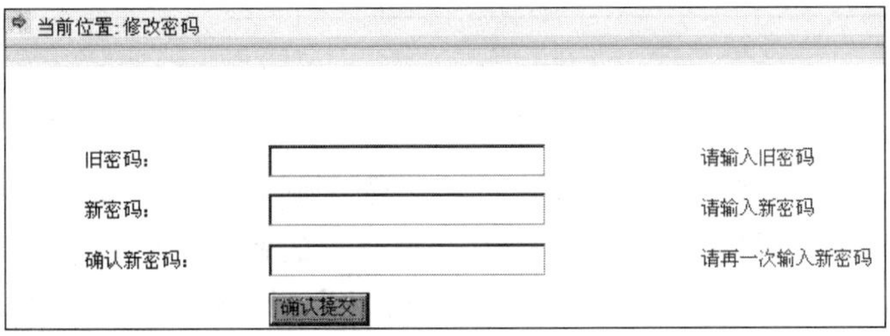

图 8-9 修改密码

8.10.2 修改用户密码模块具体实现

1. 设计步骤

(1) 在 admin 文件夹中添加新页并将页面命名为 modifyPwd. aspx 页面。

(2) 本页添加的主要控件如表 8-9 所示。

表 8-9 modifyPwd. aspx 页面中主要控件的属性设置及其用途

控 件 类 型	控 件 名 称	主要属性设置	用 途
TextBox	txtOldPwd	TextMode 属性设为"Password"	用于输入旧密码
	txtNewPwd	TextMode 属性设为"Password"	用于输入新密码
	txtAgainNewPwd	TextMode 属性设为"Password"	用于再次输入新密码
RequiredFieldValidator	valrOlderPwd	ErrorMessage 属性设为"请输入旧密码";ControlToValidate 属性设为"txtOldPwd"	验证旧密码是否为空

续表

控件类型	控件名称	主要属性设置	用途
RequiredFieldValidator	valrNewPwd	ErrorMessage 属性设为"请输入新密码";ControlToValidate 属性设为"txtNewPwd"	验证新密码是否为空
	valrReNewPwd	ErrorMessage 属性设为"请再一次输入新密码"; ControlToValidate 属性设为" txtAgainNewPwd"; Display 属性设为"Dynamic"	验证再次输入新密码是否为空
CompareValidator	valcPwd	ErrorMessage 属性设为"输入的密码前后不一致,请重新输入"; ControlToCompare 属性设为"txtNewPwd"; ControlToValidate 属性设为" txtAgainNewPwd"; Display 属性设为"Dynamic"	验证两次输入的新密码是否一致
Button	btnSure	无	"提交"按钮

2. 代码实现

当管理员用户填写好用户的旧密码和新密码并确认密码后,就可以单击"确认提交"按钮提交密码信息,如果用户的旧密码 MD5 加密后的密文与管理员用户在数据库中的密码的密文一致,则修改原来用户数据库中的密码为新密码,并提示"修改成功!"。否则提示"旧密码错误!"。

```
protected void btnSure_Click(object sender, EventArgs e)
{
    string adminPwd=Common.MD5(txtOldPwd.Text.ToString().Trim());
    string newPwd=Common.MD5(txtNewPwd.Text.ToString().Trim());
    string admin=Session["admin"].ToString();
    string sql="select apwd from tbAdmin where userName='" +admin +"'";
    DataTable dt=DBBase.GetDataTable(sql);
    string oldApwd=dt.Rows[0]["apwd"].ToString();
    if (adminPwd==oldApwd)
    {
        sql ="update tbAdmin set apwd='" +newPwd
            +"' where userName='" +admin +"' ";
        DBBase.ExecuteSql(sql);
        Alert.ShowAndHref("修改成功!", "modifyPwd.aspx");
    }
    else
    {
      Alert.Show("旧密码错误!");
    }
}
```

8.11 管理员添加教师模块

8.11.1 添加教师模块概述

该模块的功能主要是添加教师个人的详细信息，添加页面运行结果如图 8-10 所示。

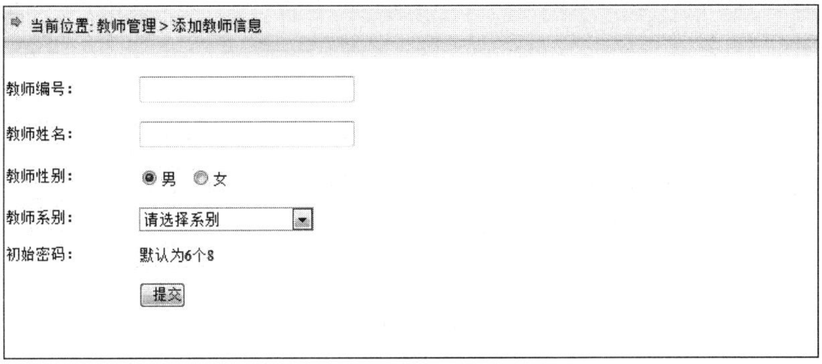

图 8-10 添加教师信息页面运行结果

8.11.2 添加教师模块具体实现过程

1. 设计步骤

(1) 在 admin 文件夹中添加新页并将页面命名为 teacherAdd. aspx。

(2) 在本页面添加的主要控件如表 8-10 所示。

表 8-10 teacherAdd. aspx 页面中主要控件的属性设置及其用途

控件类型	控件名称	主要属性设置	用途
TextBox	txtNumber	无	用于输入教师编号
	txtName	无	用于输入教师名
	txtdept	无	用于输入教师系别
RequiredFieldValidator	valrTno	ErrorMessage 属性设为"请输入教师编号"; ControlToValidate 属性设为"txtNumber"	验证教师编号是否为空
	valrTname	ErrorMessage 属性设为"请输入教师姓名"; ControlToValidate 属性设为"txtName"	验证教师姓名是否为空
RadioButton	rbtnSex1	Checked 设为"True"; GroupName 设为"sex"	设置教师性别为男
	rbtnSex2	GroupName="sex"	设置教师性别为女
Button	btnSure	无	提交按钮

续表

控 件 类 型	控 件 名 称	主要属性设置	用　　途
CompareValidator	valcDept	ErrorMessage 属性设为"必须选择一个系别"；Operator 属性设为"NotEqual"；ControlToValidate 属性设置为"ddlDept"；ValueToCompare 属性设为"请选择系别"	验证系别
DropDownList	ddlDept	无	显示教师系别信息

2. 代码实现

当管理员添加好新教师的信息后，单击“提交”按钮，页面的验证控件将对教师编号和教师名是否填写，教师系别是否选择进行验证。经过前台页面的验证后，将执行 btnSure 的 Click 事件中的代码，首先系统将对新添教师的教师编号进行判断，如果数据库中存在与新添教师编号相同的记录存在，这说明该教师信息已经存在，不能重复添加，系统将提示"此教师编号已存在，不能重复添加！"，反之会提示"添加成功"。具体代码实现如下：

```
protected void btnSure_Click(object sender, EventArgs e)
{
    string number=txtNumber.Text.ToString().Trim();
    string name=txtName.Text.ToString().Trim();
    string sex="男";
    if (rbtnSex2.Checked)
    {
        sex="女";
    }
    string dept=ddlDept.SelectedValue.ToString().Trim();
    string passWord=Common.MD5("888888");
    //根据教师号判断该教师信息是否存在
    string sql="select count(*) from tbTeacher where tno='" +number +"'";
    bool state=DBBase.Exists(sql);
    if (state)
    {
        Alert.Show("此教师编号已存在,不能重复添加!");
    }
    else
    {
        //更新教师信息
        sql="insert into tbTeacher(tno,tname,tsex,tdept,tpwd) values ('" +
        number +"','" +name +"','" +sex +"','" +dept +"','" +passWord +"')";
        DBBase.ExecuteSql(sql);
        Alert.ShowAndHref("添加成功!", "teacherManage.aspx");
```

```
        }
    }
```

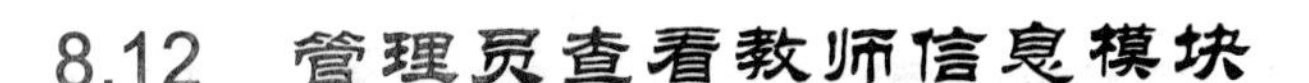

8.12 管理员查看教师信息模块

8.12.1 管理员查看教师信息模块概述

该模块的功能主要是查看和管理已添加教师的信息，管理员可以按照教师姓名、教师编号等条件查找指定的教师信息，也可以查看所有教师的信息。当管理员单击左边导航栏中“教师管理”菜单下的“查看教师信息”命令，页面运行结果如图 8-11 所示。

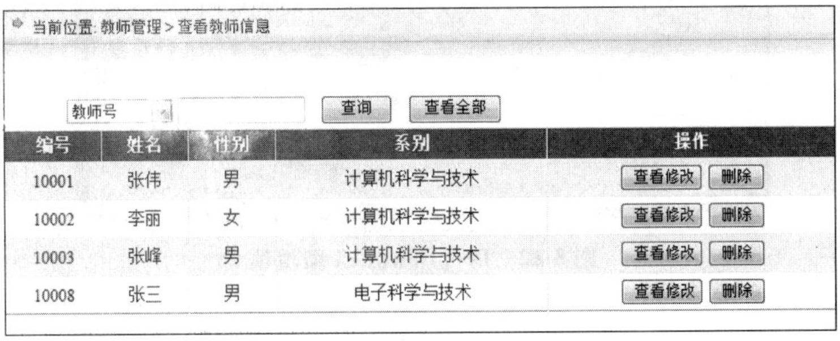

图 8-11 查看教师信息页面运行结果

8.12.2 管理员查看教师信息模块具体实现

1. 设计步骤

(1) 在 admin 文件夹中添加新页并将页面命名为 teacherManage.aspx。

(2) 在本页面添加的主要控件如表 8-11 所示。

表 8-11 teacherManage.aspx 页面中主要控件的属性设置及其用途

控件类型	控件名称	主要属性设置	用途
TextBox	txtSearch	无	用于输入查询的关键字
DropDownList	ddlCondition	无	用于选择查询条件
GridView	gvTeacherInfo	AllowPaging 属性设为"True"；PageSize 属性设为"6"；AutoGenerateColumns 属性设为"False"；Onpageindexchanging 属性设为"gvTeacherInfo_PageIndexChanging"；Onrowcommand 属性设为"gvTeacherInfo_RowCommand"	显示教师信息
Button	btnSearch	无	“提交”按钮
	btnCheckAll	无	“查看全部”按钮

(3) 接下来实现按条件搜索教师功能，单击 DropDownList 控件右上方的三角形，选择“编辑项”，添加 3 个成员，如图 8-12 所示。单击“添加”按钮分别将属性 Text 和 Value 设为教师号、tno，教师名、tname，教师系别、tdept。

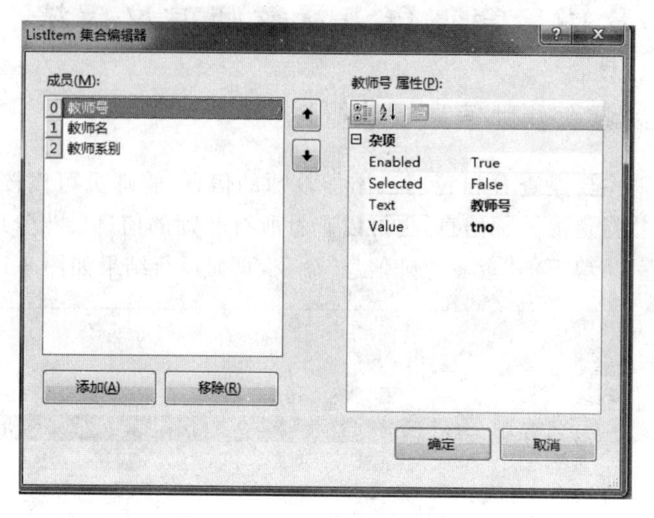

图 8-12 DropDownList 编辑项

2. 代码实现

(1) 管理员查看教师信息模块主要使用 GridView 控件，运行系统时，系统把教师的信息绑定到 GridView 控件进行显示。具体代码实现如下：

```
protected void Page_Load(object sender, EventArgs e)
{
    if (!IsPostBack)
    {
        gvTeacherInfoBind();
    }
}
protected void gvTeacherInfoBind()
{
    string sql="select * from tbTeacher ";
    DataTable dt=DBBase.GetDataTable(sql);
    gvTeacherInfo.DataSource=dt;
    gvTeacherInfo.DataBind();
}
```

(2) 在搜索框中输入搜索条件，单击“查询”按钮，就可以完成按条件查询教师了，具体代码实现如下：

```
protected void btnSearch_Click(object sender, EventArgs e)
{
```

```
    SearchTeacher();
}
protected void SearchTeacher()
{
    string strWhere="";
    string sql="";
    //如果查询文本框不为空
    if (txtSearch.Text.ToString().Trim() !="")
    {
        strWhere =ddlCondition.SelectedValue.ToString().Trim()
                +"='" +txtSearch.Text.ToString().Trim() +"'";
        strWhere="where " +strWhere;
    }
    //按教师编号、教师姓名或者教师系别查询课程
    sql="select * from tbTeacher " +strWhere;
    DataTable dt=new DataTable();
    dt=DBBase.GetDataTable(sql);
    gvTeacherInfo.DataSource=dt;
    gvTeacherInfo.DataBind();
}
```

(3) 单击“查询全部”,即可查询所有教师信息,具体代码实现如下:

```
protected void btnCheckAll_Click(object sender, EventArgs e)
{
    gvTeacherInfoBind();
}
```

(4) 分页功能的具体代码实现如下:

```
protected void gvTeacherInfo_PageIndexChanging(object sender, GridViewPageEventArgs e)
{
    gvTeacherInfo.PageIndex=e.NewPageIndex;
    gvTeacherInfoBind();
}
```

8.13 管理员更新教师信息

8.13.1 管理员更新教师信息模块概述

该模块的功能主要是更新已添加的教师的信息,管理员可以对指定的教师信息进行修改,页面运行结果如图 8-13 所示。

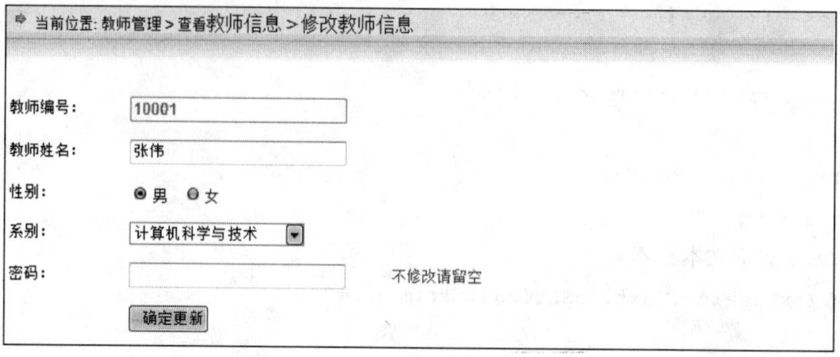

图 8-13　更新教师信息

8.13.2　管理员更新教师信息模块具体实现

1. 设计步骤

(1) 在 admin 文件夹中添加新页并将页面命名为 teacherEdit. aspx。

(2) 在本页面添加的主要控件如表 8-12 所示。

表 8-12　teacherEdit. aspx 页面中主要控件的属性设置及其用途

控件类型	控件名称	主要属性设置	用　途
TextBox	txtNumber	无	用于输入教师编号
	txtName	无	用于输入教师姓名
	txtdept	无	用于输入教师系别
RequiredFieldValidator	valrTno	ErrorMessage 属性设为"请输入教师编号";ControlToValidate 属性设为"txtNumber"	验证教师编号是否为空
	valrTname	ErrorMessage 属性设为"请输入教师姓名";ControlToValidate 属性设为"txtName"	验证教师姓名是否为空
RadioButton	rbtnSex1	Checked 设为"True";GroupName 设为"sex"	设置教师性别为男
	rbtnSex2	GroupName="sex"	设置教师性别为女
Button	btnSure	无	“提交”按钮
CompareValidator	valcDept	ErrorMessage 属性设为"必须选择一个系别";Operator 属性设为"NotEqual";ControlToValidate 属性设置为"ddlDept";ValueToCompare 属性设为"请选择系别"	验证系别
DropDownList	ddlDept	无	显示系别信息

2. 代码实现

(1) 管理员单击树形导航条的“查看教师信息”,对教师信息进行浏览。当管理员单击 Gridview 中的“查看修改”时将待修改教师的编号传递给 teacherEdit. aspx 页面,teacherEdit. aspx 接收到教师编号后,系统到数据库中查询该编号的教师信息,并将信息绑定到页面上。具体代码实现如下:

```
protected void Page_Load(object sender, EventArgs e)
{
    if (!IsPostBack)
    {
        string tno=Request.QueryString["Num"];
        DataTable dt=GetStudentBySno(tno);
        txtNumber.Text=dt.Rows[0]["tno"].ToString();
        txtName.Text=dt.Rows[0]["tname"].ToString();
        ddlDept.SelectedValue=dt.Rows[0]["tdept"].ToString();
        string tsex=dt.Rows[0]["tsex"].ToString();
        if(tsex=="女")
        {
            rbtnSex2.Checked=true;
        }
    }
}
protected DataTable GetStudentBySno(string tno)
{
    string sqlText="select * from tbTeacher where tno='"+tno+"' ";
    DataTable dt=DBBase.GetDataTable(sqlText);
    return dt;
}
```

(2) teacherEdit. aspx 页面显示教师详细信息后,管理员就能对教师信息进行一些必要的修改了。管理员编辑完教师信息后,只要单击“确认更新”就能将教师的最新信息添加到数据库了,具体代码实现如下:

```
protected void btnSure_Click(object sender, EventArgs e)
    {
        string number=txtNumber.Text.ToString().Trim();
        string name=txtName.Text.ToString().Trim();
        string sex="男";
        if (rbtnSex2.Checked)
            sex="女";
        string dept=ddlDept.SelectedValue.ToString().Trim();
        string sql="";
        string passWord="";
```

```
    if (txtPassWord.Text=="")
    {
        sql="update tbTeacher set tname='"+name +"', tsex='"+sex +"' ,
        tdept='"+dept +"' where tno='"+number +"' ";
    }
    else
    {
        passWord=Common.MD5(txtPassWord.Text.ToString().Trim());
        sql="update tbTeacher set tname='" +name +"', tsex='" +sex +"' , tdept=
        '"+dept +"' , tpwd='"+passWord +"' where tno='" +number +"' ";
    }
    //更新教师表信息
    DBBase.ExecuteSql(sql);
    Alert.ShowAndHref("修改成功!", "teacherManage.aspx");
}
```

8.14 管理员添加学生模块

8.14.1 管理员添加学生模块概述

该模块的功能主要是添加学生个人的详细信息,添加页面运行结果如图 8-14 所示。

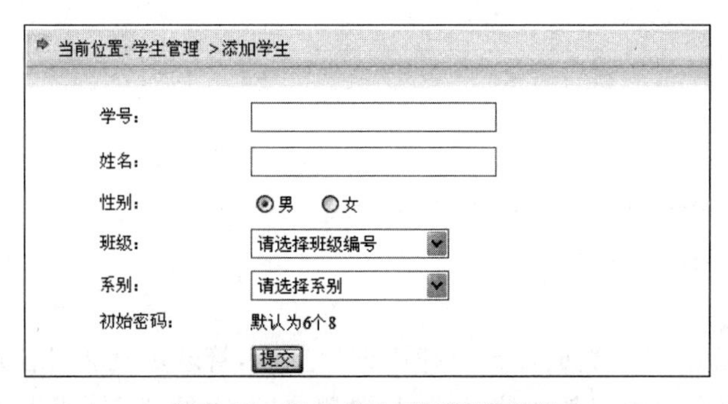

图 8-14 添加学生页面运行结果

8.14.2 管理员添加学生模块具体实现

1. 设计步骤

(1) 在 admin 文件夹下选择添加新页并将页面命名为 studentAdd. aspx。

(2) 在本页面添加的主要控件如表 8-13 所示。

(3) 在页面上编辑好控件后,只要再编辑 btnSure 按钮的 Click 事件,当用户填好信息后,单击“提交”按钮就可以添加新的学生了。

表 8-13 studentAdd.aspx 页面中主要控件的属性设置及其用途

控件类型	控件名称	主要属性设置	用途
TextBox	txtNumber	无	用于输入学生学号
	txtName	无	用于输入学生姓名
DropDownList	ddlClass	无	显示班级信息
	ddlDept	无	显示系别信息
RequiredFieldValidator	valrSno	ErrorMessage 属性设为"请输入学生学号"；ControlToValidate 属性设为"txtNumber"	验证学生学号是否为空
	valrSname	ErrorMessage 属性设为"请输入学生姓名"；ControlToValidate 属性设为"txtName"	验证学生姓名是否为空
RadioButton	rbtnSex1	Checked 设为"True"；GroupName 设为"sex"	设置学生性别为男
	rbtnSex2	GroupName 设为"sex"	设置学生性别为女
Button	btnSure	无	“提交”按钮
CompareValidator	valcClass	ErrorMessage 属性设为"请选择班级编号"；Operator 属性设为"NotEqual"；ControlToValidate 属性设置设为"ddlClass"；ValueToCompare 属性设为"请选择系别"	验证班级
CompareValidator	valcDept	ErrorMessage 属性设为"必须选择一个系别"；Operator 属性设为"NotEqual"；ControlToValidate 属性设置为"ddlDept"；ValueToCompare 属性设为"请选择系别"	验证系别

2. 代码实现

当管理员添加好新学生的信息后，单击“提交信息”按钮，页面的验证控件将对学生学号和学生姓名是否填写，学生班级和学生系别是否选择进行验证。经过前台页面的验证后，将执行 btnSure 的 Click 事件中的代码，首先系统将对新添学生的学号进行判断，如果数据库中存在与新添学号相同的记录，则不能重复添加，系统将提示“此学号已存在，不能重复添加！”，反之会提示“添加成功”。Click 事件的具体代码如下：

```
protected void btnSure_Click(object sender, EventArgs e)
{
    string number=txtNumber.Text.ToString().Trim();
    string name=txtName.Text.ToString().Trim();
    string sex="男";
    if (rbtnSex2.Checked)
```

```
    {
        sex="女";
    }
    string sclass=ddlClass.SelectedValue.ToString().Trim();
    string grade=ddlDept.SelectedValue.ToString().Trim();
    string passWord=Common.MD5("888888");
    //判断该学生是否存在
    string sql="select count(*) from tbStudent where sno='" +number +"'";
    bool state=DBBase.Exists(sql);
    if (state)
    {
        Alert.Show("此学号已存在,不能重复添加!");
    }
    else
    {
        //插入新学生。
        sql="insert into tbStudent values ('" +number +"','" +name +"','" +sex +"',
        '"+sclass +"', '" +grade +"','"+passWord +"')";
        DBBase.ExecuteSql(sql);
        Alert.ShowAndHref("添加成功!", "studentManage.aspx");
    }
}
```

8.15 管理员查看学生信息模块

8.15.1 管理员查看学生信息模块概述

该模块的功能主要是查看和管理已添加的学生的信息,管理员可以按照学生学号、学生姓名、学生系别等条件查找指定的学生信息,也可以查看所有学生的信息。当管理员单击左边导航栏中"学生管理菜单"下的"查看学生信息",页面运行结果如图 8-15 所示。

当前位置:学生管理 >查看学生信息

学号 [ ] 查询 查询全部

学号	姓名	性别	班级	系别	操作
082201	张强1	女	080821	机械设计与制造	修改 删除
082202	李四	男	080822	电子科学与技术	修改 删除
082229	王五	男	080822	计算机科学与技术	修改 删除
082230	小红	男	080825	电子科学与技术	修改 删除
082242	小军	男	080823	电子科学与技术	修改 删除
092259	小渊	男	080821	计算机科学与技术	修改 删除

图 8-15 查看学生信息页面运行结果

8.15.2 管理员查看学生信息模块具体实现

1. 设计步骤

(1) 在 admin 文件夹下选择添加新页面并将其命名为 studentManage. aspx。

(2) 在本页面添加的主要控件如表 8-14 所示。

表 8-14 studentManage. aspx 页面中主要控件的属性设置及其用途

控件类型	控件名称	主要属性设置	用途
TextBox	txtSearch	无	用于输入查询的关键字
DropDownList	ddlCondition	无	用于选择查询条件
GridView	gvStudentInfo	AllowPaging 属性设为"True";PageSize 属性设为"6"	显示学生信息
Button	btnSearch	无	"查询"按钮
	btnSearchAll	无	"查询全部"按钮

首先介绍最上面的按条件搜索学生功能。单击 DropDownList 控件的右上方的三角形,选择"编辑项",添加三个成员,如图 8-16 所示。单击"添加"按钮,分别将属性 Text 和 Value 设为学号、sno,学生姓名、sname,学生系别、sdept。

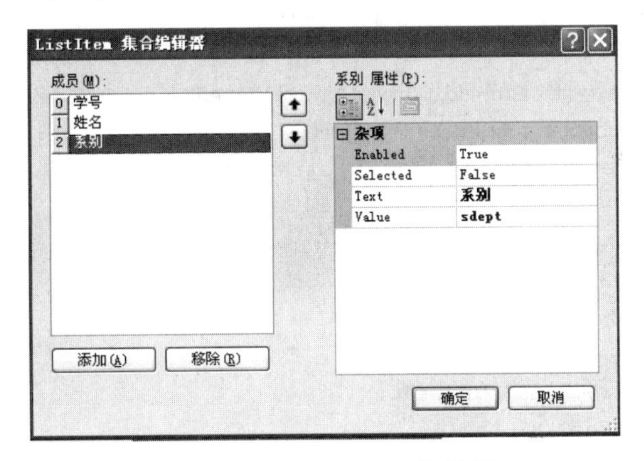

图 8-16 DropDownList 编辑项

2. 代码实现

(1) 当管理员单击导航条上"查看学生信息",跳转到 studentMange. aspx 页面,系统到数据库中查询所有学生信息,将信息绑定到页面。代码如下:

```
protected void Page_Load(object sender, EventArgs e)
{
    if (!IsPostBack)
    {
        ViewState["whereCondition"]="";
```

```
            gvStudentInfoBind();
        }
    }
    protected void gvStudentInfoBind()
    {
        string sql="select * from tbStudent ";
        DataTable dt=DBBase.GetDataTable(sql);
        gvStudentInfo.DataSource=dt;
        gvStudentInfo.DataBind();
    }
```

(2) 单击“查询”按钮，按输入条件查询学生信息。代码如下：

```
    protected void btnSearch_Click(object sender, EventArgs e)
    {
        SearchStudent();
    }
    protected void SearchStudent()
    {
        string strWhereCondition="";
        string sql="";
        //如果查询文本框不为空
        if (txtSearch.Text.ToString().Trim() !="")
        {
            strWhereCondition=ddlCondition.SelectedValue.ToString().Trim() +"='" +
            txtSearch.Text.ToString().Trim() +"'";
            strWhereCondition="where " +strWhereCondition;
        }
        //按学生学号、姓名或者系别查询课程
        sql="select * from tbStudent " +strWhereCondition;
        DataTable dt=new DataTable();
        dt=DBBase.GetDataTable(sql);
        gvStudentInfo.DataSource=dt;
        gvStudentInfo.DataBind();
    }
```

(3) gvStudentinfo 的属性设定可以参照第 7 章有关 Gridview 数据控件应用的内容，其主要代码如下：

```
    protected void gvStudentInfo_RowCommand(object sender, GridViewCommandEventArgs e)
    {
        string sno=e.CommandArgument.ToString();
        string type=e.CommandName.ToString();
        string sql="";
        if (type=="edit")
        {
            //传值 Num,编辑学生信息
```

```
        Response.Redirect("studentEdit.aspx?Num=" +sno +" ");
    }
    if (type=="dlt")
    {
        //根据学号删除学生
        sql="delete from tbStudent where sno='" +sno +"'";
        DBBase.ExecuteSql(sql);
        gvStudentInfoBind();
    }
}
```

(4) 下面是分页代码：

```
protected void gvStudentInfo_PageIndexChanging(object sender, GridViewPageEventArgs e)
{
    gvStudentInfo.PageIndex=e.NewPageIndex;
    gvStudentInfoBind();
}
```

(5) 查询所有学生的代码如下：

```
protected void btnCheckAll_Click(object sender, EventArgs e)
{
    gvStudentInfoBind();
}
```

8.16 管理员更新学生信息模块

8.16.1 管理员更新学生信息模块概述

该模块的功能主要是管理已添加的学生的信息，管理员可以按选择的条件找到需要修改信息的学生。当管理员单击 studentManage. aspx 页面中的“查看学生信息”→“修改学生信息”时，页面将跳转到 studentEdit. aspx 页面，如图 8-17 所示，管理员可以对该学生信息进行更新。

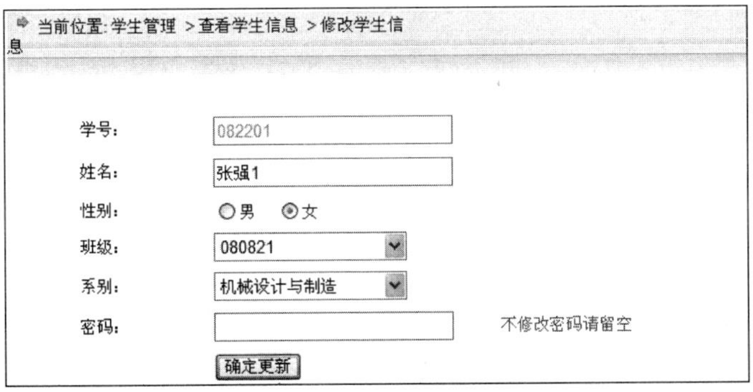

图 8-17 修改学生信息页面运行结果

8.16.2 管理员更新学生信息模块具体实现

1. 设计步骤

在 admin 文件夹中选择添加新页面并将其命名为 studentEdit. aspx。在本页面添加的主要控件如表 8-15 所示。

表 8-15 studentEdit. aspx 页面中主要控件的属性设置及其用途

控件类型	控件名称	主要属性设置	用途
TextBox	txtNumber	无	用于输入课程编号
	txtName	无	用于输入课程名
	txtCredit	无	用于输入课程学分
	txtIntroduction	TxtMode 属性设为 MultiLine	用于输入课程介绍
RequiredFieldValidator	valrCno	ErrorMessage 属性设为"请输入课程编号";ControlToValidate 属性设为 txtNumber	验证课程编号是否为空
	valrCname	ErrorMessage 属性设为"请输入课程名"; ControlToValidate 属性设为 txtName	验证课程名是否为空
	valrCcredit	ErrorMessage 属性设为"请输入该课程学分";ControlToValidate 属性设为 txtCredit	验证课程学分是否为空
CompareValidator	valcTno	ErrorMessage 属性设为"必须选择一个任课教师编号";ControlToValidate 属性设为 ddlTno	验证任课教师编号
RangeValidator	valgCcredit	ErrorMessage 属性设为"学分要在 0～10 之间"; Display 属性设为 Dynamic ; ControlToValidate 属性设置为 txtCredit; MaximumValue 属性设置为 10; MinimumValue 属性设置为 0. 1; Type 属性设置为 Double	验证学分是否在 0～10 之间
DropDownList	ddlTno	无	显示任课教师编号信息
Button	btnSure	Text 属性设置为"提交"	"提交"按钮

2. 代码实现

(1) 当管理员单击 studentManage. aspx 页面的选中学生的"修改"按钮时,将待修改学生的学号传递给 studentEdit. aspx 页面,studentEdit. aspx 接收到学生学号后,系统到数据库中查询该学号的学生信息,并将信息绑定到页面上。代码如下:

```
protected void Page_Load(object sender, EventArgs e)
{
    if (!IsPostBack)
    {
        string sno=Request.QueryString["Num"];
        //取出 DataTable
        DataTable dt=GetStudentBySno(sno);
        txtNumber.Text=dt.Rows[0]["sno"].ToString();
        txtName.Text=dt.Rows[0]["sname"].ToString();
        ddlClass.SelectedValue=dt.Rows[0]["sclass"].ToString();
        ddlDept.SelectedValue=dt.Rows[0]["sdept"].ToString();
        string ssex=dt.Rows[0]["ssex"].ToString().Trim();
        if ( ssex=="女")
        {
            rbtnSex2.Checked=true;
        }
    }
}
protected DataTable GetStudentBySno(string sno)
{
    //根据学号取出学生信息记录
    string sql="select * from tbStudent where sno='" +sno +"'";
    DataTable dt=DBBase.GetDataTable(sql);
    return dt;
}
```

(2) 页面显示学生详细信息后，管理员就能对学生信息进行一些必要的修改了。管理员编辑完学生信息后，只要单击“确认更新”按钮，就能将学生的最新信息添加到数据库了。具体代码实现如下：

```
protected void btnSure_Click(object sender, EventArgs e)
{
    string number=txtNumber.Text.ToString().Trim();
    string name=txtName.Text.ToString().Trim();
    string sex="男";
    if (rbtnSex2.Checked)
        sex="女";
    string sclass=ddlClass.SelectedValue.ToString().Trim();
    string dept=ddlDept.SelectedValue.ToString().Trim();
    string sql="";
    string passWord="";
    //如果不填密码则不修改密码
    if (txtPassWord.Text=="")
    {
        sql="update tbStudent set sname='"
```

```
                +name +"', ssex='"
                +sex +"' , sclass='"
                +sclass +"' , sdept='"
                +dept +"'  where sno='"
                +number +"' ";
        }
        else
        {
            passWord=Common.MD5(txtPassWord.Text.ToString().Trim());
            sql="update tbStudent set sname='"
                +name +"', ssex='"
                +sex +"' , sclass='"
                +sclass +"' , sdept='"
                +dept +"' , spwd='"
                +passWord +"' where sno='" +number +"' ";
        }
        DBBase.ExecuteSql(sql);
        Alert.ShowAndHref("修改成功!", "studentManage.aspx");
        }
```

8.17 管理员添加课程

8.17.1 管理员添加课程模块概述

该模块的功能主要是添加课程的详细信息,添加页面运行结果如图 8-18 所示。

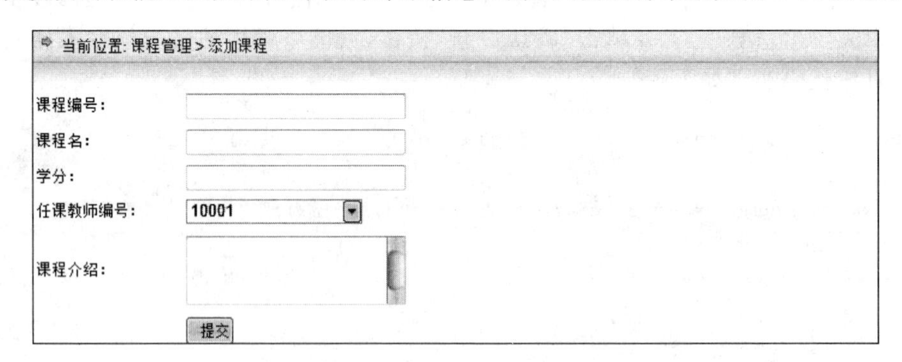

图 8-18 添加课程页面运行结果

8.17.2 管理员添加课程模块具体实现

1. 设计步骤

(1) 在 admin 文件夹中添加新页面并将其命名为 courseAdd. aspx。

(2) 在本页面添加的主要控件如表 8-16 所示。

表 8-16 courseAdd. aspx 页面中主要控件的属性设置及其用途

控件类型	控件名称	主要属性设置	用途
TextBox	txtNumber	无	用于输入课程编号
	txtName	无	用于输入课程名
	txtCredit	无	用于输入课程学分
	txtIntroduction	TxtMode 属性设为"MultiLine"	用于输入课程介绍
RequiredFieldValidator	valrCno	ErrorMessage 属性设为"请输入课程编号";ControlToValidate 属性设为"txtNumber"	验证课程编号是否为空
	valrCname	ErrorMessage 属性设为"请输入课程名"; ControlToValidate 属性设为"txtName"	验证课程名是否为空
	valrCcredit	ErrorMessage 属性设为"请输入该课程学分";ControlToValidate 属性设为"txtCredit"	验证课程学分是否为空
	valrCtname	ErrorMessage 属性设为"必须选择一个任课教师编号";ControlToValidate 属性设为"ddlTno"	验证任课教师编号
RangeValidator	valgCcredit	ErrorMessage 属性设为"学分要在0～10 之间"; Display 属性设为"Dynamic" ;ControlToValidate 属性设置为" txtCredit"; MaximumValue 属性设置为"10";MinimumValue 属性设置为"0. 1";Type 属性设置为"Double"	验证学分是否在0～10 之间
DropDownList	ddlTno	无	显示任课教师编号信息
Button	btnSure	Text 属性设置为"提交"	"提交"按钮

2. 代码实现

当管理员添加好新课程的信息后,单击"提交"按钮,页面的验证控件将对课程编号、课程名和学分是否填写,任课教师编号是否选择以及学分是否在 0～10 之间进行验证。经过前台页面的验证后,将执行 btnSure 的 Click 事件中的代码,首先系统将对新添课程的课程编号进行判断,如果数据库中存在与新添课程编号相同的记录,则不能重复添加,系统将提示"此课程号已存在!",反之会提示"添加成功"。具体代码实现如下:

```
protected void btnSure_Click(object sender, EventArgs e)
{
    string courseNumber=txtNumber.Text.ToString().Trim();
```

```
    string name=txtName.Text.ToString().Trim();
    string credit=txtCredit.Text.ToString().Trim();
    string teacherNumber=ddlTno.SelectedValue.ToString().Trim();
    string introduction=txtIntroduction.Text.ToString().Trim();
    string sql="select count(*) from tbCourse where cno='" +courseNumber +"'";
    bool tag=DBBase.Exists(sql);
    if (tag)
    {
        Alert.Show("此课程号已存在!");
    }
    else
    {
        sql="insert into tbCourse(cno,cname,ccredit,cdescribe,tno) values ('"
            +courseNumber +"','" +name +"','" +credit +"','"
            +introduction +"','" +teacherNumber +"')";
        DBBase.ExecuteSql(sql);
        Alert.ShowAndHref("添加成功!", "courseManage.aspx");
    }
}
```

8.18 管理员查看课程信息模块

8.18.1 管理员查看课程信息模块概述

该模块的功能主要是查看和管理已添加课程的信息，管理员可以按照课程号、任课老师名等条件查找指定的课程信息，也可以查看所有课程的信息。当管理员单击左边导航栏中“课程管理”菜单下的“查看课程信息”，页面运行结果如图 8-19 所示。

当前位置：课程管理 > 查看课程信息

课程号 ▼ [查询] [查询全部]

课程号	课程名	学分	任课老师	操作
10002	高等数学	4	张伟	查看修改 删除
10009	汇编语言	2	李丽	查看修改 删除

图 8-19 查看课程信息页面运行结果

8.18.2 管理员查看课程信息模块具体实现

1. 设计步骤

(1) 在 admin 文件夹中添加新页面并将其命名为 courseManage. aspx。

(2) 在本页面添加的主要控件如表 8-17 所示。

表 8-17 courseManage.aspx 页面中主要控件的属性设置及其用途

控件类型	控件名称	主要属性设置	用途
TextBox	txtSearch	无	用于输入查询的关键字
DropDownList	ddlCondition	无	用于选择查询条件
GridView	gvTeacherInfo	AllowPaging 属性设为"True"；PageSize 属性设为"6"；AutoGenerateColumns 属性设为"False"	显示课程信息
Button	btnSearch	无	“查询”按钮
	btnSearchAll	无	“查询全部”按钮

(3) 接下来介绍最上面的按条件搜索课程功能，单击 DropDownList 控件的右上方的三角形“选择‘编辑项’”“添加两个成员”，如图 8-20 所示。单击“添加”按钮，分别将属性 Text 和 Value 设为课程号、tbCourse.cno，任课教师名、tbTeacher.tname。

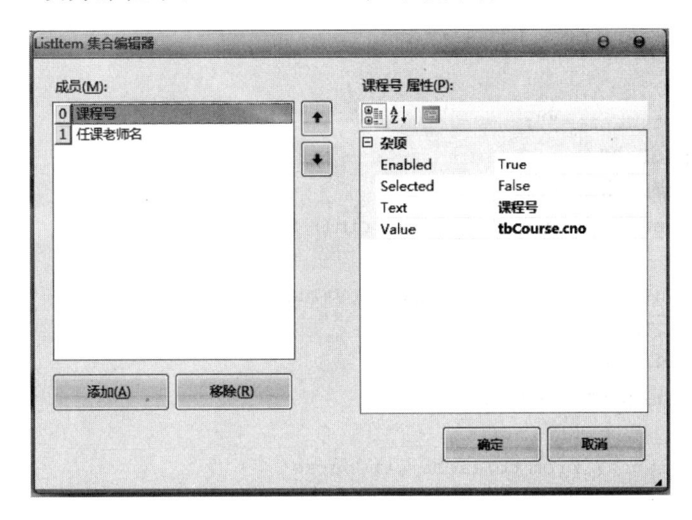

图 8-20 DropDownList 编辑项

2. 代码实现

(1) 管理员查看课程信息模块主要使用 GridView 控件，运行系统时，系统把课程的信息绑定到 GridView 控件进行显示。具体代码实现如下：

```
protected void Page_Load(object sender, EventArgs e)
{
    if (!IsPostBack)
    {
        gvCourseInfoBind();
    }
}
protected void gvCourseInfoBind()
```

```
{
    //查询课程和教师表,绑定教师名
    string sql =" select  *  from tbCourse, tbTeacher  " +" where tbCourse. tno =
    tbTeacher.tno";
    DataTable dt=DBBase.GetDataTable(sql);
    //获取对象,数据绑定控件从该对象中检索数据项列表
    gvCourseInfo.DataSource=dt;
    gvCourseInfo.DataBind();
}
```

(2) 在搜索框中输入搜索条件,单击"查询"按钮,就可以完成按条件查询课程了。具体代码实现如下:

```
protected void btnSearch_Click(object sender, EventArgs e)
{
    SearchCourse();
}
protected void SearchCourse()
{
    string strWhere="";
    string sql="";
    //如果查询文本框不为空
    if (txtSearch.Text.ToString().Trim() !="")
    {
        strWhere= ddlCondition.SelectedValue.ToString().Trim()+"='" +txtSearch.
        Text.ToString().Trim() +"'";
        //查询条件
        strWhere=" and " +strWhere;
    }
    sql="select * from tbTeacher,tbCourse"
        +"where tbCourse.tno=tbTeacher.tno"
        +strWhere;
    DataTable dt=new DataTable();
    dt=DBBase.GetDataTable(sql);
    gvCourseInfo.DataSource=dt;
    gvCourseInfo.DataBind();
}
```

(3) 单击"查询全部"按钮,即可查询所有课程信息。具体代码实现如下:

```
protected void btnSearchAll_Click(object sender, EventArgs e)
{
    gvCourseInfoBind();
}
```

(4) 分页具体代码如下:

```
protected void gvCourseInfo_PageIndexChanging(object sender, GridViewPageEventArgs e)
```

```
{
    gvCourseInfo.PageIndex=e.NewPageIndex;
    gvCourseInfoBind();
}
```

8.19 管理员更新课程信息模块

8.19.1 管理员更新课程信息模块概述

该模块的功能主要是管理已添加课程的信息，管理员可以对指定的课程信息进行修改，页面运行结果如图 8-21 所示。

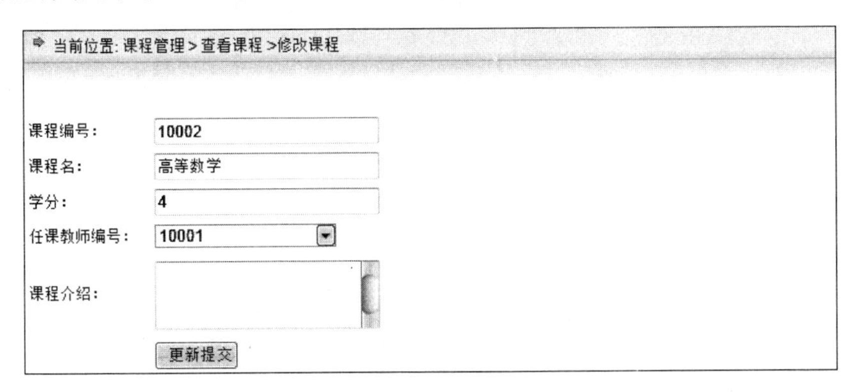

图 8-21 修改课程信息页面运行结果

8.19.2 管理员更新课程信息模块具体实现

1. 设计步骤

(1) 在 admin 文件夹中添加新页面并将其命名为 courseEdit.aspx。

(2) 在本页面添加的主要按钮如表 8-18 所示。

表 8-18 courseEdit.aspx 页面中主要控件的属性设置及其用途

控件类型	控件名称	主要属性设置	用途
TextBox	txtNumber	无	用于输入课程编号
	txtName	无	用于输入课程名
	txtCredit	无	用于输入课程学分
	txtIntroduction	TxtMode 属性设为 MultiLine	用于输入课程介绍
RequiredFieldValidator	valrCno	ErrorMessage 属性设为"请输入课程编号";ControlToValidate 属性设为 txtNumber	验证课程编号是否为空

续表

控件类型	控件名称	主要属性设置	用途
RequiredFieldValidator	valrCname	ErrorMessage属性设为"请输入课程名";ControlToValidate属性设为txtName;	验证课程名是否为空
	valrCcredit	ErrorMessage属性设为"请输入该课程学分";ControlToValidate属性设为txtCredit	验证课程学分是否为空
CompareValidator	valcTno	ErrorMessage属性设为"必须选择一个任课教师编号";ControlToValidate属性设为ddlTno	验证任课教师编号是否未选择
RangeValidator	valgCcredit	ErrorMessage属性设为"学分要在0～10之间";Display属性设为Dynamic;ControlToValidate属性设置为txtCredit;MaximumValue属性设置为10;MinimumValue属性设置为0.1;Type属性设置为Double	验证学分是否在0～10之间
DropDownList	ddlTno	无	显示任课教师编号信息
Button	btnSure	Text属性设置为"更新提交"	提交按钮

2. 代码实现

(1) 管理员单击树状导航条的“查看课程信息”,完成对课程信息的浏览。当管理员单击 Gridview 中的“修改”时将待修改课程的编号传递给 courseEdit. aspx 页面,courseEdit. aspx 接收到课程编号后,系统到数据库中查询该编号的课程信息,并将信息绑定到页面上。具体代码实现如下:

```
protected void Page_Load(object sender, EventArgs e)
{
    if (!IsPostBack)
    {
        string cno=Request.QueryString["Num"].ToString();
        DataTable dt=GetCourseCno(cno);
        txtNumber.Text=dt.Rows[0]["cno"].ToString();
        txtName.Text=dt.Rows[0]["cname"].ToString();
        txtCredit.Text=dt.Rows[0]["ccredit"].ToString();
        txtIntroduction.Text=dt.Rows[0]["cdescribe"].ToString();
        //调用函数绑定教师编号到 DropDownList 控件
        BindTecaherNumber();
        ddlTno.SelectedValue=dt.Rows[0]["tno"].ToString();
    }
```

```
}
protected DataTable GetCourseCno(string cno)
{
    string sql="select * from tbCourse where cno='" +cno +"'";
    DataTable dt=DBBase.GetDataTable(sql);
    return dt;
}
```

(2) 页面显示课程详细信息后,管理员就能对课程信息进行一些必要的修改了。管理员编辑完课程信息后,只要单击“更新提交”按钮就能将课程的最新信息添加到数据库了。具体代码实现如下:

```
protected void btnSure_Click(object sender, EventArgs e)
{
    string number=txtNumber.Text.ToString().Trim();
    string name=txtName.Text.ToString().Trim();
    string credit=txtCredit.Text.ToString().Trim();
    string tno=ddlTno.SelectedValue.ToString().Trim();
    string describe=txtIntroduction.Text.ToString().Trim();
    string sql ="update tbCourse set cname='" +name +"',Ccredit='"
              +credit +"' , tno='" +tno +"' , cdescribe='" +describe
              +"' where cno='" +number +"' ";
    //更新课程信息
    DBBase.ExecuteSql(sql);
    Alert.ShowAndHref("修改成功!", "courseManage.aspx");
}
```

8.20 学生登录模块

8.20.1 学生登录模块概述

学生是选课系统的使用者之一,在本系统中,学生能够执行选课、退课、查看成绩信息和查看课程信息的功能,同时学生还能对自己的密码进行修改。

管理员已添加了学生的学号,并将初始密码设为888888,学生只有通过自己的学号和密码才能准确无误地进入到选课系统。学生在登录后可自行修改密码,确保自己的选课信息不外泄。登录页面要实现的主要功能有防止暴力破解程序的不断尝试登录、MD5加密以及防止SQL注入式攻击。学生登录页面的运行结果如图8-22所示。

8.20.2 学生登录模块具体实现

1. 设计步骤

(1) 在student文件夹下添加新页面并将其命名为studentLogin.aspx作为学生的

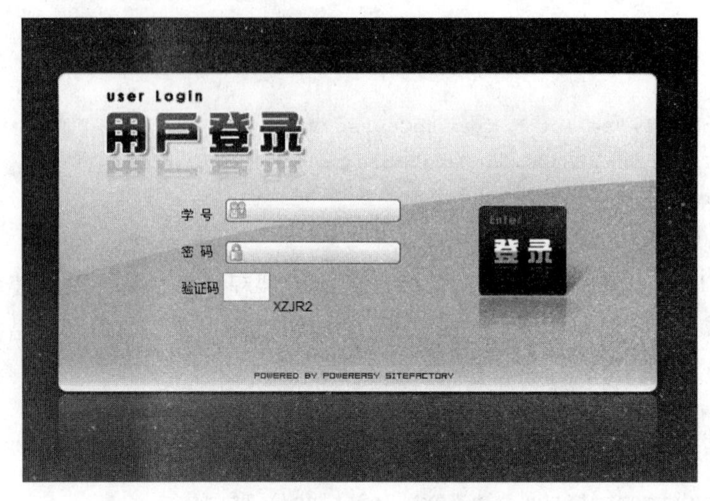

图 8-22　学生登录页面

登录页面。

(2) 学生登录页面的主要控件属性设置及用途如表 8-19 所示。

表 8-19　studentLogin. aspx 页面中主要控件的属性设置及其用途

控件类型	控件名称	主要属性设置	用　　途
TextBox	txtUserId	无	用于输入学号
	txtPassword	TextMode 属性设为"Password"	用于输入学生密码
	txtCheckcode	无	用于输入验证码
ImageButton	ibtnLogin	无	提交的图片按钮
Label	lblcheckCode	无	用于显示验证码
	lblMessage	无	用于显示学号、密码和验证码是否正确
RequiredFieldValidator	valrUserName	ErrorMessage 属性设为"学号为空"; ControlToValidate 属性设为"txUserId"	验证学号是否为空
	valrPwd	ErrorMessage 属性设为"密码为空"; ControlToValidate 设为"txtPassword"	验证密码是否为空
	valrCheckCode	ErrorMessage 属性设为"验证码为空";ControlToValidate 属性设为"txtCheck"	验证验证码是否为空

2. 代码实现

(1) 当学生用户跳转到登录页面时，网站会自动加载登录页面的信息，生成验证码。生成验证码的代码如下：

```
protected void Page_Load(object sender, EventArgs e)
{
    if (!IsPostBack)
    {
        //生成验证码
        lblCheckCode.Text=RandomImg.GenerateCheckCode();
    }
}
```

(2) 当学生用户填写完登录信息后，可以单击“登录”按钮，在触发 ibtnLogin_Click 事件下，首先判断该学生是否输入了合法的信息，如果输入的信息合法，则进入网站后台，否则弹出对话框，提示学生学号、密码或验证码错误。其代码如下：

```
protected void ibtnLogin_Click(object sender, ImageClickEventArgs e)
{
    //调用函数判断用户的登录信息
    CheckLoginInformation();
}
protected void CheckLoginInformation()
{
    string checkCode=lblCheckCode.Text.ToString().Trim();
    string userCheckCode=txtCheckcode.Text.ToUpper().ToString().Trim();
    if (userCheckCode==checkCode)
    //判断用户输入的验证码和系统生成的验证码是否相同
    {
        SqlParameter[] parameters={
        new SqlParameter("@sno", SqlDbType.VarChar, 20),
        new SqlParameter("@spwd", SqlDbType.VarChar, 50) };
        parameters[0].Value=this.txtUserId.Text.ToString().Trim();/
        /用登录名给参数赋值
        parameters[1].Value=Common.MD5(this.txtPassword.Text.ToString().Trim());
        //调用 DBBase 使用存储过程
        DataTable dt=DBBase.RunProcedureDatatable("loginStudent",parameters);
        int count=Convert.ToInt32(dt.Rows[0][0]);
        //若 count 为 1 则登录成功,为 0 则失败
        if (count==1)
        //判断用户帐号和密码是否存在
        {
            Session["sno"]=this.txtUserId.Text.ToString().Trim();
            Response.Redirect("studentIndex.aspx");
        }
        else
        {
            lblMessage.Text="学号或者密码错误!";
            return;
        }
    }
```

```
        else
        {
            lblMessage.Text="验证码不正确!";
            return;
        }
    }
```

8.21 学生登录首页

8.21.1 学生登录首页概述

当学生用户成功通过学号认证后，就自动跳到学生选课系统首页，如图 8-23 所示。

图 8-23　学生登录首页页面

8.21.2 学生登录首页具体实现

设计步骤如下：

(1) 在 student 文件夹下，选择添加新页面并将其命名为 studentIndex.aspx。

(2) 在 studentIndex.aspx 窗体中添加 TreeView 控件，并将其命名为 TreeView1，选定 TreeView1 控件，单击其右上角的小三角形，然后选择“编辑节点”，如图 8-24 所示。

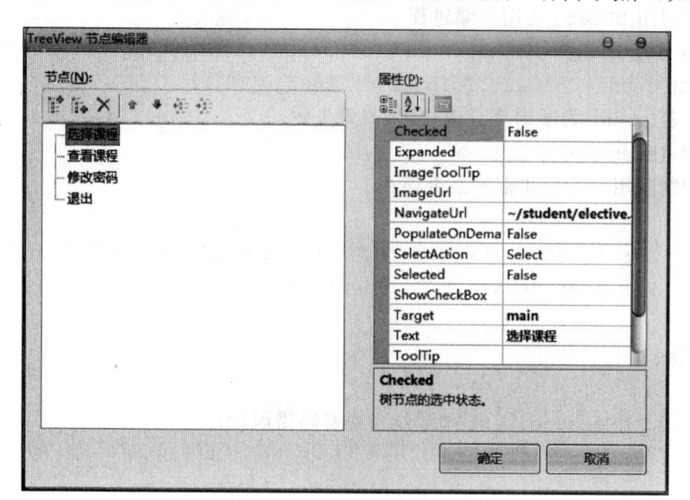

图 8-24　编辑 TreeView 节点

例如,选择课程节点的 NavigateUrl 设置为 student/elective. aspx,Target 属性设为 main,表示单击选择课程节点时将 elective. aspx 显示在 id 为 main 的 iframe 中。

其他节点的 NavigateUrl 和 Target 属性如表 8-20 所示。

表 8-20 TreeView 控件的属性设置

节点名	NavigateUrl	Target
选择课程	~/student/elective. aspx	main
查看课程	~/student/checkCourse. aspx	main
修改密码	~/student/modifyPwd. aspx	main
退出	index. aspx	为空

学生首页页面主要控件的属性设置及用途如表 8-21 所示。

表 8-21 studentIndex. aspx 页面中主要控件的属性设置及其用途

控件类型	控件名称	主要属性设置	控件用途
TreeView	TreeView1	见表 8-7	树形导航条

8.22 学生选课模块

8.22.1 学生选择课程模块概述

学生是整个系统的重要角色,也是主要的使用者和服务对象,当学生登录选课系统成功后,主界面如图 8-23 所示,学生就可以通过本选课系统很方便地查看课程信息以及任课老师资料。学生可以根据课程号、课程名和教师名查询目标课程。当用户查询到需要的课程后,只要单击课程信息列表每一行末尾的"选择课程"按钮,就可以完成对该门课程的选择。用户可以单击菜单中的"查看课程",刚才选择的课程就出现在已选择课程表中了。该过程中的运行界面如图 8-25~图 8-27 所示。

图 8-25 选课系统学生主界面

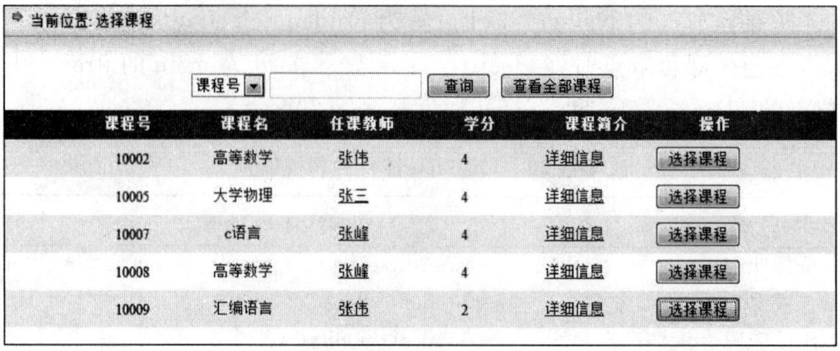

当前位置:选择课程
课程号
查询
查看全部课程
课程号 课程名 任课教师 学分 课程简介 操作
10002 高等数学 张伟 4 详细信息 选择课程
10005 大学物理 张三 4 详细信息 选择课程
10007 c语言 张峰 4 详细信息 选择课程
10008 高等数学 张峰 4 详细信息 选择课程
10009 汇编语言 张伟 2 详细信息 选择课程

图 8-26　选课界面

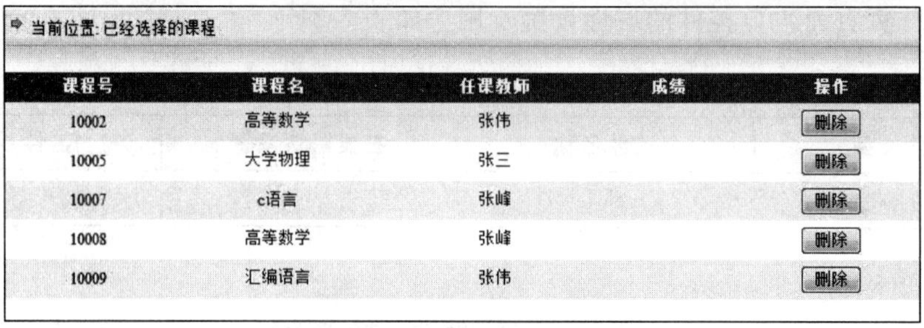

当前位置:已经选择的课程
课程号 课程名 任课教师 成绩 操作
10002 高等数学 张伟 删除
10005 大学物理 张三 删除
10007 c语言 张峰 删除
10008 高等数学 张峰 删除
10009 汇编语言 张伟 删除

图 8-27　选课后课程列表

8.22.2　学生选课模块具体实现

1. 设计步骤

(1) 在 student 文件夹下添加新页面并将其命名为 elective. aspx，在这个页面中拖放一个 DropDownList 控件并命名为 ddlcondition，主要用于提供查询课程的条件。然后，单击 DropDownList 控件右上方的三角形图标按钮，在弹出的快捷菜单中选择“编辑项”选项，如图 8-28 所示。

asp:DropDownList#ddlcondition
课程号
DropDownList 任务
选择数据源...
编辑项...
启用 AutoPostBack
查看全部课程
课程号 课程名 学分 课程简介 操作
数据绑定 详细信息 选择课程

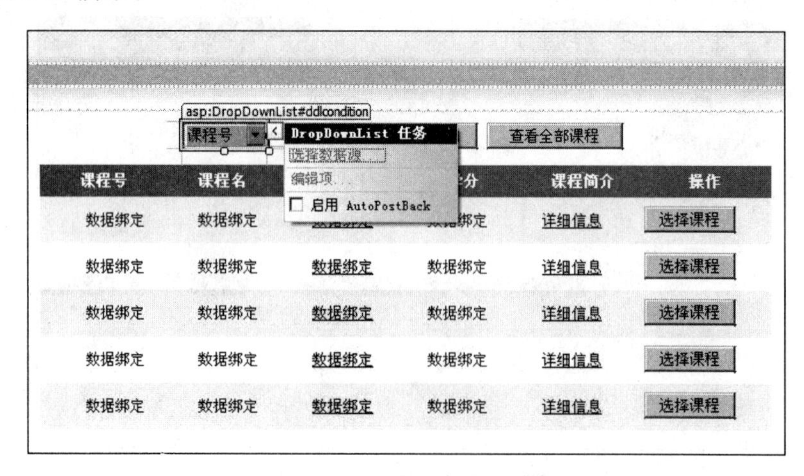

图 8-28　单击三角形图标按钮

(2) 此时将打开一个"集合编辑器"对话框,添加 3 个成员,将 Text 分别命名为课程号、课程名、教师名,将 Value 分别命名 cno、cname、tname。如图 8-29 所示。

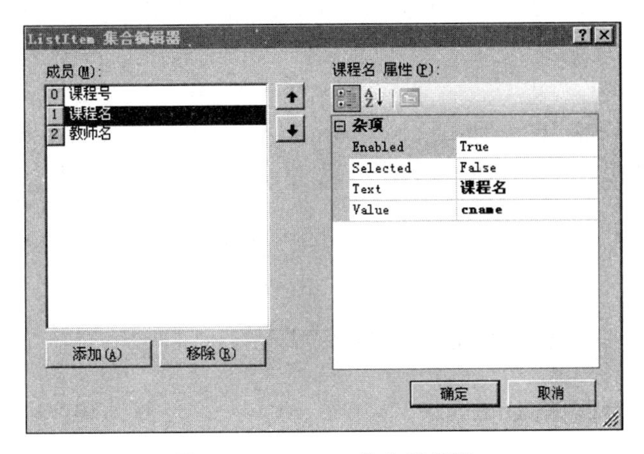

图 8-29 ListItem 集合编辑器

该页面涉及的主要控件的属性及其用途如表 8-22 所示。

表 8-22 elective. aspx 页面中主要控件的属性设置及其用途

控 件 类 型	控 件 名 称	主要属性设置	用 途
DataList	dlstCourse		显示所有课程信息
DropDownList	ddlCondition		选择搜索课程条件
TextBox	txtSearch	无	输入查询条件
Button	btnSearch	无	根据条件显示课程
	btnCheckAll	无	显示所有课程

2. 代码实现

(1) 在选课模块中,首先要显示课程信息,学生根据自己的需求去选择课程。要把课程信息绑定到 dlstCourse 上,具体代码如下:

```
protected void Page_Load(object sender, EventArgs e)
{
    if (!IsPostBack)
    {
        dlstCourseBind();                //把开课信息绑定到 dlstCourse 上
    }
}
protected void dlstCourseBind()
{
    string sql ="select * from tbCourse,tbTeacher where "
            +"tbCourse.tno=tbTeacher.tno order by cno asc";
```

```
        DataTable dt=new DataTable();
        dt=DBBase.GetDataTable(sql);
        dlstCourse.DataSource=dt;
        dlstCourse.DataBind();
    }
```

(2) 学生可以单击"查询"按钮,触发 btnSearch_Click 事件通过课程号、课程名和教师名进行课程查询,具体代码如下:

```
protected void btnSearch_Click(object sender, EventArgs e)
{
    SearchCourse();
    //按照课程号、课程名或者任课教师名查询指定课程
}
protected void SearchCourse()
{
    string strWhere="";
    string sql="";
    if (txtSearch.Text.ToString().Trim() !="")
    //如果查询文本框不为空
    {
        strWhere =ddlcondition.SelectedValue.ToString().Trim()
                +"='" +txtSearch.Text.ToString().Trim() +"'";
        strWhere="where " +strWhere +" and  tbCourse.tno=tbTeacher.tno ";
    }
    else
    {
        strWhere=" where  tbCourse.tno=tbTeacher.tno ";
    }
    sql="select * from tbCourse,tbTeacher "+strWhere;
    //按照课程号、课程名或者任课教师名查询课程
    DataTable dt=new DataTable();
    dt=DBBase.GetDataTable(sql);
    if (dt.Rows.Count  ==0)
    {
        Alert.Show("未找到相关课程信息!");
    }
    dlstCourse.DataSource=dt;
    dlstCourse.DataBind();
    }
```

(3) 学生单击"查看全部课程",通过触发 btnCheckAll_Click 事件可以查看到所有的课程信息,具体代码如下:

```
protected void btnCheckAll_Click(object sender, EventArgs e)
{
```

```
        dlstCourseBind();
    }
    protected void dlstCourseBind()
    {
        string sql ="select * from tbCourse,tbTeacher where "
                +"tbCourse.tno=tbTeacher.tno order by cno asc";
        DataTable dt=new DataTable();
        dt=DBBase.GetDataTable(sql);
        dlstCourse.DataSource=dt;
        dlstCourse.DataBind();
    }
```

(4) 学生单击“选择课程”按钮进行选课，如果已经选择该门课，则不能再次选择，会弹出对话框显示“你已选择了该门课程!”。具体代码如下：

```
    protected void dlstCourse_ItemCommand(object source, DataListCommandEventArgs e)
    {
        string sql="";
        //显示教师的详细信息
        if (e.CommandName=="select")
        {
            dlstCourse.SelectedIndex=e.Item.ItemIndex;
            dlstCourseBind();
        }
        if (e.CommandName=="back")
        {
            dlstCourse.SelectedIndex=-1;
            dlstCourseBind();
        }
        if (e.CommandName=="elective")
        {
            string cno=e.CommandArgument.ToString().Trim();
            string sno=Session["sno"].ToString().Trim();
            sql ="select * from tbSC where cno='"
                +cno +"'and sno='" +sno +"'";     //查看将要选的课程是否已经选过
            bool state=DBBase.Exists(sql);
            if (state)
            {
                Alert.Show("你已经选择了该门课程!");
            }
            else
            {
                sql="insert into tbSC(sno,cno) values('" +sno +"','" +cno +"')";
                //把选课信息插入 tbSC 表
                DBBase.ExecuteSql(sql);
```

```
            Alert.ShowAndHref("课程选择成功!","elective.aspx");
        }
    }
```

8.23 学生退课模块

8.23.1 学生退课模块概述

当学生选择完成课程后，可能需要退选课程。本系统根据实际情况规定：学生选择的课程只有在教师未给学生打分的情况下，学生才可以退选；一旦教师已经给学生评定了该门课程的成绩，学生不能退选该课程。退选课程界面如图 8-30 所示。

当前位置：已经选择的课程

课程号	课程名	任课教师	成绩	操作
10002	高等数学	张伟		删除
10005	大学物理	张三		删除
10007	c语言	张峰		删除
10008	高等数学	张峰		删除
10009	汇编语言	张伟		删除

图 8-30 学生退课界面

8.23.2 学生退课模块具体设计

1. 设计步骤

(1) 在 student 文件夹下添加新页面并将其命名为 checkCourse.aspx。

(2) 拖放一个 GridView 控件，将其命名为 gvsc。本页面添加的主要控件如表 8-23 所示。

表 8-23 checkCourse.aspx 页面中主要控件的属性设置及其用途

控件类型	控件名称	主要属性设置	用　　途
GridView	gvsc	AllowPaging 属性设为 True；PageSize 属性设为 6	显示学生的选课信息

2. 代码实现

(1) 首先在学生登录到 checkCourse.aspx 页面后，根据学生的学号，已绑定了数据，让学生首先看到的是自己已选择的课程信息，具体绑定课程代码如下：

```
protected void Page_Load(object sender, EventArgs e)
{
    if (!IsPostBack)
```

```
        {
            gvscBind();
        }
    }
    protected void gvscBind()
    {
        string sno=Session["sno"].ToString().Trim();
        string sql ="select * from tbSC,tbTeacher,tbCourse where sno='"
                    +sno +"' and tbTeacher.tno=tbCourse.tno and "
                    +" tbSC.cno=tbCourse.cno order by tbSC.cno asc";
        //按照学生的学号查询其已经选择的课程
        DataTable dt=new DataTable();
        dt=DBBase.GetDataTable(sql);
        gvsc.DataSource=dt;
        gvsc.DataBind();
    }
```

(2) 学生在选课后可以查询自己已选的课程的课表，如果有选错可以单击"删除"按钮将其删除，如果该课程在期末已有成绩，则不能被删除。删除已选课程的具体代码如下：

```
    protected void gvsc_RowCommand(object sender, GridViewCommandEventArgs e)
    {
        if (e.CommandName=="Del")
        {
            int scId=Convert.ToInt32(e.CommandArgument.ToString().Trim());
            string sql="select * from tbSC where scId='" +scId +"'";
            DataTable dt=new DataTable();
            dt=DBBase.GetDataTable(sql);
            if (dt.Rows[0]["grade"].ToString().Trim()=="")
            //判断此门课程的成绩是否为空
            {
                sql="delete tbSC where scId='" +scId +"' ";
                //按照 scId 删除学生已选课程
                DBBase.ExecuteSql(sql);
                gvscBind();
            }
            else
            {
                Alert.Show("该课程已有成绩,不能删除!");
            }
        }
    }
```

8.24 学生查看成绩模块

8.24.1 学生查看成绩模块概述

当学生登录选课系统,进入学生主界面后,单击菜单中的"查看课程",就可以查看自己已修课程的成绩。该过程中的运行界面如图 8-31 所示。

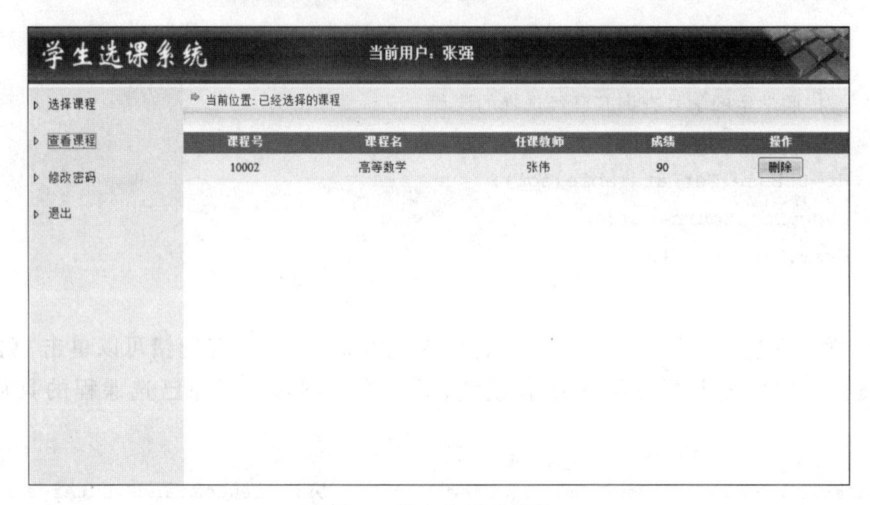

图 8-31 学生查看成绩界面

8.24.2 学生查看成绩模块具体实现

1. 设计步骤

(1) 在 student 文件夹下添加新页面并将其命名为 checkCourse. aspx。

(2) 拖放一个 GridView 控件,将其命名为 gvsc。在本页面添加的主要控件如表 8-24 所示。

表 8-24 checkCourse. aspx 页面中主要控件的属性设置及其用途

控件类型	控件名称	主要属性设置	用 途
GridView	gvsc	AllowPaging 属性设为"True";PageSize 属性设为"6"	显示学生的选课信息

2. 代码实现

学生可以在选课后查询自己的课表,其中除了课程目成绩外,还有课程号、课程名和任课老师信息。绑定已选课程的代码如下:

```
protected void Page_Load(object sender, EventArgs e)
```

```
{
    if (!IsPostBack)
    {
        gvscBind();
    }
}
protected void gvscBind()
{
    string sno=Session["sno"].ToString().Trim();
    string sql ="select * from tbSC,tbTeacher,tbCourse where sno='"
              +sno +"' and tbTeacher.tno=tbCourse.tno and "
              +" tbSC.cno=tbCourse.cno order by tbSC.cno asc";
    //按照学生的学号查询其已经选择的课程
    DataTable dt=new DataTable();
    dt=DBBase.GetDataTable(sql);
    gvsc.DataSource=dt;
    gvsc.DataBind();
}
```

8.25 学生密码修改模块

8.25.1 学生密码修改模块概述

学生可以修改自己的密码来提高个人资料的安全性，这个模块主要使用了MD5加密技术，我们在实现学生密码修改的过程中调用了公共类Common中的MD5函数，对学生输入的旧密码进行加密，系统将加密后的密文与数据库中的学生旧密码密文进行比对。如果用户输入的密文与数据库中的密文相同，则将学生的新密码进行加密，然后更新数据库中的密码信息。页面运行结果如图8-32所示。

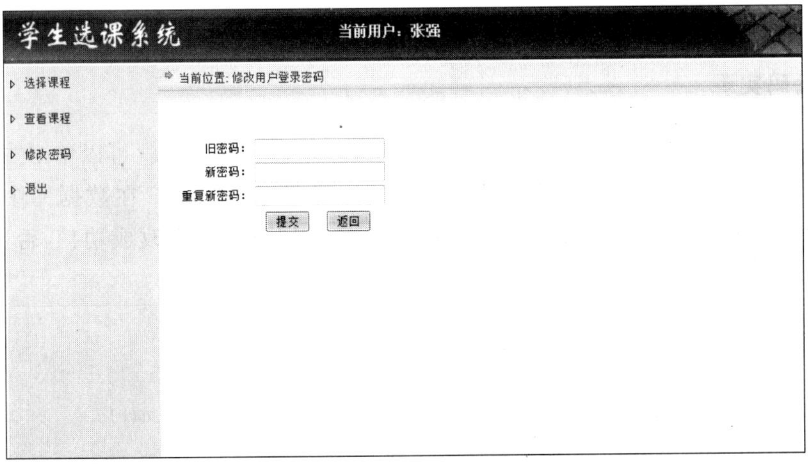

图8-32 学生密码修改界面

8.25.2 学生密码修改模块具体实现

1. 设计步骤

(1) 在 student 文件夹下添加新页面并将其命名为 modifyPwd. aspx 页面。

(2) 本页添加的主要控件如表 8-25 所示。

表 8-25 modifyPwd. aspx 页面中主要控件的属性设置及其用途

控件类型	控件名称	主要属性设置	用途
TextBox	txtOldPwd	TextMode 属性设为"Password"	用于输入旧密码
	txtNewPwd	TextMode 属性设为"Password"	用于输入新密码
RequiredFieldValidator	valrOldPwd	ErrorMessage 属性设为"不能为空"; ControlToValidate 属性设为"txtOldPwd"	验证旧密码是否为空
	NewPwd	ErrorMessage 属性设为"不能为空"; ControlToValidate 属性设为"txtNewPwd"	验证新密码是否为空
CompareValidator	valcPwd	ErrorMessage 属性设为"输入的密码前后不一致,请重新输入!"; ControlToCompare 属性设为"txtNewPwd"; ControlToValidate 属性设为"txtReNewPwd"; Display 属性设为"Dynamic"	验证两次输入的新密码是否一致
Button	btnSubmit	无	"提交"按钮
	btnBack	无	"返回"按钮

(3) 在页面上编辑好控件后,只要再编辑 btnSubmit 和 btnBack 按钮的 Click 事件,当用户填好信息后单击"提交"按钮就可以更改密码了,单击"返回"按钮则可以取消修改,返回到首页。

2. 代码实现

(1) 当学生用户填写好用户的旧密码和新密码并确认密码后就可以单击"提交"按钮提交密码信息,如果用户的旧密码 MD5 加密后的密文与学生用户在数据库中的密码的密文一致,则修改原来用户数据库中的密码为新密码,并提示"修改成功!",否则提示"你的旧密码输入错误!"。

```
protected void btnSubmit_Click(object sender, EventArgs e)
{
    string spwd=Common.MD5(txtOldPwd.Text.ToString().Trim());
    string sno=Session["sno"].ToString().Trim();
    string sql="select spwd from tbStudent where sno='"+sno +"'";
```

```
    DataTable dt=DBBase.GetDataTable(sql);
    string oldSpwd=dt.Rows[0]["spwd"].ToString();
    if (spwd==oldSpwd)
    {
        spwd=Common.MD5(txtNewPwd.Text.ToString().Trim());
        sql="update tbStudent set spwd='"+spwd+"' where sno='"+sno+"'";
        //更新用户密码
        DBBase.ExecuteSql(sql);
        Alert.ShowAndFramGo("密码修改成功并回到主页!", "studentIndex.aspx");
    }
    else
    {
        Alert.Show("你的旧密码输入错误!");
    }
}
```

(2) 单击“返回”按钮则取消修改,返回到学生首页。

```
protected void btnBack_Click(object sender, EventArgs e)
{
    Response.Redirect("main.aspx");
}
```

8.26 教师登录

8.26.1 教师登录模块概述

教师是选课系统的主要角色之一,在本系统中,教师可随时查看选课学生,查看和录入学生成绩等,同时教师可以对自己的密码进行修改。

教师登录页面是教师进入系统的唯一入口,只有教师编号和密码准确无误才能进入选课系统。本系统中,管理员已添加了教师编号,教师初始密码为888888。当教师成功登录后就可以进入选课系统进行管理和维护。登录页面要实现的主要功能有防止暴力破解程序的不断尝试登录、MD5加密、防止SQL注入式攻击。教师登录页面的运行结果如图8-33所示。

8.26.2 教师登录模块具体实现

1. 设计步骤

在teacher文件夹下添加页面teacherLogin.aspx作为教师的登录页面。教师登录页面主要控件属性设置及用途如表8-26所示。

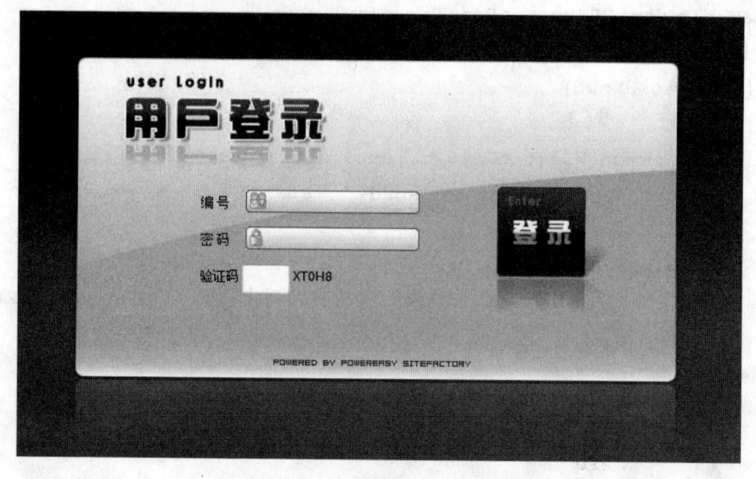

图 8-33　教师登录界面

表 8-26　teacherLogin.aspx 页面中主要控件的属性设置及其用途

控件类型	控件名称	主要属性设置	用　途
TextBox 控件	txtUserId	无	用于输入编号
	txtPassword	TextMode 属性设为"Password"	用于输入用户密码
	txtCheckCode	无	用于输入验证码
ImageButton 控件	ibtnLogin	无	提交的图片按钮
Label 控件	lblCheckCode	无	用于显示验证码
RequiredFieldValidator 控件	valrUserName	ErrorMessage 属性设为"编号为空"; ControlToValidate 属性设为"txtUserId"	验证编号是否为空
	valrPwd	ErrorMessage 属性设为"密码为空"; ControlToValidate 属性设为"txtPassword"	验证密码是否为空
	valrCheckCode	ErrorMessage 属性设为"验证码为空"; ControlToValidate 属性设为"txtCheckCode"	验证验证码是否为空

2. 代码实现

(1) 当教师用户跳转到登录页面时,网站会自动加载登录页面的信息,生成验证码。生成验证码的代码如下:

```
protected void Page_Load(object sender, EventArgs e)
{
    if (!IsPostBack)
    {
        lblCheckCode.Text=RandomImg.GenerateCheckCode();
```

```
    }
}
```

(2) 当教师填写完登录信息时，可以单击“登录”按钮，在该按钮的 Click 事件下，首先判断教师是否输入了合法的信息，如果输入的信息合法，则进入网站后台；否则弹出对话框，提示教师编号、密码或验证码错误。其代码如下：

```
protected void ibtnLogin_Click(object sender, ImageClickEventArgs e)
{
    //调用函数判断用户的登录信息
    CheckLoginInformation();
}
//验证登录信息
protected void CheckLoginInformation()
{
    string checkCode=lblCheckCode.Text.ToString().ToString().Trim();
    string userCheckCode=txtCheckcode.Text.ToUpper().ToString().Trim();
    if (userCheckCode==checkCode)
    {
        SqlParameter[] parameters={
        new SqlParameter("@tno", SqlDbType.VarChar, 20),
        new SqlParameter("@tpwd", SqlDbType.VarChar, 50)
        };
        //用登录名给参数赋值
        parameters[0].Value=this.txtUserId.Text.ToString().Trim();
        parameters[1].Value=Common.MD5(txtPassword.Text.ToString().Trim());
        //调用 DBBase 使用存储过程
        DataTable dt=DBBase.RunProcedureDatatable("loginTeacher", parameters);
        int count=Convert.ToInt32(dt.Rows[0][0]);
        //若 count 为 1 则登录成功，为 0 则失败
        if (count==1)
        {
            Session["tno"]=this.txtUserId.Text.ToString().Trim();
            Response.Redirect("teacherIndex.aspx");
        }
        else
        {
            lblMessage.Text="教师编号或者密码错误!";
            return;
        }
    }
    else
    {
        lblMessage.Text="验证码不正确!";
        return;
```

```
        }
    }
```

8.27 教师登录首页

8.27.1 教师登录首页概述

当教师登录成功后就自动跳到教师首页，如图 8-34 所示。

图 8-34 教师首页

8.27.2 教师登录首页具体实现

设计步骤如下：

(1) 在 teacher 文件夹下添加页面 teacherIndex. aspx 作为教师首页。

(2) 教师首页页面的主要控件属性设置及用途如表 8-27 所示。

表 8-27 teacherIndex. aspx 页面中主要控件的属性设置及其用途

控件类型	控件名称	主要属性设置	控 件 用 途
TreeView	TreeView1	见表 8-7	树形导航条
lable	lblUserName	无	显示当前用户名

在 teacherIndex. aspx 页面中，添加 TreeView 控件，选定 TreeView 控件，单击其右上角的小三角形，编辑 TreeView 节点，如图 8-35 所示。

例如，查看选课学生节点的 NavigateUrl 设置为 teacher/courseDetail. aspx，Target 属性设为 main，表示单击查看选课学生节点时将 courseDetail. aspx 显示在 id 为 main 的 iframe 中。其他节点的 NavigateUrl 和 Target 属性如表 8-28 所示。

表 8-28 TreeView 控件的属性设置

节 点 名	NavigateUrl	Target
查看选课学生	～/teacher/courseDetail. aspx	main
成绩管理	～/teacher/gradeManage. aspx	main
修改密码	～/teacher/modifyPwd. aspx	main
退出	～/index. aspx	为空

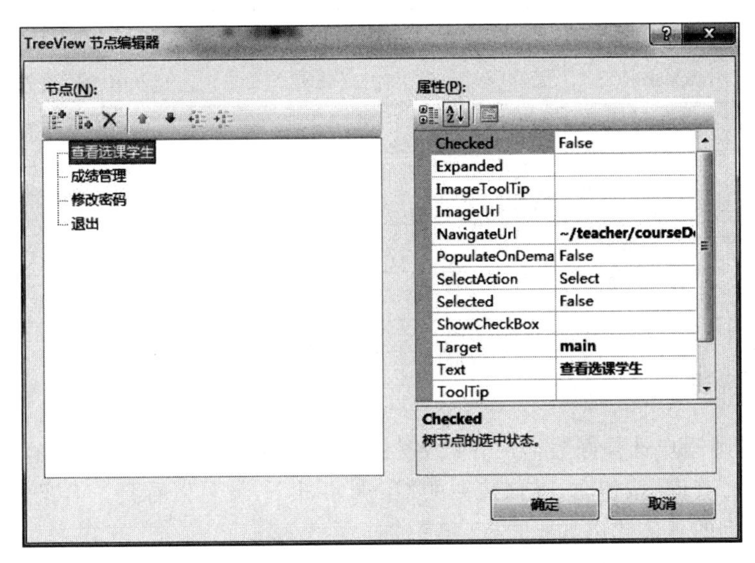

图 8-35　编辑 TreeView 节点

8.28　教师查看选课学生模块

8.28.1　教师查看选课学生概述

教师查看选课学生时，如果学生人数较少，教师可以很轻松地找到学生的信息并进行管理；一旦学生人数比较多时，教师对学生信息管理将变得异常困难。所以必须为教师提供查看选课学生的功能，此功能运行页面如图 8-36 所示。

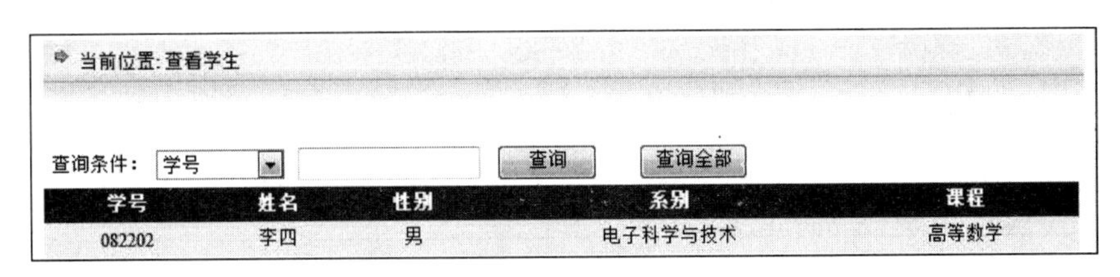

图 8-36　教师查看选课学生页面

8.28.2　教师查看选课学生具体实现过程

1. 设计步骤

(1) 在 teacher 文件夹下添加页面 studentDetail. aspx，作为教师查看选课学生页面。

(2) 教师查看选课学生页面的主要控件属性设置及用途如表 8-29 所示。

表 8-29 studentDetail.aspx 页面中主要控件的属性设置及其用途

控件类型	控件名称	主要属性设置	用途
TextBox	txtSearch	无	用于输入查询的关键字
DropDownList	ddlCondition	无	用于选择查询条件
GridView	gvStudentInfo	AllowPaging 属性设为"True"；PageSize 属性设为"6"	显示选课学生信息
Button	btnSearch	无	"查询"按钮
	btnSearchAll	无	"查询全部"按钮

2. 代码实现

(1) 当教师用户选择好"学号"、"姓名"和"系别"等查询条件，填写好查询的关键字，单击页面中的"查询"按钮时，在该按钮的 Click 事件下，就可以看到符合条件的学生选课信息，实现查询的具体代码如下：

```
protected void btnSearch_Click(object sender, EventArgs e)
{
    string strWhere="";
    string sql="";
    if (txtSearch.Text.ToString().Trim() !="")
    //如果查询文本框不为空
    {
        strWhere =ddlCondition.SelectedValue.ToString().Trim()
                 +"='" +txtSearch.Text.ToString().Trim() +"'";
        strWhere=" and " +strWhere;
    }
    sql ="select * from tbStudent,tbCourse,tbSC where "
        +"tbStudent.sno=tbSC.sno and tbCourse.cno=tbSC.cno "
        +"and tbCourse.cno='" +ViewState["getCno"].ToString()
        +"'" +strWhere;
    DataTable dt=new DataTable();
    dt=DBBase.GetDataTable(sql);
    gvStudentInfo.DataSource=dt;
    gvStudentInfo.DataBind();
    }
```

(2) 当教师用户单击"查询全部"按钮后，在该按钮的 Click 事件下，教师可以查看所有学生的选课信息。该功能具体代码实现如下：

```
protected void btnSearchAll_Click(object sender, EventArgs e)
{
    gvStudentInfoBind();
}
protected void gvStudentInfoBind()
```

```
{
    string sql ="select * from tbStudent,tbCourse,tbSC where "
            +"tbStudent.sno=tbSC.sno and tbCourse.cno=tbSC.cno "
            +"and tbCourse.cno='" +ViewState["getCno"] +"' ";
    DataTable dt=DBBase.GetDataTable(sql);
    gvStudentInfo.DataSource=dt;
    gvStudentInfo.DataBind();
}
```

8.29 教师查询学生成绩模块

8.29.1 教师查询学生成绩模块概述

该模块的功能主要是查看和管理已添加学生的成绩信息，教师可以按照学号、学生系别等条件查找指定学生的成绩，也可以查看所有学生的成绩。当教师成功登录选课系统，进入教师首页后，就可以查看学生的成绩，该过程运行界面如图 8-37 所示。

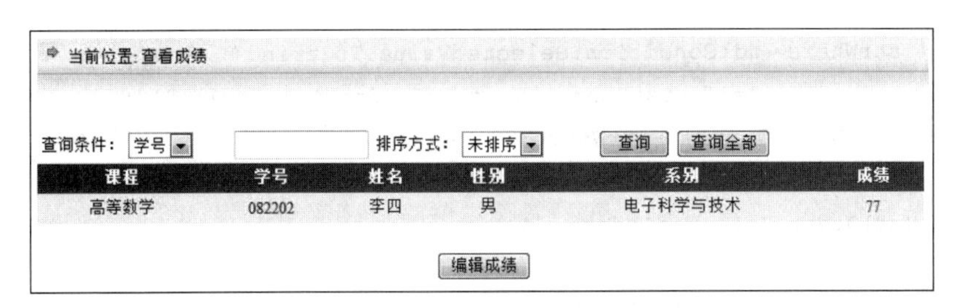

图 8-37 教师查询学生成绩界面

8.29.2 教师查询学生成绩模块具体实现过程

1. 设计步骤

(1) 在 teacher 文件夹下添加页面 gradeView. aspx，作为教师查询学生成绩页面。

(2) 教师查询学生成绩页面的主要控件属性设置及用途如表 8-30 所示。

表 8-30 gradeView. aspx 页面中主要控件的属性设置及其用途

控件类型	控件名称	主要属性设置	用途
TextBox	txtSearch	无	用于输入查询的关键字
DropDownList	ddlCondition	无	用于选择查询条件
	ddlOrder	无	排序方式
GridView	gvGradeInfo	AllowPaging 属性设为"True" PageSize 属性设为"6"	显示学生成绩信息
Button	btnSearch	无	"查询"按钮
	btnSearchAll	无	"查询全部"按钮

2. 代码实现

(1) 当教师用户选择好"学号"、"系别"等查询条件,填写好查询的关键字和排序方式,单击页面中的"查询"按钮时,在该按钮的 Click 事件下,教师就可以看到符合条件的学生成绩信息,实现查询的具体代码如下:

```
protected void btnSearch_Click(object sender, EventArgs e)
{
    SearchStudent();
}
protected void SearchStudent()
{
    string strWhere="";
    string sql="";
    //如果查询文本框不为空
    if (txtSearch.Text.ToString().Trim() !="")
    {
        strWhere =ddlCondition.SelectedValue.ToString().Trim()
                 +"='" +txtSearch.Text.ToString().Trim() +"'";
        strWhere=" and " +strWhere;
    }
    if (ddlOrder.SelectedIndex==1)
    {
        strWhere +=" order by tbSC.Grade ";
    }
    else if (ddlOrder.SelectedIndex==2)
    {
        strWhere +=" order by tbSC.Grade desc";
    }
    sql ="select * from tbStudent,tbCourse,tbSC where "
       +"tbStudent.sno=tbSC.sno and tbCourse.cno=tbSC.cno "
       +"and tbCourse.cno='" +Session["getCno"] +"' " +strWhere;
    DataTable dt=new DataTable();
    dt=DBBase.GetDataTable(sql);
    gvGradeInfo.DataSource=dt;
    gvGradeInfo.DataBind();
}
```

(2) 当教师用户单击"查询全部"按钮后,在该按钮的 Click 事件下,教师可以查看所有学生的成绩信息。该功能具体代码实现如下:

```
protected void btnSearchAll_Click(object sender, EventArgs e)
{
```

```
        gvGradeInfoBind();
    }
    protected void gvGradeInfoBind()
    {
        string sql ="select * from tbStudent ,tbSC,tbCourse "
                  +"where tbStudent.sno=tbSC.sno and "
                  +"tbCourse.cno=tbSC.cno and tbCourse.cno='"
                  +Session["getCno"] +"' ";
        DataTable dt=DBBase.GetDataTable(sqlText);
        gvGradeInfo.DataSource=dt;
        gvGradeInfo.DataBind();
    }
```

8.30 教师录入学生成绩模块

8.30.1 教师录入学生成绩模块概述

该模块的主要功能是教师打分,其运行过程页面如图 8-38 至图 8-40 所示。

当前位置: 查看成绩

查询条件: 学号 排序方式: 未排序 查询 查询全部

课程	学号	姓名	性别	系别	成绩
高等数学	082202	李四	男	电子科学与技术	
高等数学	082201	张强	男	机械设计与制造	
高等数学	082203	李雷	男	计算机科学与技术	
高等数学	082206	李强	男	电子科学与技术	

编辑成绩

图 8-38 查看成绩页面

查询条件: 学号 查询 查询全部

课程	学号	姓名	性别	系别	编辑成绩
高等数学	082202	李四	男	电子科学与技术	
高等数学	082201	张强	男	机械设计与制造	
高等数学	082203	李雷	男	计算机科学与技术	
高等数学	082206	李强	男	电子科学与技术	

提交

图 8-39 添加成绩页面

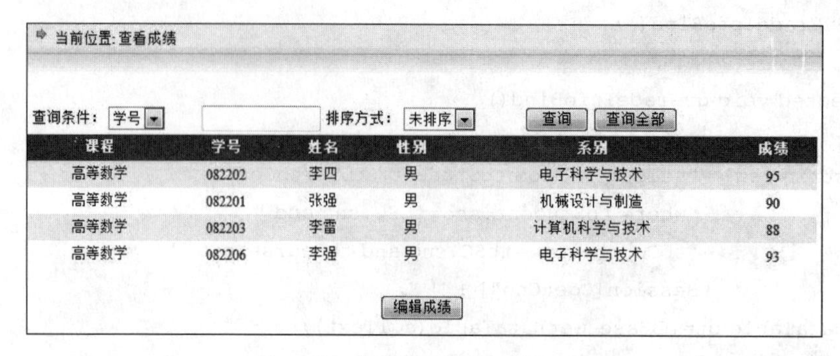

图 8-40 完成添加成绩后的页面

8.30.2 教师录入成绩模块具体实现过程

1. 设计步骤

(1) 在 teacher 文件夹下添加页面 gradeEdit.aspx,作为教师录入学生成绩页面。

(2) 教师录入学生成绩页面的主要控件属性设置及用途如表 8-31 所示。

表 8-31 gradeEdit.aspx 页面中主要控件的属性设置及其用途

控件类型	控件名称	主要属性设置	用途
TextBox	txtSearch	无	用于输入查询的关键字
DropDownList	ddlCondition	无	用于选择查询条件
	ddlOrder	无	排序方式
GridView	gvGradeInfo	AllowPaging 属性设为"True";PageSize 属性设为"6"	显示学生成绩信息
Button	btnSearch	无	"查询"按钮
	btnSearchAll	无	"查询全部"按钮

2. 代码实现

(1) 当教师单击 gradeView.aspx 页面中的"编辑成绩"按钮时,跳转到 gradeEdit.aspx 页面,绑定学生成绩信息,实现的代码如下:

```
protected void Page_Load(object sender, EventArgs e)
{
    if (!IsPostBack)
    {
        gvGradeInfoBind();
    }
}
protected void gvGradeInfoBind()
{
```

```
        string sql ="select * from tbStudent ,tbSC,tbCourse where "
                +"tbStudent.sno=tbSC.sno and tbCourse.cno=tbSC.cno "
                +"and tbCourse.cno='" +Session["getCno"] +"' ";
        DataTable dt=DBBase.GetDataTable(sql);
        gvGradeInfo.DataSource=dt;
        gvGradeInfo.DataBind();
    }
```

(2) 教师查看学生成绩后，可以录入学生的该课程实际成绩，编辑完成后，教师单击“提交”按钮更新学生成绩信息。具体实现的代码如下：

```
    protected void btnAdd_Click(object sender, EventArgs e)
    {
        string sql="";
        int i;
        for (i=0; i <gvGradeInfo.Rows.Count; i++)
        {
            TextBox txtGrade= (TextBox)gvGradeInfo.Rows[i].FindControl("txtGrade");
            if (txtGrade.Text.ToString() !="")
            {
                HyperLink hplId= (HyperLink)gvGradeInfo.Rows[i].FindControl
                ("HyperLink1");
                int scId=Convert.ToInt32(hplId.Text.ToString());
                int grade=Convert.ToInt32(txtGrade.Text.ToString());
                sql="update tbSC set grade='" +grade+"' where scId='" +scId +"'";
                DBBase.ExecuteSql(sql);
            }
        }
        Response.Redirect("gradeView.aspx");
    }
```

8.31　教师修改密码模块

8.31.1　教师修改密码模块概述

教师可以修改自己的密码来提高教师资料的安全性，页面运行结果如图 8-41 所示。

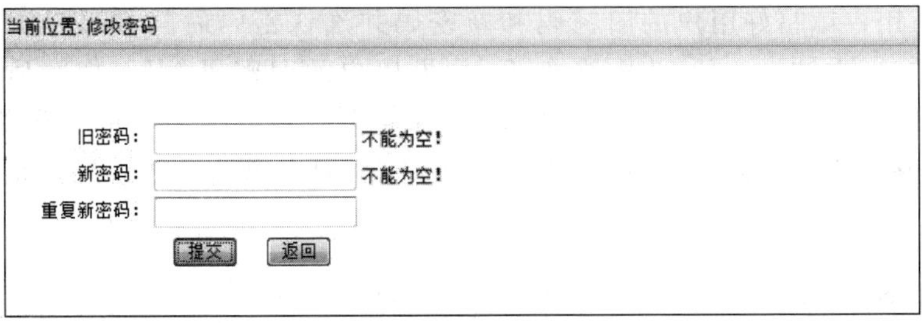

当前位置:修改密码

旧密码：　不能为空!

新密码：　不能为空!

重复新密码：

提交　返回

图 8-41　教师修改密码页面

8.31.2 教师修改密码模块具体实现

1. 设计步骤

(1) 在 teacher 文件夹下添加页面 modifyPwd. aspx,作为教师录入学生成绩页面。
(2) 教师修改密码页面主要控件属性设置及用途如表 8-32 所示。

表 8-32 modifyPwd. aspx 页面中主要控件的属性设置及其用途

控件类型	控件名称	主要属性设置	用途
TextBox	txtOldPwd	TextMode 属性设为"Password"	用于输入旧密码
	txtNewPwd	TextMode 属性设为"Password"	用于输入新密码
	txtReNewPwd	TextMode 属性设为"Password"	用于再次输入新密码
RequiredFieldValidator	valrOldPwd	ErrorMessage 属性设为"不能为空!";ControlToValidate 属性设为"txtOldPwd"	验证旧密码是否为空
	valrNewPwd	ErrorMessage 属性设为"不能为空!"; ControlToValidate 属性设为"txtNewPwd"	验证新密码是否为空
	valrReNewPwd	ErrorMessage 属性设为"请再一次输入新密码";ControlToValidate 属性设为"txtAgainNewPwd";Display 属性设为"Dynamic"	验证再次输入新密码是否为空
CompareValidator	valcPwd	ErrorMessage 属性设为"输入的新密码前后不一致!"; ControlToCompare 属性设为"txtNewPwd"; ControlToValidate 属性设为" txtAgainNewPwd"; Display 属性设为"Dynamic"	验证两次输入的新密码是否一致
Button	btnSubmit	无	"提交"按钮
	btnBack	无	"返回"按钮

2. 代码实现

当教师用户填写好用户的旧密码和新密码并确认密码后就可以单击"提交"按钮提交密码信息,在该按钮的 Click 事件下,如果用户的旧密码 MD5 加密后的密文与教师用户在数据库中的密码的密文一致,则修改原来用户数据库中的密码为新密码,并提示"密码修改成功并回到主页!",否则提示"你的旧密码输入错误!"对话框。实现的代码如下:

```
protected void btnSubmit_Click(object sender, EventArgs e)
{
```

```
    string tpwd=Common.MD5(txtOldPwd.Text.ToString().Trim());
    string tno=Session["tno"].ToString().Trim();
    string sql="select tpwd from tbTeacher where tno='" +tno +"'";
    DataTable dt=DBBase.GetDataTable(sql);
    string oldTpwd=dt.Rows[0]["tpwd"].ToString();
    if (tpwd==oldTpwd)
    {
        tpwd=Common.MD5(txtNewPwd.Text.ToString().Trim());
        sql="update tbTeacher set tpwd='" +tpwd +"' where tno='" +tno +"'";
        //更新教师用户密码
        DBBase.ExecuteSql(sql);
        Alert.ShowAndFramGo("密码修改成功并回到主页!", "teacherIndex.aspx");
    }
    else
    {
        Alert.Show("你的旧密码输入错误!");
    }
}
//单击"返回"按钮回到教师主界面
protected void btnBack_Click(object sender, EventArgs e)
{
    Response.Redirect("main.aspx");
}
```

第 9 章 chapter 9

网上书城电子商务平台的开发

9.1 开发背景

电子商务(electronic commerce)是在 Internet 开放的网络环境下,基于浏览器/服务器(B/S)应用方式,实现消费者的网上购物、商户之间的网上交易和在线电子支付的一种新型的商业运营模式。网上购物就是把传统的商店直接"搬"回家,利用 Internet 直接购买自己需要的商品或者享受自己需要的服务。专业地讲,它是交易双方从洽谈、签约以及贷款的支付、交货通知等整个交易过程通过 Internet、Web 和购物界面技术化的 B2C 模式一并完成的一种新型购物方式,是电子商务的一个重要组成部分。因此,有人将此视为一个面向全国乃至全世界的大而统一的虚拟商场。

随着 Internet 的发展和迅速普及,网上购书这一新型购物方式已经逐渐被人们所接受,并逐渐改变甚至取代传统的购书观念。人们足不出户就可以在网上浏览到全国各地的图书信息,方便快捷地搜索到自己所需要的图书,而安全的在线支付和送货上门服务,使人们更加深切地体会到这一购书方式的优越性。

网上购物的优势体现在以下方面:

(1) 节约购物时间。由于网络购物足不出户就可购买到所需商品,因而极大地节省了购物时间,免除了舟车劳顿的痛苦。可利用工作间隙的少许时间完成商品购买。

(2) 节省购物成本。由于网上店铺简化了由生产商至零售商的中间环节,节省了实体销售场所需要支付的租金、人工成本、水电费、库存费及其他杂费,因而使得销售商品的附加费用很少甚至没有,价位一般都不同程度地低于市场零售价。尤其像淘宝这样的购物网站,目前个人在它的网站上开店是免费的(商城的大卖家自愿选择缴纳增值服务费)。

(3) 免除购物疲劳。免除大包小包的购物过程,网络购物消费者则可选择相应的商品配送方式,享受送货上门的服务。可以说是懒人的最佳之选。

(4) 商品比较更直观,免得发生争执。有道是"货比三家",在网上购物可以同时打开多个页面,浏览多个店铺中同一类或同一种商品的价格、功能介绍及配送方式等,进行多方面比较。不容易导致双方不合而发生争执。

(5) 送货便捷,付款方便。通过电子商务网站提供的一站式服务直接送到购物者手上,付款可以采用直接转帐。

(6) 第一时间购买，服务范围更广。由于网络传播速度快，商品只要在他们的网店刊登代售货品，几千里外的人打开网络马上就可以看到，效率快，地域差距小，网友不论身在何处，都可以购买到来自各地的商品。

(7) 商品查找更容易。在现实的商场中大都将不同类别的商品分置于不同楼层销售，若商场面积较大，逛完一圈往往得半天时间。而在网上店铺中可以直接搜索所需的商品，也可以根据导航栏中的商品分类选购商品，节省了寻找时间。

网上书城这种新的商业运营模式被越来越多的商家运用到竞争中，并得到了大多数客户的认可，这种基于浏览器/服务器模式的销售模式已初具规模。

鉴于网上书城系统的特点和功能需求，在系统设计上采用了以 ASP.NET 为开发平台，以 SQL Server 2005 为后台数据库，采用基于 B/S 和多层结构相结合的设计思想来构架系统。

9.2　需求分析

在开发网上书城系统时，要考虑许多问题，主要包括以下几个方面：会员管理（例如会员注册）、图书类别管理、图书管理（新增或者修改图书信息）、新闻管理、浏览图书信息、在线帮助、图书搜索、购物车和订单管理等功能。每个功能可以描述为许多不同的功能。

1. 会员管理

会员管理是客户身份验证的主要方式，包括会员的注册和登录。客户只有在登录之后，才能获得购买和出售的权限，系统会为每个会员分配一个唯一的标志，这样会员就可以查看自己的购物车和购书记录等。这部分的具体功能描述如下：

(1) 会员注册；

(2) 会员登录。

2. 图书类别管理

在网上书城的电子商务系统中，其涉及的图书种类繁多。因此，在系统中设计一个图书类别管理功能是很有必要的，图书类别管理功能主要实现对图书类别的添加、修改和删除。具体功能描述如下：

(1) 添加图书类别；

(2) 修改图书类别；

(3) 删除图书类别。

3. 图书管理

图书管理是系统的核心功能。其表现在：一方面经营者——公司企业将自己的图书添加到系统中，以供消费者查询和购买；另一方面消费者——网站的注册会员可以在系统中查询、搜索或者购买自己喜欢的图书。具体功能描述如下：

(1) 添加图书;

(2) 修改图书信息;

(3) 删除图书。

4. 浏览图书和购物车

作为一个图书电子商务系统,浏览图书的信息是最基本的功能。消费者只有首先获取了图书信息,才能决定是否购买图书。也就是说,消费者的决定是部分建立在图书或者服务的价值、质量和价格上。消费者只有充分了解这些信息,才会购买图书。所以对电子商务系统而言,浏览图书信息的功能就显得特别重要。另一方面,在购物时能够方便地查看自己的购物车也是不可缺少的。这部分的功能描述如下:

(1) 浏览图书;

(2) 添加图书至购物车;

(3) 查看购物车;

(4) 购买图书结账。

5. 会员订单管理

订单是系统中会员购物的另一种方式,会员购物车是一种临时的在线购物工具,而订单是消费者最终的购物决定。有了订单购物功能,系统的电子商务功能就更加完善了。这部分功能可以描述如下:

(1) 查看订单;

(2) 生成订单。

6. 售书订单管理

会员在商城平台购书成功,生成订单之后,管理员处理订单。这部分功能可以描述如下:

(1) 查看订单;

(2) 确认订单;

(3) 撤销订单。

7. 在线帮助和图书搜索

在线帮助也是系统中的重要组成部分,当客户不知道自己下一步如何做时,他们非常希望通过系统的在线帮助获知下一步该怎么办。在一个电子商务系统中,随着图书数量和种类的不断增加,会员客户不可能知道全部的图书信息,这时就需要用到搜索的功能。这部分功能描述为:

(1) 在线帮助;

(2) 图书搜索。

9.3 系统设计

9.3.1 系统目标

对于典型的数据库管理系统，尤其是网上书城电子商务平台这样数据流量比较大的网络管理系统，必须要满足使用方便、操作灵活等设计需求。本系统在设计时应该满足以下几个目标：

(1) 界面设计美观友好，操作方便。

(2) 全面、分类展示书城内的所有图书。

(3) 显示图书的详细信息，方便顾客了解图书信息。

(4) 系统对会员输入的数据进行严格的数据校验，尽可能排除人为错误。

(5) 提供新书上市公告，方便顾客及时了解相关信息。

(6) 系统最大限度地实现易维护性和易操作性。

(7) 系统运行稳定、安全可靠。

9.3.2 系统流程图

网上书城平台系统的流程图如图 9-1 所示。

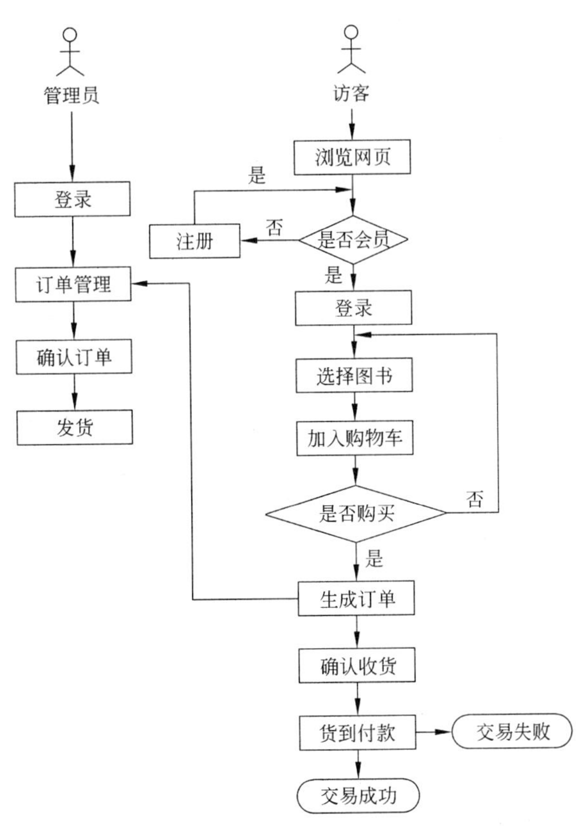

图 9-1 系统流程图

9.3.3 系统功能结构

系统分为前台购书子系统和后台管理子系统。

前台购书子系统可分为会员模块、购物车模块、订单模块、评论模块和帮助中心 5 个模块，如图 9-2 所示。

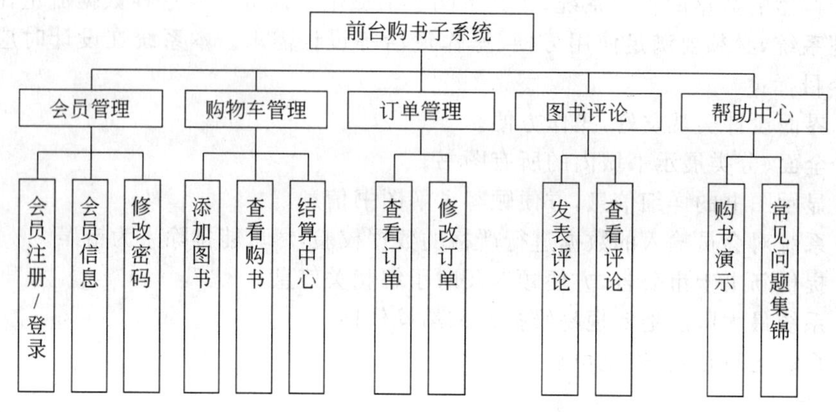

图 9-2 前台购物子系统结构

后台管理子系统可分为会员管理、图书管理、图书类别管理、订单管理、评论管理、新闻管理和帮助中心 7 个模块，如图 9-3 所示。

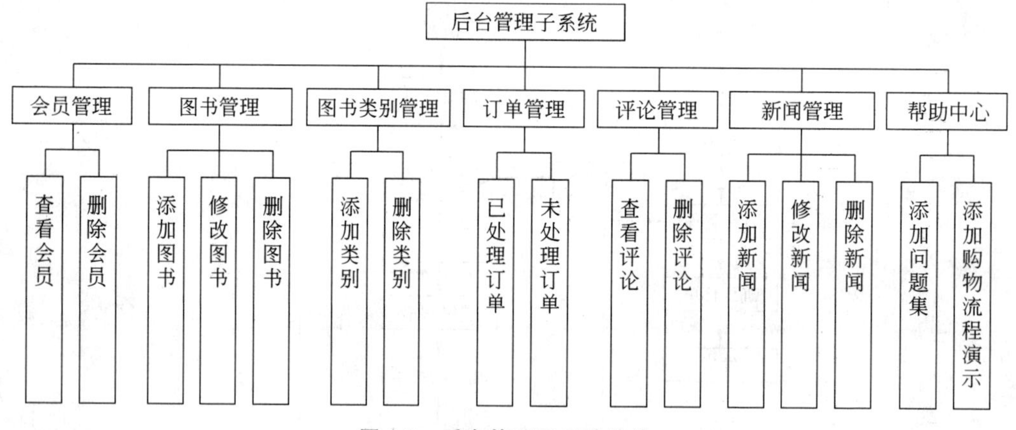

图 9-3 后台管理子系统结构

9.3.4 构建开发环境

1. 网站开发环境

网站开发环境：Microsoft Visual Studio 2008 集成开发环境

网站开发语言：ASP. NET＋C#

网站后台数据库：SQL Server 2005

Web 服务器：IIS 6.0 以上
开发环境运行平台：Windows XP(SP2)/Windows 2000(SP4)/Windows Server 2003(SP1)

2. 服务器端

操作系统：Windows Server 2003
Web 服务器：Internet 信息服务(IIS)管理器
数据库服务器：SQL Server 2005
浏览器：IE 6.0 及以上
网站服务器运行环境：Microsoft .NET Framework SDK v3.5

9.3.5 数据库设计

1. 数据库概念设计

通过对网上书城进行需求分析、网站流程设计以及系统功能结构的确定，规划出系统中使用的数据实体对象分别为“图书”、“图书订单”、“图书订单明细”和“会员”4个实体，主要的实体E-R图在第6章已经给出。

2. 数据库逻辑结构设计

下面列出本程序中应用的数据表结构。
1) tbAdmin(管理员信息表)
tbAdmin 表用于保存管理员的基本信息，如表9-1所示。

表 9-1 tbAdmin(管理员信息表)

序号	字 段	描 述	类型和长度	是否为空	说 明
1	adminName	管理员名	varchar(50)	否	主键
2	adminPwd	管理员密码	varchar(100)	否	MD5 加密

2) tbUser(会员信息表)
该表主要用来存储注册会员的基本信息，包括会员名、密码和真实姓名等，如表9-2所示。

表 9-2 tbUser(用户信息表)

序号	字 段	描 述	类型和长度	是否为空	说明
1	userName	会员名	varchar(50)	否	主键
2	userPwd	会员密码	varchar(100)	否	
3	realName	会员真实姓名	varchar(50)	是	
4	sex	会员的性别	varchar(6)	是	
5	age	会员的年龄	int	是	
6	phone	电话号码	varchar(20)	是	
7	email	会员 Email 地址	varchar(50)	是	
8	address	会员详细地址	varchar(100)	是	
9	postCode	邮编	varchar(20)	是	
10	regDate	注册时间	datetime	是	

3）tbBookInfo（图书信息表）

tbBookInfo 表用于保存图书的基本信息，如表 9-3 所示。

表 9-3　tbBookInfo（图书信息表）

序号	字　段	描　述	类型和长度	是否为空	说　明
1	bookID	图书 ID	int	否	主键（自增）
2	bookClass	图书类别	varchar(50)	否	外键
3	bookName	图书名	varchar(200)	否	
4	bookPrice	图书单价	float	否	
5	introduce	图书简介	text	是	
6	author	图书作者	varchar(100)	否	
7	publish	出版社	varchar(100)	是	
8	publishTime	出版时间	datetime	是	
9	bookUrl	图书图片路径	varchar(200)	是	
10	marketPrice	市场价格	float	否	
11	saleNumber	出售数量	int	否	默认为 0
12	isRecommend	是否推荐	bit	否	默认为 false。false 为否，true 为是
13	isLastest	是否最新	bit	否	默认为 false。false 为否，true 为是
14	updateTime	更新时间	datetime	是	
15	restCount	剩余数量	int	否	

4）tbBookClass（图书类别表）

tbBookClass 表用于保存图书类别的基本信息，如表 9-4 所示。

表 9-4　tbBookClass（图书类别表）

序号	字　段	描　述	类型和长度	是否为空	说　明
1	bookClass	图书类别名称	varchar(50)	是	主键

5）tbOrder（图书订单表）

tbOrder 表用于保存会员购买图书生成的订单信息及订单状态，如表 9-5 所示。

表 9-5　tbOrder（图书订单表）

序号	字　段	描　述	类型和长度	是否为空	说　明
1	orderID	订单 ID 号	int	否	主键（自增）
2	orderDate	订单生成日期	datetime	否	
3	userName	会员名	varchar(50)	否	
4	number	总图书数量	int	否	
5	totalPrice	订单总费用	float	否	
6	shipType	运输方式	varchar(50)	否	
7	receiverName	接收人姓名	varchar(50)	否	
8	receiverPhone	接收人电话	varchar(50)	否	
9	receiverPostCode	接收人邮政编码	varchar(10)	否	
10	receiverAddress	接收人地址	varchar(100)	否	
11	orderState	订单状态	varchar(20)	否	
12	remark	备注	text	是	

6）tbOrderBookDetail（图书订单明细表）

tbOrderBookDetail 表用于保存会员购买图书生成的订单的明细信息，如表 9-6 所示。

表 9-6 tbOrderBookDetail（图书订单明细表）

序号	字　段	描　述	类型和长度	是否为空	说　明
1	orderBookDetailID	图书详细订单编号	int	否	主键（自增）
2	orderID	订单号	int	否	外键
3	bookID	图书编号	int	否	外键
4	bookTotalPrice	图书总价	float	否	
5	bookNum	图书数量	int	否	

7）tbProblem（常见问题表）

tbProblem 表用于保存会员在使用网站过程中的问题，如表 9-7 所示。

表 9-7 tbProblem（常见问题表）

序号	字　段	描　述	类型和长度	是否为空	说　明
1	problemID	常见问题 ID	int	否	主键（自增）
2	problemTitle	常见问题标题	varchar(50)	否	
3	problemContent	常见问题内容	text	否	
4	problemDate	常见问题上传时间	datetime	是	

8）tbNews（新闻表）

tbNews 表用于保存网站的新闻，如表 9-8 所示。

图 9-8 tbNews（新闻表）

序号	字　段	描　述	类型和长度	是否为空	说　明
1	newsID	新闻 ID	int	否	主键（自增）
2	newsTitle	新闻标题	varchar(50)	否	
3	newsContent	新闻内容	text	否	
4	newsTime	新闻上传时间	datetime	是	

9）tbComment（评论表）

tbComment 表用于保存会员的评论，如表 9-9 所示。

表 9-9 tbComment（评论表）

序号	字　段	描　述	类型和长度	是否为空	说　明
1	comment ID	评论 ID	int	否	主键（自增）
2	useName	会员名	varchar(50)	否	外键
3	bookID	图书 ID	varchar(50)	否	外键
4	commentContent	评论内容	text	否	
5	commentTime	评论时间	datetime	是	

10）tbNotice（公告表）

tbNotice 表用于保存网站的公告，如表 9-10 所示。

表 9-10 tbNotice（公告表）

序号	字 段	描 述	类型和长度	是否为空	说 明
1	noticeID	公告 ID	Int	否	主键（自增）
2	noticeTitle	公告标题	varchar(50)	否	
3	noticeContent	公告内容	Text	否	

9.4 购物车技术分析

在实现购物车管理页的功能时应考虑如何建立会员与购物车的对应关系，每个会员都有自己的购物车，购物车不能混用，而且必须保证当会员退出系统时，其购物车也随之消失，所以使用 Session 对象在会员登录期间传递购物信息。

Session 对象可以存储特定的会员会话所需要的信息。当会员在网上书城的不同页面之间跳转时，存储在 Session 对象中的变量就不会被清除。当会员请求来 Web 应用程序的页面时，如果该用户尚未与 Web 应用程序建立会话，则 Web 服务器自动建立一个 Session 对象。当会话过期或者放弃后，服务器将终止该会话。

Session 对象提供的属性包括 CodePage、Contents、IsCookieless 和 Count 等。

Session 对象允许用户从用户会话空间删除指定值，并根据需要终止会话。Session 对象提供了 9 种方法：Abandan()、Add()、Clear()、CopyTo()、GetEnumerator()、Remove()、RemoveALL()和 RemoveAt()。

Session 对象对应两个事件：Session_OnStart 事件对应 Session 对象的起始事件，每当开始一个新会话，该事件所定义的代码都将被激活；Session_OnEnd 事件对应 Session 对象的结束事件，当会话终止或者失效时，触发该事件。

9.5 公共类设计

开发项目中以类的形式来组织、封装一些常用的方法和事件，不仅可以提高代码的复用率，也大大方便了代码的管理。

9.5.1 Web.Config 文件配置

Web. Config 文件是一个 XML 文本文件，它用来储存 ASP. NET Web 应用程序的配置信息（如设置 ASP. NET Web 应用程序的身份验证方式），在运行时对 Web. Config 文件的修改不需要重启服务就可以生效（注：<processModel>节例外）。为了使应用程序方便移植，为版本控制提供更好的支持，需要在应用程序配置文件（也就是 Web. Config 文件）中设置数据库连接信息。连接数据库代码如下：

```
<connectionStrings>
    <add name="sqlconn" ;
        providerName="System.Data.SqlClient"
        connectionString="server=.\SQLEXPRESS;
        database=dbNetStore;
        uid=NetStore;
        pwd=NetStore"/>
</connectionStrings>
```

注意：应当使 uid 和 pwd 与本机上的 SQL Server 2005 的登录名和密码相对应。

9.5.2　数据库操作类的编写

网上书城系统中共使用了 5 个公共类，具体如下。

(1) Alert：用于管理在项目中用到的多种页面跳转提示框，如直接跳转、提示信息并跳转等。

(2) Common：用于管理在项目中用的公共类，如 MD5 加密、清除脚本等。

(3) DBBase：用于管理在项目中对数据库的各种操作，如连接数据库、获取数据表 DataTable 等。

(4) ShopCart：用于管理对购物车的操作。

(5) ShopCartItem：用于管理购物车中图书的详细信息。

下面主要介绍 Alert、Common、ShopCart 和 ShopCartItem 这 4 个类的创建过程，其他代码位置见配套电子资源\第 9 章源程序\NetBook。

1. 类的创建

在创建类时，会员可以直接在该项目中找到 App_Code 文件夹，然后右击该文件夹，在弹出的快捷菜单中选择“添加新项”命令，在弹出的“添加新项”对话框中选择“类”，并为其命名(以创建 Alert 为例)，单击“添加”按钮即可创建一个新类，如图 9-4 所示。

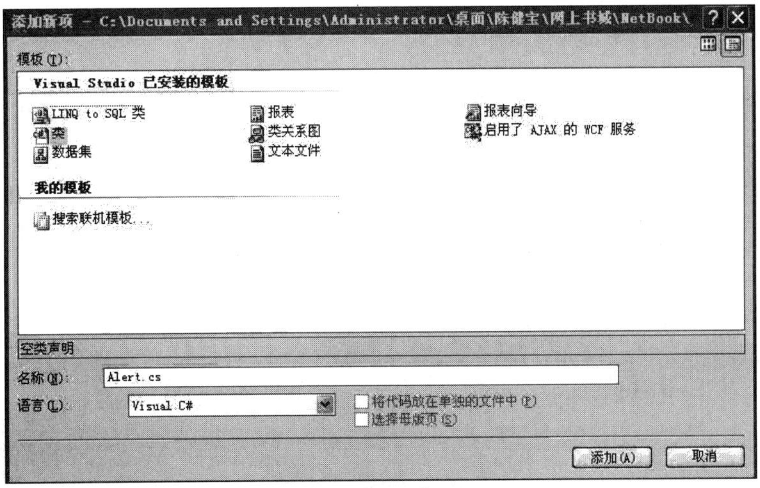

图 9-4　“添加新项”对话框

注意：在 ASP. NET 3.5 中，App_Code 文件夹专门用来存放一些应用于全局的代码（比如公共类），如果项目中没有该文件夹，可以在项目上右击，在弹出的快捷菜单中选择“添加 ASP. NET 文件夹”→APP_Code 命令，添加一个 App_Code 文件夹。

2. ShopCart 类

ShopCart 类主要用于购物车中书籍的管理。ShopCart 类中主要包括 List<ShopCartItem> Items 方法、Remove 方法、Add 方法、SetQuantity 方法、GetDataSource 方法；ShopCartItem 类中主要包括 ShopCartItem 方法，下面分别介绍。

代码位置：配套电子资源\第 9 章源程序\NetBook\App_Code\ShopCart. cs

1) List<ShopCartItem> Items 方法

List<ShopCartItem> Items 方法用于读取购物车中每本书籍的各项信息。其代码如下：

```
public List<ShopCartItem> Items
{
    get
    {
        return items;
    }
}
```

2) Remove(string bookId)方法

Remove(string bookId)方法用于删除购物车中不想购买的书籍。其代码如下：

```
///<summary>
///说明:Remove 用于删除购物车中不想购买的书籍
///参数:bookID 就是要删除的书籍的主键
///</summary>
/// <param name="bookId">图书的主键</param>
/// <returns>正确返回 true,错误返回 false</returns>
///<summary>
public bool Remove (string bookId)
{
    //ShopCartItem item=
    bool contain=false;
    foreach (ShopCartItem item in items)
    {
        if (item.BookId==bookId)
        {
            contain=true;
            Items.Remove(item);
            break;
        }
```

```
    }
    return contain;
}
```

3) Add(string bookId, string bookName, string quantity, string bookPrice, string bookTotalPrice)方法

Add 方法用于向购物车中添加要购买的书籍。其代码如下：

```
///<summary>
///说明:Add 用于往购物车中添加想要购买的书籍
///参数:_bookID、_bookName 等参数就是要添加的图书的主键和图书的书名
///</summary>
/// <param name="bookId">图书的主键</param>
/// <param name="bookName">图书的书名</param>
/// <param name="quantity">图书的数量</param>
/// <param name="bookPrice">图书的价格</param>
/// <param name="bookTotalPrice">图书的总价</param>
/// <returns>添加成功返回 true,反之返回 false</returns>
public bool Add (string bookId, string bookName, int quantity, float bookPrice,
float bookTotalPrice)
{
    bool contain=false;
    foreach (ShopCartItem item in items)
    {
        if (item.BookId==bookId)
        {
            contain=true;
            item.Quantity +=quantity;
            break;
        }
    }
    if (! contain) items. Add (new ShopCartItem (bookId, bookName, quantity,
    bookPrice, bookTotalPrice));
    return true;
}
```

4) SetQuantity(string bookId, string quantity)方法

SetQuantity 方法用于改动所要购买的书籍的数量，其代码如下：

```
///<summary>
///说明:SetQuantity 用于更改所要购买的书籍数量
///参数:bookID 就是所要更改数量的图书的主键,quantity 就是所要购买的实际数量
///</summary>
/// <param name="bookId">图书的主键</param>
/// <param name="quantity">图书的数量</param>
```

```
/// <returns>更改成功返回 true,失败返回 false</returns>
public bool SetQuantity(string bookId, int quantity)
{
    bool flag=false;
    foreach (ShopCartItem item in items)
    {
        if (item.BookId==bookId)
        {
            item.Quantity=quantity;
            flag=true;
            break;
        }
    }
    return flag;
}
```

5) GetDataSource(ShopCart shopcart)方法

GetDataSource 方法用于读取购物车中所有书籍的信息。其代码如下：

```
///<summary>
///说明:GetDataSource 用于更改所要购买的书籍数量
///参数:shopcart 就是购物车中的书籍
///</summary>
/// <param name="shopcart">购物车</param>
/// <returns>返回 DataTable 数据表</returns>
public static DataTable GetDataSource(ShopCart shopcart)
{
    string array="";
    if (shopcart.Count==0)
        return null;
    foreach (ShopCartItem item in shopcart.items)
    {
        array +=item.BookId +",";
    }
    array=array.Substring(0, array.Length -1);
    array="(" +array +")";
    DataTable dt=DBBase.GetDataTable("select * from tbBookInfo where sn in " +
    array);
    return dt;
}
```

3. ShopCartItem 类

ShopCartItem 类主要用于购物车中书籍的详细信息管理。ShopCartItem 类中主要包括 ShopCartItem 方法，下面对其进行介绍。

代码位置：配套电子资源\第 9 章源程序\NetBook\App_Code\ShopCart. cs

ShopCartItem(string _bookId, string _bookName, string _quantity, string _bookPrice, string _bookTotalPrice)方法用于存放书籍的每一项信息。其代码如下：

```
///<summary>
///说明:ShopCartItem用于存放书籍的每一项信息
///参数:_bookID、_bookName、_quantity等就是要存放的图书的主键、图书的书名和图书的
      ///数量
///</summary>
/// <param name="_bookId">图书的主键</param>
/// <param name="_bookName">图书的书名</param>
/// <param name="_quantity">图书的数量</param>
/// <param name="_bookPrice">图书的价格</param>
/// <param name="_bookTotalPrice">图书的总价</param>
public class ShopCartItem
{
    private string bookId;
    private string bookName;
    private float bookPrice;
    private int quantity;
    private float bookTotalPrice;
    public ShopCartItem(string _bookId, string _bookName, int _quantity, float _
    bookPrice,float _bookTotalPrice)
    {
        this.bookId=_bookId;
        this.quantity=_quantity;
        this.bookName=_bookName;
        this.bookPrice=_bookPrice;
        this.bookTotalPrice=_bookTotalPrice;
    }
    public string BookId
    {
        get
        {
            return bookId;
        }
        set
        {
            bookId=value;
        }
    }
    public string BookName
    {
        get
        {
            return bookName;
```

```
        }
        set
        {
            bookName=value;
        }
    }
    public int Quantity
    {
        get
        {
            return quantity;
        }
        set
        {
            quantity=value;
        }
    }
    public float BookPrice
    {
        get
        {
            return bookPrice;
        }
        set
        {
            bookPrice=value;
        }
    }
    public float BookTotalPrice
    {
        get
        {
            return bookTotalPrice;
        }
        set
        {
            bookTotalPrice=value;
        }
    }
    public override bool Equals(object obj)
    {
        if (obj is ShopCartItem)
            return (obj as ShopCartItem).bookId==bookId;
        else
```

```
            return base.Equals(obj);
        }
    }
```

9.6 网站前台首页

9.6.1 首页概述

对于电子商务网站来说，首页的设计是极其重要的，设计效果的好坏直接影响顾客的购买情绪，也会影响网站的人气。在网上书城的购物首页，会员可以第一时间看到网上书城的最新图书、热销图书以及推荐图书。在“分类浏览”区域中可以对图书进行分类浏览查看，还可以进行图书搜索。本网上书城的首页如图 9-5 所示。

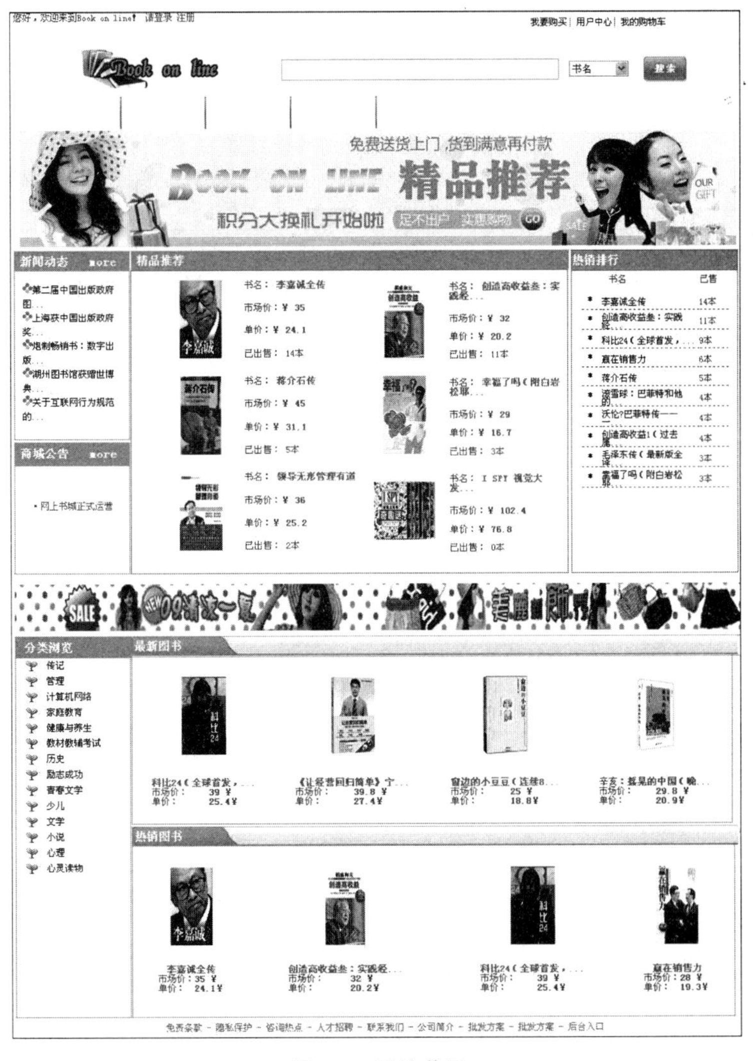

图 9-5 网站首页

9.6.2 首页实现过程

1. 设计步骤

(1) 网站购物首页功能模块主要采用了母版页技术,用来封装前台每个页面的页头、页尾、分类导航和会员登录。在应用程序中新建一个母版页,命名为 index. master,将其作为母版页。

(2) 在程序中新建一个 Web 窗体,命名为 index. aspx,将其作为 index. master 母版页的内容页。

(3) 各个控件的属性设置及其用途如表 9-11 所示。

表 9-11 index. aspx 页面中主要控件的属性设置及其用途

控件类型	控件名称	主要属性	用途
DataList	dlstNews	RepeatColumns 属性设置为"0";RepeatDirection 属性设置为"Vertical"	显示商城的"新闻"
	dlstRecommendBooks	RepeatColumns 属性设置为"2";RepeatDirection 属性设置为"Vertical"	显示商城的"精品推荐"
	dlstHotBooks	RepeatColumns 属性设置为"0";RepeatDirection 属性设置为"Vertical"	显示商城的"热销排行"
	dlstBookClass	RepeatColumns 属性设置为"0";RepeatDirection 属性设置为"Vertical"	显示商城的"分类浏览"
	dlstNewBooks	RepeatColumns 属性设置为"5";RepeatDirection 属性设置为"Vertical"	显示商城的"最新图书"
	dlstHotBook	RepeatColumns 属性设置为"5";RepeatDirection 属性设置为"Vertical"	显示商城的"热销图书"
LinkButton	lbtnBookName	无	显示图书名
	lbtnClass	无	显示图书类别名
Label	lblMenberPrice	无	显示图书市场价
	lblUserPrice	无	显示图书单价
	lblSaleNumber	无	显示图书已出售数量

2. 代码实现

(1) 在 ge_Load 事件中,首先调用自定义方法 BindNews()、BindNotice()、BindHot()、

BindBookClass()、BindHotBook()、BindNewBook()和 BindRecommendBooks()，分别用于显示“新闻”、“公告”、“热销排行”、“分类浏览”、“热销图书”、“最新图书”和“精品推荐”。具体代码实现如下：

```
//绑定新闻
protected void BindNews()
{
    string sql="select top 5 * from tbNews order by newsID desc";
    DataTable dt=DBBase.GetDataTable(sql);
    dlstNews.DataSource=dt;
    dlstNews.DataBind();
}
//绑定公告
protected void BindNotice()
{
    string sql="select top 5 * from tbNotice order by noticeID desc";
    DataTable dt=DBBase.GetDataTable(sql);
    dlstNotice.DataSource=dt;
    dlstNotice.DataBind();
}
//绑定推荐图书
protected void BindRecommendBooks()
{
    string sql="select top 6 * from tbBookInfo where isRecommend='true'";
    DataTable dt=DBBase.GetDataTable(sql);
    dlstRecommendBooks.DataSource=dt;
    dlstRecommendBooks.DataBind();
}
//绑定热销排行
protected void BindHot()
{
    string sql="select top 10 * from tbBookInfo order by saleNumber desc";
    DataTable dt1=DBBase.GetDataTable(sql);
    dlstHotBooks.DataSource=dt1;
    dlstHotBooks.DataBind();
}
//绑定图书分类
protected void BindBookClass()
{
    string sql="select * from tbBookClass";
    DataTable dt=DBBase.GetDataTable(sql);
    dlstBookClass.DataSource=dt;
    dlstBookClass.DataBind();
}
```

```
//绑定热销图书
protected void BindHotBook()
{
    string sql="select top 4 * from tbBookInfo order by saleNumber desc";
    DataTable dt=DBBase.GetDataTable(sql);
    dlstHotBook.DataSource=dt;
    dlstHotBook.DataBind();
}
//绑定最新图书
protected void BindNewBook()
{
    string sql="select top 4 * from tbBookInfo where isLastest='true' ";
    DataTable dt=DBBase.GetDataTable(sql);
    dlstNewBooks.DataSource=dt;
    dlstNewBooks.DataBind();
}
```

(2) 在“热销图书”、“最新图书”和“精品推荐”显示框中，会员可以通过单击任一图书名查看该图书的详细信息，直接设置一个超链接传递 bookID，具体代码实现如下：

```
<a href='bookDetail.aspx?bookID=<%#Eval("bookID") %>'><img  src='../<%#Eval
("bookUrl") %>' width="80px" height="100px" alt=""/></a>
```

(3) 在“分类浏览”显示框中，会员可以通过单击任一图书类别名，直接设置一个超链接传递 bookClass，具体代码实现如下：

```
<a href="classBook.aspx?bookClass=<%#Eval("bookClass") %>"><span style=
"color:Black"><%#Eval("bookClass") %></a>
```

(4) 在“新闻”显示框中，会员单击任一新闻标题，查看该新闻，直接设置一个超链接传递 newsID，具体代码实现如下：

```
<img alt="" src="images/gif-0022.gif" align="left" /><a href='newsInformation.
aspx?newsID=<%#Eval("newsID") %>'><span style="color:Black"><%#CutString(Eval
("newsTitle").ToString(),10) %></span></a>
```

(5) 在“热销排行榜”显示框中，会员单击任一图书名查看该图书，直接设置一个超链接传递 bookID，具体代码实现如下：

```
<a href="bookDetail.aspx?bookID=<%#Eval("bookID") %>"><span style="color:
Black"><%#CutString(Eval("bookName").ToString(),10)%></span></a>
```

9.7 会员注册模块

9.7.1 会员注册模块概述

该模块的主要功能是用户注册成网站新会员，填写会员的用户名、密码、确认密码和真实姓名等相关信息。运行效果如图 9-6 所示。

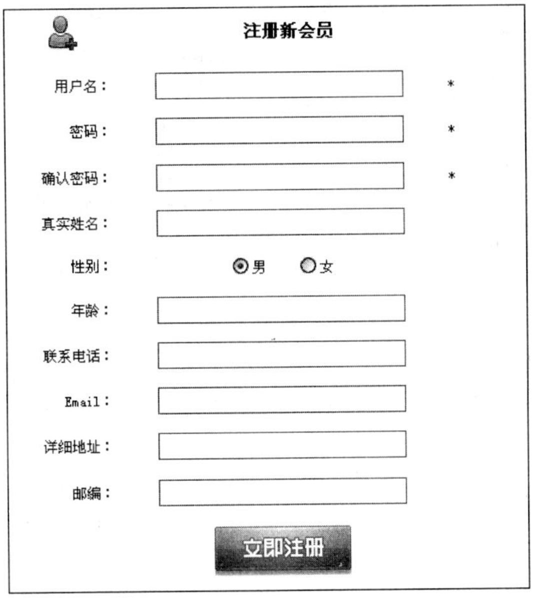

注册新会员

用户名：　*

密码：　*

确认密码：　*

真实姓名：

性别：　◉男　○女

年龄：

联系电话：

Email：

详细地址：

邮编：

立即注册

图 9-6　会员注册模块

9.7.2　会员注册模块实现过程

1. 设计步骤

(1) 在该网站中的 client 文件夹下创建一个 Web 窗体，将其命名为 register. aspx，将其作为 index. master 母版页的内容页。

(2) 页面中各个控件的属性设置及其用途如表 9-12 所示。

表 9-12　register. aspx 页面中主要控件的属性设置及其用途

控件类型	控件名称	主要属性设置	用　途
TextBox	txtUserName	无	输入用户名
	txtUserPwd	无	输入用户密码
	txtAgain	无	确认密码
	txtRealName	无	输入真实姓名
	txtAge	无	输入年龄
	txtPhone	无	输入联系电话
	txtEmail	无	输入 Email
	txtAddress	无	输入详细地址
	txtPostCode	无	输入邮编

续表

控件类型	控件名称	主要属性设置	用途
RequiredFieldValidator	RequiredFieldValidator1	ErrorMessage属性设为"不为空";ControlToValidate属性设为"txtUserName";Display属性设为"Dynamic"	验证用户名是否为空
	RequiredFieldValidator2	ErrorMessage属性设为"不为空";ControlToValidate属性设为"txtUserName";Display属性设为"Dynamic"	验证密码是否为空
RegularExpressionValidator	RegularExpressionValidator4	ErrorMessage属性设为"用户名至少为6位";ControlToValidate属性设为"txtUserName";Display属性设为"Dynamic"	验证输入值是否少于6位
	RegularExpressionValidator3	ErrorMessage属性设为"不为空";ControlToValidate属性设为"txtUserName";Display属性设为"Dynamic"	验证输入值是否少于6位
CompareValidator	CompareValidator1	ControlToCompare属性设为"txtAgain";ControlToValidate属性设为"txtUserPwd";ErrorMessage属性设为"密码不一致"	验证再次输入的密码是否匹配
RangeValidator	RangeValidator1	ErrorMessage属性设为"请输入正确年龄";ControlToValidate属性设为"txtAge";MaximumValue属性设为"100";MinimumValue属性设为"1";Type属性设为"Integer"	验证年龄在1～100范围内
RegularExpressionValidator	RegularExpressionValidator5	ControlToValidate属性设为"txtPhone";Display属性设为"Dynamic";ErrorMessage属性设为"格式错误";ValidationExpression属性设为"^-?[1-9]\d*$"	验证电话格式
	RegularExpressionValidator1	ControlToValidate属性设为"txtEmail";ErrorMessage属性设为"格式不正确";ValidationExpression属性设为"\w+([-+.']\w+)*@\w+([-.]\w+)*\.\w+([-.]\w+)*";Display属性设为"Dynamic"	验证Email格式
	RegularExpressionValidator2	ControlToValidate属性设为"txtPostCode";ErrorMessage属性设为"格式不正确";ValidationExpression属性设为:"\d{6}"	验证邮编格式

续表

控件类型	控件名称	主要属性设置	用途
RadioButton	rbtnSex1	Checked 设为"True";GroupName 设为"sex"	设置用户性别为男
	rbtnSex2	GroupName 设为"sex"	设置用户性别为女
ImageButton	ibtnRegister	无	注册按钮

(3) 在页面上编辑好控件后,只要再编辑 ibtnRegister 按钮的 Click 事件,当用户填好信息后单击"立即注册"按钮就可以注册为会员了。

2. 代码实现

当用户填写好会员信息后,单击"立即注册"按钮,如果会员信息都满足前台条件,则进入后台。检验用户名以前是否被注册过,若未被注册,则注册成功;如果该用户名已被注册,则提示"会员名已经存在,请重新注册!",回到注册页面重新填写信息。代码如下:

```
protected void ibtnRegister_Click(object sender, ImageClickEventArgs e)
{
    string name=txtUserName.Text.ToString();
    string real=txtRealName.Text.ToString();
    string pwd=Common.MD5(txtUserPwd.Text.ToString());
    string gender="男";
    if (rbtnSex2.Checked)
    {
        gender="女";
    }
    string age=txtAge.Text.ToString();
    string tel=txtPhone.Text.ToString();
    string mail=txtEmail.Text.ToString();
    string add=txtAddress.Text.ToString();
    string post=txtPostCode.Text.ToString();
    System.DateTime regDate=System.DateTime.Now;
    string sql="select count(*) from tbUser where userName='" +name +"'";
    bool tag=DBBase.Exists(sql);
    if (tag)
    {
        Alert.Show("会员名已经存在,请重新注册!");
    }
    sql="insert into tbUser (userName,RealName,userPwd,sex,age,phone,"
        +"email,address,postCode,regDate) values "
        +"('" +name +"','" +real +"','" +pwd +"','"
        +gender +"','" +age +"','" +tel +"','" +mail
```

```
        +"','" +add +"','" +post +"','" +regDate +"')";
    DBBase.ExecuteSql(sql);
    Session["userName"]=name;
    Alert.FramGo("index.aspx");
}
```

9.8 会员修改密码模块

9.8.1 会员修改密码模块概述

该模块用来修改会员密码。会员可以修改自己的密码来提高个人资料的安全性，页面运行结果如图 9-7 所示。

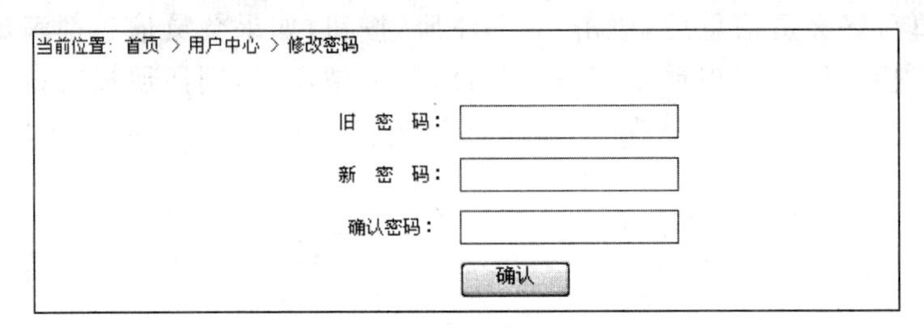

图 9-7 修改密码界面

9.8.2 会员修改密码模块实现过程

1. 设计步骤

(1) 打开网站 NetBook，在该网站中的 client 文件夹下创建一个 Web 窗体，将其命名为 editUserPassWord. aspx，将其作为 userCenter. master 母版页的内容页。

(2) 本页添加的主要控件如表 9-13 所示。

表 9-13 editUserPassWord. aspx 页面中主要控件的属性设置及其用途

控件类型	控件名称	主要属性设置	用途
TextBox	txtOldPassWord	TextMode 属性设为"Password"	用于输入旧密码
	txtNewPassWord	TextMode 属性设为"Password"	用于输入新密码
	txtConfirmPassWord	TextMode 属性设为"Password"	用于再次输入新密码
RequiredFieldValidator	RequiredFieldValidator1	ErrorMessage 属性设为"密码不能为空"; ControlToValidate 属性设为" txtNewPassWord "; Display 属性设为"Dynamic"	验证新密码是否为空

续表

控件类型	控件名称	主要属性设置	用途
RegularExpressionValidator	RegularExpressionValidator1	ControlToValidate 属性设为"txtNewPassWord"；Display 属性设为"Dynamic"；ErrorMessage 属性设为"密码至少为 6 位"；ValidationExpression 属性设为".{6,}"	验证新密码是否至少 6 位
CompareValidator	CompareValidator1	ControlToCompare 属性设为"txtConfirmPassWord"；ControlToValidate 属性设为"txtNewPassWord"；ErrorMessage 属性设为"密码不一致"；Display 属性设为"Dynamic"	验证两次输入的新密码是否一致
Button	btnConfirm	无	"提交"按钮

(3) 在页面上编辑好控件后，只要再编辑 btnConfirm 按钮的 Click 事件，当用户填好信息后单击"确认"按钮就可以更改密码了。

2. 代码实现

当用户填写好旧密码和新密码并确认密码后就可以单击"确认"按钮提交密码信息，如果用户的旧密码 MD5 加密后的密文与用户在数据库中的密码的密文一致，则修改原来用户数据库中的密码为新密码，并提示"恭喜你修改成功"。否则提示"你的旧密码有误，请重新输入"。

```
protected void btnConfirm_Click(object sender, EventArgs e)
{
    string userName=Session["userName"].ToString();
    string userPwd=Common.MD5(txtOldPassWord.Text.ToString().Trim());
    string userNewPwd=Common.MD5(txtNewPassWord.Text.ToString().Trim());
    string sql="select *  from tbUser where userName='" +userName +"'";
    DataTable dt=DBBase.GetDataTable(sql);
    string pwd=dt.Rows[0]["userPwd"].ToString();
    if (pwd==userPwd)
    {
        sql="update tbUser set userPwd='" +userNewPwd
            +"' where userName='" +userName +"'";
        DBBase.ExecuteSql(sql);
        Alert.ShowAndFramGo("恭喜你修改成功", "editUserPassWord.aspx");
    }
    else
    {
        Alert.Show("你的旧密码有误，请重新输入");
```

```
        }
    }
```

9.9 会员修改个人信息模块

9.9.1 会员修改个人信息模块概述

该模块主要是会员修改自己的信息，会员单击“修改个人信息”，进入修改信息页面 editUserInfo.aspx，对自己的个人信息进行修改。页面运行结果如图 9-8 所示。

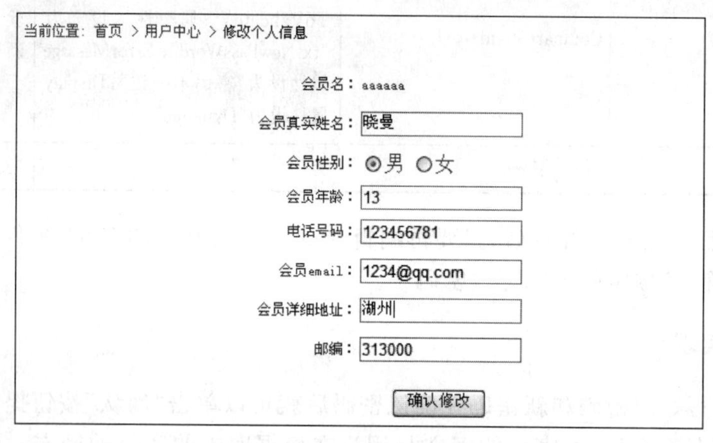

图 9-8 会员个人信息修改页面

9.9.2 会员修改个人信息模块实现过程

1. 设计步骤

(1) 在该网站中的 client 文件夹下创建一个 Web 窗体，将其命名为 editUserInfo.aspx，将其作为 userCenter.master 母版页的内容页。

(2) 本页添加的主要控件如表 9-14 所示。

表 9-14 editUserInfo.aspx 页面中主要控件的属性设置及其用途

控件类型	控件名称	主要属性设置	用途
TextBox	txtRealName	无	修改真实姓名
	txtAge	无	修改年龄
	txtPhone	无	修改联系电话
	txtEmail	无	修改 Email
	txtAddress	无	修改详细地址
	txtPostCode	无	修改邮编

续表

控件类型	控件名称	主要属性设置	用途
RangeValidator	RangeValidator1	ErrorMessage属性设为"请输入正确年龄";ControlToValidate 属性设为"txtAge";MaximumValue 属性设为"100";MinimumValue 属性设为"1";Type 属性设为"Integer"	验证年龄在1～100范围内
RegularExpressionValidator	RegularExpressionValidator5	ControlToValidate 属性设为"txtPhone";Display 属性设为"Dynamic";ErrorMessage 属性设为"格式错误";ValidationExpression 属性设为"^-?[1-9]\d*$"	验证电话格式
	RegularExpressionValidator1	ControlToValidate 属性设为"txtEmail";ErrorMessage 属性设为"格式不正确";ValidationExpression 属性设为"\w+([-+.']\w+)*@\w+([-.]\w+)*\.\w+([-.]\w+)*";Display 属性设为"Dynamic"	验证 Email 格式
	RegularExpressionValidator2	ControlToValidate 属性设为"txtPostCode";ErrorMessage 属性设为"格式不正确";ValidationExpression 属性设为"\d{6}"	验证邮编格式
RadioButton	rbtnSex1	Checked 设为"True";GroupName 设为"sex"	设置用户性别为男
	rbtnSex2	GroupName 设为"sex"	设置用户性别为女
Button	btnSubmit	无	"确认修改"按钮

(3) 在页面上编辑好控件后，只要再编辑 btnSubmit 按钮的 Click 事件，当用户修改好信息后单击"确认修改"按钮就可以修改信息了。

2. 代码实现

(1) 当用户单击左边导航条的"修改个人信息"时将会员的用户名传递给 editUserInfo.aspx 页面，editUserInfo.aspx 接收到该会员用户名后，到数据库中查询该用户的信息，并将信息绑定到页面上。代码如下：

```
//绑定会员信息
protected void Bind()
{
```

```
    string name=Session["userName"].ToString();
    string sql="select * from tbUser where userName='" +name +"'";
    DataTable dt=DBBase.GetDataTable(sql);
    txtRealName.Text=dt.Rows[0]["realName"].ToString();
    lblUserName.Text=dt.Rows[0]["userName"].ToString();
    string sex=dt.Rows[0]["sex"].ToString();
    if (sex=="男")
    {
        rbtnSex1.Checked=true;
    }
    else
    {
        rbtnSex2.Checked=true;
    }
    txtAge.Text=dt.Rows[0]["age"].ToString();
    txtPhone.Text=dt.Rows[0]["phone"].ToString();
    txtEmail.Text=dt.Rows[0]["email"].ToString();
    txtAddress.Text=dt.Rows[0]["address"].ToString();
    txtPostCode.Text=dt.Rows[0]["postCode"].ToString();
}
```

(2) 页面显示该用户详细信息后，用户就能对自己的信息进行一些必要的修改了。用户编辑完自己的信息后只要单击“确认修改”按钮就能将用户修改的最新信息添加到数据库了。具体代码实现如下：

```
//修改会员信息
protected void btnSubmit_Click(object sender, EventArgs e)
{
    string real=txtRealName.Text.ToString();
    string gender="男";
    if (rbtnSex2.Checked )
    {
        gender="女";
    }
    string age=txtAge.Text.ToString();
    string tel=txtPhone.Text.ToString();
    string mail=txtEmail.Text.ToString();
    string add=txtAddress.Text.ToString();
    string post=txtPostCode.Text.ToString();
    string sql="update tbUser set realName='" +real +"',sex='" +gender
            +"',age=" +age +"," +"phone='" +tel +"',email='" +mail
            +"',address='" +add +"',postCode='" +post +"'" +" where userName='"
            +Session["userName"].ToString().Trim() +"'";
    int tag=DBBase.ExecuteSql(sql);
    Alert.ShowAndFramGo("修改成功", "orderForm.aspx");
}
```

9.10 购物车管理模块

9.10.1 购物车管理页面概述

购物车管理功能的实现是本网站的关键，主要用于显示及管理会员的购物信息，会员在浏览图书的过程中，如果遇到想要购买的图书，单击图书下方的“加入购物车”按钮，即可将该图书添加到购物车中，通过单击页面顶部导航栏中的“购物车”链接进入购物车管理页面，可以查看和编辑图书信息等操作。购物车管理页包括的功能主要有以下几项：

(1) 将图书添加到购物车。

(2) 浏览购物车中的图书信息。

(3) 修改购物车中的图书数量。

(4) 删除购物车中的图书。

(5) 清空购物车。

购物车管理页面(shopManage.aspx)的运行效果如图 9-9 所示。

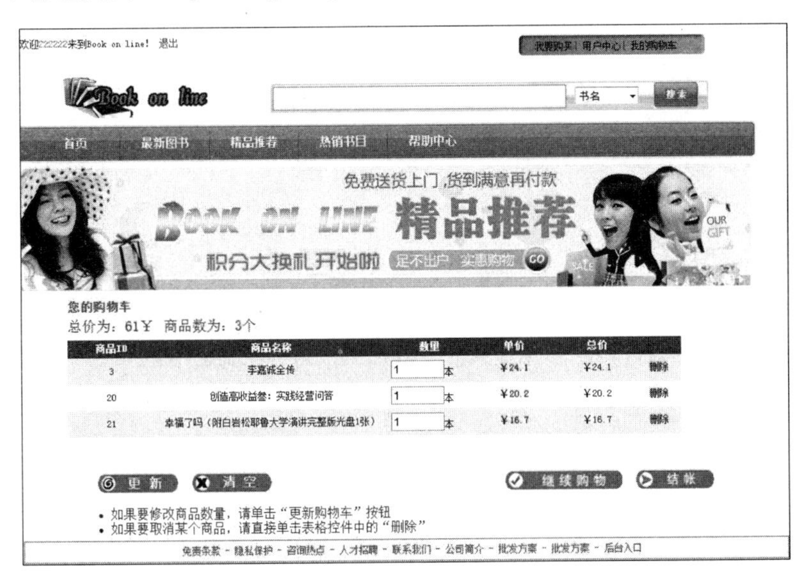

图 9-9 购物车管理页面

9.10.2 购物车管理页面实现过程

1. 设计步骤

(1) 在应用程序中新建一个 Web 窗体，命名为 shopCart.aspx，将其作为 index.master 母版页的内容页。

(2) 在页面中添加一个 Table(表格)控件为整个页面布局,页面中各个控件的属性设置及其用途如表 9-15 所示。

表 9-15 index. aspx 页面中主要控件的属性设置及其用途

控件类型	控件名称	主要属性设置	用途
Label	lblMessage	无	显示“您的购物车”字样
	lblTotalPrice	Text 属性设置为"0"	显示购物图书总价
	lblTotalNum	Text 属性设置为"0"	显示购物图书数量
ImageButton	ibtnUpdate	CommandName 设为"update"	执行“更新”操作
	ibtnClear	无	执行“清空”操作
Image(Html 控件)	无	<a href="index. aspx">	跳转到“继续购物”页面
	无	<a href="fillOutOrder. aspx">	跳转到“结帐”页面
GridView	gvShopCart	AllowPAging 属性设置为 True; AutoGenerateColumns 属性设置为 False; PageSize 属性设置为 10	显示会员购买图书信息

2. 代码实现

(1) 在购物车管理页面 shopManage. aspx 的后台 shopManage. aspx. cs 页中编写代码前,定义两个全局变量,具体代码实现如下:

```
// shopCart 类
private ShopCart shopCart;
// shopCartItem 类
private ShopCartItem shopCartItem;
```

(2) 在系统首次运行购物车管理页面时,加载 Page_Load 中的事件,创建一个数据源,绑定到 GridView 控件中,显示购物车中的图书信息,具体代码实现如下:

```
protected void Page_Load(object sender, EventArgs e)
    {
        if (Session["userName"]==null)
        {
            Alert.ShowAndFramGo("请先登录", "login.aspx");
        }
        if (!IsPostBack)
        {
            if (Session["ShopCart"]==null)
            {
                Panel1.Visible=true;
                Panel2.Visible=false;
                Panel3.Visible=true;
```

```
                this.ibtnUpdate.Visible=false;
                this.ibtnClear.Visible=false;
            }
            else
            {
                Panel1.Visible=false;
                Panel2.Visible=true;
                BindShopCart();
            }
        }
    }
```

(3) 会员在图书详细页面对图书详细信息进行浏览，单击图书右下角的“加入购物车”按钮，图书将被加入购物车。“加入购物车”的Click事件具体代码实现如下：

```
protected void imgbtnBuy_Click(object sender, ImageClickEventArgs e)
{
    int bookNum, buyNum, restCount;
    float bookPrice=0;
    if (Session["userName"]==null)
    {
        Response.Redirect("login.aspx");
    }
    bookNum=Convert.ToInt32(txtBookNumber.Text);
    bookPrice=Convert.ToSingle(ViewState["BookPrice"].ToString().Trim());
    ViewState["BookNum"]=bookNum;
    ViewState["BookTotalPrice"]=bookNum * bookPrice;
    buyNum=bookNum;
    restCount=Convert.ToInt32(ViewState["BookRestCount"].ToString());
    if (buyNum >restCount)
    {
        lblMessages.Text="抱歉,您购买的数量超过了库存量!";
        BindBook();
        BindComment();
        Paging();
    }
    else
    {
        AddShopCart();
        Response.Redirect("shopManage.aspx");
    }
}
```

(4) 会员单击导航条中的购物车，进入购物车商品列表页。在购物车信息显示框中，会员可对图书的数量在相应的文本框中进行修改，单击“更新”按钮，购物车中的图书数量将会被更新。“更新”的 ibtnUpdate_Command 事件具体代码实现如下：

```
//更新订单
protected void ibtnUpdate_Command(object sender, CommandEventArgs e)
{
    if (e.CommandName=="update")
    {
        UpdateShopCart();
    }
}
protected void UpdateShopCart()
{
    Session["ShopCart"]=null;
    ShopCart shopCart=new ShopCart();
    foreach (GridViewRow row in this.gvShopCart.Rows)
    {
        string bookID=string.Format(row.Cells[0].Text);
        string bookName=string.Format(row.Cells[1].Text);
        TextBox bookNum=(TextBox)row.FindControl("txtNum");
        int quantity=Convert.ToInt32(string.Format(bookNum.Text));
        Label price=(Label)row.FindControl("lblBookPrice");
        float bookPrice=Convert.ToSingle(price.Text);
        float bookTotalPrice=Convert.ToSingle(quantity * bookPrice);
        shopCartItem=new ShopCartItem(bookID, bookName, quantity, bookPrice,
        bookTotalPrice);
        Session["ShopCart"]=shopCart;
        shopCart=(ShopCart)Session["ShopCart"];
        shopCart.Add(bookID, bookName, quantity, bookPrice, bookTotalPrice);
        Session["ShopCart"]=shopCart;
    }
    Panel2.Visible=true;
    BindShopCart();
}
```

(5) 当会员需要删除购物车中某一类图书时，可以在购物车信息显示框中单击该类图书后的“删除”链接按钮，将该图书从购物车中删除。“删除”链接按钮的 Command 事件具体代码实现如下：

```
//删除不需要的订单
protected void gvShopCart_RowCommand(object sender, GridViewCommandEventArgs e)
{
    if (e.CommandName=="del")
    {
```

```
            shopCart=(ShopCart)Session["ShopCart"];
            string intBookID=e.CommandArgument.ToString();
            shopCart.Remove(intBookID);
            Session["shopCart"]=shopCart;
            if (shopCart.Count==0)
            {
                Panel1.Visible=true;
                Panel2.Visible=false;
                ibtnUpdate.Visible=false;
                ibtnClear.Visible=false;
                Session["ShopCart"]=null;
                Response.Redirect("shopManage.aspx");
            }
            else
            {
                Panel2.Visible=true;
                BindShopCart();
            }
        }
    }
```

(6) 当会员需要清空购物车中的所有图书，单击“清空”按钮即可清空购物车中的所有图书。“清空”链接按钮的 Click 事件具体代码实现如下：

```
protected void ibtnClear_Click(object sender, ImageClickEventArgs e)
{
    Session["ShopCart"]=null;
    Response.Redirect("shopManage.aspx");
}
```

(7) 当会员单击购物车管理页面中的“继续购物”按钮时，页面将会跳转至商品首页，继续购置图书，“继续购物”链接的具体代码实现如下：

```
<a href="index.aspx"><img src="../image/继续购物.bmp"></a>
```

(8) 当会员已购买完图书，可以单击购物车管理页面中的“结帐”按钮，将会提交订单并进行结算，“结帐”链接的具体代码实现如下：

```
<a href="fillOutOrder.aspx"><img src="../image/结帐.bmp"></a>
```

9.11 会员订单管理模块

9.11.1 会员订单管理模块概述

会员订单管理模块主要用于会员查看自己的订单信息，包括购买的书籍数量、价格及其订单状态，还可以搜索订单。

在 9.10.2 节当会员点击“结帐”按钮后，将会跳转到填写订单页面，如图 9-10 所示。

图 9-10　填写订单页面

填写完成后，单击“确认购买”按钮，会员将进入订单查看页面，如图 9-11 所示。

图 9-11　订单查看页面

在如图 9-12 所示的订单搜索页面中，单击下拉框上的箭头，可以根据类别来进行搜索，如选中下拉框中的“未确认”，单击“搜索”按钮，进行分类搜索，如图 9-13 所示。

图 9-12 订单搜索页面

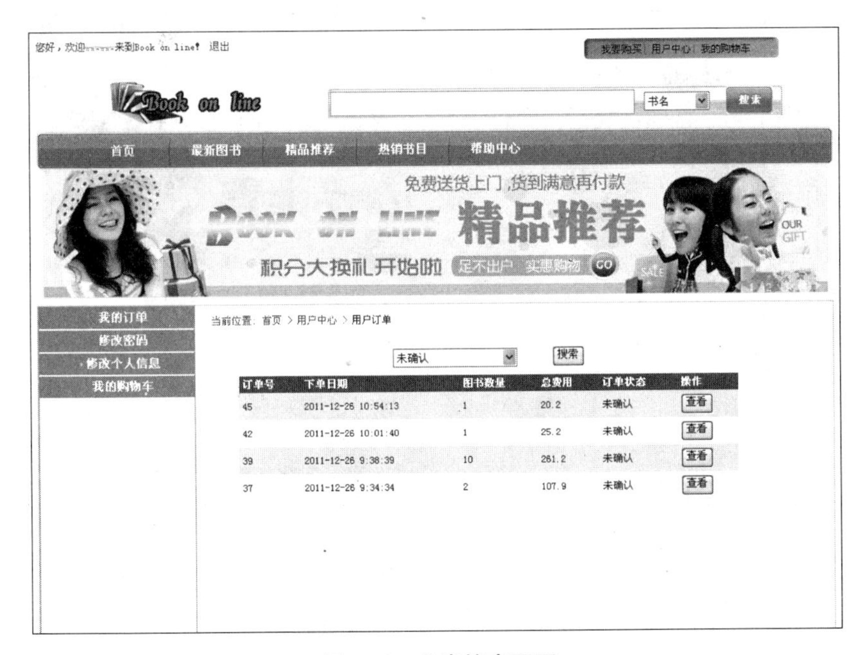

图 9-13 分类搜索页面

单击“查看”进入订单明细表页面，如图 9-14 所示，在该页面中可以查看订单明细状况。

会员单击“查看图书详细”按钮进入图书详细信息页面，如图 9-15 所示，可以在该页面中查看图书的详细信息。

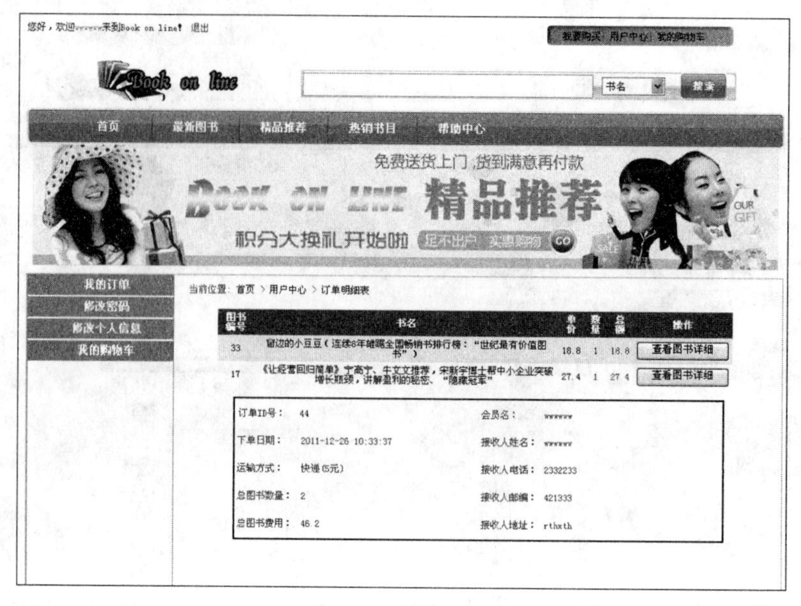

图 9-14 订单明细表

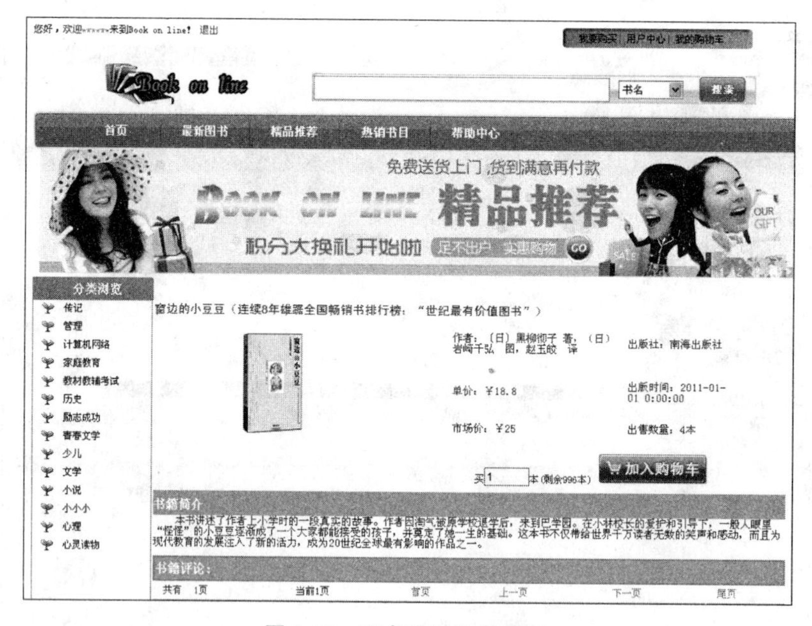

图 9-15 图书详细信息页面

9.11.2 会员订单管理模块实现过程

1. 设计步骤

(1) 在该网站中的 client 文件夹下创建 3 个 Web 窗体，将其命名为 fillOutOrder.

aspx、orderForm. aspx 和 customerOrderForm. aspx，将其作为 userCenter. master 母版页的内容页。

(2) fillOutOrder. aspx 页面中各个控件的属性设置及其用途如表 9-16 所示。

表 9-16 fillOutOrder. aspx 页面中主要控件的属性设置及其用途

控件类型	控件名称	主要属性设置	用途
Label	lblMessage	ForeColor 的属性设置为"Red"	实现购物车为空功能
	lblTotalPrice	Text 属性设置为"Label"	实现显示商品数量
GridView	gvShopCart	AutoGenerateColumns 属性设置为 False（取消自动生成）；CellPadding 属性设置为 4；GridLines 属性设置为 None	用来显示购物车内信息
DropDownList	ddlShipType	无	用来选择运输方式和运费
TextBox	txtReceiverName	无	用来显示收货人姓名
	txtReceiverPhone	无	用来显示收货人联系电话
	txtReceiverPostCode	无	用来显示收货人邮编
	txtReceiverAddress	无	用来显示收货人详细地址
	txtRemark	无	用来填写收货人备注信息
Button	btnConfirm	Text 的属性设置为"确认购买"	确认购买
RequiredFieldValidator	RequiredFieldValidator5	ControlToValidate 的属性设置为"txtReceiverName"；ErrorMessage 的属性设置为"不为空"；Display 属性设置为"Dynamic"	验证收货人姓名不能为空
	RequiredFieldValidator1	ControlToValidate 的属性设置为"txtReceiverPhone"；Display 属性设置为"Dynamic"；ErrorMessage 的属性设置为"不为空"	验证收货人联系电话不能为空
	RequiredFieldValidator3	ControlToValidate 的属性设置为"txtReceiverPostCode"；Display 属性设置为"Dynamic"；ErrorMessage 的属性设置为"不为空"	验证收货人邮政编码不能为空
	RequiredFieldValidator4	ControlToValidate 的属性设置为"txtReceiverAddress"；Display 属性设置为"Dynamic"；ErrorMessage 的属性设置为"不为空"	验证收货人详细地址不能为空

续表

控件类型	控件名称	主要属性设置	用途
RegularExpressionValidator	RegularExpressionValidator5	ControlToValidate 的属性设置为"txtReceiverPhone"; Display 属性设置为"Dynamic"; ErrorMessage 的属性设置为"格式错误"; ValidationExpression 的属性设置为"^-? [1-9]\d* $"	验证收货人的联系电话格式是否正确
	RegularExpressionValidator3	ControlToValidate 的属性设置为"txtReceiverPostCode"; Display 属性设置为"Dynamic"; ErrorMessage 的属性设置为"格式不对"; ValidationExpression="\d{6}"	验证收货人的邮政编码格式是否正确

(3) 在 orderForm. aspx 页面中各个控件的属性设置及其用途如表 9-17 所示。

表 9-17 orderForm. aspx 页面中主要控件的属性设置及其用途

控件类型	控件名称	主要属性设置	用途
Button	btnSearch	Text 属性设置为"搜索"	实现搜索功能
Button	btnCheck	Text 属性设置为"查看"	实现查看功能
DropDownList	ddlOrderState	无	用来选择订单类型
GridView	gvOrderForm	AllowPaging 属性设置为 True; AutoGenerateColumns 属性设置为 False(取消自动生成); PageSize 属性设置为 8(每页显示数据为 8 条)	用来显示订单信息

(4) 在 customerOrderForm. aspx 页面中各个控件的属性设置及其用途如表 9-18 所示。

表 9-18 customerOrderForm. aspx 页面中主要控件的属性设置及其用途

控件类型	控件名称	主要属性设置	用途
Button	btnViewBookDetail	Text 属性设置为"查看图书详细"	实现查看图书详细信息功能
GridView	gvOrder	AllowPaging 属性设置为 True; AutoGenerateColumns 属性设置为 False(取消自动生成)	用来显示订单明细表

2. 代码实现

(1) 当会员填写好自己的详细信息后,单击"确认购买"后,将会触发 fillOutOrder. aspx 页面中该按钮的 Click 事件,生成订单,并跳转到 orderForm. aspx 页面。其代码如下:

```
//确定购买
protected void btnConfirm_Click(object sender, EventArgs e)
{
    DataTable dt;
    string sql="";
    string strPhone=txtReceiverPhone.Text.Trim();
    string strZip=txtReceiverPostCode.Text.Trim();
    string fltShipFee=ddlShipType.SelectedValue.ToString();
    string strName=txtReceiverName.Text.Trim();
    string strAddress=txtReceiverAddress.Text.Trim();
    string strRemark=txtRemark.Text.Trim();
    DateTime orderDate=DateTime.Now;
    float bookPriceAll=Convert.ToSingle(lblTotalPrice.Text);
    int number=Convert.ToInt32(lblTotalNum.Text);
    sql ="insert into tbOrder (orderDate, userName, number, totalPrice,"
        +"shipType, receiverName, receiverPhone,receiverPostCode ,"
        +"receiverAddress,orderState,remark) values "
        +"( '" +orderDate +"','" +Session["userName"].ToString()
        +"'," +number +",'" +bookPriceAll +"',"+" '" +fltShipFee
        +"','" +strName +"','" +strPhone +"', "
        +" '" +strZip +"','" +strAddress +"','未确认 ','" +strRemark +"' )";
    //向数据库中插入订单信息
    DBBase.ExecuteSql(sql);
    int intBookID, intOrderID, intNum;
    float bookPrice,totalPrice;
    sql ="select orderID from tbOrder where userName= '"
        +++Session["userName"].ToString() +"' and orderDate= '" +orderDate +"'";
    dt=DBBase.GetDataTable(sql);
    intOrderID=Convert.ToInt32(dt.Rows[0]["orderID"].ToString());
    shopCart= (ShopCart)Session["ShopCart"];
    int i=0;
    //向数据中插入该用户所购买的图书信息
    foreach (GridViewRow row in this.gvShopCart.Rows)
    {
        intBookID=Convert.ToInt32(shopCart.Items[i].BookId.ToString());
        intNum=Convert.ToInt32(row.Cells[1].Text);
        totalPrice=Convert.ToSingle(row.Cells[3].Text.Trim());
        sql ="insert into tbOrderBookDetail(orderID,bookID,bookNum,bookTotalPrice)"
            +"values"+" ('" +intOrderID +"','" +intBookID +"','"
            +intNum +"','" +totalPrice +"')";
        DBBase.ExecuteSql(sql);
        i++;
        sql="select * from tbBookInfo where bookID=" +intBookID +"";
        dt=DBBase.GetDataTable(sql);
```

```
        int saleNumber=Convert.ToInt32(dt.Rows[0]["saleNumber"]);
        int restCount=Convert.ToInt32(dt.Rows[0]["restCount"]);
        int saleTotalNum=saleNumber +intNum;
        int restTotalCount=restCount -intNum;
        sql ="update tbBookInfo set saleNumber=" +saleTotalNum
            +" , restCount=" +restTotalCount +" where bookID=" +intBookID +"";
        DBBase.ExecuteSql(sql);
    }
    Session["shopCart"]=null;
    Alert.ShowAndFramGo("交易成功!", "orderForm.aspx");
}
```

(2) 在 fillOutOrder.aspx 页面中的 Page_Load 事件中,判断购物车是否为空,若不为空则调用自定义方法 BindShopCart()显示订单信息。其代码如下:

```
protected void Page_Load(object sender, EventArgs e)
{
    string sql="";
    if (Session["userName"]==null)
    {
        Response.Redirect("login.aspx");
    }
    if (!IsPostBack)
    {
        sql="select * from tbUser where userName='" +Session["userName"] +"'";
        DataTable dt=DBBase.GetDataTable(sql);
        txtReceiverName.Text=dt.Rows[0][0].ToString();
        txtReceiverPhone.Text=dt.Rows[0][5].ToString();
        txtReceiverPostCode.Text=dt.Rows[0][8].ToString();
        txtReceiverAddress.Text=dt.Rows[0][7].ToString();
        //判断购物车是否为空
        if (Session["ShopCart"]==null)
        {
            this.lblMessage.Text="您购物车中没有商品!";
            this.lblMessage.Visible=true;
            this.btnConfirm.Visible=false;
            this.lblTotalPrice.Text=shopCart.ShopCartTotalPrice(shopCart);
            this.lblTotalNum.Text=shopCart.bookTotalNumber(shopCart);
        }
        else
        {
            BindShopCart();
        }
    }
}
```

(3) 在 fillOutOrder. aspx 页面中调用自定义方法 BindShopCart(),显示用户已选中要购买的书籍。其代码如下:

```
//显示用户已选中要购买的书籍
protected void BindShopCart()
{
    shopCart=(ShopCart)Session["ShopCart"];
    this.gvShopCart.DataSource=shopCart.Items;
    this.gvShopCart.DataBind();
    this.lblTotalPrice.Text=shopCart.ShopCartTotalPrice(shopCart);
    this.lblTotalNum.Text=shopCart.bookTotalNumber(shopCart);
}
```

(4) 当会员选择好按照哪种类型搜索后,单击"搜索"按钮,将会触发 orderForm. aspx 页面中该按钮的 Click 事件。在该事件下,调用自定义方法 Bind()绑定查询后的订单信息。其代码如下:

```
//搜索订单
protected void btnSearch_Click(object sender, EventArgs e)
{
    string orderState=ddlOrderState.SelectedValue.ToString().Trim();
    Bind(orderState);
}
```

(5) 在 orderForm. aspx 页面中的 GridView 控件的 PageIndexChanging 事件中编写如下代码,实现翻页功能。其代码如下:

```
protected void gvOrderForm_PageIndexChanging(object sender, GridViewPageEventArgs e)
{
    gvOrderForm.PageIndex=e.NewPageIndex;
    string orderState=ddlOrderState.SelectedValue.ToString().Trim();
    Bind(orderState);
}
```

(6) 在 orderForm. aspx 页面中的 GridView 控件的 RowCommand 事件中编写如下代码,实现当会员单击"查看详情"按钮跳转到 customerOrderForm. aspx 订单详细表页面。其代码如下:

```
protected void gvOrderForm_RowCommand(object sender, GridViewCommandEventArgs e)
{
    if (e.CommandName=="check")
    {
        Response.Redirect("customerOrderForm.aspx?orderID=" +e.CommandArgument);
    }
}
```

(7) 在 orderForm. aspx 页面中的 Page_Load 事件中调用自定义方法 Bind(),显示

订单信息。其代码如下：

```
protected void Page_Load(object sender, EventArgs e)
{
    if (!IsPostBack)
    {
        if (Session["userName"]==null)
        {
            Alert.ShowAndFramGo("请先登录", "login.aspx");
        }
        else
        {
            Bind("全部");
        }
    }
}
```

(8) 在 orderForm.aspx 页面中调用自定义方法 Bind()从信息表(tbOrder)中获取订单信息,然后将获取的订单信息绑定到 GridView 控件中。其代码如下：

```
//绑定该用户的所有订单
protected void Bind(string orderState)
{
    string sql="";
    if (orderState=="全部")
    {
        sql="select * from tbOrder where userName='"
            +Session["userName"].ToString() +"' order by orderID desc";
    }
    else
    {
        sql="select * from tbOrder where orderState='"
            +orderState +"' and userName='"
            +Session["userName"].ToString() +"' order by orderID desc";
    }
    DataTable dt=DBBase.GetDataTable(sql);
    gvOrderForm.DataSource=dt;
    gvOrderForm.DataBind();
}
```

(9) 在 customerOrderForm.aspx 页面中的 Page_Load 事件中,调用自定义方法 Bind()和 BindBooks()显示订单信息。其代码如下：

```
protected void Page_Load(object sender, EventArgs e)
{
    if (!IsPostBack)
```

```
        {
            Bind();
            BindBooks();
        }
    }
```

(10) 在 customerOrderForm. aspx 页面中调用自定义方法 Bind()从信息表(tbOrderBookDetail)中获取订单信息,然后将获取的订单信息绑定到 GridView 控件中。其代码如下:

```
    //绑定订单中书籍的信息
    protected void Bind()
    {
        string orderID=Request.QueryString["orderID"];
        string sql="select tbOrderBookDetail.bookID,bookName,bookPrice,bookNum, "
                   +"bookTotalPrice from tbOrderBookDetail,tbBookInfo "
                   +"where tbBookInfo.bookID=tbOrderBookDetail.bookID "
                   +"and tbOrderBookDetail.orderID='" +orderID +"' ";
        dt=DBBase.GetDataTable(sql);
        gvOrder.DataSource=dt;
        gvOrder.DataBind();
    }
```

(11) 在 customerOrderForm. aspx 页面中调用自定义方法 BindBooks(),绑定订单信息和收货人信息。

```
    //绑定订单信息和收货人信息
    protected void BindBooks()
    {
        string orderID=Request.QueryString["orderID"];
        string sql="select * from tbOrder where orderID='" +orderID +"'";
        dt=DBBase.GetDataTable(sql);
    }
```

(12) 在 customerOrderForm. aspx 页面中的 GridView 控件的 RowCommand 事件中,编写如下代码,实现当会员单击"查看图书详细"按钮时跳转到 bookDetail. aspx 图书详细信息页面。其代码如下:

```
    protected void gvOrder_RowCommand(object sender, GridViewCommandEventArgs e)
    {
        string bookId=e.CommandArgument.ToString();
        string type=e.CommandName.ToString();
        if (type=="view")
        {
            Response.Redirect("bookDetail.aspx?bookID=" +bookId);
        }
    }
```

9.12 会员发表评论模块

9.12.1 会员发表评论模块概述

发表评论模块主要用于会员对网站上书籍的评价，书籍评论页面如图 9-16 所示。

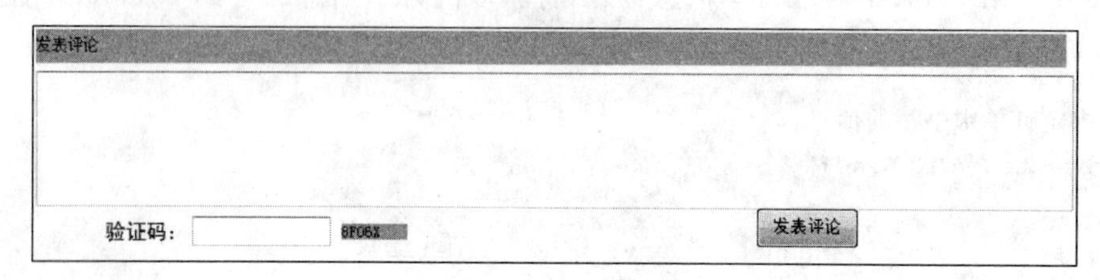

图 9-16 书籍评论页面

9.12.2 会员发表评论模块实现过程

1. 设计步骤

(1) 在该网站中的 client 文件夹下添加页面 bookDetail. aspx，作为会员发表评论页面。

(2) 会员发表评论页面中各个控件的属性设置及其用途如表 9-19 所示。

表 9-19 bookDetail. aspx 页面中主要控件的属性设置及其用途

控件类型	控件名称	主要属性设置	用 途
TextBox	txtComment	无	用来填写评论内容
	txtCheckCode	无	用来填写验证码
Label	lblCheckCode	无	用来显示验证码
Button	btnPublish	Text 属性设置为"发表评论"	实现发表评论功能

2. 代码实现

当会员填写完要发表的评论内容，单击“发表评论”按钮后，在该按钮的 Click 事件下，首先判断验证码是否为空，输入是否正确，若正确，再判断用户名是否为空，若用户名不为空，则将评论信息插入到评论表 tbComment 中，同时将数据绑定到 BindComment() 函数中，弹出“发布成功!”对话框，否则返回到登录页面；若验证码输入不正确，则弹出“验证码错误!”对话框。其代码如下：

```
//发表评论
protected void btnPublish_Click(object sender, EventArgs e)
{
```

```
    string sql="";
    string checkCode=lblCheckCode.Text.ToString().ToString().Trim();
    string userCheckCode=txtCheckcode.Text.ToUpper().ToString().Trim();
    if (userCheckCode !="" && userCheckCode==checkCode)
    {
        if (Session["userName"] !=null)
        {
            string bookID=ViewState["bookId"].ToString();
            string commentContent=txtComment.Text.ToString();
            DateTime commentTime=DateTime.Now;
            Sql =" insert into tbComment(bookID,userName,commentContent,commentTime)"
                +"values('" +bookID +"','" +Session["userName"].ToString() +"','"
                +commentContent +"','" +commentTime +"')";
            DBBase.ExecuteSql(sql);
            BindBook();
            BindComment();
            Paging();
            string url="bookDetail.aspx?bookID=" +bookID;
            Alert.ShowAndHref("发布成功!", url);
        }
        else
        {
            Response.Redirect("login.aspx");
        }
    }
    else
    {
        Alert.Show("验证码错误!");
    }
    BindBook();
    BindComment();
    Paging();
}
```

9.13 会员查看评论模块

9.13.1 会员查看评论模块概述

会员查看评论模块主要用于显示会员对网站上书籍的评论信息，网站上所有用户都可以查看到所有的评论信息，如图 9-17 所示。

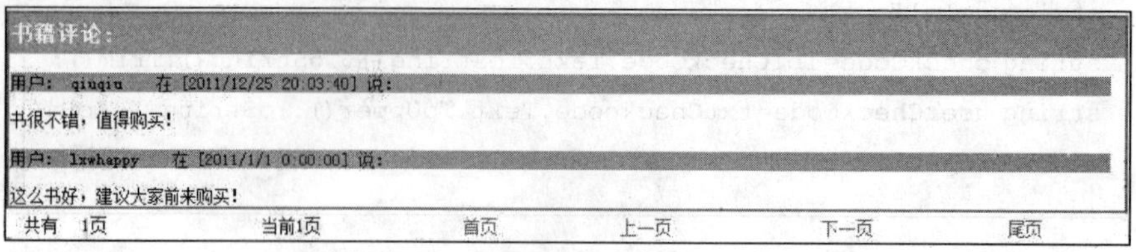

书籍评论：

用户： qiuqiu　在 [2011/12/25 20:03:40] 说：

书很不错，值得购买！

用户： lxwhappy　在 [2011/1/1 0:00:00] 说：

这么书好，建议大家前来购买！

共有 1页　当前1页　首页　上一页　下一页　尾页

图 9-17　查看评论页面

9.13.2 会员查看评论模块实现过程

1. 设计步骤

(1) 在该网站中的 client 文件夹下添加页面 bookDetail. aspx，作为会员查看评论页面。

(2) 会员查看评论页面主要控件的属性设置及其用途如表 9-20 所示。

表 9-20　bookDetail. aspx 页面中主要控件的属性设置及其用途

控件类型	控件名称	主要属性设置	用　途
DataList	dlstComment	Visible 属性设为"True"；SelectedIndex 属性设为"－1"	用来显示评论信息

2. 代码实现

(1) 在 Page_Load 事件中，调用自定义方法 BindComment()，分类显示会员评论信息。其代码如下：

```
protected void Page_Load(object sender, EventArgs e)
{
    if (!Page.IsPostBack)
    {
        BindBookClass();
        ViewState["bookId"]=Request.QueryString["bookID"];
        BindBook();
        BindComment();
        Paging();
        lblCheckCode.Text=RandomImg.GenerateCheckCode();
    }
}
```

(2) 自定义方法 BindComment()首先从评论表 tbComment 中获取评论信息，然后将获取的评论信息绑定到 DataList 控件中。其代码如下：

```
//绑定会员对某本书的评论
protected void BindComment()
```

```
{
    string sql ="select top 10  * from tbComment where bookID='"
            +ViewState["bookId"].ToString() +"'";
    DataTable dt2=DBBase.GetDataTable(sql);
    dlstComment.DataSource=dt2;
    dlstComment.DataBind();
}
```

9.14 后台管理员登录模块

9.14.1 后台管理员登录模块概述

后台管理员登录页面在前台并没有设置登录入口，这样的设计在某方面增强了后台的安全性，使除管理员外的人不能轻易找到后台的登录界面。后台登录页面主要是用来对进入网站后台的会员进行安全性检查，以防非法会员进入该系统的后台。同时使用了验证码技术，防止使用注册机恶意登录本站后台。后台登录页面如图 9-18 所示。

图 9-18 后台管理员登录界面

9.14.2 后台管理员登录模块实现过程

1. 设计步骤

(1) 在该网站中的 Admin 文件夹下添加新页面并将其命名为 adminLogin. aspx。

(2) 页面中各个控件的属性设置及其用途如表 9-21 所示。

表 9-21 adminLogin. aspx 页面中主要控件的属性设置及其用途

控件类型	控 件 名 称	主要属性设置	用 途
TextBox	txtAdminName	TextMode 属性设置为 SingleLine	录入登录会员名
	txtPwd	TextMode 属性设置为 PassWord	录入会员密码
	txtSecurityCode	TextMode 属性设置为 SingleLine	录入验证码
Button	btnLogin	Text 属性设置为"登录"	登录
Label	lblSecurityCode	Text 属性设置为空	显示验证码

2. 代码实现

在后台的 adminLogin. aspx. cs 页中编写代码，程序主要代码如下：

(1) 在 Page_Load 事件中，调用 RandomImg 类的 GenerateCheckCode()方法，显示随机验证码。其代码如下：

```
protected void Page_Load(object sender, EventArgs e)
{
    if (!Page.IsPostBack)
    {
        string code=RandomImg.GenerateCheckCode();
        ViewState["code"]=code;
        lblSecurityCode.Text=code;
    }
}
```

(2) 当管理员输入完登录信息时，可以单击“登录”按钮，在该按钮的 btnLogin_Click 事件触发下，首先判断管理员是否输入了合法的信息，如果输入的信息合法，则进入网站后台；否则弹出对话框，提示管理员名、密码或验证码错误。其代码如下：

```
protected void btnLogin_Click(object sender, EventArgs e)
{
    string adminName=txtAdminName.Text.ToString().Trim();
    string pwd=txtPwd.Text.ToString().Trim();
    string securityCode=txtSecurityCode.Text.ToUpper().ToString().Trim();
    string code=ViewState["code"].ToString().Trim();
    if (securityCode==code)
    //判断验证码是否正确
    {
        SqlParameter[] parameters={
            new SqlParameter("@adminName", SqlDbType.VarChar, 50),
            new SqlParameter("@adminPwd", SqlDbType.VarChar, 200)
        };
        parameters[0].Value=adminName;
        parameters[1].Value=Common.MD5(pwd);
        DataTable dt=DBBase.RunProcedureDatatable("loginAdmin", parameters);
        //调用 DBBase 使用存储过程
        int count=Convert.ToInt32(dt.Rows[0][0].ToString());
        //若 count 为 1 则登录成功，为 0 则失败
        if (count==1)
        {
            Session["adminName"]=adminName;
            Response.Redirect("index.aspx");
        }
        else
        {
            Alert.Show("密码或会员名有错。");
```

```
            }
        }
        else
        {
            Alert.Show("验证码错误。");
        }
    }
```

9.15 管理员密码修改模块

9.15.1 管理员密码修改模块概述

管理员修改模块主要用于修改管理员密码，管理员可进入管理员密码修改页面进行修改，页面运行效果如图 9-19 所示。

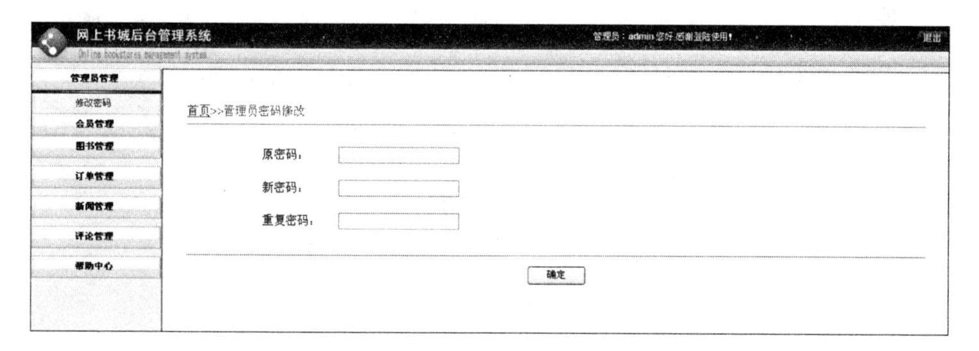

图 9-19 管理员密码修改页面

9.15.2 管理员密码修改模块实现过程

1. 设计步骤

（1）在网站中的 admin 文件夹下添加一个新页面并将其命名为 adminEditPassword.aspx。

（2）该页面中各个控件的属性设置及其用途如表 9-22 所示。

表 9-22 adminEditPassword.aspx 页面中主要控件的属性设置及其用途

控件类型	控件名称	主要属性设置	用 途
Button	btnEditPwd	Text 属性设置为"确定"	实现修改功能
TextBox	txtOldPwd	无	输入原密码
	txtNewPwd	无	输入新密码
	txtConfirmPwd	无	再次输入新密码

2. 代码实现

单击“确定”按钮，将会触发该按钮的 btnEditPwd_Click 事件。其代码如下：

```
protected void Page_Load(object sender, EventArgs e)
{

}
protected void btnEditPwd_Click(object sender, EventArgs e)
{
    string oldPwd=Common.MD5(txtOldPwd.Text.ToString().Trim());
    string newPwd=Common.MD5(txtNewPwd.Text.ToString().Trim());
    string confirmPwd=Common.MD5(txtConfirmPwd.Text.ToString().Trim());
    string sqlText ="select * from tbAdmin where adminName='"
                +Session["adminName"].ToString() +"'";
    DataTable dt=DBBase.GetDataTable(sqlText);
    if (oldPwd==dt.Rows[0]["adminPwd"].ToString())    //和原密码对比是否正确
    {
        string sql ="update tbAdmin set adminPwd='" +newPwd
                +"' where adminname='" +Session["adminName"].ToString()
                +"' and adminPwd='" +oldPwd +"'";
        DBBase.ExecuteSql(sql);
        Alert.ShowAndHref("修改成功!", "adminIndex.aspx");
    }
    else
    {
        Alert.Show("原密码错误,请重新输入");
    }
}
```

9.16 后台会员管理模块

9.16.1 后台会员管理模块概述

后台会员管理模块主要是用于管理员查看会员信息，页面运行效果如图 9-20 所示。

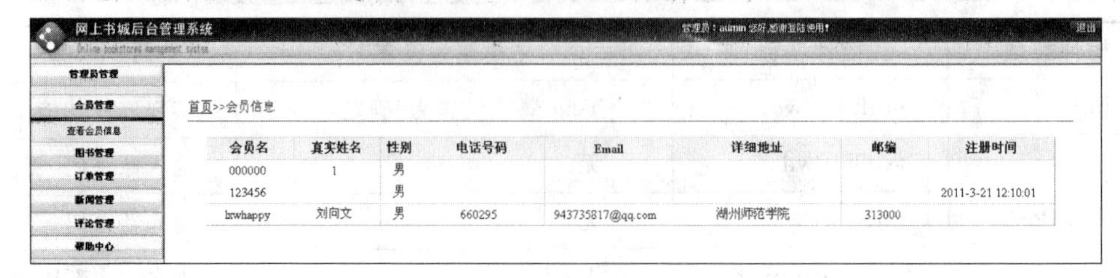

图 9-20　查看会员信息页面

9.16.2 后台会员管理模块实现过程

1. 设计步骤

(1) 在该网站中的 admin 文件夹下添加一个新页面并将其命名为 userinfoView.aspx。

(2) 该页面中各个控件的属性设置及其用途如表 9-23 所示。

表 9-23 userinfoView.aspx 页面中主要控件的属性设置及其用途

控件类型	控件名称	主要属性设置	用　途
GridView	gvUser	AllowPaging 属性设置为"True(允许分页)";AutoGenerateColumns 属性设置为"False";PageSize 属性设置为"15(每页显示数据为 15 条)"	用来显示会员信息

2. 代码实现

程序主要代码如下：

在 Page_Load 事件中，调用自定义方法 gvUserBind()，将获取到的全部会员信息绑定到 GridView 控件中。其代码如下：

```
protected void Page_Load(object sender, EventArgs e)
{
    if (!IsPostBack)
    {
        gvUserBind();
    }
}
protected void gvUserBind()
{
    string sql="select * from tbUser ";
    DataTable dt=DBBase.GetDataTable(sql);
    gvUser.DataSource=dt;
    gvUser.DataBind();
}
```

9.17 图书类别添加模块

9.17.1 图书类别添加模块概述

本系统中的图书类别管理模块主要实现对图书类别进行管理，包括对类别的添加、查看和删除操作。下面介绍图书类别添加功能。当管理员通过后台身份验证后，进入到网上书城后台管理系统，单击左侧菜单栏中的“图书管理”中的“类别添加”按钮，将会在功能执行区中打开如图 9-21 所示的图书类别添加管理界面。在“添加类别”后的文本框中输入需要添加的图书类别，单击“确定”按钮，管理员即可添加新的图书类别。

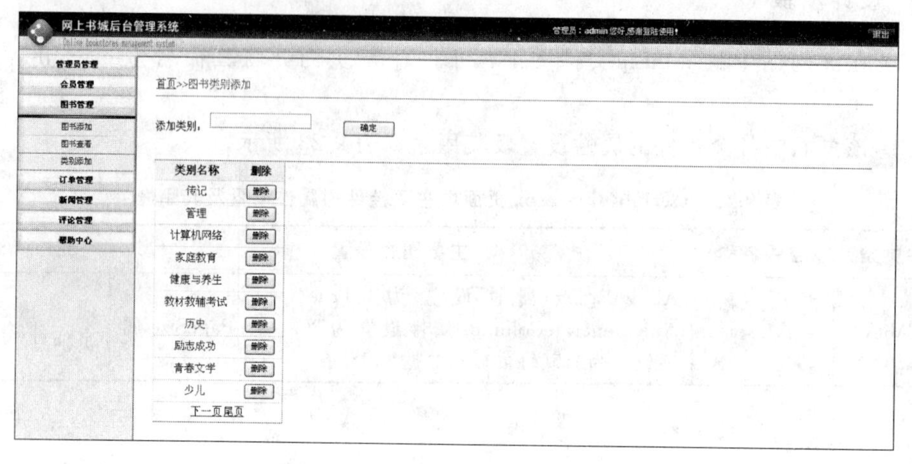

图 9-21　图书类别添加管理界面

图书类别添加成功后，网页会自动弹出如图 9-22 所示的消息。

如果在“添加类别”的文本框中输入在下面列表中已经存在的类别，则网页会自动弹出如图 9-23 所示的消息。

图 9-22　添加成功后来自网页的消息

图 9- 23　添加的类别已经存在时来自网页的消息

9.17.2　图书类别添加模块实现过程

1. 设计步骤

(1) 在文件夹 admin 下添加一个新页面并将其命名为 bookClassAdd. aspx。

(2) 该页面中各个控件的属性设置及其用途如表 9-24 所示。

表 9-24　bookClassAdd. aspx 页面中主要控件的属性设置及其用途

控件类型	控件名称	主要属性设置	用　途
Button	btnBookClassAdd	Text 属性设置为"确定"	实现添加功能
	btnDel	Text 属性设置为"删除"	实现删除功能
TextBox	txtBookClass	Text 属性设置为 SingleLine	输入类别

续表

控件类型	控件名称	主要属性设置	用途
RequiredFieldValidator	RequiredFieldValidator1	ControlToValidate 的属性设置为"txtBookClass";ErrorMessage 的属性设置为"类别名不能为空"	验证添加类别时类别名是否为空
GridView	gvBookClassSearch	AllowPaging 属性设置为"True"; AutoGenerateColumns 属性设置为"False(取消自动生成)";PageSize 属性设置为"15(每页显示数据为15条)"	显示类别信息

2. 代码实现

(1) 在 Page_Load 事件中,调用自定义的方法 gvBookClassSearchBind(),从图书信息表 tbBookClass 中获取图书信息,然后将获取的图书信息绑定到 GridView 控件中。其代码如下:

```
protected void Page_Load(object sender, EventArgs e)
{
    if (!IsPostBack)
    {
        gvBookClassSearchBind();
    }
}
protected void gvBookClassSearchBind()
{
    string sql="select * from tbBookClass";
    DataTable dt=DBBase.GetDataTable(sql);
    gvBookClassSearch.DataSource=dt;
    gvBookClassSearch.DataBind();
}
```

(2) 当管理员输入添加图书类别关键字信息后,单击"确定"按钮,将会触发按钮的 btnBookClassAdd_Click 事件,其代码如下:

```
protected void btnBookClassAdd_Click(object sender, EventArgs e)
{
    string bookClass=txtBookClass.Text;
    string sql ="select * from tbBookClass where bookClass='"
            +bookClass +"'";
    bool tag=DBBase.Exists(sql);
    if (tag)//判断是否有此类
    {
        Alert.Show("此类别已存在!");
```

```
    }
    else
    {
        sql="insert into tbBookClass values('" +bookClass +"')";
        DBBase.ExecuteSql(sql);
        Alert.ShowAndHref("添加成功!","bookClassAdd.aspx");
    }
}
```

9.18 图书类别查看和删除模块

9.18.1 图书类别查看和删除模块概述

本模块主要实现图书类别查看和删除功能。当管理员通过后台身份验证后，进入到网上书城后台管理系统，单击左侧菜单栏中的"图书管理"中的"类别添加"按钮，将会在功能执行区中打开如图 9-24 所示的图书类别添加管理界面。

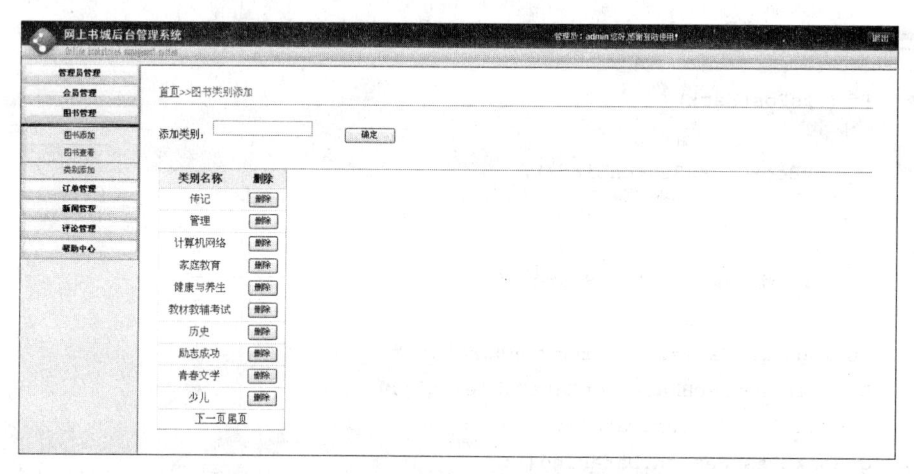

图 9-24 图书类别添加管理界面

在中间列表中单击"删除"按钮，网页会弹出如图 9-25 所示的消息，单击"确定"管理员即可删除在该类别下没有图书的类别。

单击"确定"按钮后，如果在该类别下存在图书，则网页会弹出如图 9-26 所示的消息，不能将该图书类别直接删除，需要先删除该类别下的图书再删除该类别。

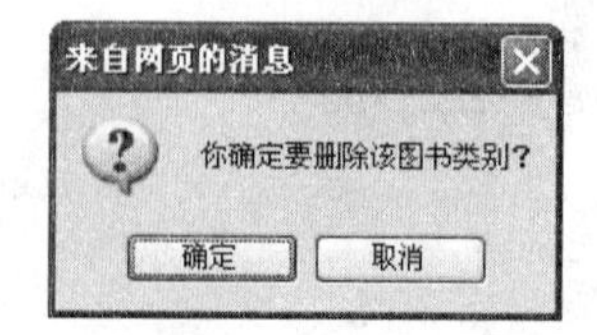

图 9- 25 确认删除类别的消息

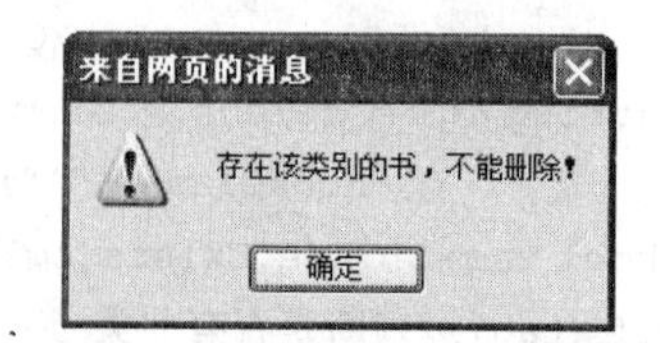

图 9-26 该类别不能删除的消息

9.18.2　图书类别查看和删除模块实现过程

1. 设计步骤

(1) 图书类别的查看和删除仍为 admin 文件夹下的下 bookClassAdd. aspx 页面。

(2) 该页面中各个控件的属性设置及其用途如表 9-25 所示。

表 9-25　bookClassAdd. aspx 页面中主要控件的属性设置及其用途

控件类型	控件名称	主要属性设置	用　途
Button	btnBookClassAdd	Text 属性设置为"确定"	实现添加功能
	btnDel	Text 属性设置为"删除"	实现删除功能
TextBox	txtBookClass	Text 属性设置为 SingleLine	输入类别
RequiredFieldValidator	RequiredFieldValidator1	ControlToValidate 的属性设置为"txtBookClass"; ErrorMessage 的属性设置为"类别名不能为空"	验证添加类别时类别名是否为空
GridView	gvBookClassSearch	AllowPaging 属性设置为"True"; AutoGenerateColumns 属性设置为"False(取消自动生成)"; PageSize 属性设置为"15(每页显示数据为 15 条)"	显示类别信息

2. 代码实现

(1) 在 GridView 控件的 gvBookClassSearch_RowCommand 事件，实现当管理员单击某个图书类别后的"删除"按钮时，可将该类别从类别表中删除，其代码实现如下：

```
Protected void gvBookClassSearch_RowCommand (object sender, GridViewCommandEventArgs e)
{
    string bookClass=e.CommandArgument.ToString();
    string type=e.CommandName.ToString();
    string sql ="select * from tbBookInfo  where bookClass='"
            +bookClass +"'";
    bool tag=DBBase.Exists(sql);
    if (tag)
    {
        Alert.ShowMessage("存在该类别的书,不能删除!");
        //判断类别有没有被使用,若正在被使用就不能被删除
    }
    else
    {
        sql ="delete from tbBookClass where bookClass='"
            +bookClass +"' ";
```

```
        DBBase.ExecuteSql(sql);
        gvBookClassSearchBind();
        //删除后重新绑定
    }
}
```

(2) 在 gvBookClassSearch_PageIndexChanging 事件中，编写代码实现翻页和翻页后数据绑定，其代码如下：

```
protected void gvBookClassSearch_PageIndexChanging(object sender,
GridViewPageEventArgs e)
{
    gvBookClassSearch.PageIndex=e.NewPageIndex;                    //分页
    gvBookClassSearchBind();
}
protected void gvBookClassSearchBind()
{
    string sql="select * from tbBookClass";
    DataTable dt=DBBase.GetDataTable(sql);
    gvBookClassSearch.DataSource=dt;
    gvBookClassSearch.DataBind();
}
```

9.19 图书添加模块

9.19.1 图书添加模块概述

图书添加模块主要用于实现对新书的添加功能。后台管理员图书添加页面如图 9-27 所示。

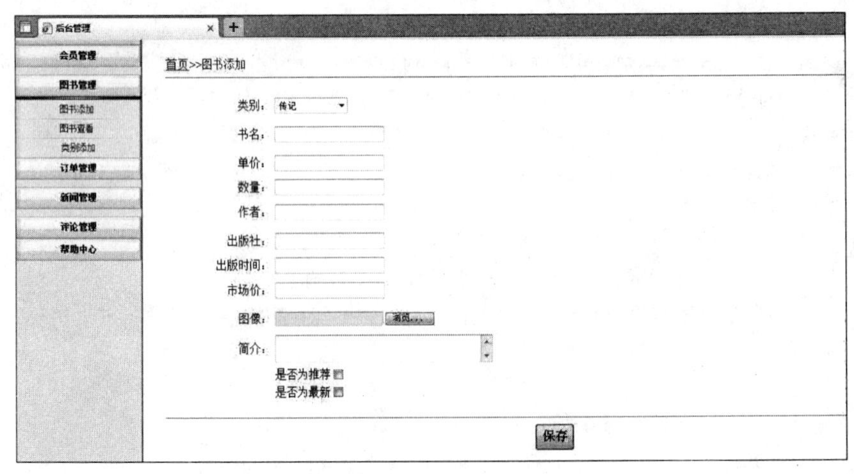

图 9-27 图书添加页面

9.19.2 图书添加模块实现过程

1. 设计步骤

(1) 在 admin 文件夹下,添加新页面并将其命名为 bookAdd. aspx。在本页面添加主要控件如表 9-26 所示。

表 9-26 bookAdd. aspx 页面中主要控件的属性设置及其用途

控件类型	控件名称	主要属性设置	用途
DropDownList	ddlClass	无	显示类别信息
TextBox	txtBookName	无	用于输入书名
	txtBookPrice	无	用于输入单价
	txtRestCount	无	用于输入数量
	txtAuthor	无	用于输入作者
	txtPublish	无	用于输入出版社
	txtPublishTime	无	用于输入出版时间
	txtMarketPrice	无	用于输入市场价
	txtIntroduce	TextMode 属性设为"MultiLine"	用于输入简介
RequiredFieldValidator	RequiredFieldValidator1	ErrorMessage 属性设为"不能为空"; ControlToValidate 属性设为"txtBookName"	验证书名是否为空
	RequiredFieldValidator2	ErrorMessage 属性设为"不能为空"; ControlToValidate 属性设为"txtBookPrice"	验证单价是否为空
	RequiredFieldValidator7	ErrorMessage 属性设为"不能为空" ; ControlToValidate 属性设为"txtRestCount"	验证数量是否为空
	RequiredFieldValidator3	ErrorMessage 属性设为"不能为空" ; ControlToValidate 属性设为"txtAuthor"	验证作者是否为空
	RequiredFieldValidator4	ErrorMessage 属性设为"不能为空"; ControlToValidate 属性设为"txtPublish"	验证出版社是否为空
	RequiredFieldValidator6	ErrorMessage 属性设为"不能为空"; ControlToValidate 属性设为"txtPublishTime"	验证出版时间是否为空
	RequiredFieldValidator5	ErrorMessage 属性设为"不能为空"; ControlToValidate 属性设为"txtMarketPrice"	验证市场价是否为空

续表

控件类型	控件名称	主要属性设置	用途
RequiredFieldValidator	RegularExpressionValidator1	ErrorMessage 属性设为"格式错误";ControlToValidate 属性设为"txtBookPrice";ValidationExpression 属性设为"^[+]? \d+(\.\d+)? $"	验证输入的单价格式是否正确
	RegularExpressionValidator2	ErrorMessage 属性设为"请输入非 0 正整数";ControlToValidate 属性设为" txtRestCount ";ValidationExpression 属性设为"^\+?[1-9][0-9]* $"	验证输入的数量的格式是否正确
	RegularExpressionValidator4	ErrorMessage 属性设为请输入如:" yyyy-mm-dd";ControlToValidate 属性设为"txtPublishTime";	验证输入的出版时间的格式是否正确
	RegularExpressionValidator3	ErrorMessage 属性设为"格式错误";ControlToValidate 属性设为"txtMarketPrice";ValidationExpression 属性设为"^[+]?\d+(\.\d+)? $"	验证输入的市场价的格式是否正确
FileUpload	fudBookUrl		用于浏览书本图片并上传
CheckBox	chkisRecommend	Text 属性设为"是否为推荐"	用于勾选此书是否为推荐
	chkISLastest	Text 属性设为"是否为最新"	用于勾选此书是否为最新
Button	btnBookAdd	无	"提交"按钮

(2) 在页面上编辑好控件后,只要再编辑 btnBookAdd 按钮的 Click 事件,当管理员填好信息后单击"提交"按钮就可以添加新的书籍了。

2. 代码实现

当管理员添加好新书的信息后,单击"提交信息"按钮,页面的验证控件将对新书信息中书名、单价、数量、作者、出版社、出版时间和市场价是否为空进行验证,同时对单价、数量、出版时间和市场价进行格式的验证。

(1) 在页面加载时进行对所有图书数据的绑定,代码如下:

```
protected void Page_Load(object sender, EventArgs e)
{
    if (!IsPostBack)
    {
        BindBookClass();
```

```
        }
    }
    public void BindBookClass()
    {
        string sql="select * from tbBookClass";
        DataTable dt=DBBase.GetDataTable(sql);
        ddlClass.DataSource=dt;
        ddlClass.DataTextField="bookClass";
        ddlClass.DataBind();
    }
```

(2) 执行“保存”按钮的 btnBookAdd_Click 事件，跳转到 bookSearch.aspx 页面，具体代码如下：

```
    protected void btnBookAdd_Click(object sender, EventArgs e)          //添加新书
    {
        string bookClass=ddlClass.Text;
        string bookName=txtBookName.Text;
        string BookPrice=txtBookPrice.Text;
        string author=txtAuthor.Text;
        string publish=txtPublish.Text;
        string marketPrice=txtMarketPrice.Text;
        bool isRecommend=chkisRecommend.Checked;
        bool isLastest=chkISLastest.Checked;
        string introduce=txtIntroduce.Text;
        string restCount=txtRestCount.Text;
        string publishTime=txtPublishTime.Text;
        DateTime updateTime=DateTime.Now;
        string pathDir="Upload/Images";
        string firstMark=DateTime.Now.ToString("yyyyMMddHH");
        string bookUrl="";
        int saleNumber=0;
        if (!fudBookUrl.HasFile)
        {
            bookUrl="Upload/Images/onlinenone.jpg";
        }
        else
        {
            bookUrl=Common.UploadPicFile(fudBookUrl, pathDir, firstMark);
        }
        string sql ="insert into tbBookInfo(bookClass,bookName,"
                  +"bookPrice,introduce,author,publish,bookUrl,"
                  +"marketPrice,isRecommend,isLastest,updateTime,"
```

```
            +"publishTime,restCount,saleNumber)values('"
            +bookClass+"','"+bookName+"','"
            +BookPrice+"','"+introduce+"','"
            +author+"','"+publish+"','"
            +bookUrl+"','"+marketPrice+"','"
            +isRecommend+"','"+isLastest+"','"
            +updateTime+"','"+publishTime+"','"
            +restCount+"','"+saleNumber+"')";
    DBBase.ExecuteSql(sql);
    Alert.ShowAndHref("添加成功!", "bookSearch.aspx");
}
```

9.20 图书更新模块

9.20.1 图书更新模块概述

该模块主要是对已经添加的图书信息进行修改，当管理员在图书查看页面已绑定图书信息中单击 gvBookSearch 中的“查看”时，页面将跳转到 bookEdit.aspx 页面，管理员可以对该本图书的信息进行更新。图书更新页面如图 9-28 所示。

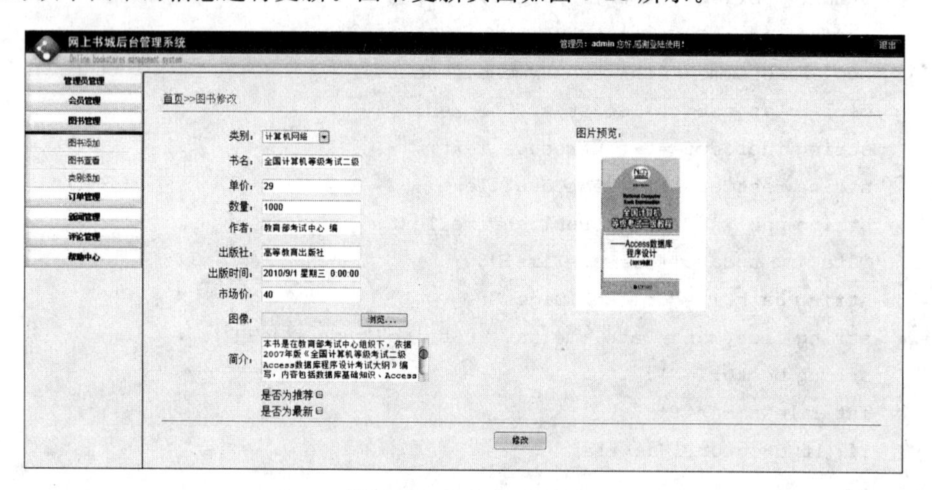

图 9-28 图书更新页面

9.20.2 图书更新模块实现过程

1. 设计步骤

(1) 在 admin 文件夹下添加新页面并将其命名为 bookEdit.aspx。在本页面添加的主要控件如表 9-27 所表示。

表 9-27　bookAdd.aspx 页面中主要控件的属性设置及其用途

控件类型	控件名称	主要属性设置	用　　途
DropDownList	ddlClass	无	显示类别信息
TextBox	txtBookName	无	用于显示和输入书名
	txtBookPrice	无	用于显示和输入单价
	txtRestCount	无	用于显示和输入数量
	txtAuthor	无	用于显示和输入作者
	txtPublish	无	用于显示和输入出版社
	txtPublishTime	无	用于显示和输入出版时间
	txtMarketPrice	无	用于显示和输入市场价
	txtIntroduce	TextMode 属性设为"MultiLine"	用于显示和输入简介
RequiredFieldValidator	RequiredFieldValidator1	ErrorMessage 属性设为"不能为空"; ControlToValidate 属性设为"txtBookName"	验证书名是否为空
	RequiredFieldValidator2	ErrorMessage 属性设为"不能为空"; ControlToValidate 属性设为"txtBookPrice"	验证单价是否为空
	RequiredFieldValidator7	ErrorMessage 属性设为"不能为空"; ControlToValidate 属性设为"txtRestCount"	验证数量是否为空
	RequiredFieldValidator3	ErrorMessage 属性设为"不能为空"; ControlToValidate 属性设为"txtAuthor"	验证作者是否为空
	RequiredFieldValidator4	ErrorMessage 属性设为"不能为空"; ControlToValidate 属性设为"txtPublish"	验证出版社是否为空
	RequiredFieldValidator6	ErrorMessage 属性设为"不能为空"; ControlToValidate 属性设为"txtPublishTime"	验证出版时间是否为空
	RequiredFieldValidator5	ErrorMessage 属性设为"不能为空"; ControlToValidate 属性设为"txtMarketPrice"	验证市场价是否为空
RequiredFieldValidator	RegularExpressionValidator1	ErrorMessage 属性设为"格式错误"; ControlToValidate 属性设为"txtBookPrice"; ValidationExpression 属性设为"^[+]?\d+(\.\d+)?$"	验证输入的单价格式是否正确

续表

控件类型	控件名称	主要属性设置	用途
RequiredFieldValidator	RegularExpressionValidator2	ErrorMessage 属性设为"请输入非 0 正整数";ControlToValidate 属性设为" txtRestCount ";ValidationExpression 属性设为"^\+?[1-9][0-9]*$"	验证输入的数量的格式是否正确
	RegularExpressionValidator4	ErrorMessage 属性设为"请输入如:"yyyy-mm-dd"";ControlTo-Validate 属性设为"txtPublishTime";	验证输入的出版时间的格式是否正确
	RegularExpressionValidator3	ErrorMessage 属性设为"格式错误";ControlToValidate 属性设为"txtMarketPrice";ValidationExpression 属性设为"^[+]? \d+(\.\d+)? $"	验证输入的市场价的格式是否正确
FileUpload	fudBookUrl		用于浏览书本图片并上传
CheckBox	chkisRecommend	Text 属性设为"是否为推荐"	用于勾选此书是否为推荐
	chkISLastest	Text 属性设为"是否为最新"	用于勾选此书是否为最新
Button	btnBookEdit	无	"提交"按钮

(2) 在页面上编辑好控件后,首先编辑加载页面时的代码,页面首次加载时,将要修改的图书信息绑定到相应的控件中。再编辑 btnBookEdit 按钮的点击事件,当管理员填好信息后单击"修改"按钮就可以更新此书的信息了。

2. 代码实现

当前台绑定好信息且管理员修改好信息以后,单击"修改"按钮,页面的验证控件将对新书的信息进行书名、单价、数量、作者、出版社、出版时间和市场价是否为空的验证,同时对单价、数量、出版时间和市场价进行格式的验证。经过前台页面的验证后,将执行 btnBookEdit 的 Click 事件中的代码,会提示"修改成功"。

(1) 页面首次加载时,绑定图书信息的代码如下:

```
protected void Page_Load(object sender, EventArgs e)
{
    if (!IsPostBack)
    {
        BindBookClass();
        string bookID=Request.QueryString["bookID"].ToString();
        string sqltext="select * from tbBookInfo where bookID='" +bookID +"'";
```

```
            DataTable dt=DBBase.GetDataTable(sqltext);
            txtBookName.Text=dt.Rows[0]["bookName"].ToString();
            txtBookPrice.Text=dt.Rows[0]["bookPrice"].ToString();
            txtAuthor.Text=dt.Rows[0]["author"].ToString();
            txtPublish.Text=dt.Rows[0]["publish"].ToString();
            txtPublishTime.Text=dt.Rows[0]["publishTime"].ToString();
            txtRestCount.Text=dt.Rows[0]["restCount"].ToString();
            txtMarketPrice.Text=dt.Rows[0]["marketPrice"].ToString();
            txtIntroduce.Text=dt.Rows[0]["introduce"].ToString();
            chkisRecommend.Checked=Convert.ToBoolean(dt.Rows[0]["isRecommend"].
            ToString());
            chkISLastest.Checked = Convert. ToBoolean (dt. Rows [0] [" isLastest"].
            ToString());
            ddlClass.SelectedValue=dt.Rows[0]["bookClass"].ToString();
            ViewState["bookUrl"]=dt.Rows[0]["bookUrl"].ToString();
            recommendBookUrl=ViewState["bookUrl"].ToString();
        }
    }
    public void BindBookClass()
    {
        string sql="select * from tbBookClass";
        DataTable dt=DBBase.GetDataTable(sql);
        ddlClass.DataSource=dt;
        ddlClass.DataTextField="bookClass";
        ddlClass.DataBind();
    }
```

(2)“修改”按钮的 btnBookEdit_Click 事件中的代码如下：

```
    protected void btnBookEdit_Click(object sender, EventArgs e)
    {
        string bookClass=ddlClass.SelectedItem.Value;
        string bookName=txtBookName.Text;
        string BookPrice=txtBookPrice.Text;
        string author=txtAuthor.Text;
        string publish=txtPublish.Text;
        string marketPrice=txtMarketPrice.Text;
        bool isRecommend=chkisRecommend.Checked;
        bool isLastest=chkISLastest.Checked;
        string introduce=txtIntroduce.Text;
        string restCount=txtRestCount.Text;
        string publishTime=txtPublishTime.Text;
        DateTime updateTime=Convert.ToDateTime(DateTime.Now);
        string pathDir="Upload/Images";
        string firstMark=DateTime.Now.ToString("yyyyMMddHH");
```

```
        string bookUrl="";
        string sql="";
        if (!fudBookUrl.HasFile)
        {
            bookUrl="";
        }
        else
        {
            bookUrl=Common.UploadPicFile(fudBookUrl, pathDir, firstMark);
        }
        sql ="update tbBookInfo set bookClass='"
            +bookClass +"', bookPrice='"
            +BookPrice +"',introduce='"
            +introduce +"',author='"
            +author +"',publish='"
            +publish +"',bookUrl='"
            +bookUrl +"',marketPrice='"
            +marketPrice +"',isRecommend='"
            +isRecommend +"',isLastest='"
            +isLastest +"',updateTime='"
            +updateTime +"',publishTime='"
            +publishTime +"',restCount='"
            +restCount +"' where bookName='"
            +bookName +"'";
        DBBase.ExecuteSql(sql);
        Alert.ShowAndHref("修改成功!", "bookSearch.aspx");
    }
```

9.21 图书查看和删除模块

9.21.1 图书查看和删除模块概述

该模块的功能主要是查看和删除已添加图书的信息,管理员可以选择不同的图书类型或书名查找指定的图书信息,也可以单击"查看"按钮来查看详细的图书信息。当管理员单击左边导航栏中图书管理菜单下的"图书查看"时,页面运行结果如图 9-29 所示。

9.21.2 图书查看和删除模块实现过程

1. 设计步骤

(1) 在 admin 文件夹下添加新页面并将其命名为 bookSearch. aspx。在本页面添加的主要控件如表 9-28 所示。

图 9-29 图书查看和删除页面

表 9-28 bookAdd. aspx 页面中主要控件的属性设置及其用途

控件类型	控件名称	主要属性设置	用途
TextBox	txtBookName	无	用于输入查询的书名
DropDownList	ddlClass	无	用于选择查询条件
GridView	gvBookSearch	AllowPaging 属性设为"True"; PageSize 属性设为"6"	显示图书信息
Button	btnSearch	无	搜索按钮

(2) 系统运行时首先将全部的图书信息从数据库中绑定出来显示在 gvBookSearch 中。

2. 代码实现

(1) 在页面加载时对所有图书数据进行绑定,代码如下:

```
protected void Page_Load(object sender, EventArgs e)
{
    if (!IsPostBack)
    {
        BindBookClass();
        ViewState["strWhere"]="";
        gvBookSearchBind(ViewState["strWhere"].ToString());
    }
}
public void BindBookClass()
{
    string sql="select * from tbBookClass";
    DataTable dt=DBase.GetDataTable(sql);
    ddlClass.DataSource=dt;
```

```
    ddlClass.DataTextField="bookClass";
    ddlClass.DataBind();
}
protected void gvBookSearchBind(string strWhere)
{
    string sql="select * from tbBookInfo " +strWhere+" order by bookID DESC";
    DataTable dt=DBBase.GetDataTable(sql);
    gvBookSearch.DataSource=dt;
    gvBookSearch.DataBind();
}
```

(2) “搜索”按钮的 btnSearch_Click 的触发事件代码如下：

```
protected void btnSearch_Click(object sender, EventArgs e)
{
    string bookClass=this.ddlClass.SelectedItem.Value;
    string bookName=txtBookName.Text.ToString();
    string strWhere="";
    if (bookClass !="全部")
    {
        strWhere +=" bookClass='" +bookClass +"' and ";
    }
    if (bookName !="")
    {
        strWhere +=" bookName='" +bookName +"' and ";
    }
    if (strWhere !="")
    {
        strWhere=strWhere.Substring(0, strWhere.Length -4);
        strWhere=" where " +strWhere;
    }
    ViewState["strWhere"]=strWhere;
    gvBookSearchBind(ViewState["strWhere"].ToString());
}
```

(3) 分页代码如下：

```
protected void gvBookSearch_PageIndexChanging(object sender, GridViewPageEventArgs e)
{
    gvBookSearch.PageIndex=e.NewPageIndex;
    gvBookSearchBind(ViewState["strWhere"].ToString());
}
```

(4) 在 gvBookSearch 中加入“查看”和“删除”按钮的代码，单击“查看”按钮跳转至图书修改页面，单击“删除”按钮，则从图书列表中删除该图书，并更新数据库，具体代码如下：

```
protected void gvBookSearch_RowCommand(object sender, GridViewCommandEventArgs e)
{
    string sql="";
    string bookID=e.CommandArgument.ToString();
    string type=e.CommandName.ToString();
    if (type=="edit")
    //修改图书
    {
        Response.Redirect("bookEdit.aspx?bookID=" +bookID.ToString());
    }
    if (type=="del")
    //删除图书
    {
        sql="delete from tbBookInfo where bookID=" +bookID;
        DBBase.ExecuteSql(sql);
        gvBookSearchBind(ViewState["strWhere"].ToString());
    }
}
```

9.22 销售订单管理模块

9.22.1 销售订单管理模块概述

销售订单管理也是电子商务平台开发的一个重要环节，当会员购买完自己所需图书放入购物车后，就要去网上服务台填写图书订单，对所购买的图书进行结算，所以对会员的销售订单管理非常重要。在网站后台的此管理模块中，订单管理页面如图9-30所示，单击“查看详情”按钮进入订单详细表页面，如图9-31所示。

网上书城后台管理系统

管理员管理 会员管理 图书管理 订单管理 订单列表 新闻管理 评论管理 帮助中心

首页>>订单列表

订单状态：全部 用户名：

用户名	下单时间	下单数量	订单状态	总价格	操作
123456	2011-3-21 12:10:23	1	已确认	24.10	查看详情
000000	2011-3-19 16:05:29	5	未确认	138.40	查看详情
000000	2011-3-19 16:03:03	5	未确认	138.40	查看详情
lxwhappy	2011-3-17 20:06:42	1	已确认	24.10	查看详情
lxwhappy	2011-3-17 20:04:06	2	已确认	40.80	查看详情
lxwhappy	2011-3-17 19:04:32	7	作废	146.10	查看详情
lxwhappy	2011-3-17 19:00:00	6	未确认	122.00	查看详情
lxwhappy	2011-3-17 18:57:13	3	未确认	61.00	查看详情
lxwhappy	2011-3-17 18:51:23	3	未确认	66.00	查看详情

图 9-30 订单管理页面

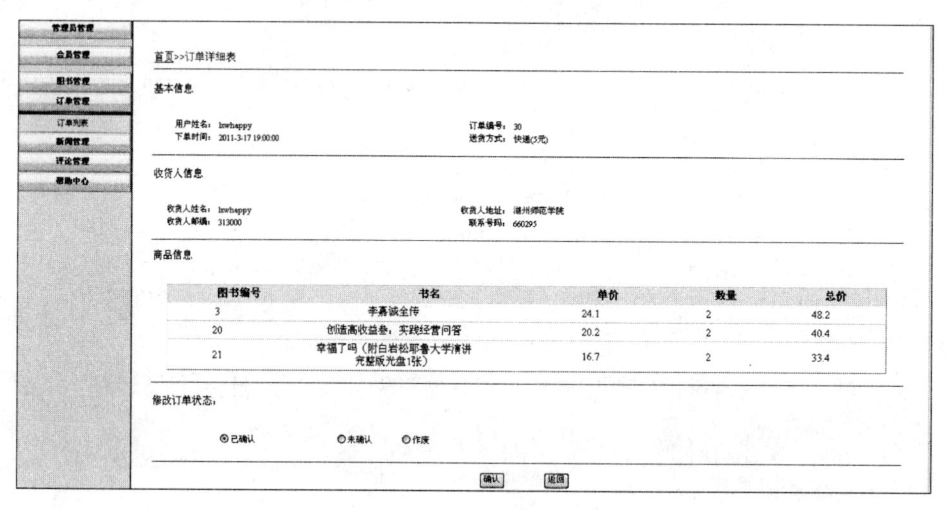

图 9-31　订单详细表页面

9.22.2　销售订单管理模块实现过程

1. 设计步骤

（1）在该网站中的 admin 文件夹下创建一个 Web 窗体，将其命名为 orderList. aspx。

（2）在销售订单管理页面中各个控件的属性设置及其用途如表 9-29 所示。

表 9-29　orderList. aspx 页面中主要控件的属性设置及其用途

控件类型	控件名称	主要属性设置	用　途
ImageButton	imgBtn	Text 属性设置为"搜索"	实现搜索功能
TextBox	txtUserName	Text 属性设置为 SingleLine	输入搜索关键字
	txtDate	Text 属性设置为 SingleLine	输入搜索关键字
DropDownList	ddlState	无	用来选择图书类型
GridView	gvOrderList	AllowPaging 属性设置为 True；AutoGenerateColumns 属性设置为 False（取消自动生成）；PageSize 属性设置为 12（每页显示数据为 12 条）	用来显示图书信息

2. 代码实现

（1）在 Page_Load 事件中，调用自定义方法 gvOrderListBind()，分类显示订单信息。其代码如下：

```
protected void Page_Load(object sender, EventArgs e)
{
```

```
    if (!IsPostBack)
    {
        ViewState["strWhere"]="";
        //显示商品信息
        gvOrderListBind("");
    }
}
```

(2) 自定义方法 gvOrderListBind(),首先从订单信息表(tbOrder)中获取订单信息,然后将获取的订单信息绑定到 GridView 控件中。其代码如下:

```
//数据绑定
protected void gvOrderListBind(string strWhere)
{
    string sql ="select * from tbOrder " +strWhere
            +" order by orderID DESC";
    DataTable dt=DBBase.GetDataTable(sql);
    gvOrderList.DataSource=dt;
    gvOrderList.DataBind();
}
```

(3) 当管理员输入关键信息后,单击"搜索"按钮,将会触发该按钮的 Click 事件。在该事件下,调用自定义方法 gvOrderListBind()绑定查询后的订单信息。其代码如下:

```
//搜索事件
protected void imgBtn_Click(object sender, ImageClickEventArgs e)
{
    string strWhere="";
    string userName=txtUserName.Text.ToString();
    string orderState=ddlState.SelectedItem.Value;
    if (userName !="")
    {
        strWhere +="userName='" +userName +"' and ";
    }
    if (orderState !="全部")
    {
        strWhere +="orderState='" +orderState +"' and ";
    }
    if (strWhere !="")
    {
        strWhere=strWhere.Substring(0, strWhere.Length -4);
        strWhere=" where " +strWhere;
    }
    ViewState["strWhere"]=strWhere;
    gvOrderListBind(ViewState["strWhere"].ToString());
}
```

(4) 在 GridView 控件的 PageIndexChanging 事件中，编写如下代码，实现翻页功能。其代码如下：

```
//分页
protected void gvOrderList_PageIndexChanging(object sender, GridViewPageEventArgs e)
{
    gvOrderList.PageIndex=e.NewPageIndex;
    gvOrderListBind(ViewState["strWhere"].ToString());
}
```

(5) 在 GridView 控件的 RowCommand 事件中，编写如下代码，实现当管理员单击“查看详情”按钮跳转到订单详细表页面。其代码如下：

```
//GridView 事件
protected void gvOrderList_RowCommand(object sender, GridViewCommandEventArgs e)
{
    string orderID=e.CommandArgument.ToString() ;
    string type=e.CommandName.ToString();
    if (type=="view")
    {
        Response.Redirect("orderDetailManage.aspx? orderID=" +orderID);
    }
}
```

(6) 在 orderDetailManage.aspx.cs 页面的 Page_Load 事件中，根据订单表传过来的值选出订单，并绑定在 GridView 中。其代码如下：

```
protected void Page_Load(object sender, EventArgs e)
{
    ViewState["orderID"]=Request.QueryString["orderID"];
    string sql ="select * from tbOrder where orderID='"
            +ViewState["orderID"].ToString() +"' ";
    dt=DBBase.GetDataTable(sql);
    if (!IsPostBack)
    {
        gvOrderBind();
        if (dt.Rows[0]["orderState"].ToString()=="已确认")
        {
            rbtnSure.Checked=true;
        }
        if(dt.Rows[0]["orderState"].ToString()=="未确认")
        {
            rbtnNotSure.Checked=true;
        }
        if (dt.Rows[0]["orderState"].ToString()=="作废")
        {
```

```
                rbntDelete.Checked=true;
            }
        }
    }
```

(7) 在 orderDetailManaget. aspx. cs 页面中，当管理员修改订单状态后，单击“确认”按钮，将触发该按钮的 Click 事件，其代码如下：

```
protected void btnState_Click(object sender, EventArgs e)
{
    string state;
    if (rbtnSure.Checked)
    {
        state="已确认";
    }
    else if (rbtnNotSure.Checked)
    {
        state="未确认";
    }
    else
    {
        state="作废";
    }
    string sql ="update tbOrder set orderState='" +state +"' where orderID='"
              +ViewState["orderID"].ToString() +"'";
    DBBase.ExecuteSql(sql);
    Alert.ShowAndHref("添加成功!", "orderList.aspx");
}
```

(8) 在 orderDetailManaget. aspx. cs 页面中，自定义方法 gvOrderListBind()，首先从订单表中获取订单号，然后根据订单号获取订单信息，将信息绑定到 GridView 控件中。其代码如下：

```
//数据绑定
protected void gvOrderBind()
{
    string orderID=Request.QueryString["orderID"];
    string sql ="select tbOrderBookDetail.bookID,bookName,bookPrice,"
              +"bookNum,bookTotalPrice from tbOrderBookDetail,tbBookInfo "
              +"where tbBookInfo.bookID=tbOrderBookDetail.bookID "
              +"and tbOrderBookDetail.orderID='" +orderID +"' ";
    DataTable dt=DBBase.GetDataTable(sql);
    gvOrder.DataSource=dt;
    gvOrder.DataBind();
}
```

(9) 在 orderDetailManaget. aspx. cs 页面中的 GridView 控件的 PageIndexChanging

事件中，编写如下代码，实现翻页功能。其代码如下：

```
//翻页数据绑定
protected void gvOrder_PageIndexChanging(object sender, GridViewPageEventArgs e)
{
    gvOrder.PageIndex=e.NewPageIndex;
    gvOrderBind();
}
```

9.23 查看删除新闻模块

9.23.1 查看删除新闻模块概述

查看删除新闻模块主要用于显示及删除网站的新闻信息，单击“新闻查看”按钮后进入新闻管理页面，如图 9-32 所示，在新闻管理页面单击“查看”按钮进入新闻查看页面，如图 9-33 所示，可以查看新闻，单击“删除”按钮可以删除新闻。

网上书城后台管理系统 管理员：admin 您好,感谢登陆使用！ 退出

管理员管理 会员管理 图书管理 订单管理 新闻管理 新闻添加 新闻查看 公告查看 公告添加 评论管理 帮助中心

首页>>新闻管理

新闻标题	时间	操作
第二届中国出版政府图书奖揭晓	2011-3-20 11:06:22	查看 删除
上海获中国出版政府奖数量全国居首	2011-3-20 11:04:25	查看 删除
炮制畅销书，数字出版有未来	2011-3-20 11:00:18	查看 删除
湖州图书馆获赠世博典藏	2011-3-20 10:59:01	查看 删除
关于互联网行为规范的法律要求	2011-3-20 10:46:53	查看 删除
关于《刘心武续红楼梦》媒体报道的声明	2011-3-20 10:44:50	查看 删除

图 9-32　新闻管理页面

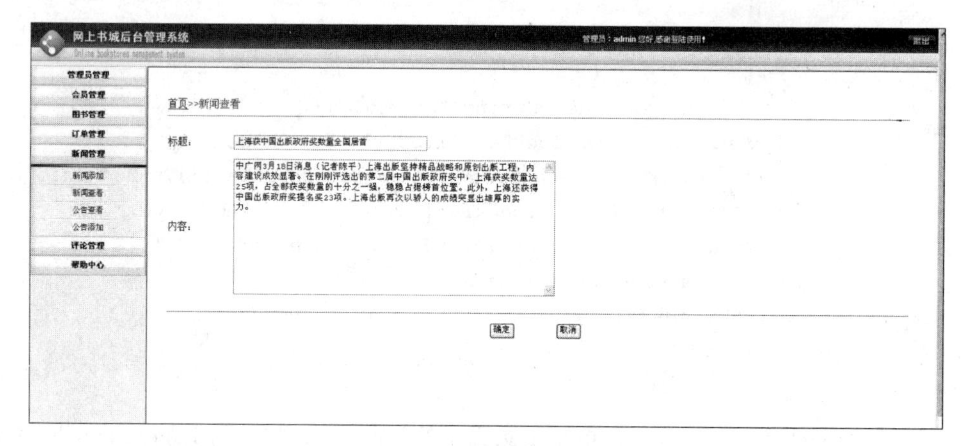

图 9-33　新闻查看页面

9.23.2 查看删除新闻模块实现过程

1. 设计步骤

(1) 在 admin 文件夹下创建两个 Web 窗体,分别将其命名为 newsBulletinManage.aspx 和 newsBulletinView.aspx。

(2) 在 newsBulletinManage.aspx 页面中各个控件的属性设置及其用途如表 9-30 所示。

表 9-30 newsBulletinManage.aspx 页面中主要控件的属性设置及其用途

控件类型	控件名称	主要属性设置	用途
Button	btnView	Text 属性设置为"查看"	实现查看功能
	btnDel	Text 属性设置为"删除"	实现删除功能
GridView	gvNews	AllowPaging 属性设置为 True; AutoGenerateColumns 属性设置为 False(取消自动生成); PageSize 属性设置为 10	用来显示新闻信息

(3) 在 newsBulletinView.aspx 页面中各个控件的属性设置及其用途如表 9-31 所示。

表 9-31 newsBulletinView.aspx 页面中主要控件的属性设置及其用途

控件类型	控件名称	主要属性设置	用途
Button	btnSure	Text 属性设置为"确定"	实现确定功能
	btnBack	Text 属性设置为"取消"	实现取消功能
Text	txtNewsTitle	无	输入新闻标题
	txtContent	无	输入新闻内容
RequiredFieldValidator	RequiredFieldValidator1	ErrorMessage 的属性设置为"标题不能为空";ControlToValidate 的属性设置为"txtNewsTitle"; ValidationGroup 的属性设置为"sure"	用来验证新闻的标题是否为空
	RequiredFieldValidator2	ErrorMessage 的属性设置为"内容不能为空";ControlToValidate 的属性设置为"txtContent"; Display 的属性为"Dynamic"; ValidationGroup 的属性设置为"sure"	用来验证新闻的内容是否为空

2. 代码实现

(1) 自定义方法 gvNewsBind(),首先从新闻信息表 tbNews 中获取新闻信息,然后将获取的新闻信息绑定到 GridView 控件中。其代码如下:

```
protected void Page_Load(object sender, EventArgs e)
{
    if (!IsPostBack)
    {
        gvNewsBind();
    }
}
protected void gvNewsBind()//数据绑定
{
    string sql="select * from tbNews order by newsID DESC";
    DataTable dt=DBBase.GetDataTable(sql);
    gvNews.DataSource=dt;
    gvNews.DataBind();
}
```

(2) 在 GridView 控件的 PageIndexChanging 事件中,编写如下代码,实现翻页功能。其代码如下:

```
protected void gvNews_PageIndexChanging(object sender, GridViewPageEventArgs e)
//翻页数据绑定
{
    gvNews.PageIndex=e.NewPageIndex;
    gvNewsBind();
}
```

(3) 在 GridView 控件的 RowCommand 事件中,编写如下代码,实现当管理员单击"查看"按钮时跳转到新闻查看页面。其代码如下:

```
//gridview 控件事件
protected void gvNews_RowCommand(object sender, GridViewCommandEventArgs e)
{
    string sql="";
    string newsID=e.CommandArgument.ToString();
    string type=e.CommandName.ToString();
    if (type=="view")
    {
        Response.Redirect("newsBulletinView.aspx?newsID="+newsID);
    }
    if (type=="del")
    {
        sql="delete from tbNews where newsID='"+newsID+"'";
```

```
            DBBase.ExecuteSql(sql);
            Alert.ShowAndHref("删除成功","newsBulletinManage.aspx");
        }
    }
```

9.24 添加新闻模块

9.24.1 添加新闻模块概述

该模块用来添加新闻，管理员可进入新闻添加页面添加新闻，如图9-34所示。

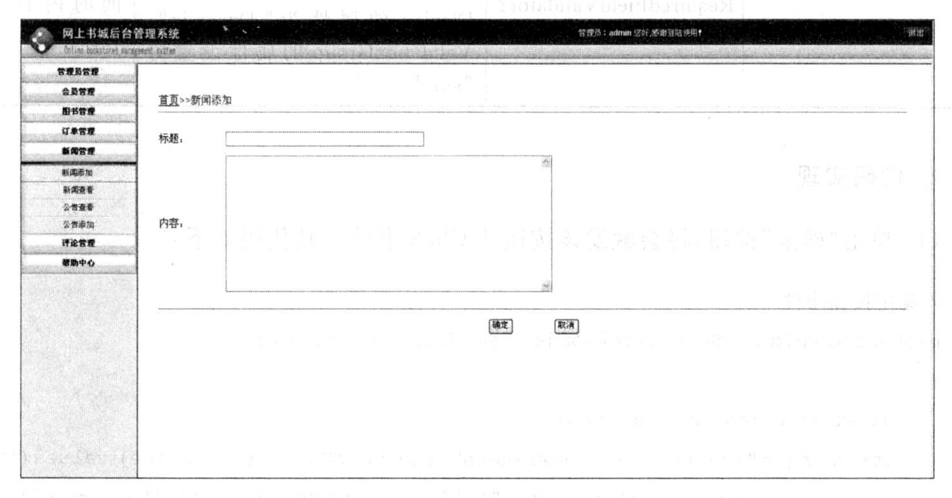

图 9-34 新闻添加页面

9.24.2 添加新闻模块实现过程

1. 设计步骤

（1）在该网站中的admin文件夹下创建一个Web窗体，将其命名为newsBulletinAdd.aspx。

（2）在newsBulletinAdd.aspx页面中各个控件的属性设置及其用途如表9-32所示。

表 9-32 newsBulletinAdd.aspx页面中主要控件的属性设置及其用途

控件类型	控件名称	主要属性设置	用途
Button	btnSure	Text属性设置为"确定"	实现确定功能
	btnBack	Text属性设置为"取消"	实现取消功能
Text	txtNewsTitle	无	输入新闻标题
	txtContent	无	输入新闻内容

续表

控件类型	控件名称	主要属性设置	用途
RequiredFieldValidator	RequiredFieldValidator1	ErrorMessage 的属性设置为"标题不能为空";ControlToValidate 的属性设置为"txtNewsTitle";Display 的属性为"Dynamic";ValidationGroup 的属性设置为"sure"	用来验证新闻的标题是否为空
	RequiredFieldValidator2	ErrorMessage 的属性设置为"内容不能为空";ControlToValidate 的属性设置为"txtContent";Display 的属性为"Dynamic";ValidationGroup 的属性设置为"sure"	用来验证新闻的内容是否为空

2. 代码实现

(1) 单击“确定”按钮,将会触发该按钮的 Click 事件。其代码如下:

```
//确定按钮事件
protected void btnSure_Click(object sender, EventArgs e)
{
    DateTime time=DateTime.Now;
    string sql="insert into tbNews(newsTitle,newsContent,newsTime) values('"
            +txtNewsTitle.Text +"','" +txtContent.Text +"','" +time +"')";
    DBBase.ExecuteSql(sql);
    Alert.ShowAndHref("添加成功!","newsBulletinManage.aspx") ;
}
```

(2) 单击“取消”按钮,将会触发该按钮的 Click 事件。其代码如下:

```
//取消按钮事件
protected void btnBack_Click(object sender, EventArgs e)
{
    Response.Redirect("newsBulletinManage.aspx");
}
```

9.25 修改新闻模块

9.25.1 修改新闻模块概述

该模块主要用来修改新闻,页面运行效果如图 9-35 所示。

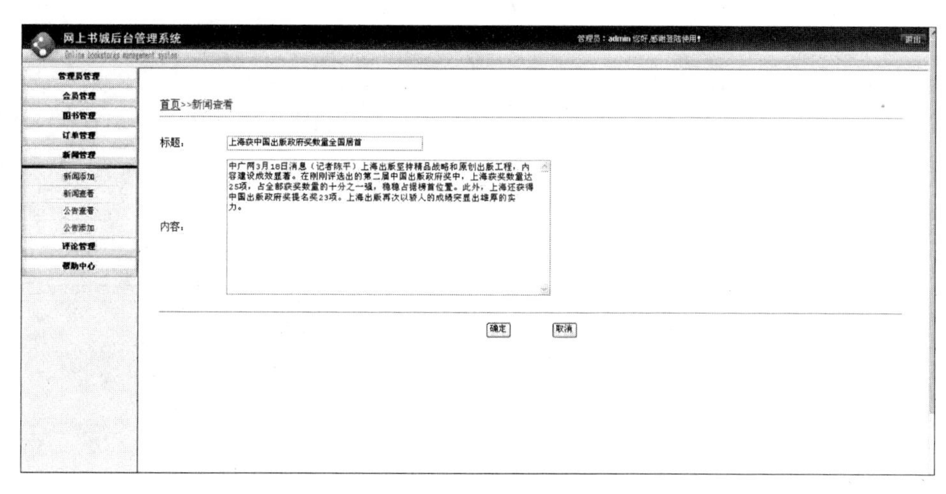

图 9-35 新闻查看页面

9.25.2 修改新闻模块实现过程

1. 设计步骤

(1) 在 newsBulletinView. aspx 新闻查看页面上即可以进行新闻的修改。

(2) 在 newsBulletinView. aspx 页面中各个控件的属性设置及其用途如表 9-33 所示。

表 9-33 newsBulletinView. aspx 页面中主要控件的属性设置及其用途

控件类型	控件名称	主要属性设置	用途
Button	btnSure	Text 属性设置为"确定"	实现确定功能
	btnBack	Text 属性设置为"取消"	实现取消功能
Text	txtNewsTitle	无	输入新闻标题
	txtContent	无	输入新闻内容
RequiredFieldValidator	RequiredFieldValidator1	ErrorMessage 的属性设置为"标题不能为空";ControlToValidate 的属性设置为"txtNewsTitle";ValidationGroup 的属性设置为"sure"	用来验证新闻的标题是否为空
	RequiredFieldValidator2	ErrorMessage 的属性设置为"内容不能为空";ControlToValidate 的属性设置为"txtContent";Display 的属性为"Dynamic";ValidationGroup 的属性设置为"sure"	用来验证新闻的内容是否为空

2. 代码实现

(1) 单击“确定”按钮,将会触发该按钮的 Click 事件。其代码如下:

```
protected void btnSure_Click(object sender, EventArgs e)
{
    string sql = "update tbNews set newsTitle='" + txtNewsTitle.Text.ToString()
            + "', newsContent='" + txtContent.Text.ToString() + "'  where newsID='"
            + ViewState["newsID"].ToString() + "'";
    DBBase.ExecuteSql(sql);
    Alert.ShowAndHref("修改成功!", "newsBulletinManage.aspx");
}
```

(2) 单击“取消”按钮,将会触发该按钮的 Click 事件。其代码如下:

```
protected void btnBack_Click(object sender, EventArgs e)
{
    Response.Redirect("newsBulletinManage.aspx");
}
```

(3) 在 Page_Load 事件中,获取 newsID 显示新闻标题和内容信息。其代码如下:

```
protected void Page_Load(object sender, EventArgs e)
{
    if (!IsPostBack)
    {
        string newsID=Request.QueryString["newsID"].ToString();
        ViewState["newsID"]=newsID;
        string sql="select * from tbNews where newsID='"+newsID + "'";
        DataTable dt=DBBase.GetDataTable(sql);
        txtNewsTitle.Text=dt.Rows[0]["newsTitle"].ToString();
        txtContent.Text=dt.Rows[0]["newsContent"].ToString();
    }
}
```

9.26 查看删除公告模块

9.26.1 查看删除公告模块概述

该模块主要用于查看及删除网站的公告信息,单击“公告查看”后进入公告管理页面,如图 9-36 所示,在公告管理页面中单击“查看”按钮进入公告查看页面,如图 9-37 所示,在其中可以查看公告,单击“删除”按钮可以删除公告。

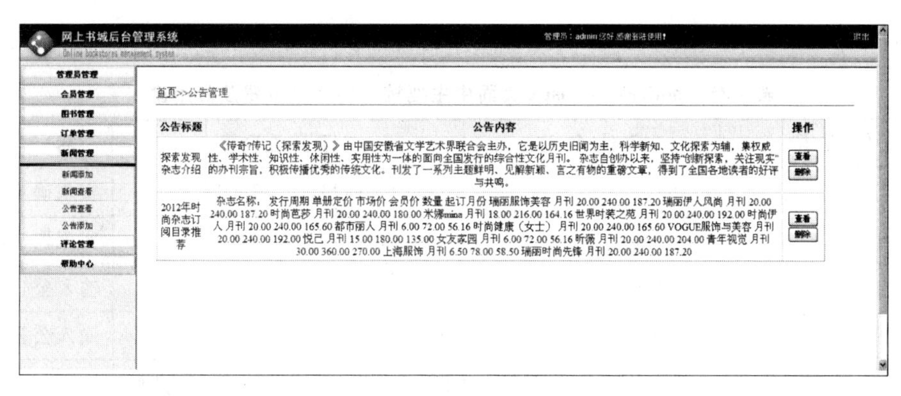

图 9-36 公告管理页面

图 9-37 公告查看页面

9.26.2 查看删除公告模块实现过程

1. 设计步骤

(1) 在该网站中的 admin 文件夹下创建两个 Web 窗体，分别将其命名为 notice.aspx 和 noticeView.aspx。

(2) 在 notice.aspx 页面中各个控件的属性设置及其用途如表 9-34 所示。

表 9-34 notice.aspx 页面中主要控件的属性设置及其用途

控件类型	控件名称	主要属性设置	用 途
Button	btnView	Text 属性设置为"查看"	实现查看功能
Button	btnDel	Text 属性设置为"删除"	实现删除功能
GridView	gvNotice	AllowPaging 属性设置为 True；AutoGenerateColumns 属性设置为 False（取消自动生成）；PageSize 属性设置为 10(每页显示数据为 10 条)	用来显示公告信息

(3) 在 noticeView. aspx 页面中各个控件的属性设置及其用途如表 9-35 所示。

表 9-35 noticeView. aspx 页面中主要控件的属性设置及其用途

控件类型	控件名称	主要属性设置	用途
Button	btnSure	Text 属性设置为"确定"	实现确定功能
	btnBack	Text 属性设置为"取消"	实现取消功能
Text	txtTitle	无	输入公告标题
	txtContent	无	输入公告内容
RequiredFieldValidator	RequiredFieldValidator1	ErrorMessage 的属性设置为"标题不能为空";ControlToValidate 属性设置为" txtTitle ";ValidationGroup 的属性设置为"sure"	用来验证公告标题是否为空
	RequiredFieldValidator2	ErrorMessage 的属性设置为"内容不能为空";ControlToValidate 属性设置为"txtContent";Display 的属性设置为" Dynamic ";ValidationGroup 的属性设置为"sure"	用来验证公告内容是否为空

2. 代码实现

(1) 自定义方法 gvNewsBind(),首先从公告信息表 tbNews 中获取公告信息,然后将获取的公告信息绑定到 GridView 控件中。其代码如下:

```
protected void Page_Load(object sender, EventArgs e)
{
    if (!IsPostBack)
    {
        gvNoticeBind();
    }
}
protected void gvNoticeBind()
{
    string sql="select * from tbNotice order by noticeID DESC";
    DataTable dt=DBBase.GetDataTable(sql);
    gvNotice.DataSource=dt;
    gvNotice.DataBind();
}
```

(2) 在 GridView 控件的 PageIndexChanging 事件中,编写如下代码,实现翻页功能。其代码如下:

```
protected void gvNotice_PageIndexChanging(object sender, GridViewPageEventArgs e)
```

```
//翻页
{
    gvNotice.PageIndex=e.NewPageIndex;
    gvNotice.DataBind();
}
```

(3) 在 GridView 控件的 RowCommand 事件中，编写如下代码，实现当管理员单击“查看”按钮时跳转到公告查看页面。其代码如下：

```
protected void gvNotice_RowCommand(object sender, GridViewCommandEventArgs e)
{
    string sql="";
    string noticeID=e.CommandArgument.ToString();
    string type=e.CommandName.ToString();
    if (type=="view")
    {
        Response.Redirect("noticeView.aspx?noticeID=" +noticeID);
    }
    if (type=="del")
    {
        sql="delete from tbNotice where noticeID='" +noticeID +"'";
        DBBase.ExecuteSql(sql);
        Alert.ShowAndHref("删除成功!","notice.aspx");
    }
}
```

9.27 公告添加模块

9.27.1 公告添加模块概述

该模块用来添加公告，管理员可进入公告添加页面添加公告，页面运行效果如图 9-38 所示。

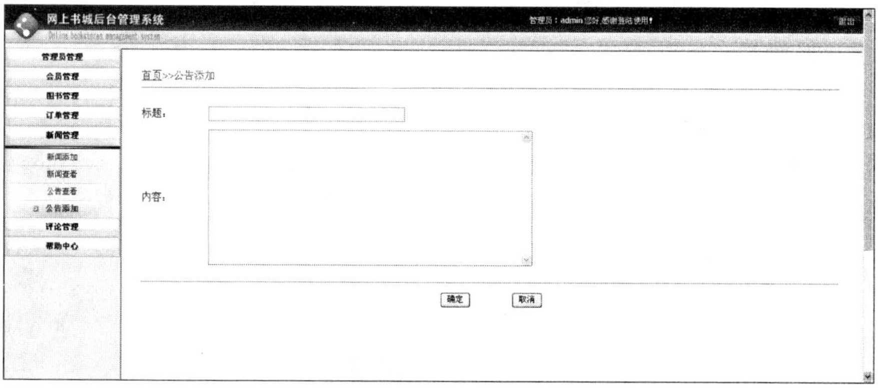

图 9-38 公告添加页面

9.27.2 公告添加模块实现过程

1. 设计步骤

(1) 在该网站中的 admin 文件夹下创建一个 Web 窗体,将其命名为 noticeAdd. aspx。

(2) 在 noticeAdd. aspx 页面中各个控件的属性设置及其用途如表 9-36 所示。

表 9-36 noticeAdd. aspx 页面中主要控件的属性设置及其用途

控件类型	控件名称	主要属性设置	用途
Button	btnHelp	Text 属性设置为"确定"	实现确定功能
	btnBack	Text 属性设置为"取消"	实现取消返回功能
Text	txtTitle	无	输入公告标题
	txtContent	无	输入公告内容
RequiredFieldValidator	RequiredFieldValidator1	ErrorMessage 属性设置为"标题不能为空";ControlToValidate 的属性设置为"txtTitle";Display 属性设置为"Dynamic";ValidationGroup 的属性设置为"sure"	用来验证公告的标题是否为空
	RequiredFieldValidator2	ErrorMessage 的属性设置为"内容不能为空";ControlToValidate 的属性设置为"txtContent";Display 属性设置为"Dynamic";ValidationGroup 的属性设置为"sure"	用来验证公告的内容是否为空

2. 代码实现

(1) 单击“确定”按钮,将会触发该按钮的 Click 事件。其代码如下:

```
//确定按钮事件
protected void btnSure_Click(object sender, EventArgs e)
{
    string sql = "insert into tbNotice(noticeTitle,noticeContent) values('"
            + txtTitle.Text.ToString() + "','"
            + txtContent.Text.ToString() + "') ";
    DBBase.ExecuteSql(sql);
    Alert.ShowAndHref("添加成功!", "notice.aspx");
}
```

(2) 单击“取消”按钮,将会触发该按钮的 Click 事件。其代码如下:

```
//取消按钮事件

protected void btnBack_Click(object sender, EventArgs e)
{
    Response.Redirect("notice.aspx");
}
```

9.28 公告修改模块

9.28.1 公告修改模块概述

该模块用来修改公告，管理员可进入公告查看页面修改公告，页面运行效果如图 9-39 所示。

图 9-39　公告查看页面

9.28.2 公告修改模块实现过程

1. 设计步骤

(1) 修改公告仍然在 noticeView.aspx 公告查看页面中进行。

(2) 在 noticeView.aspx 页面中各个控件的属性设置及其用途如表 9-37 所示。

表 9-37　noticeView.aspx 页面中主要控件的属性设置及其用途

控件类型	控件名称	主要属性设置	用　途
Button	btnSure	Text 属性设置为"确定"	实现确定功能
	btnBack	Text 属性设置为"取消"	实现取消功能
Text	txtTitle	无	输入公告标题
	txtContent	无	输入公告内容

续表

控件类型	控件名称	主要属性设置	用途
RequiredFieldValidator	RequiredFieldValidator1	ErrorMessage 的属性设置为"标题不能为空";ControlToValidate 属性设置为" txtTitle ";ValidationGroup 的属性设置为"sure"	用来验证公告标题是否为空
	RequiredFieldValidator2	ErrorMessage 的属性设置为"内容不能为空";ControlToValidate 属性设置" txtContent";Display 的属性设置为" Dynamic ";ValidationGroup 的属性设置为"sure"	用来验证公告内容是否为空

2. 代码实现

(1) 单击“确定”按钮,将会触发该按钮的 Click 事件。其代码如下:

```
protected void btnSure_Click(object sender, EventArgs e)
{
    string sql ="update tbNotice set noticeTitle='"
            +txtTitle.Text.ToString() +"',noticeContent='"
            +txtContent.Text.ToString() +"' where noticeID='"
            +ViewState["noticeID"].ToString() +"'";
    DBBase.ExecuteSql(sql);
    Alert.ShowAndHref("修改成功!", "notice.aspx");
}
```

(2) 单击“取消”按钮,将会触发该按钮的 Click 事件。其代码如下:

```
protected void btnBack_Click(object sender, EventArgs e)
{
    Response.Redirect("notice.aspx");
}
```

(3) 在 Page_Load 事件中,获取 newsID 显示公告标题和内容信息。其代码如下:

```
protected void Page_Load(object sender, EventArgs e)
{
    if (!IsPostBack)
    {
        string noticeID=Request.QueryString["noticeID"].ToString();
        ViewState["noticeID"]=noticeID;
        string sql="select * from tbNotice where noticeID='"+noticeID +"'";
        DataTable dt=DBBase.GetDataTable(sql);
        txtTitle.Text=dt.Rows[0]["noticeTitle"].ToString();
```

```
            txtContent.Text=dt.Rows[0]["noticeContent"].ToString();
        }
    }
```

9.29 评论管理模块

9.29.1 评论管理模块概述

评论管理模块主要用于显示及管理网站的评论信息，管理员可进入评论查看页面，如图 9-40 所示。

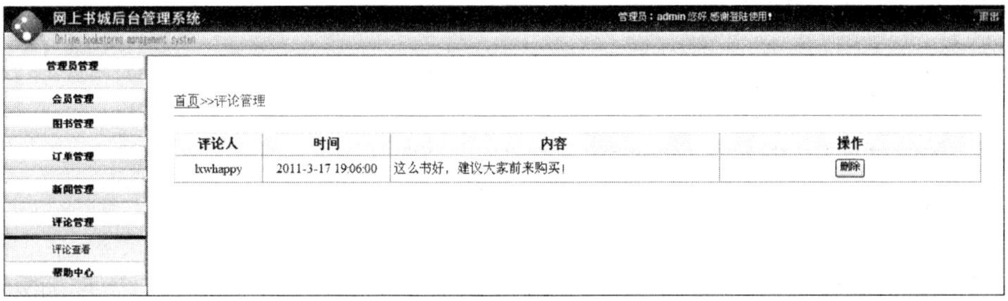

图 9-40 评论查看页面

9.29.2 评论管理模块实现过程

1. 设计步骤

(1) 在该网站中的 admin 文件夹下创建一个 Web 窗体，将其命名为 commentDelete.aspx。

(2) 在评论管理页面中各个控件的属性设置及其用途如表 9-38 所示。

表 9-38 commentDelete.aspx 页面中主要控件的属性设置及其用途

控件类型	控件名称	主要属性设置	用 途
Button	btnDel	Text 属性设置为"删除"	实现删除功能
GridView	gvComment	AllowPaging 属性设置为 True；AutoGenerateColumns 属性设置为 False；PageSize 属性设置为 10（每页显示数据为 10 条）	用来显示评论信息

2. 代码实现

(1) 在 Page_Load 事件中，调用自定义方法 gvCommentBind()，分类显示会员评论信息。其代码如下：

```
protected void Page_Load(object sender, EventArgs e)
{
    if (!IsPostBack)
    {
        gvCommentBind();
    }
}
```

(2) 自定义方法 gvCommentBind(),首先从评论表 tbComment 中获取评论信息,然后将获取的评论信息绑定到 GridView 控件中。其代码如下:

```
//数据绑定
protected void gvCommentBind()
{
    string sql="select * from tbComment order by commentID DESC";
    DataTable dt=DBBase.GetDataTable(sql);
    gvComment.DataSource=dt;
    gvComment.DataBind();
}
```

(3) 在 GridView 控件的 PageIndexChanging 事件中,编写如下代码,实现翻页功能。其代码如下:

```
//翻页数据绑定
protected void gvComment_PageIndexChanging(object sender, GridViewPageEventArgs e)
{
    gvComment.PageIndex=e.NewPageIndex;
    gvCommentBind();
}
```

(4) 在 GridView 控件的 RowCommand()事件中,编写如下代码,实现当管理员单击“删除”按钮进行评论删除操作。其代码如下:

```
//GridView 控件中的事件操作
protected void gvComment_RowCommand(object sender, GridViewCommandEventArgs e)
{
    string sql="";
    string commentID=e.CommandArgument.ToString();
    string type=e.CommandName.ToString();
    if (type=="del")
    {
        sql="delete from tbComment where commentID='"+commentID +"'";
        DBBase.ExecuteSql(sql);
        Alert.ShowMessage("删除成功!");
        gvCommentBind();
    }
```

9.30 帮助添加模块

9.30.1 帮助添加模块概述

该模块用来添加帮助，管理员可进入帮助添加页面，如图 9-41 所示，添加帮助信息。

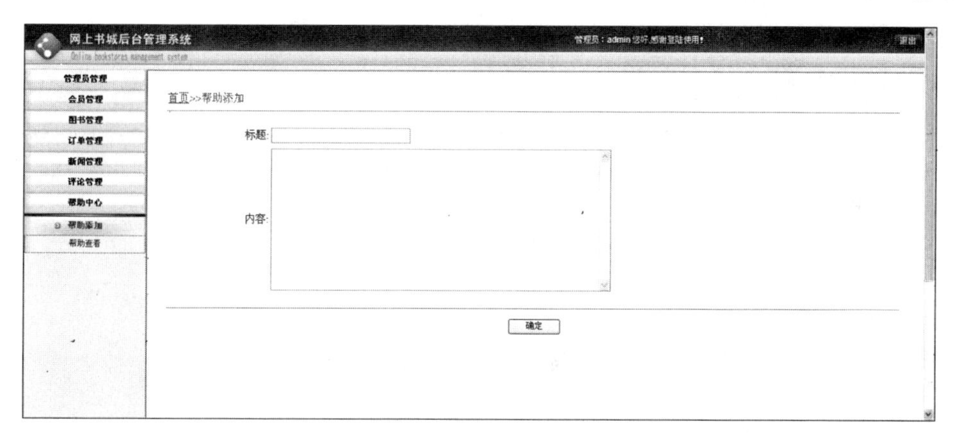

图 9-41　帮助添加页面

9.30.2 帮助添加模块实现过程

1. 设计步骤

(1) 在该网站中的 admin 文件夹下创建一个 Web 窗体，将其命名为 helpAdd.aspx。

(2) 在 helpAdd.aspx 页面中各个控件的属性设置及其用途如表 9-39 所示。

表 9-39　helpAdd.aspx 页面中主要控件的属性设置及其用途

控件类型	控件名称	主要属性设置	用　途
Button	btnHelp	Text 属性设置为"确定"	实现确定功能
Text	txtTitle	无	输入帮助标题
	txtContent	无	输入帮助内容
RequiredFieldValidator	RequiredFieldValidator1	ErrorMessage 属性设置为"标题不能为空";ControlToValidate 的属性设置为"txtTitle"; Display 属性设置为"Dynamic"	用来验证帮助的标题是否为空
	RequiredFieldValidator2	ErrorMessage 的属性设置为"内容不能为空";ControlToValidate 的属性设置为"txtContent"	用来验证帮助的内容是否为空

2. 代码实现

单击“确定”按钮，将会触发该按钮的 Click 事件，并会跳转到帮助查询页面。其代码如下：

```
protected void btnHelp_Click(object sender, EventArgs e)
{
    string title=txtTitle.Text.ToString();
    string content=txtContent.Text.ToString();
    DateTime time=DateTime.Now;
    stringsql =" insert into tbProblem (problemTitle, problemContent, problemDate)
    values('"+title +"','" +content +"','" +time +"')";
    DBBase.ExecuteSql(sql);
    Alert.ShowAndHref("添加成功!", "helpSearch.aspx");
}
```

9.31 帮助查询和删除模块

9.31.1 帮助查询和删除模块概述

该模块主要用于显示及删除网站的帮助信息，在帮助管理页面中单击“帮助查看”按钮进入帮助查看页面，如图 9-42 所示，单击“删除”按钮可以删除帮助，单击“修改”按钮可以修改帮助。在搜索输入框中输入查找的字段后单击“搜索”按钮可根据字段进行搜索。

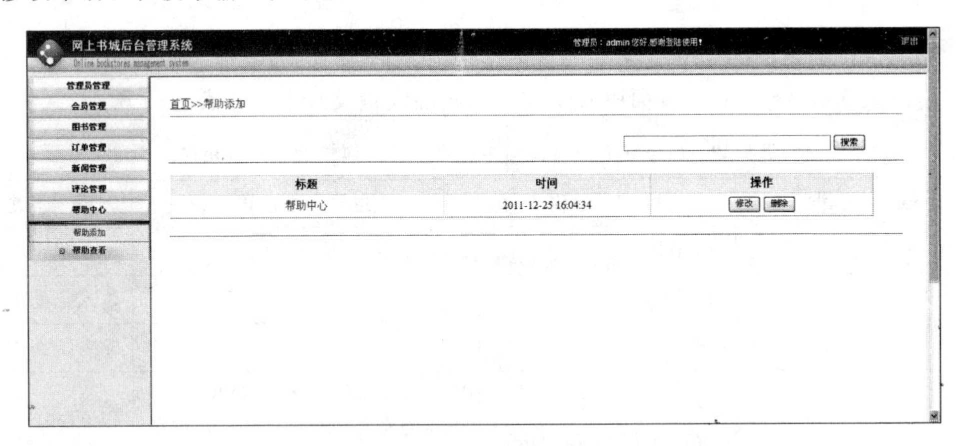

图 9-42 帮助查看页面

9.31.2 帮助查询和删除模块实现过程

1. 设计步骤

(1) 在该网站中的 admin 文件夹下创建一个 Web 窗体，分别将其命名为 helpSearch.

aspx。

（2）在 helpSearch. aspx 页面中各个控件的属性设置及其用途如表 9-40 所示。

表 9-40 helpSearch. aspx 页面中主要控件的属性设置及其用途

控件类型	控件名称	主要属性设置	用途
TextBox	txtProblemTitle	无	输入搜索的字段内容
Button	btnHelpSearch	Text 属性设置为"搜索"	实现搜索功能
	btnEdit	Text 属性设置为"修改"	跳转到修改功能页面
	btnDel	Text 属性设置为"删除"	实现删除功能
GridView	gvProblemSearch	AllowPaging 属性设置为 True；AutoGenerateColumns 属性设置为 False（取消自动生成）；PageSize 属性设置为 10（每页显示数据为 10 条）	用来显示帮助信息

2. 代码实现

（1）在 GridView 控件的 RowCommand 事件中，编写如下代码，实现当管理员单击"修改"按钮时跳转到 helpEdit. aspx 帮助修改页面。单击"删除"按钮则删除帮助。其代码如下：

```
protected void gvProblemSearch_RowCommand(object sender, GridViewCommandEventArgs e)
{
    string sql="";
    string problemID=e.CommandArgument.ToString();
    string type=e.CommandName.ToString();
    if (type=="edit")
    {
        Response.Redirect("helpEdit.aspx?problemID=" +problemID);
    }
    if (type=="Del")
    {
        sql="delete from tbProblem where problemID=" +problemID;
        DBBase.ExecuteSql(sql);
        gvProblemSearchBind(ViewState["strWhere"].ToString());
    }
}
```

（2）在 GridView 控件的 PageIndexChanging 事件中，编写如下代码，实现翻页功能。其代码如下：

```
protected void gvProblemSearch_PageIndexChanging(object sender,GridViewPage-
EventArgs e)
```

```
{
    gvProblemSearch.PageIndex=e.NewPageIndex;
    gvProblemSearchBind(ViewState["strWhere"].ToString());
}
```

(3) 单击“搜索”按钮，将会触发该按钮的 Click 事件。其代码如下：

```
protected void btnHelpSearch_Click(object sender, EventArgs e)
{
    string problemTitle=txtProblemTitle.Text.ToString();
    string strWhere="";
    if (problemTitle !="")
    {
        strWhere +=" problemTitle='" +problemTitle +"' and ";
    }
    if (strWhere !="")
    {
        strWhere=strWhere.Substring(0, strWhere.Length - 4);
        strWhere=" where " +strWhere;
    }
    //判断搜索的条件有没有为空
    ViewState["strWhere"]=strWhere;
    gvProblemSearchBind(strWhere);
    //搜索好绑定数据
}
```

9.32 帮助修改模块

9.32.1 帮助修改模块概述

该模块用来修改帮助信息，单击“修改”按钮后进入帮助修改页面，如图 9-43 所示。

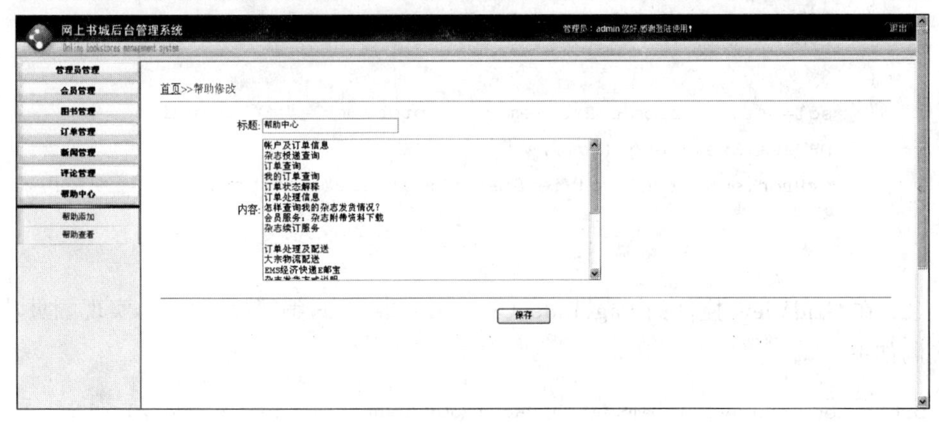

图 9-43　帮助修改页面

9.32.2 帮助修改模块实现过程

1. 设计步骤

(1) 在该网站中的 admin 文件夹下创建一个 Web 窗体，将其命名为 helpEdit. aspx。
(2) 在 helpEdit. aspx 页面中各个控件的属性设置及其用途如表 9-41 所示。

表 9-41 helpEdit. aspx 页面中主要控件的属性设置及其用途

控件类型	控件名称	主要属性设置	用途
Button	btnSure	Text 属性设置为"保存"	实现修改功能
Text	txtTitle	无	输入帮助标题
	txtContent	无	输入帮助内容
RequiredFieldValidator	RequiredFieldValidator1	ControlToValidate 属性设置为"txtTitle"; Display 属性设置为"Dynamic"; ErrorMessage 的属性设置为"不能为空"	验证帮助标题是否为空

2. 代码实现

(1) 当管理员修改帮助模块的信息后，单击“保存”按钮，将会触发该按钮的 Click 事件，并会跳转到帮助查询页面。其代码如下：

```
protected void btnHelp_Click(object sender, EventArgs e)
{
    string problemTitle=txtTitle.Text.ToString();
    string problemContent=txtContent.Text.ToString();
    DateTime time=DateTime.Now;
    string sql ="update tbProblem set problemTitle='"
              +problemTitle +"',problemContent='"
              +problemContent +"', problemDate='"
              +time +"' where problemID='"
              +ViewState["problemID"].ToString() +"'";
    DBBase.ExecuteSql(sql);
    Alert.ShowAndHref("修改成功!", "helpSearch.aspx");
}
```

(2) 在 Page_Load 事件中，获取 problemID 显示公告标题和内容信息。其代码如下：

```
protected void Page_Load(object sender, EventArgs e)
{
    if (!IsPostBack)
    {
```

```
        string problemID=Request.QueryString["problemID"].ToString();
        ViewState["problemID"]=problemID;
        string sql="select problemTitle,problemContent from tbProblem "
                 +"where problemID='" +problemID +"'";
        DataTable dt=DBBase.GetDataTable(sql);
        txtTitle.Text=dt.Rows[0]["problemTitle"].ToString();
        txtContent.Text=dt.Rows[0]["problemContent"].ToString();
    }
}
```

参 考 文 献

[1] 王珊,萨师煊.数据库系统概论.4版[M].北京:高等教育出版社,2006.

[2] 黄德才.数据原理及应用教程.2版[M].北京:科学出版社,2006.

[3] 师伯乐,丁宝康,汪卫.数据库系统教程.2版[M].北京:高等教育出版社,2003.

[4] 蒙祖强.T-SQL技术开发实用大全:基于SQL Server 2005/2008[M].北京:清华大学出版社,2010.

[5] 梁冰,陈丹丹,苏宇.SQL语言参考大全[M].北京:人民邮电出版社,2008.

[6] 胡百敬,等.SQL Server 2005 T-SQL数据库设计[M].北京:电子工业出版社,2008.

[7] 詹英.数据库技术与应用:SQL Server 2005教程[M].北京:清华大学出版社,2008.

[8] 文龙,张自辉,胡开胜.SQL Server 2005中文版入门与提高[M].北京:清华大学出版社,2007.

[9] 王成良.数据库技术及应用[M].北京:清华大学出版社,2011.

[10] 严冬梅.数据库应用与实验指导[M].北京:清华大学出版社,2011.

[11] 张红娟,傅婷婷.数据库原理.3版[M].西安:西安电子科技大学出版社,2011.

[12] 黄存东.数据库原理及应用[M].北京:水利水电出版社,2011.

[13] Patrick O'Neil, Elizabeth O'Neil. Database: Principles, Programming, and Performance. 2nd ed [M]. Morgan Kaufmann, 2000.

[14] http://en.wikipedia.org/wiki/CA_ERwin_Data_Modeler,2010-9-3.

[15] http://www-01.ibm.com/software/awdtools/developer/datamodeler/,2010-9-29.

[16] http://www-01.ibm.com/software/data/optim/data-architect/,2010-9-29.

[17] http://www-01.ibm.com/software/data/optim/data-architect/features.html? S_CMP=rnav, 2010-9-29.

[18] http://infocenter.sybase.com/help/topic/com.sybase.stf.powerdesigner.eclipse.docs_15.0.0/pdf/data_model.pdf,2010-9-29.

[19] Thomas M. Connolly, Carolyn E. Begg. Database Systems: A Practical Approach to Design, Implementation and Management. 4th ed[M]. Pearson Education, 2009.

[20] Gorman, Michael M. Data Management's Concepts & Terms[M]. Whitemarsh Information Systems Corporation, 2009.

[21] 吴爽,张锦贤,黎军,等.电子商务理论与实务[M].北京:清华大学出版社,2010.

[22] http://www.microsoft.com/zh-cn/SQLServer/default.aspx.

[23] Bill Evjen,Scott Hanselman,Devin Rader. ASP.NET 3.5高级编程.下卷[M].杨浩,译.北京:清华大学出版社,2008.

[24] Bill Evjen,Scott Hanselman,Devin Rader. ASP.NET 3.5高级编程.上卷[M].杨浩,译.北京:清华大学出版社,2008.

[25] 程载和.ASP.NET项目案例导航[M].北京:高等教育出版社,2008.

[26] 王杰瑞,孙更新,宾晟. ASP.NET 3.5从入门到精通:基于C#[M].北京:科学出版社,2009.

[27] 章立民.ASP.NET开发实战范例宝典:使用C#[M].北京:科学出版社,2010.

[28] 金旭亮.ASP.NET程序设计教程[M].北京:高等教育出版社,2009.

[29] Scott Mitchell. ASP.NET 3.5入门经典[M].陈武,袁国忠,译.北京:人民邮电出版社,2009.

[30] 房大伟,吕双,刘云峰. ASP.NET 编程宝典[M]. 北京：人民邮电出版社,2011.
[31] Matthew MacDonald,Mario Szpuszta. ASP.NET 高级程序设计[M]. 博思工作室,译. 北京：人民邮电出版社,2009.
[32] Stephen Walther. ASP.NET 3.5 揭秘[M]. 谭振林,等译. 北京：人民邮电出版社,2011.
[33] 张跃廷,王小科,帖凌珍. ASP.NET 程序开发范例宝典[M]. 北京：人民邮电出版社,2007.